普通高等教育“十四五”规划教材

地下工程施工技术

付建新　主　编
宋卫东　李　杨　副主编

北　京
冶金工业出版社
2021

内 容 提 要

本书系统地介绍了地下工程施工的基本知识、基本理论和施工方法，主要内容包括：地下工程围岩分级及围岩压力、水平岩石巷（隧）道施工、立井施工、岩石隧（巷）道掘进机施工、盾构施工技术、辅助工法及地下工程施工组织与施工监测。本书力求科学地反映当前地下工程施工的技术及装备水平，培养学生解决地下工程施工技术和施工组织计划等问题的能力。

本书为高等院校矿业工程、安全技术管理专业的教材，也可供矿山施工技术人员及安全管理人员参考。

图书在版编目(CIP)数据

地下工程施工技术/付建新主编. —北京：冶金工业出版社，2021.3

普通高等教育“十四五”规划教材

ISBN 978-7-5024-8726-3

Ⅰ.①地…　Ⅱ.①付…　Ⅲ.①地下工程—工程施工—高等学校—教材　Ⅳ.①TU94

中国版本图书馆 CIP 数据核字（2021）第 019625 号

出 版 人　苏长永

地　　址　北京市东城区嵩祝院北巷 39 号　邮编　100009　电话　(010)64027926

网　　址　www.cnmip.com.cn　电子信箱　yjcbs@cnmip.com.cn

责任编辑　郭冬艳　宋　良　美术编辑　吕欣童　版式设计　禹　蕊

责任校对　郑　娟　责任印制　李玉山

ISBN 978-7-5024-8726-3

冶金工业出版社出版发行；各地新华书店经销；三河市双峰印刷装订有限公司印刷

2021 年 3 月第 1 版，2021 年 3 月第 1 次印刷

787mm×1092mm　1/16；16.75 印张；402 千字；255 页

40.00 元

冶金工业出版社　投稿电话　(010)64027932　投稿信箱　tougao@cnmip.com.cn

冶金工业出版社营销中心　电话　(010)64044283　传真　(010)64027893

冶金工业出版社天猫旗舰店　yjgycbs.tmall.com

（本书如有印装质量问题，本社营销中心负责退换）

前　言

地下工程，顾名思义是在地下进行的各类工程，是人类进行地下空间开发与利用所进行的活动的统称。地下工程具有悠久的历史，随着人类的发展，逐渐壮大，目前地下工程已成为人类的主要工程活动之一，具有多重内涵，是一个广阔的范畴。

随着人口规模的增加，资源的消耗，进入21世纪后，人类面临城市人口猛增、土地荒漠化及资源枯竭三大难题。积极开拓地下空间，进一步发展地下工程，是破解上述难题的关键方法之一。早在20世纪80年代，国际隧道协会(ITA)就提出了“大力开发地下空间，开始人类新的穴居时代”的口号，可见未来地下工程的发展将成为人类工程活动的主流之一。

随着工程建设数量的快速增加和规模的不断加大，对地下工程建设人才的要求越来越高。近些年，众多综合性大学纷纷加大了地下工程的教学与研究工作，许多矿业类高校也增设了地下空间工程专业，拓宽专业领域。为了满足新形势下的人才需求，培养复合型人才，我们特编写了本书。

“井巷工程”是矿业工程专业必修的课程，国内矿业类院校均开设了本课程，主要教授矿业地下工程中的水平巷道及立井的施工工艺、设备及管理。但随着技术、经济及设备的发展，矿业工程逐渐呈现出多学科融合、多领域交叉的发展趋势，矿山井巷工程不再仅仅为资源开采服务，而是被赋予了更多的功能和任务，如储存、人防、空间功能改造等。从现有关于矿山井巷工程的教材来看，内容过于集中，针对性较强，不符合新工科的培养理念。因此，对于高等院校的人才培养而言，应积极适应新工科背景下的工程技术发展趋势，以宽口径的思路培养高层次复合型人才。因此，本书尽量打破不同行业界限，淡化矿业行业的特征，力求成为地下工程施工教学方面的通用性教材。

本书包括8章，第1章为地下工程概述，主要介绍地下工程定义、分类、发展、利用历史等；第2章为地下工程围岩分类与围岩压力，主要介绍地下工程围岩的工程性质、稳定性影响因素、分级方法等内容；第3章为水平岩石隧(巷)道的爆破法施工，主要介绍传统爆破法的相关知识，包括断面设计、开挖方法、钻眼爆破作业、主要支护技术及巷道施工作业等；第4章为水平岩石隧（巷）道的掘进机施工，主要介绍硬岩掘进机的施工方法，包括全断面硬岩掘进机施工法、悬臂式掘进机施工法；第 5 章为盾构法施工技术，主要介绍软弱岩土的盾构法施工技术，包括盾构法施工基本原理、盾构机类型、施工技术及施工监测等；第 6 章为井筒工程，主要介绍立井工程和斜井工程的施工技术，包括立井的定义和特征、类型和结构、表土段施工和基岩段施工、斜井的施工特点和方法等；第 7 章为辅助施工法，主要介绍在特殊地段地下工程的辅助施工技术，包括冻结法、注浆法和混凝土帷幕；第 8 章为地下工程施工辅助作业方法，主要包括地下工程施工过程中的辅助作业手段，包括压缩空气供应、供水与排水、通风除尘等。

本书内容取材面广，内容详尽，力求全面反映当前主要行业的地下工程施工工艺、技术与装备，不仅适用于矿业工程、隧道工程、城市地下空间等专业的教学使用，也可作为相关行业的工程技术人员的参考用书。

本书由北京科技大学付建新副教授担任主编并统稿，宋卫东教授、李杨副教授任副主编。第 1、2、5 章由付建新副教授编写，第 3、4 章由宋卫东教授编写，第 6 章由李杨副教授编写，第 7 章由谭玉叶副教授编写，第 8 章由曹帅副教授编写。另外汪杰博士、张超博士、郑迪博士及余昕博士等参与了本书编写资料的搜集与整理工作。在编写中参考了相关教材及资料（详见参考文献），在此谨向上述参编人员及参考文献的相关作者表示诚挚的感谢。

本书主编已录制了《地下工程施工技术》慕课，公布在中国大学生 MOOC 网（https：//www. icourse163. org/），包括教学视频、课后习题、单元测验、课程测试等内容，供读者自主学习参考。主编信箱：fujun0011@ 126. com。

本书的出版得到了北京科技大学教材建设基金的资助，在此表示感谢。

受编者水平所限，书中不妥之处，恳请读者提出宝贵意见，编者将不胜感激。

编 者

2020 年 09 月

目　录

1 地下工程概述

1.1 地下工程与地下空间的含义

地下工程，顾名思义是在地下进行的各类工程，是人类进行地下空间开发与利用的统称。地下工程具有悠久的历史，伴随着人类的诞生，逐渐发展壮大，目前地下工程已成为人类的主要工程活动之一，具有多重内涵，是一个广阔的范畴。

通常意义上讲，地下工程是在地表以下进行的各类工程的统称，总体上可分为地下空间和地下各类资源的开发与利用，如地铁隧道、地下停车场、地下通道、核废料储存库、地下矿山采场等。但实际上，目前人类所进行的地下工程范畴要广得多，根据地下工程目前的发展现状，它泛指修建在岩层或土层中的各种工程空间与设施，是地层中所建工程的总称，山岭隧道、石窟等工程，虽然未修建在地表以下，但仍属于地下工程的范畴。与地下工程相对应的，地下空间是在岩层或土层中天然形成或经人工开发形成的空间。

1.2 地下工程的分类

随着人类技术水平的提高与经济发展的需求，地下工程的范畴越来越广泛，种类越来越多。根据不同的标准，地下工程分为不同的类型。

(1) 按照地下工程所处的领域分，分为水利、市政、矿山、交通、军事、建筑等领域的地下工程。

(2) 按照地下工程的用途分，分为交通、开采、贮存、居住、旅游、农业、科研等用途的地下工程。

(3) 按照地下工程的空间方位分，分为垂直式、水平式和倾斜式地下工程。

(4) 按照地下工程的空间形态，分为狭长形和立方形地下工程。

(5) 按地下工程的埋深，分为浅部、中深部、深部和超深部等地下工程。

虽然地下工程的种类繁多，但从施工角度讲，只需关注地下工程所处的介质、位置以及形态。从所处介质来看，地下工程可概括为岩体工程和土体工程。地下工程介质的性质，直接决定了地下工程的施工方法。岩体工程通常采用钻眼爆破及机械切割的方法进行施工，而土体工程则通常采用机械挖掘的方法进行施工。另外，水是地下工程施工的重要影响因素之一，若地下工程所处介质含水量较大，则需要首先采取必要的辅助措施进行处理。同时，地下工程的方位也是影响施工的重要因素之一，如水平巷道和立井的施工方法、组织方式及支护方法，均有明显差别。

1.3 发展地下工程的意义

自人类诞生以来，陆地是主要的活动场所，人类的主要工业活动也都在地表以上进行。经过千万年的发展，人类在地球表面已创造了灿烂的文明，但随着人口规模的扩大，资源的消耗，进入21世纪后，发展地下工程变得越来越重要，主要表现为以下三个方面：

（1）解决城市人口大爆炸难题，拓展城市可利用空间。

随着生存条件、医疗条件的改善，人均寿命不断提高，人口数量增长速度加快，人口在每10年间的增长数在不断上升。据估计，到2050年，全球人口数目将从65亿人上升到90亿人，尤其是城市化率的不断提高，每年将有2000万~3000万人口进入城市。由于城市的空间和资源都有限，控制人口刻不容缓，同时必须大力拓展城市可利用空间，为人类活动提供更多的土地资源。

（2）节约地表土地资源，缓解土地荒漠化。荒漠化是由于干旱少雨、植被破坏、大风吹蚀、流水侵蚀、土壤盐渍化等因素造成的大片土壤生产力下降或丧失的自然（非自然）现象。土地一旦荒漠化，则失去利用价值，想再次恢复需要付出巨大的代价。随着人类数量的增加和工业活动的加剧，土地荒漠化将越来越严重。

据统计，干旱土地占了世界的40%，其中非洲70%的土地是荒漠和干旱土地，拉丁美洲和加勒比地区虽然有雨林，但其1/4土地是荒漠或干旱土地。亚洲有4亿人生活在荒漠或干旱土地上，且干旱土地面积每年增加约2500km^2。联合国环境规划署估计，荒漠化在110多个国家直接影响2.5亿人的生活。受干旱威胁的土地，覆盖了40%的陆地面积，涉及了约20亿人，既包括发达国家，也包括发展中国家，如南部非洲、中东、俄罗斯南部、澳大利亚、美国、墨西哥、巴西北部、南美西部，甚至冰岛等。荒漠化影响了16%的全球农业土地，中美洲75%、非洲20%和亚洲11%的农地严重退化。因为荒漠化，全球每年农作物损失估计为420亿美元，主要在亚非的发展中国家。中国每年因荒漠化损失65亿美元，非洲撒哈拉地区因为荒漠化导致其农村的国内生产总值损失3%。

土地的大量荒漠化，直接造成了人类可生存的地表资源的丧失，在土地荒漠化不能得到有效控制时，拓展地下空间成为未来人类生存的必由之路。

（3）实现深部资源的开发。矿产资源是人类发展的基础元素，是工业的“维生素”，因此人类工业发展的历史可以说是人类对地下资源利用的历史。人类对矿产资源的利用已有几千年的历史，随着技术的快速进步和国民经济的高度发达，人类对矿产资源的开发日益加强，地表及浅部资源逐渐开采殆尽。

对我国而言，经过多年的开采，我国浅部矿产资源逐年减少和枯竭，矿产资源特别是金属矿产资源开采正处于向深部全面推进阶段。2000年以前，我国只有2个金属矿山开采深度达到1000m。进入21世纪以来，金属矿产资源开采发展速度很快，目前已有16座地下金属矿山采深达到或超过1000m。其中，吉林夹皮沟金矿、云南会泽铅锌矿和六苴铜矿、河南灵宝釜鑫金矿均超过1500m。

世界范围来看，采深1000m以上的金属矿山112座。按数量排名，处于前几位的国家是：加拿大28座，南非27座，澳大利亚11座，美国7座，俄罗斯5座。采深超过3000m的有16座，其中12座位于南非，全部为金矿。我国16座深井矿山中，金矿8座，有色金属矿山 7 座。按照目前的开采进度，地下矿产资源的开采深度将很快进入 5000m 以下的深度。

人类对矿产资源的依赖，促使人类积极加大地下资源的开采，进行地下工程的施工。

我国著名的“高铁院士”王梦恕院士曾说过：21 世纪是隧道及地下空间大发展的年代，如果说 19 世纪是桥的时代，20 世纪是高楼大厦的时代，那么 21 世纪将是地下工程的世纪。早在 20 世纪 80 年代，国际隧道协会（ITA）就提出了“大力开发地下空间，开始人类新的穴居时代”的口号，可见未来地下工程的发展将成为人类工程活动的主流之一。

然而，目前人类对地下空间的开发还远远不够。目前，人类向太空的探索已触及宇宙边缘，在最深的马里亚纳海沟也已开展了大量的商业及科学研究工作，但对地下空间的探索却远远不够。截至目前，人类对地下空间最深的探测距离为苏联于 1970 年钻探的科拉钻井，深约 11000m，但并未开展有实质意义的商业及工业活动。人类进行大规模工业活动的地下深度集中在 5000m 以内，远远小于地球 6378km 的半径，因此地下空间的开发具有极大的潜力。

1.4 地下工程的开发与利用历史

人类地下工程具有悠久的历史，伴随着人类文明的进步而不断发展。总体来看，地下工程的发展可分为四个时代。

（1）第一时代：人类诞生到公元前 3000 年。人类诞生之初进行的地下工程主要是对自然洞穴的利用，为防寒暑、避风雨、躲野兽，利用天然洞穴作为居住场所。当可以制造工具后，人类开始利用简易的工具进行地下工程的施工，如古希腊萨默斯隧道、古代巴比伦引水隧道均为此时代的建筑典范，但由于工具简陋，施工速度极慢。

（2）第二时代：从公元前 3000 年至 5 世纪（魏晋南北朝）的古代时期。随着人类文明的进步，工具进一步发展，更大规模的地下工程开始出现，如埃及金字塔、中国秦始皇帝陵和龙门石窟等。尤其是该阶段开始出现采矿。我国早在商周时期就已开始进行铜、铁等金属资源的开采，春秋时期已经使用了立井、斜井、平巷联合开拓，初步形成地下开采系统。战国至西汉时期，立井深度达 80~98m，这个时期的平巷距离长，支护坚固，人可以直立行走，掘进断面达 5m 以上，已具有了相当高的技术水平。

（3）第三时代：从 5 世纪至 14 世纪（元朝）的中世纪时代。在该阶段，采矿工程在世界范围得到了快速发展。我国在隋唐时期发明了黑火药，极大推进了地下工程的发展。该阶段的地下工程规模进一步增大，数量剧增，同时地下工程的种类、形式、空间形态也大大丰富，出现了各种用途地下工程。

（4）第四时代：从 15 世纪（明朝）开始的近代与现代。人类文明在该阶段出现了前所未有的发展，地下工程随之得到了空前的发展。我国黑火药的普及极大地促进了我国采矿业的发展。欧美的产业革命，引领了人类科技文明的前进。诺贝尔发明黄色炸药，成为开发地下空间的有力武器。各类施工机械不断涌现，都极大促进了地下工程的发展。

由于人类文明和经济的快速发展，为满足各类需求，地下工程的内涵也开始变得丰富，不再仅仅指的是地表以下的工程，而是扩展到了更广泛的地层中。各类交通隧道不断涌现，施工技术水平、装备水平和管理水平也不断进步，尤其是大型掘进机、凿岩机等设备的出现，使地下工程进入了机械化时代；互联网技术、人工智能技术的发展，又促使地下工程进入了智能化时代。人类对地下空间开发的深度不断加深，广度不断拓宽，且正在逐步走出地球走向宇宙，美国科罗拉多矿业学院于 2018 年成立太空采矿专业，面向全球招生。相信在不远的未来，人类将在月球上进行采矿作业，将人类地下工程的范围进一步拓宽。

为了拓宽人类生存空间，人类对城市地下空间进行了广泛的开发和利用，地下工程必将随着人类科技文明的进步而不断加深，从 1863 年伦敦开始修建第一条地铁至今，世界上在建和在运转的地铁已遍布近百个城市。其次是地下商场、商业街等，逐渐形成了地下城市的雏形。日本在 20 世纪 80 年代就提出了大力开发地下空间，将日本国土面积拓宽 10 倍的大胆构想。2017 年，李克强总理政府工作报告中提到统筹城市地上地下建设，推进海绵城市建设，使城市既有“面子”，更有“里子”。据预测，未来将有 1/3 的世界人口工作、生活在地下空间中。

总之，随着人类科技文明的进步和发展，地下工程的内涵和范畴将进一步拓宽，人类对地下空间和资源的开发力度也将越来越大。

1.5 我国现代地下工程发展

我国在古代阶段有着高度发达的文明，在地下工程方面曾长期领先于世界，但随着西方工业革命的兴起，我国逐渐落后于世界发展水平。新中国成立以来的 70 年里，依托世界科技的支持和自身的进步，我国在地下工程方面后来居上，在施工水平、设备等方面，目前都已处于世界先进水平，而地下工程的快速发展也极大促进了我国基础设施的建设水平和速度。我国近些年被戏称为“基建狂魔”，这足以看出我国在工程建设方面的规模和水平。

山区公路方面，目前我国的全国公路总里程达到 490 万公里，其中，高速公路超过 14 万公里，里程规模居世界第一。城市地铁方面，虽然我国的地铁起步较晚，但是经过 50 年的飞速发展，我国轨道交通不管是在技术上还是在里程上，都已经处于世界领先的位置。截至 2019 年 9 月，我国地铁总里程已突破 4500 公里，尤其是近 10 年间翻了 4 倍。截至目前，国内已有 33 个城市开通地铁，其中，上海地铁运营里程已达 670 公里，居亚洲第一，北京地铁运营里程也达到了 617 公里。铁路方面，中国自从第一条京张铁路建成以后，经过 100 年的发展，截止到 2018 年，我国铁路运营里程突破了 13 万公里，其中高铁总运营里程超过 3.1 万公里，位列世界第一，建成了八纵八横，贯穿我国的高铁网。另外，我国建成了诸多举世瞩目的世界级工程，如南水北调、西气东输、三峡工程等，这些都离不开地下工程技术的发展。目前我国的隧道施工技术已居于世界先进水平，且已走向世界，亚洲唯一双重内陆国乌兹别克斯坦的卡姆奇克隧道，是中亚最长的隧道，目前正由我国承建，进展顺利。

复习思考题

1-1　什么是地下工程？它都有哪些分类？
1-2　为什么要大力发展地下工程？
1-3　简述人类地下工程发展阶段。

2 地下工程围岩分类与围岩压力

由于地下工程施工的作业对象主要是岩石或土，所以岩（土）体的各种物理力学性质及赋存条件，直接影响着地下工程开挖时围岩的稳定性。为正确进行工程的设计和布局，合理选择地下工程的开挖方法和支护方式，保证地下工程施工与运营安全，须对围岩岩石（土）强度与稳定性进行分析。

2.1 围岩的概念

岩石和土可总称为岩土。

岩石是经过地质作用形成的由一种或多种矿物组成的天然集合体，所以矿物是组成岩石的细胞。岩石的性质很大程度上取决于它的矿物成分。按其成因，岩石分为岩浆岩、沉积岩和变质岩三大类。不同类型的岩石，其物理力学性质是不一样的。地下工程施工方法、施工设备选择中经常需要考虑的岩石物理性质有岩石的密度、硬度、耐磨性、孔隙比、碎胀性、水胀性、水解性、软化性等；力学性质有岩石的抗压、抗拉、抗剪强度指标以及弹性、塑形、流变性。

进行地下工程稳定性分析的时候，不需要考虑所有的岩体状况，只需考虑围岩的稳定状况。围岩是指地下工程施工后其周围产生应力重分布范围内的岩体，或指地下工程施工后对其稳定性产生影响的那部分岩体（这里所指的岩体是土体与岩体的总称）。应该指出，这里所定义的围岩并不具有尺寸大小的限制。它所包括的范围是相对的，视研究对象而定。从力学分析的角度来看，围岩的边界应划在因地下施工而引起的应力变化可以忽略不计的地方，或者说在围岩的边界上因开挖隧道而产生的位移应该为零，这个范围在横断面上为6~10倍的洞径。当然，若从区域地质构造的观点来研究围岩，其范围要比上述数字大得多。

2.2 围岩的工程性质

围岩的工程性质，一般包括三个方面：物理性质、水理性质和力学性质。其中对围岩稳定性最有影响的是力学性质，即围岩抵抗变形和破坏的性能。围岩既可以是岩体，也可以是土体。本书仅涉及岩体的力学性质，有关土体的力学性质将在“土力学”中研究。

岩体是在漫长的地质历史中，经过岩石建造、构造形变和次生蜕变而形成的地质体。它被许许多多不同方向、不同规模的断层面、层理面、节理面和裂隙面等各种地质界面切割为大小不等、形状各异的各种块体。工程地质学中将这些地质界面称为结构面或不连续面，将这些块体称为结构体，并将岩体看作是由结构面和结构体组合而成的具有结构特征的地质体。所以，岩体的力学性质主要取决于岩体的结构特征、岩块的特征以及结构面的特性。环境因素尤其是地下水和地温对岩体的力学性质影响也很大。在众多的因素中，哪个起主导作用需视具体条件而定。

在软弱围岩中，节理和裂隙比较发育，岩体被切割得很破碎，结构面对岩体的变形和破坏不起什么作用，所以，岩体的特性与结构体岩石的特性并无本质区别。当然，在完整而连续的岩体中也是如此。反之，在坚硬的块状岩体中，由于受软弱结构面切割，块体之间的联系减弱，此时，岩体的力学性质主要受结构面的性质及其在空间的位置所控制。

由此可见，岩体的力学性质必然是诸因素综合作用的结果，只不过有些岩体是岩石的力学性质起控制作用，而有些岩体则是结构面的力学性质占主导地位。

岩体与岩石相比，两者有很大的区别。和工程问题的尺度相比，岩石几乎可以被认为是均质、连续和各向同性的介质；而岩体则具有明显的非均质性、不连续性和各向异性。岩体的力学性质，包括变形破坏特性和强度，一般都需要在现场进行原位试验才能获得较为真实的结果。但现场原位试验需要花费大量资金和时间，而且随着测点位置和加载方式不同，试验结果的离散性也很大，因此常常用取样在试验室内进行试验来代替。但室内试验较难模拟岩体真正的力学作用条件。更重要的是对于较破碎和软弱不均质的岩体，不易取得供试验用的试样。究竟采用何种试验方法，应视岩体的结构特征而定。一般来说，破裂岩体以现场试验为主，较完整的岩体以做室内试验为宜。

2.2.1 岩体的变形特性

岩体的抗拉变形能力很低，或者根本就没有，因此，岩体受拉后立即沿结构面发生断裂。一般没有必要专门来研究岩体的受拉变形特性。

2.2.1.1 受压变形

岩体的受压变形特性可以用它在受压时的应力-应变曲线，亦称本构关系来说明。岩石的应力-应变曲线线性关系比较明显，说明它是以弹性变形为主。软弱结构面的应力-应变曲线呈现出非线性特征，说明它是以塑性变形为主。岩体的应力-应变曲线则要复杂得多。图 2-1 中分别绘出了典型的岩石、软弱结构面和岩体的单轴受压时的全应力-应变曲线。

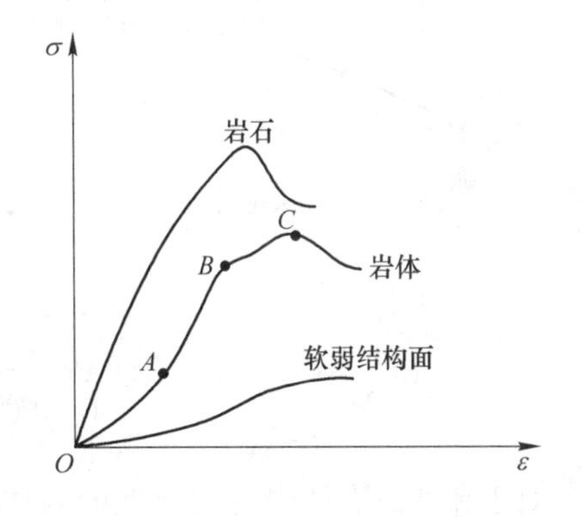

图 2-1 典型岩石单轴压缩全应力应变曲线

从图中可以看出，典型的岩体全应力-应变曲线可以分解为四个阶段：

（1）压密阶段（*OA*）：变形主要是由于岩体中结构面的闭合和充填物的压缩而产生的，形成了非线性凹状曲线，变形模量小，总的压缩量取决于结构面的性态。

（2）弹性阶段（*AB*）：岩体充分压密后便进入弹性阶段。所出现的弹性变形是岩体的结构面和结构体共同产生的，应力-应变关系呈直线型。

（3）塑性阶段（*BC*）：岩体继续受力，变形发展到弹性极限后便进入塑性阶段，此时岩体的变形特性受结构面和结构体的变形特性共同制约。整体性好的岩体延性小、塑性变形不明显。破裂岩体塑性变形大，甚至有的从压密阶段直接发展到塑性阶段，而不经过弹性阶段。

（4）破裂和破坏阶段（CD）：应力达到峰值后，岩体即开始破裂和破坏。破坏开始时，应力下降比较缓慢，说明破裂面上仍具有一定摩擦力，岩体还能承受一定的荷载。而后，应力急剧下降，岩体全面崩溃。

从岩体的全应力-应变曲线的分析中可以看出，岩体既不是简单的弹性体，也不是简单的塑性体，而是较为复杂的弹塑性体。整体性好的岩体接近弹性体，破裂岩体和松散岩体则偏向于塑性体。

2.2.1.2　剪切变形

岩体受剪时的剪切变形特性主要受结构面控制。根据结构体和结构面的具体性态，岩体的剪切变形可能有三种方式：

（1）沿结构面滑动，此时结构面的变形特性即为岩体的变形特性。

（2）结构面不参与作用，沿结构体岩石断裂，此时岩石的变形特性起主导作用。

（3）在结构面影响下，沿岩石剪断，此时岩体的变形特性介乎上述二者之间。

试验和实践还发现，无论岩体是受压还是受剪切，它们所产生的变形都不是瞬时完成的，而是随着时间的延长逐渐达到最终值的。岩体变形的这种时间效应，称为岩体的流变特性。严格来说，流变包括两种：一种是指作用的应力不变，而应变随时间的延长而增加，即所谓蠕变；另一种则是作用的应变不变，而应力随时间的延长而衰减，即所谓松弛，如图 2-2 所示。

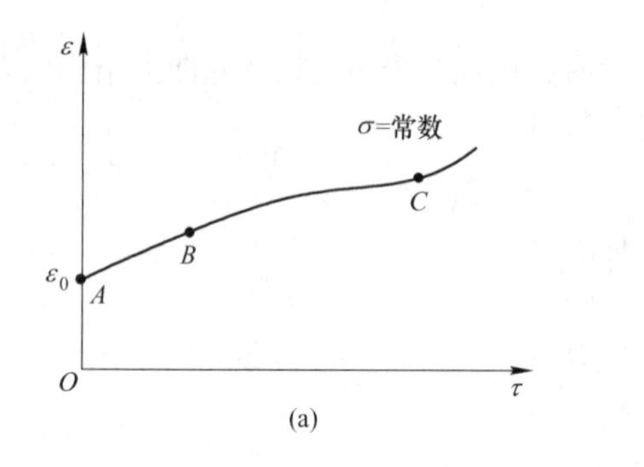

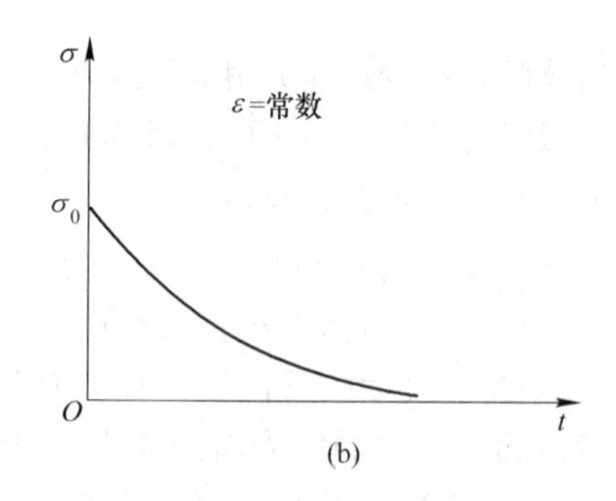

图 2-2　蠕变及松弛曲线

（a）蠕变曲线；（b）松弛曲线

对于那些具有较强的流变性的岩体，在隧道工程的设计和施工中必须加以考虑。例如，成渝复线上的金家岩隧道，埋深 120m，围岩为泥岩，开挖后围岩基本上是稳定的，并及时进行了初次支护。但初次支护 250 天后拱顶下沉达 40.2cm，侵入建筑限界，只好挖掉重做。属于这类的岩体大概有两类：一类是软弱的层状岩体，如薄层状岩体、含有大量软弱层的互层或间层岩体；另一类是含有大量泥质物的、受软弱结构面切割的破裂岩体。整体状、块状、坚硬的层状等类岩体，其流变性不明显，但是，这些岩体中为数不多的软弱结构面具有相当强的流变性，有时将对岩体的变形和破坏起控制作用。

2.2.2　岩体的强度

从上述可知，岩体和岩石的变形、破坏机理是很不相同的，前者主要受宏观的结构面控制，而后者则受岩石的微裂隙制约。因而岩体的强度要比岩石的强度低得多，并具有明显的各向异性。例如，志留纪泥岩的单轴抗压试验结果能很好地说明这个问题。当层面倾角大于50°时，泥岩以层间剪切形式破坏；32°~45°时，泥岩以轴向劈裂和层间剪切混合形式破坏；小于32°时，泥岩以轴向劈裂形式破坏。由此可见，岩体的抗压强度不仅因层面倾角增大而减小，而且其破坏形式也发生变化，如图2-3所示。只有当岩体中结构面的规模较小，结合力很强时，岩体的强度才能与岩石的强度相接近。一般情况下，岩体的抗压强度只有岩石的70%~80%，结构面发育的岩体，仅有5%~10%。

和抗压强度一样，岩体的抗剪强度主要也是取决于岩体内结构面的性态，包括它的力学性质、充填状况、产状、分布和规模等，同时还受剪切破坏方式所制约。当岩体沿结构面滑移时，多属于塑性破坏，峰值剪切强度较低，其强度参数 φ（内摩擦角）一般变化于10°~45°之间，c（黏结力）变化于0~0.3MPa之间，残余强度和峰值强度比较接近。完整岩石被剪断属脆性破坏，剪断的峰值剪切强度较上述的高得多，其 φ 值在30°~60°之间，c 值有高达几十MPa的，残余强度与峰值强度之比随峰值强度的增大而减小，分布在0.3~0.8之间。受结构面影响，而沿结构面剪断，其强度介于上述两者之间。在 τ-σ 平面上画出岩体、岩石和结构面的抗剪强度包络线就能看出这三者之间的关系（见图2-4）。

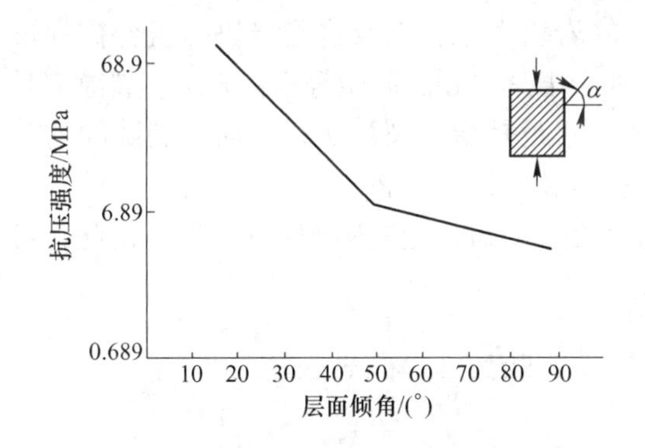

图2-3　岩层倾角与强度的关系

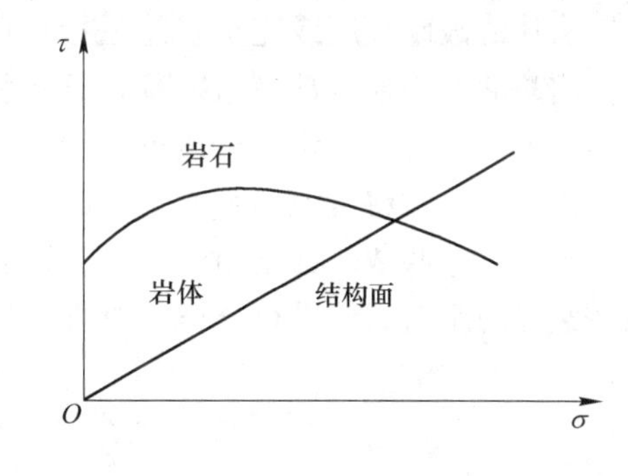

图2-4　岩体和岩石抗剪强度包络线

2.3　围岩的稳定性影响因素

2.3.1　研究围岩稳定性的意义

地下工程所赋存的地质环境的内涵很广，包括地层特征、地下水状况、开挖前就存在于地层中的原始地应力状态以及地温梯度等。但对地下工程来说，最关心的问题是岩层或土层被开挖后的稳定程度。这是不言而喻的，因为岩层或土层稳定就意味着地下工程施工所引起的地层向临空面内的变形很小，而且在较短的时间内就可基本停止，这对施工过程和支护结构都是非常有利的。岩层开挖后的稳定程度称为围岩的稳定性，这是一个反映地质环境的综合指标。因此，研究地下工程地质环境问题，归根到底就是研究围岩的稳定性问题。

2.3.2 影响围岩稳定性的因素

影响围岩稳定性的因素很多，就其性质来说，基本上可以分为两大类：第一类是属于地质环境方面的自然因素，是客观存在的，它们决定了围岩的质量；第二类则属于工程活动的人为因素，如工程形状、尺寸、施工方法、支护措施等，它们虽然不能决定围岩质量的好坏，但却能给围岩的质量和稳定性带来不可忽视的影响。

2.3.2.1 地质因素

围岩在开挖隧道时的稳定程度乃是岩体力学性质的一种表现形式。因此，影响岩体力学性质的各种因素在这里同样起作用，只是各自的重要性有所不同。

A 岩体结构特征

岩体的结构是长时间地质构造运动的产物，是控制岩体破坏形态的关键。从稳定性分类的角度来看，岩体的结构特征可以简单地用岩体的破碎程度或完整性来表示。在某种程度上破碎程度反映了岩体受地质构造作用严重的程度。实践证明，围岩的破碎程度对坑道的稳定性起主导作用，在相同岩性的条件下，岩体愈破碎，坑道就愈容易失稳。因此，在近代围岩分类法中，岩体的破碎或完整状态都是分类的基本指标之一。

岩体的破碎程度或完整状态是指构成岩体的岩块大小，以及这些岩块的组合排列形态。岩块的大小通常都是用裂隙的密集程度，如裂隙率、裂隙间距等指标表示。裂隙率是指沿裂隙法线方向单位长度内的裂隙数目；裂隙间距是指沿裂隙法线方向上裂隙间的距离。在分类中常将裂隙间距大于 1.0~1.5m 者视为整体的，而将小于 0.2m 者视为碎块状的。当然，这些数字都是相对的，仅适用于跨度在 5~15m 范围内的地下工程。据此，可以按裂隙间距对岩体进行分类，如图 2-5 所示。

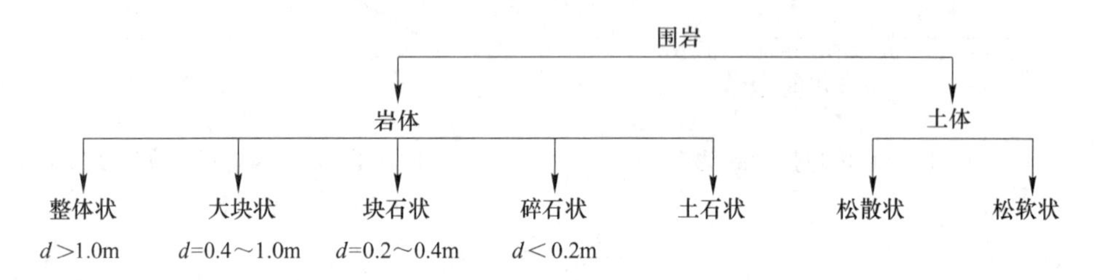

图 2-5 基于裂隙间距的围岩分类

图 2-5 中，d 为裂隙间距。这里所说的裂隙都是广义的，包括层理、节理、断裂及夹层等结构面。硅质、钙质胶结的，具有很高节理强度的裂隙不包括在内。

B 结构面性质和空间的组合

在块状或层状结构的岩体中，控制岩体破坏的主要因素是软弱结构面的性质，以及它们在空间的组合状态。对于隧道来说，围岩中存在单一的软弱面，一般并不会影响坑道的稳定性。只有当结构面与隧道轴线相互关系不利时，或者出现两组或两组以上的结构面时，才能构成容易堕落的分离岩块。例如有两组平行但倾向相反的结构面和一组与之垂直或斜交的陡倾结构面，就可能构成屋脊形分离岩块。至于分离岩块是否会塌落或滑动，还与结构面的抗剪强度以及岩块之间的相互联锁作用有关。因此，在围岩分类中，可以从下述的五个方面来研究结构面对隧道围岩稳定性影响的大小：

（1）结构面的成因及发展史，例如，次生的破坏夹层比原生的软弱夹层的力学性质差得多，如再发生次生泥化作用，则性质更差。

（2）结构面的平整、光滑程度。

（3）结构面的物质组成及充填物质情况。

（4）结构面的规模与方向性。

（5）结构面的密度与组数。

C 岩石的力学性质

在整体结构的岩体中，控制围岩稳定性的主要因素是岩石的力学性质，尤其是岩石的强度。一般来说，岩石强度越高坑道越稳定。在围岩分类中所说的岩石强度指标，都是指岩石的单轴饱和极限抗压强度。因为这种强度的试验方法简便，数据离散性小，而且与其他物理力学指标有良好的换算关系。

此外，岩石强度还影响围岩失稳破坏的形态，强度高的硬岩多表现为脆性破坏，在隧道内可能发生岩爆现象；而在强度低的软岩中，则以塑性变形为主，流变现象较为明显。

D 围岩的初始应力场

围岩的初始应力场是围岩变形、破坏的根本作用力，它直接影响围岩的稳定性。所以，曾在某些分类方法中有所反映。例如，泰沙基（K. Terzaghi）分类法中，曾将同样是挤压变形缓慢的岩层视其埋深不同分为两类，其预计的岩石荷载值相差一倍左右，这就是考虑初始应力的结果。

在围岩分类中，如何根据地质构造特征引进围岩初始应力场的影响，仍是一个需要进一步研究解决的问题。

E 地下水状况

地下工程施工的实践证明，地下水是造成施工坍方，使围岩丧失稳定的最重要因素之一，因此，在围岩分类中不可忽视。当然，在岩性不同的岩体中，水的影响也是不相同的，归纳起来有如下几种：

（1）使岩质软化，强度降低，这对软岩尤其突出，对土体则可促使其液化或流动。

（2）在有软弱结构面的岩体中，会冲走充填物质或使夹层软化，减少层间摩擦阻力促使岩块滑动。

（3）在某些岩体中，如含有生石膏、岩盐，或以蒙脱土为主的黏土岩，遇水后将产生膨胀，其势能很大。在未胶结或弱胶结的砂岩中，水的存在可以产生流砂和潜蚀。

因此，在围岩分类中，对软岩、碎裂结构和散体结构岩体、有软弱结构面的层状岩体以及膨胀岩等，应着重考虑地下水的影响。

在目前的分类法中，对地下水的处理方法有三种：

（1）在分类时不将水的影响直接考虑进去，而是根据围岩受地下水影响的程度，适当降低围岩的等级。

（2）分类时按有水情况考虑，当确认围岩无水则可提高围岩的等级。

（3）直接将地下水的状况（水质、水量、流通条件、静水压等）作为一个分类的指标。

前两种方法是定性的，后一种方法虽可定量，但对这些量值的确定，在很大程度上还是要靠经验。例如在某些分类法中，先按岩性分类，而后再按地下水涌出量分为 0~100L/min、101~1000L/min、>1000L/min 三种，最后定出它们对围岩稳定性的影响系数，见表 2-1。

表 2-1 地下水对围岩稳定性的影响系数

岩性 涌水量	硬质岩石		软质岩石	
	比较完整	比较破碎	比较完整	比较破碎
0~100L/min	1.0	0.9	1.0	0.9
101~1000L/min	0.9	0.8	0.8	0.7
>1000L/min	0.8	0.7	0.7	0.6

在有些分类中，除了考虑上述因素外，还补充了结构面状态和地下水压力的影响，将地下水的作用进一步细分。

2.3.2.2 工程活动所造成的人为因素

施工等人为因素也是造成围岩失稳的重要条件。其中尤其以坑道的尺寸（主要指跨度）、形状以及施工中所采用的开挖方法等影响较为显著。

（1）坑道尺寸和形状。实践证明，在同一类围岩中，坑道跨度愈大，坑道围岩的稳定性就愈差，因为岩体的破碎程度相对加大了。例如，裂隙间距在 0.4~1.0m 左右的岩体，对中等跨度（5~10m）的坑道而言，可算是大块状的，但对大跨度（>15m）的坑道来说，只能算是碎块状的。因此，在近代的围岩分类法中，有的就明确指出分类法的适用跨度范围，有的则采用相对裂隙间距，即裂隙间距与坑道跨度的比值作为分类的指标。例如，相对裂隙间距大于 1/5 的属完整的；1/20~1/5 范围内的属破碎的；<1/20 的属极度破碎的。但也有人反对这样做，认为将跨度引进围岩分类法中会造成对岩体结构概念的混乱和误解。比较通用的做法，是将跨度的影响放在确定围岩压力值和支护结构类型和尺寸时考虑，这样分类的问题就简化了。

坑道的形状主要影响开挖隧道后围岩的应力状态。圆形或椭圆形隧道围岩应力状态以压应力为主，这对维持围岩的稳定性是有好处的。而矩形或梯形隧道，在顶板处的围岩中将出现较大的拉应力，从而导致岩体张裂破坏。但是，在目前的各种分类法中都没有考虑这个因素，可能是因为深埋隧道的断面形状绝大部分都接近圆形或椭圆形的缘故。

（2）施工中所采用的开挖方法。从目前的施工技术水平来看，开挖方法对隧道围岩稳定性的影响较为明显，在分类中必须予以考虑。例如，在同一类岩体中，采用普通的爆破法和采用控制爆破法，采用矿山法和采用掘进机法，采用全断面一次开挖和采用小断面分部开挖，对隧道围岩的影响都各不相同。所以，目前大多数围岩分类法都是建立在相应的施工方法的基础上的。

以上所述的工程活动所造成的人为因素，虽然对围岩稳定性的影响很大，但为了简化围岩分类问题，一般都以分类的适用条件来控制，而分类的本身则主要从地质因素考虑。

2.4 围岩稳定性分级方法

2.4.1 围岩稳定性分级发展历史

地下工程的施工与围岩的性质息息相关，围岩状况直接关系到地下工程的稳定性，因此围岩稳定性分级是地下工程施工中最重要的工作之一。总体来看，围岩稳定性分级经历了从定性到定量、从单因素到多因素的发展过程，围岩稳定性分级的历史可概括为以下阶段：

（1）以岩石强度或岩石的物理性质指标为代表的分类方法。由于技术手段所限，最初的围岩稳定性分级通常只能考虑其中一个因素，最常用的因素包括岩石饱和单轴抗压强度及普氏系数。岩石的强度虽然可在一定程度上表征了围岩的稳定性，但对于节理裂隙发育的岩体来说，岩石强度并不能很好地代表其稳定性。

（2）以岩体构造、岩性特征为代表的分类方法。随着地下工程的发展，人们逐渐意识到，只考虑岩石的单一强度指标并不能完全表征围岩稳定性，同时也逐渐意识到岩体构造及岩性特征对围岩稳定性有影响。此时期具有代表性的分级方法为泰沙基法及我国以此为基础发展而来的我国交通隧道围岩分级法，该方法充分考虑围岩的节理裂隙情况对围岩稳定性的影响，但只局限于定性描述，具有较大的主观性。

（3）与地质勘探手段相联系的分级方法。随着施工技术水平的进一步提高，各类地质勘探手段逐渐发展起来，人们发现通过地质勘探得到的信息可较好地反应围岩的稳定性。这个时期最具有代表性的方法是岩石质量分级（RQD）法及弹性波速法。这两个方法最终通过一个定量数值来反映围岩的稳定性，虽然最终仍以一个单一指标表征围岩稳定性，但实际上 RQD 值和弹性波速却是一个综合性的指标，可较全面的反应围岩的稳定状况，并以定量的形式进行表征。

（4）组合多种因素的分级方法。随着 RQD 值和弹性波速指标的出现以及节理裂隙信息获取技术的进步，分级方法逐渐由单一的指标过渡到了考虑多因素指标，并涌现出了大量组合多因素的分级方法，且均实现了定量表征，大大提高了围岩稳定性分级的准确程度。应用最广泛的组合多因素分级方法为挪威 Q 分级法、南非 RMR 分级法与 BQ 分级法。

2.4.2 以岩石强度或岩石的物理性质指标为代表的分类方法

（1）按岩石饱和单轴抗压强度划分。我国公路、铁路、水利部门的隧道设计规范中，给出了根据岩石单轴饱和抗压强度 σ_c 大小划分的岩石强度等级，见表 2-2。

（2）按岩石坚固性系数划分。苏联 M. M. 普罗托吉雅可诺夫于 1926 年提出用“坚固性”这一概念作为岩石工程分级的依据。普氏认为，岩石的坚固性在各方面的表现是趋于一致的，难破碎的岩石用各种方法都难于破碎，容易破碎的岩石用各种方法都易于破碎。因此，他建议用一个综合性的指标“坚固性系数 f ”来表示岩石破坏的相对难易程度，其大小相当于 σ_c 的十分之一。通常称 f 为普氏岩石坚固性系数（简称普氏系数），σ_c 是岩石饱和单轴抗压强度（MPa）。该法因简明、便于使用而得到广泛应用。根据 f 值的大小，岩石可分为十级共 15 种（见表 2-3）。

表 2-2　按岩石单轴抗压强度划分的岩石强度等级　（MPa）

隧道类型	划分指标及等级				
公路隧道	>60	30~60	15~30	5~15	<5
	坚硬岩	较坚硬岩	较软岩	软岩	极软岩
	硬质岩		软质岩		
铁路隧道	$\sigma_c>60$	$30<\sigma_c\leqslant 60$	$15<\sigma_c\leqslant 30$	$5<\sigma_c\leqslant 15$	$\sigma_c\leqslant 5$
	极硬岩	硬岩	较软岩	软岩	极软岩
	硬质岩		软质岩		
水工隧洞	$\sigma_b>60$	$30<\sigma_b\leqslant 60$	$15<\sigma_b\leqslant 30$	$5<\sigma_b\leqslant 15$	
	坚硬岩	中硬岩	较软岩	软岩	
	坚硬岩		软质岩		

表 2-3　岩石坚固性分级表

级别	坚固性程度	岩　　石	f值
Ⅰ	最坚固的岩石	最坚固、最致密的石英岩及玄武岩，其他最坚固的岩石	20
Ⅱ	很坚固的岩石	很坚固的花岗岩类，石英斑岩，很坚固的花岗岩，硅质片岩，坚固程度较Ⅰ级岩石稍差的石英岩，最坚固的砂岩及石灰岩	15
Ⅲ	坚固的岩石	致密的花岗岩及花岗岩类岩石，很坚固的砂岩及石灰岩，石英质矿脉，坚固的砾岩，很坚固的铁矿石	10
Ⅲa	坚固的岩石	坚固的石灰岩，不坚固的花岗岩，坚固的砂岩，坚固的大理岩，白云岩，黄铁矿	8
Ⅳa	相当坚固的岩石	一般的砂岩，铁矿石	6
Ⅳa	相当坚固的岩石	砂质页岩，泥质砂岩	5
Ⅴ	坚固性中等的岩石	坚固的页岩，不坚固的砂岩及石灰岩，软的砾岩	4
Ⅴa	坚固性中等的岩石	各种不坚固的页岩，致密的泥灰岩	3
Ⅵ	相当软的岩石	软的页岩，很软的石灰岩，白垩，岩盐，石膏，冻土，普通泥灰岩，破碎的砂岩，胶结的卵石及粗砂砾，多石块的土	2
Ⅵa	相当软的岩石	碎石土，破碎的页岩，结块的卵石及碎石，坚硬的烟煤，硬化的黏土	1.5
Ⅶ	软岩	致密的黏土，软的烟煤，坚固的表土层	1.0
Ⅶa	软岩	微砂质黏土，黄土，细砾石	0.8
Ⅷ	土质岩石	腐殖土，泥煤，微砂质黏土，湿砂	0.6
Ⅸ	松散岩石	砂，细砂，松土，采下的煤	0.5
Ⅹ	流沙状岩石	流沙，沼泽土壤，饱含水的黄土及饱含水的土壤	0.3

2.4.3　岩石质量指标

岩石质量指标（Rock Quality Designation，RQD），是国际上通用的鉴别岩石工程性质好坏的方法，由美国伊利诺斯大学提出和发展起来。该法是利用钻孔的修正岩芯采取率来评价岩石质量的优劣。即用直径为 75mm 的金刚石钻头和双层岩芯管在岩石中钻进，连续取芯，回次钻进所取岩芯中，长度大于 10cm 的岩芯段长度之和与该回次进尺的比值，以百分比表示，见式（2-1）。

$$\mathrm{RQD}=\frac{10\mathrm{cm}\text{以上的岩芯累计长度}}{\text{钻孔总长度}}\times 100\% \tag{2-1}$$

根据 RQD 值的计算结果，围岩稳定性可分为五级，见表 2-4。

表 2-4　RQD 值分类表

数值	$\mathrm{RQD}>0.9$	$0.75<\mathrm{RQD}<0.9$	$0.5<\mathrm{RQD}<0.75$	$0.25<\mathrm{RQD}<0.5$	$\mathrm{RQD}<0.25$
分类	优	良	好	差	很差

显然，RQD 主要反映岩石完整程度，即裂隙在该地段地层中的发育程度，但是，RQD 分类由于没有考虑岩体中结构面发育特征的影响，也没有考虑岩块性质的影响以及这些因素的综合效应，因此仅运用这一分类，往往不能全面的反映岩体的质量。

2.4.4　弹性波速分级法

日本的工程岩体分级指标多采用岩体的声波纵波速度。早在 20 世纪 60 年代，池田和彦等人就提出，弹性波（声波）穿过岩体时，由于岩体的力学性质和结构状态不同，声波速度、振幅及频率都会发生变化，因此利用声波速度可以建立与岩体力学性质、结构状态的关系，对岩体进行分级。但对于节理裂隙十分发育或风化严重的岩体，声波在其中传播会因波的反射、绕射、折射等原因而大大降低传播速度，所以软弱岩石不宜采用声波分级。根据岩石的弹性波速，围岩可分为六类，见表 2-5。

表 2-5　按照弹性波速进行围岩分类

种类 级别	硬　岩		中硬岩	软　岩	土　砂
	A、B 岩类	C 岩类	D 岩类	E 岩类	F、G 岩类 黏性土
Ⅴ	$v_p\geqslant 5.2$	$v_p\geqslant 5.0$	$v_p\geqslant 4.2$		
Ⅳ	$5.2>v_p\geqslant 4.6$	$5.0>v_p\geqslant 4.4$	$4.2>v_p\geqslant 3.4$		
Ⅲ	$4.6>v_p\geqslant 3.8$	$4.4>v_p\geqslant 3.6$	$3.4>v_p\geqslant 2.6$	$2.6>v_p\geqslant 1.5$	
Ⅱ	$3.8>v_p\geqslant 3.2$	$3.6>v_p\geqslant 3.0$	$2.6>v_p\geqslant 2.0$ 且 $\sigma_c/\gamma_H\geqslant 4$	$2.6>v_p\geqslant 1.5$ 且 $6>\sigma_c/\gamma_H\geqslant 4$	
Ⅰ	$3.2>v_p\geqslant 2.5$	$3.0>v_p\geqslant 2.5$	$2.6>v_p\geqslant 2.0$ 且 $4>\sigma_c/\gamma_H\geqslant 2$ 或者 $2.0>v_p\geqslant 1.5$ 且 $\sigma_c/\gamma_H\geqslant 2$	$2.6>v_p\geqslant 1.5$ 且 $4>\sigma_c/\gamma_H\geqslant 2$	$\sigma_c/\gamma_H\geqslant 2$
特殊围岩	$2.5>v_p$	$2.5>v_p$	$1.5>v_p$ 或者 $2>\sigma_c/\gamma_H$	$1.5>v_p$ 或者 $2>\sigma_c/\gamma_H$	$2>\sigma_c/\gamma_H$

注：表中 v_p 为弹性波速；σ_c 为饱和单轴抗压强度；γ 为岩石容重；H 为埋深。

2.4.5 组合多因素分类法

该类分类方法综合考虑多种因素，分级结果更加准确，并且实现了定量化表征，最具代表性的分类方法有 Q 分级法、RMR 分级法和 BQ 分级法。但无论哪种综合性因素，基本都考虑三个基本要素和一个附加因素。

三个基本因素，即

（1）岩性：如抗压强度、弹性模量、弹性波速等。

（2）地质构造：岩体完整性或结构状态。

（3）地下水：地下水发育时，围岩级别应降低。

一个附加因素，即初始地应力：适当考虑。

2.4.5.1 Q 分级法

该分级方法由挪威的巴顿提出。岩体质量指标 Q 分级法（NGI）是为隧道掘进、支护设计提出来的，它适用范围广泛，从具有膨胀土在内的各种黏土矿物充填的节理岩体到坚硬完整岩体都能适用，又称巴顿分级法。巴顿分级法考虑了六个分级因素，见表 2-6。

表 2-6 Q 分级法各因素评分表

参　数	评　分
RQD	10~100
节理组数 J_n	评分 0.5~20
节理粗糙度 J_r	评分 0.5~4.0
节理蚀变度 J_a	评分 0.75~20
节理水折减系数 J_w	评分 0.05~1.0
应力折减系数 SRF	评分 1.0~10

计算公式如下：

$$Q=\frac{\mathrm{RQD}}{J_n}\frac{J_r}{J_a}\frac{J_w}{\mathrm{SRF}} \tag{2-2}$$

式中 RQD——岩石质量指标；

J_n——节理组数；

J_r——节理粗糙度；

J_a——节理蚀变程度；

J_w——节理水折减系数；

SRF——地应力折减系数。

式（2-2）中共包含三个部分，代表不同的含义，其中$\frac{\mathrm{RQD}}{J_n}$代表岩体的完整性，$\frac{J_r}{J_a}$代表结构面形态、充填特征及次生变化等情况，$\frac{J_w}{\mathrm{SRF}}$代表水与其他应力对岩体质量的影响。

Q 值通常范围在 0.001~1000 之间，对于在不同范围 Q 值的岩体中开挖，巴顿提出了详尽的支护方法。巴顿分级法由于考虑的因素全面，因此能适用于各种岩石。虽然在分级因素中没有考虑节理方位的影响（巴顿也认为节理方位是提高分级精度的参数之一），但是 J_n、J_r 和 J_a 是作用更大的参数，因为 J_n 决定了岩块运动的自由度，而节理的摩擦和膨胀特性的变化远大于由于重力引起岩块下滑的不利作用。如果将节理方位作为分级因素，则分级方法失去最简易的本质，缺乏通用性。

根据 Q 值，围岩稳定性分为 5 级，见表 2-7。

表 2-7 Q 分级法分类表

Q 值	>40	10~40	4~10	1~4	<1
岩体级别	Ⅰ级	Ⅱ级	Ⅲ级	Ⅳ级	Ⅴ级
评价	优	良	中	差	劣

2.4.5.2 RMR 分级法

南非的宾尼亚斯基（Bieniawski, Z. T）于 1973 年首次提出用岩体质量指标 RMR（Rock Mass Rating）来进行岩体分级，因其最早用于南非，故又称南非地质力学分级法（CSIR）。此后宾尼亚斯基又通过对地下洞室、地基、边坡等大量工程实例进行调查分析，对该分级方法进一步完善，于 1979 年提出了修正的 RMR 分级方法，并得到国际岩石力学学会（ISRM）的推荐。

RMR 岩体分级方法考虑了六项参数，前五项参数按其对岩体质量影响的重要性，给出一定的分值。六项参数中还有一个节理方位校正因素，按不同工程类型，考虑结构面产状对其稳定性的影响程度，计算公式如下：

$$\mathrm{RMR} = R_1 + R_2 + R_3 + R_4 + R_5 + R_6 \tag{2-3}$$

每个因素的评分见表 2-8。

表 2-8 RMR 分级法各因素评分表

参　数	评　分
岩块强度（R_1）	0~15
岩芯质量 RQD（R_2）	3~20
节理间距（R_3）	5~20
节理状况（R_4）	0~30
地下水情况（R_5）	0~15
节理产状影响（R_6）	-12~0

六项参数分值的总和就是岩体的 RMR 值，根据该分值就可确定岩体的类别。宾尼亚斯基提出的 RMR 分级法考虑了影响岩体质量和稳定性的最主要因素，这些因素测试方法简单快捷，许多都被国际岩石力学学会已颁布的建议方法所规定，有统一的标准。该方法还分别考虑了隧洞、地基、边坡等不同类型工程岩体，因此其应用范围比较广泛。

六个指标的取值见表 2-9 和表 2-10。

表 2-9 RMR 基本指标取值

<table>
<tr><th>序号</th><th colspan="2">参 数</th><th colspan="7">参数与定额分值的关系</th></tr>
<tr><td rowspan="3">1</td><td rowspan="3">强度</td><td>I_s/MPa</td><td>>10</td><td>4~10</td><td>2~4</td><td>1~2</td><td colspan="3">单轴压缩试验</td></tr>
<tr><td>σ_{cw}/MPa</td><td>>250</td><td>100~250</td><td>50~100</td><td>25~50</td><td>5~25</td><td>1~5</td><td><1</td></tr>
<tr><td>定额分值</td><td>15</td><td>12</td><td>7</td><td>4</td><td>2</td><td>1</td><td>0</td></tr>
<tr><td rowspan="2">2</td><td colspan="2">RQD</td><td>90~100</td><td>75~90</td><td>50~75</td><td>25~50</td><td colspan="3"><25</td></tr>
<tr><td colspan="2">定额分值</td><td>20</td><td>17</td><td>13</td><td>8</td><td colspan="3">3</td></tr>
<tr><td rowspan="2">3</td><td colspan="2">节理间距/m</td><td>>2</td><td>0.6~2</td><td>0.2~0.6</td><td>0.06~0.2</td><td colspan="3"><0.06</td></tr>
<tr><td colspan="2">定额分值</td><td>20</td><td>15</td><td>10</td><td>8</td><td colspan="3">5</td></tr>
<tr><td rowspan="2">4</td><td colspan="2">节理状态</td><td>节理面很粗糙，不连续，闭合，岩壁不风化</td><td>节理面略粗糙，张开度小于1mm，岩壁微风化</td><td>节理面略粗糙，张开度小于1mm，岩壁强风化</td><td>节理面有擦痕，或断层泥厚1~5mm，张开度1~5mm，连续</td><td colspan="3">软弱的断层泥厚大于5mm或张开度大于5mm，连续</td></tr>
<tr><td colspan="2">定额分值</td><td>30</td><td>25</td><td>20</td><td>10</td><td colspan="3">0</td></tr>
<tr><td rowspan="4">5</td><td rowspan="3">地下水</td><td>每10m隧洞的流量/L·min^{-1}</td><td>无</td><td><10</td><td>10~25</td><td>25~125</td><td colspan="3">>125</td></tr>
<tr><td>节理水压力/主应力</td><td>0</td><td>0~0.1</td><td>0.1~0.2</td><td>0.2~0.5</td><td colspan="3">>0.5</td></tr>
<tr><td>一般状态</td><td>完全干燥</td><td>稍潮湿</td><td>潮湿</td><td>滴水</td><td colspan="3">有水流出或溢出</td></tr>
<tr><td colspan="2">定额分值</td><td>15</td><td>10</td><td>7</td><td>4</td><td colspan="3">0</td></tr>
</table>

表 2-10 RMR 附加指标取值

<table>
<tr><td rowspan="2">节理产状与巷道工程的关系</td><td colspan="4">节理走向与巷道轴线垂直</td><td colspan="2" rowspan="2">节理走向与巷道轴线平行</td><td rowspan="2">不考虑走向与巷道轴线关系</td></tr>
<tr><td colspan="2">顺倾向掘进</td><td colspan="2">逆倾向掘进</td></tr>
<tr><td>节理倾角/(°)</td><td>45~90</td><td>20~45</td><td>45~90</td><td>20~45</td><td>45~90</td><td>20~45</td><td>0~20</td></tr>
<tr><td>影响程度</td><td>最有利</td><td>有利</td><td>尚可</td><td>不利</td><td>最不利</td><td>尚可</td><td>不利</td></tr>
<tr><td>评分修正值</td><td>0</td><td>-2</td><td>-5</td><td>-10</td><td>-12</td><td>-5</td><td>-10</td></tr>
</table>

六个指标根据实际情况，参照上述两个表格进行取值，然后相加即可得到最终的分值。根据 RMR 数值，围岩稳定性分为 5 级，见表 2-11。

表 2-11 RMR 分级法结果

定额总分值	81~100	61~80	41~60	21~40	<20
岩体分级	Ⅰ	Ⅱ	Ⅲ	Ⅳ	Ⅴ
说明	极坚硬岩体	坚硬岩体	中等坚硬岩体	软弱岩体	非常软弱岩体

RMR 分级法比较重视结构面影响，但未考虑到岩体的应力，适用于浅埋的坚硬节理岩体。

2.4.5.3 BQ 分级法

我国工程岩体分级方法的研究，真正取得重大进展是在 20 世纪 80 年代，比国际上大约晚 10 年。到目前为止，工程岩体分级的国家标准已正式颁布执行，国家标准、部颁标准、部颁规范以及通过部级以上鉴定的标准和规范中所包括有岩体分级内容的方法达十余种。这些分级方法思路层次清晰，分级因素抓住了控制岩体质量和稳定性的最主要因素，而且分级的输入部分（即分级因素）、输出部分（即供设计施工采用的岩体物理力学参数、支护方案、支护参数等）清楚，使用方便。20 世纪 80 年代以后，大量数学方法，如概率统计、聚类分析、模糊数学等应用于岩体分级方法的研究，我国工程岩体分级研究取得了很大进展。

《工程岩体分级标准》（GB 50218—2014）提出两步分级法：第一步，按岩体的基本质量指标 BQ 进行初步分级；第二步，针对各类工程岩体的特点，考虑其他影响因素，如天然应力、地下水和结构面方位等对 BQ 进行修正，再按修正后的［BQ］进行稳定性分级。

《工程岩体分级标准》认为岩石的坚硬程度和岩体完整程度所决定的岩体基本质量，是岩体所固有的属性，是有别于工程因素的共性，岩体基本质量好，则稳定性也好，反之，稳定性差。岩体基本质量指标 BQ 值以 103 个典型工程为抽样总体，采用多元逐步回归和判别分析法建立了岩体基本质量指标表达式：

$$BQ = 90 + 3\sigma_{cw} + 250K_V \tag{2-4}$$

式中 σ_{cw}——岩石单轴（饱水）抗压强度；

K_V——岩体完整性系数。

在使用评分计算公式（2-4）时，必须遵守下列条件：

当 $\sigma_{cw} > 90K_V + 30$ 时，以 $\sigma_{cw} = 90K_V + 30$ 代入式（2-4）求 BQ 值；

当 $K_V > 0.04\sigma_{cw} + 0.4$ 时，以 $K_V = 0.04\sigma_{cw} + 0.4$ 代入该式（2-4）求 BQ 值。

岩石的饱和单轴抗压强度按照表 2-12 进行分类。

表 2-12 岩石坚硬程度划分表

岩石饱和单轴抗压强度 σ_{cw}/MPa	>60	30~60	15~30	5~15	<5
坚硬程度	坚硬岩	较坚硬岩	较软岩	软岩	极软岩

岩体完整程度划分见表 2-13。表中岩体完整性系数 K_V 可用声波测试方法按式（2-5）确定。

$$K_V = \left(\frac{v_{pm}}{v_{pr}}\right)^2 \tag{2-5}$$

式中 v_{pm}——岩体纵波速度；

v_{pr}——岩块纵波速度。

当无声波资料时，也可由岩体单位体积裂隙系数 J_V 按表 2-13 的对应关系查出。

表 2-13 岩体完整程度划分

岩体完整性系数 K_V	>0.75	0.55~0.75	0.35~0.55	0.15~0.35	<0.15
J_V/条·m^{-3}	<3	3~10	10~20	20~35	>35
完整程度	完整	较完整	较破碎	破碎	极破碎

按 BQ 值和岩体质量的定性特征，工程岩体划分为 5 级，见表 2-14。

表 2-14 岩体质量分级

基本质量级别	岩体质量的特征	岩体基本质量指标（BQ）
Ⅰ	坚硬岩，岩体完整	>550
Ⅱ	坚硬岩，岩体较完整；较坚硬岩，岩体完整	451~550
Ⅲ	坚硬岩，岩体较破碎；较坚硬岩或软、硬岩互层，岩体较完整；较软岩，岩体完整	351~450
Ⅳ	坚硬岩，岩体破碎；较坚硬岩，岩体较破碎或破碎；较软岩或较硬岩互层，且以软岩为主，岩体较完整或较破碎；软岩，岩体完整或较完整	251~350
Ⅴ	较软岩，岩体破碎；软岩，岩体较破碎或破碎；全部极软岩及全部极破碎岩	<250

工程岩体的稳定性，除与岩体基本质量的好坏有关外，还受地下水状况、主要软弱结构面分布及原岩应力的影响。应结合工程特点，考虑各影响因素对岩体基本质量指标进行修正，作为不同工程岩体分级的定量依据。对于隧道及地下工程，围岩稳定性等级修正值［BQ］按式（2-6）计算。

$$[BQ] = BQ - 100(K_1 + K_2 + K_3) \tag{2-6}$$

式中，K_1、K_2和 K_3分别为地下水，结构面及地应力的修正系数，按照表 2-15~表 2-17 进行取值。

表 2-15 修正系数 K_1 取值表

K_1	>450	350~450	250~350	<250
潮湿或点滴状出水	0	0.1	0.2~0.3	0.4~0.6
淋雨状或涌流状出水，水压不大于 0.1MPa 或单位水量 10L/min	0.1	0.2~0.3	0.4~0.6	0.7~0.9
淋雨状或涌流状出水，水压大于 0.1MPa 或单位水量 10L/min	0.2	0.4~0.6	0.7~0.9	1.0

表 2-16 修正系数 K_2 取值表

结构面产状及其与硐轴线的组合关系	结构面走向与轴线夹角 $\alpha \leqslant 30°$，倾角 $\beta = 30° \sim 75°$	结构面走向与硐轴线夹角 $\alpha > 60°$，倾角 $\beta > 75°$	其他组合
K_2	0.4~0.6	0~0.2	0.2~0.4

表 2-17 修正系数 K_3 取值表

K_3	>550	450~550	350~450	250~350	<250
极高应力区（$\sigma_{cw}/\sigma_{max}<4$）	1.0	1.0	1.0~1.5	1.0~1.5	1.5
高应力区（$\sigma_{cw}/\sigma_{max}=4\sim7$）	0.5	0.5	0.5	0.5~1.0	0.5~1.0

通过修正以后，该分级方法的适用范围进一步扩展，能较好地适应各类岩石。

2.5 围 岩 压 力

2.5.1 岩体初始应力状态

岩体初始应力状态是指隧道开挖前未扰动的岩体应力状态。任何物体受地心引力的作用都处于自重力作用状态。对于地壳岩体来说，它还经历了长期的地质构造运动，岩体处于更为复杂的受力状态，这种受力状态称为岩体的初始应力，也称原始应力、地应力或一次应力。

瑞士地质学家海姆通过观察大型越岭隧道围岩的工作状态，首先提出地应力的概念。1905 年至 1912 年，海姆假定岩体中有一个垂直应力和水平应力，并认为垂直应力与上覆岩层重量有关，水平应力与垂直应力相等。

1915 年瑞典人哈斯特首先在斯堪的纳维亚半岛开创了地应力的量测工作，通过量测与理论分析证明，地应力是个非稳定的应力场，它是时间与空间的函数。但人类工程活动所涉及的那一部分地壳岩体，在工程活动期限内除少数构造活动带外，时间上的变化可不予考虑。

地应力着重考虑重力和构造应力，但由于地下工程所处范围内情况十分复杂，对构造应力目前尚难完全搞清楚，因此目前主要研究岩体重力所形成的应力场。对于需要确切了解包含有构造应力的地应力，一般宜通过实地量测加以确定。

对于自重形成的应力场，是建立在假定岩体是均匀连续介质这一基础上的，可运用连续介质理论进行分析。

设岩体为半无限体，地面为水平，距地表深度 h 处取一个单元体，其上作用有应力 σ_1、σ_2、σ_3，如图 2-6 所示。该单元体处于受力的平衡状态，变形运动相对为静止状态，在上覆岩体自重作用下，其垂直应力 σ_1 为：

$$\sigma_1 = \gamma h \tag{2-7}$$

式中 γ——岩体容重；

h——单元体所处的深度。

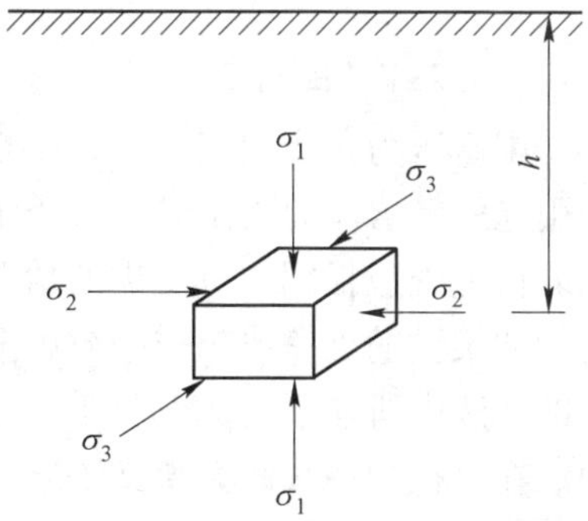

图 2-6 地下岩土单元体受力图

若岩体由多种不同的水平岩层所组成，每一岩层的厚度为 h_i，容重为 γ_i，则岩体的垂直应力为：

$$\sigma_i = \sum_{i=1}^{n} \gamma_i h_i \tag{2-8}$$

式中 n——水平岩层的层数。

由于单元体的侧向变形受到周围地层的限制，因此产生了侧向应力 σ_2 和 σ_3，其数值由上覆岩体的自重和地层的物理力学性质所决定。如把岩体看作各向同性的弹性体，则

$$\sigma_2 = \sigma_3 = \lambda\sigma_1 = \lambda\gamma h \quad 或 \quad \sigma_2 = \sigma_3 = \lambda \sum_{i=1}^{n} \gamma_i h \tag{2-9}$$

式中 λ——侧压力系数。

根据侧向变形（ε_2，ε_3）为零的条件，由物理方程有：

$$\varepsilon_2 = \frac{\sigma_2}{E} - \frac{\sigma_1}{E}\mu - \frac{\sigma_3}{E}\mu = 0$$

则

$$\sigma_2 = \frac{\mu}{1-\mu}\sigma_1, \quad \lambda = \frac{\mu}{1-\mu} \tag{2-10}$$

式中 μ——岩体的泊松比。

显然，当垂直应力已知时，侧向应力的大小决定于岩体的泊松比。大多数岩体的泊松比变化在0.15~0.35的范围内，而计算所得的 λ 值在0.18~0.54之间，因此在自重应力场中，通常侧向应力小于垂直应力。

深度对初始应力状态有着重大的影响，随着深度的增加，σ_1 和 $\sigma_2(\sigma_3)$ 也在增大，但岩体本身的强度是有限的，当 σ_1 和 σ_2 增加到一定值后，其物性值（E 和 μ）及 λ 值开始发生变化，并随着深度的增加 λ 值将趋于1，此时与静水压力相似，岩体接近流动状态。

由此可见，岩体自重应力场中的垂直应力和侧向应力随深度而变化，岩体的应力状态可能是处于弹性、隐塑性或流动状态。根据量测资料分析，在通常隧道的埋深情况下，岩体可近似认为处于弹性状态。

2.5.2 围岩压力的概念与分类

2.5.2.1 围岩压力的概念

围岩压力是指引起地下开挖空间周围岩体和支护变形或破坏的作用力。它包括由地应力引起的围岩应力及围岩变形受阻而作用在支护结构上的作用力。因此，从广义来理解，围岩压力既包括围岩有支护的情况，也包括围岩无支护的情况；既包括作用在普通的传统支护如架设的支撑或施作的衬砌上所显示的力学性态，也包括在锚喷和压力灌浆等现代支护的方法中所显示的力学性态。从狭义来理解，围岩压力是围岩作用在支护结构上的压力。在工程中一般研究狭义围岩压力。

2.5.2.2 围岩压力分类

围岩压力按作用力发生的形态分，一般可分为如下几种类型。

（1）松动压力。由于开挖而松动或坍塌的岩体以重力形式直接作用在支护结构上的压力称为松动（散）压力。松动压力按作用在支护上的位置不同分为竖向压力、侧向压力和底压力。松动压力通常发生在下列三种情况：

1）在整体稳定的岩体中，可能出现个别松动掉块的岩石。

2）在松散软弱的岩体中，坑道顶部和两侧边帮冒落。

3）在节理发育的裂隙岩体中，围岩某些部位沿软弱面发生剪切破坏或拉坏等局部塌落。

(2) 形变压力。它是由于围岩变形受到与之密贴的支护如锚喷等的抑制，而使围岩与支护结构共同变形过程中，围岩对支护结构施加的接触压力。所以形变压力除与围岩应力状态有关外，还与支护时间和支护刚度有关。

(3) 膨胀压力。当岩体具有吸水膨胀崩解的特征时，由于围岩吸水而膨胀崩解所引起的压力称为膨胀压力。它与形变压力的基本区别在于它是由吸水膨胀引起的。

(4) 冲击压力。它通常是由“岩爆”引起的。当围岩中积累了大量的弹性变形能之后，在开挖时，隧道由于围岩的约束被解除，被积累的弹性变形能会突然释放，引起岩块抛射所产生的压力称为冲击压力。

由于冲击压力是岩体能量的积累和释放问题，所以它与弹性模量直接相关，弹性模量大的岩体，在高地应力作用下，易于积累大量的弹性变形能，一旦遇到适宜条件，它就会突然猛烈地大量释放。

2.5.3 影响围岩压力的因素

影响围岩压力的因素很多，通常可分为两大类：一类是地质因素，它包括原始应力状态、岩石力学性质、岩体结构面等；另一类是工程因素，它包括施工方法、支护设置时间、支护本身刚度、坑道形状等。

在隧道开挖过程中，由于受到开挖面的约束，其附近的围岩不能立即释放全部瞬时弹性位移，这种现象称为开挖面的“空间效应”。如在“空间效应”范围（一般为1~1.5倍洞跨）内，设置支护就可减少支护前的围岩位移值。所以采用紧跟开挖面支护的施工方法，可提高围岩的稳定性。

复习思考题

2-1 简述岩石和岩体的概念，两者主要的区别是什么？

2-2 围岩主要的工程性质包括哪些？

2-3 围岩稳定性影响因素包括哪些？

2-4 围岩压力包括哪些类型？请分别解释。

2-5 围岩稳定性分级方法主要包含哪些内容？

3 水平岩石隧（巷）道的爆破法施工

水平岩石巷道是矿山地下开采中最为常见的地下工程，也是施工企业承担施工任务最多的地下工程。这些工程的施工方法主要有钻眼爆破法和掘进机法两大类。从目前来看，钻眼爆破法是使用最多的施工方法。

本章主要介绍以钻眼爆破法为主的地下工程施工工艺与技术。

3.1 巷道断面设计

矿山巷道数量多，类型复杂，用途广，是联系井下各工作场所的主要通道。水平巷道的设计与施工在地下矿山的生产和建设中非常重要，是矿床开采的基础工程，如阶段运输巷道、石门、凿岩巷道等。水平巷道的设计依据主要包括工程地质和水文地质资料（如岩体构造要素、裂隙发育情况、溶洞充填情况、渗透系数、涌水量等），水平巷道的服务年限和用途以及通风、防火、卫生要求，运输设备的类型和规格尺寸、坑内外运输的联系，水平巷道的装备和管缆的规格尺寸、数量及假设要求等。

3.1.1 断面形状分类

地下金属矿山巷道断面按照轮廓线可分为折线和曲线两大类。折线形有矩形、梯形、不规则形等；曲线形包括圆形、半圆形、椭圆形、圆弧拱形、三心拱形及马蹄形等，如图3-1所示。

3.1.2 断面的选择

巷道断面形状的选择（见图3-1），主要考虑巷道的位置及围岩性质（地压大小和方向）、巷道的用途及服务年限、支护类型、掘进方法和设备等因素。

（1）地压大小。梯形或矩形断面仅适用于巷道顶压和侧压均不大的情况。拱形断面适用于顶压较大、侧压较小的情况；当顶压、侧压均大时，可采用曲墙拱形（把墙也作成曲线形，如马蹄形）；当顶压、侧压均大，同时有底鼓时，应采用封闭式（带底拱的马蹄形、椭圆形或圆形）断面。在巷道围岩坚固稳定，地压和水压不大，且不易风化的岩体中，可采用不支护的拱形断面（设计时按圆弧拱或三心拱考虑）。

（2）巷道的用途和年限。巷道断面形状的选择要考虑巷道的用途和服务年限。服务年限较长的开拓巷道应采用料石、混凝土和锚喷支护等拱形断面。采准巷道可采用梯形断面、锚喷支护拱形断面。服务年限较短的回采巷道，可采用金属支架或可压缩性金属支架的矩形断面及锚网支护或锚网索支护的矩形断面或略带拱形的矩形断面。

（3）支护材料与方式。支护方式也直接影响断面形状的选择。液压支架等仅适用于梯形和矩形断面；钢筋混凝土与喷射混凝土支护多适用于拱形断面；而金属支架和锚杆支

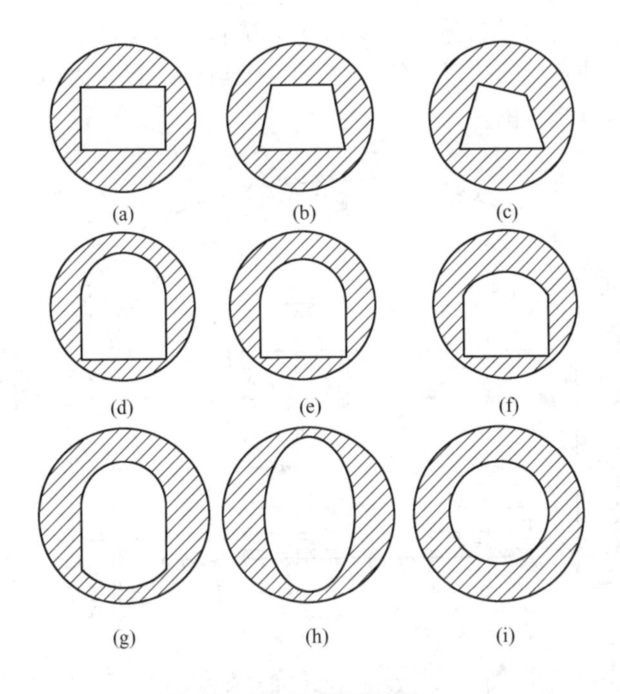

图 3-1　巷道断面形状
（a）矩形；（b）梯形；（c）半梯形；（d）半圆拱形；（e）圆弧拱形；
（f）三心拱形；（g）封闭拱形；（h）椭圆形；（i）圆形

护可适用于任何形状的断面。

（4）巷道施工方法和设备。巷道断面形状的选择要考虑所选用的掘进方法和设备的影响。目前，岩石平巷掘进仍以钻眼爆破法为主，它能适应任何形状的断面。由于锚喷支护的广泛应用，巷道断面多采用半圆拱和圆弧拱形。在使用全断面掘进机掘进的岩石平巷，选用圆形断面更为合适。

（5）通风阻力。在通风量大的矿井中，选择通风阻力小的断面形状（曲线形）和支护形式。

上述几个因素密切相关，其中地压和巷道的用途与年限是主要影响因素，在实际应用中要综合考量，合理选择。

3.1.3　净断面尺寸的确定

不同用途的巷道，断面尺寸的设计也不相同。根据《金属非金属安全规程》规定，巷道净断面必须满足行人、运输、通风、安全设施及设备安装检修、施工的需要。因此，巷道断面尺寸取决于巷道的用途，存放或通过的机械、器材和运输设备的数量及规格，人行道宽度和各种安装间隙以及巷道的通风量等。

3.1.3.1　巷道净宽确定

直墙拱形和矩形巷道断面净宽度是指巷道两侧内壁或锚杆出露终端之间的水平距离。对于梯形巷道，当其内设置运输机械或者通行矿车、电机车时，其净宽度是指从底板起 1.6m 高度水平的巷道宽度。

运输巷道净宽度由运输设备最大宽度和《金属非金属安全规程》规定的人行道宽度以及有关安全间隙组成；无运输设备的巷道，应根据行人和通风需要来选取。图 3-2 所示为拱形双轨巷道净宽度示意图。

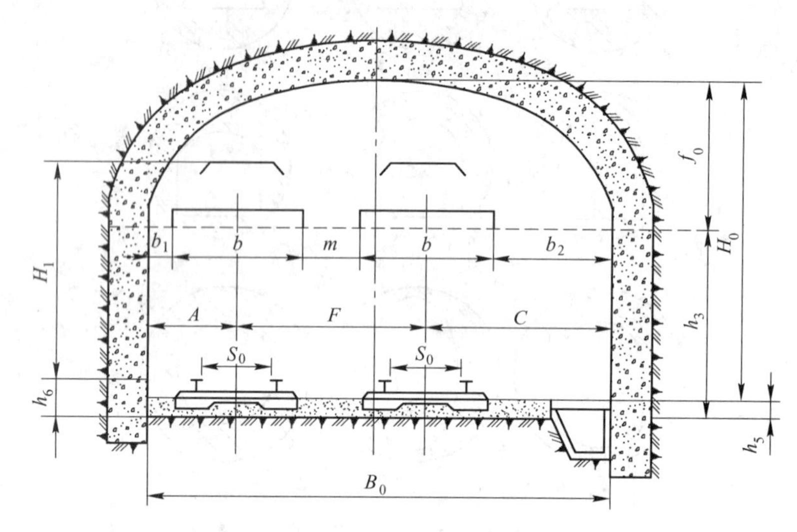

图 3-2 双轨拱形巷道净断面宽度

A—非人行道侧线路中心线到支架的距离，mm；

F—双轨运输线路中心距，mm，还要考虑设置渡线道岔的可能性；

C—人行道侧线路中心线到支护体的距离，mm

净宽度为：

$$B_0 = m + 2b + b_1 + b_2 \tag{3-1}$$

式中 b——运输设备的宽度，mm；

b_1——运输设备到支护体的间隙，mm，见表 3-1；

b_2——人行道的宽度，mm，见表 3-2，要求双轨线路之间及溜矿口一侧禁设人行道；人行道尽量不穿越或少穿越线路；在人行道侧铺设管路（架高铺设除外）时，要相应增加人行道宽度；

m——两列对开列车最突出部分间距，mm，见表 3-2。

表 3-1 各种安全间隙 （mm）

运输设备	各种安全间隙 m			设备与支护之间的距离 b_1
	化工部门	冶金部门	建材部门	化工部门
小于 3.5m³ 矿车	≥300	≥300	≥300	≥300
小于 10m³ 矿车	≥300	≥600	≥300	≥600
无轨运输		≥600		≥600
带式输送机		≥400	≥400	≥400

巷道净宽度确定后，还要检查其是否能满足掘进机械化装载和铺设临时双轨调车以及运输综采支架的要求。一般拱形断面的主要运输巷道净宽度不小于 2.4m，采场巷道净宽度不小于 2.0m，且确定的巷道净宽度，应按只进不舍的原则，以 0.1m 递进。

表 3-2 人行道宽度 (mm)

部门	电机车		无轨运输	带式输送机	人车停车处的巷道两侧	矿车摘挂钩处两侧
	<14t	≥14t				
冶金部门	800	≥800	≥1200		≥1000	
建材部门	800	≥800	≥1200	≥1000	≥1000	≥1000
化工部门	800	≥800	≥1200		≥1000	

确定梯形巷道断面的净宽度，一般根据标准顶梁的尺寸、棚腿斜角推算。

3.1.3.2 巷道净高度的确定

矩形、梯形巷道的净高度是指自道渣面或巷道底板至顶梁或顶部喷层面、锚杆出露终端的高度；拱形巷道的净高度是指自道渣面至拱顶或锚杆出露终端的高度（包括墙高和拱高）。

矿山安全规程规定，主要运输巷道和主要通风巷道的净高，自轨道面起不低于 2m。架线电机车运输巷道的净高，必须符合规定：电机车架空线的悬挂高度，自轨面起在行人巷道、车场以及人行道与运输巷道交叉的地方不小于 2m；在非行人巷道内不小于 1.9m；在井底车场，从井底到乘车场不小于 2.2m；电机车架空线与巷道顶板或棚梁之间的距离不小于 0.2m。

对拱形巷道的净高度，要确定其净拱高和自底板起的壁高，如图 3-2 所示，净高为：

$$H_0 = f_0 + h_3 - h_5 \tag{3-2}$$

式中 H_0——拱形巷道的净高度，m；

f_0——拱形巷道的拱高，m；

h_3——拱形巷道的墙高，m；

h_5——道渣高度，m。

（1）确定拱高 f_0。半圆拱的拱高 f_0 为巷道净宽的 1/2，即 $f_0 = B/2$。圆弧拱的拱高，一般取巷道净宽的 1/3，即 $f_0 = B/3$。为提高圆弧拱的受力性能，也有取拱高 $f_0 = 2B/5$。金属矿山可取拱高 $f_0 = (1/5 \sim 1/4)B$。

（2）确定墙高 h_3。拱形巷道的墙高是指自巷道底板至拱基线的垂直距离。其取值应满足架线电机车导电弓子顶端两切线的交点处与巷道拱壁间最小安全间隙、管道的架设高度、人行高度、1.6m 高度人行道宽度和设备上缘至拱壁最小安全间隙等要求。

设有架线电机车的巷道，一般按架线电机车导电弓子和管道安设高度的要求计算就能满足设计要求；其他巷道，一般按行人高度计算即可满足设计要求。墙高应按只进不舍，并以 0.1m 进级的原则确定。

3.2 矿 山 法

由于矿山地下工程施工时普遍采用钻眼爆破法，因此钻眼爆破法又称为矿山法。矿山法是一种传统的施工方法，是人们在长期的施工实践中发展起来的。它是以木或钢构件作为临时支撑，待隧道开挖成型后，逐步将临时支撑撤换下来，而代之以整体式厚衬砌作为永久性支护的施工方法。它总是与钻眼、爆破技术联系在一起，所以也称为钻爆法。该法是岩石隧道最常用的施工方法，我国的铁路、水路、公路等地下通道绝大多数都采用此种方法修筑。

3.2.1 矿山法的原理

现代矿山法的基本原理是，隧道开挖后受爆破影响，岩体破裂形成松弛状态，随时都有可能坍落。基于这种松弛荷载理论依据，其施工方法是按分部顺序采取分割式一块一块地开挖，并要求边挖边撑以求安全，所以支撑复杂，木料耗用多。随着喷锚支护的出现，分部数目得以减少，并进而发展成新奥法。

用矿山法施工时，将整个断面分部开挖至设计轮廓，并随之修筑衬砌。当地层松软时，可采用简便挖掘机具进行，并根据围岩稳定程度，在需要时应边开挖边支护。分部开挖时，断面上最先开挖导坑，再由导坑向断面设计轮廓进行扩大开挖。分部开挖主要是为了减少对围岩的扰动，分部的大小和多少视地质条件、隧道断面尺寸、支护类型而定。在坚实、整体的岩层中，中、小断面的隧道可不分部而将全断面一次开挖。如遇松软、破碎地层，须分部开挖，并配合开挖及时设置临时支撑，以防止土石坍塌。

3.2.2 矿山法施工步骤

矿山法施工总体上可分为基本作业和辅助作业。基本作业包括钻爆与开挖、运输与出渣、支护和衬砌。辅助作业包括施工通风与除尘、施工排水与供水、施工供电与照明、压缩空气的供应等。按照施工顺序分，矿山法包括钻眼、装药、起爆、通风、出渣、放样、支护及测量 8 个步骤，如图 3-3 所示。

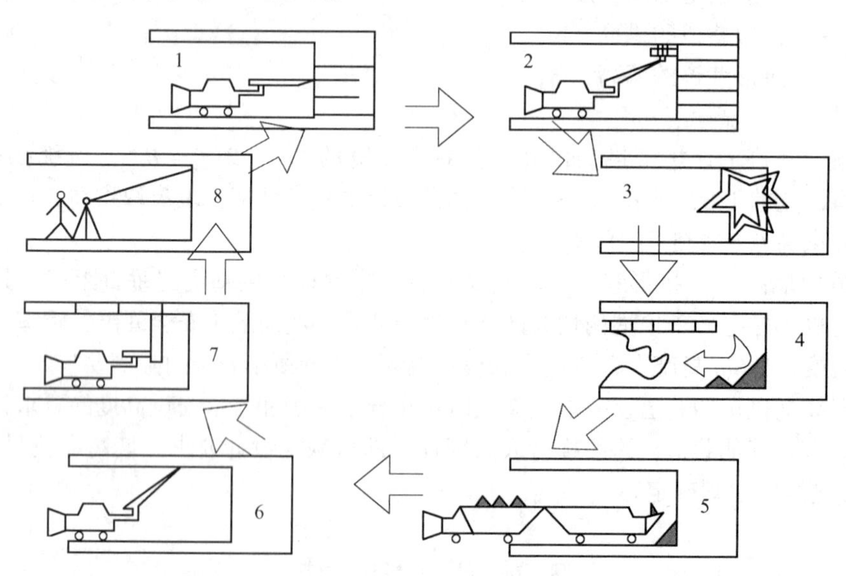

图 3-3 矿山法施工步骤

矿山法施工中遵循以下技术原则：

（1）因为围岩是隧道的主要承载单元，所以在施工中必须充分保护围岩，应根据地质条件、断面尺寸及施工方法等，采用控制爆破技术。

（2）为了充分发挥围岩的结构作用，应容许围岩有控制的变形。

（3）在施工中必须合理地决定支护结构的类型、支护结构参与工作的时间、各种支护手段的相互配合、底部封闭时间、一次掘进长度等。

（4）在施工中，必须进行实地量测监控，及时提出可靠的数量的量测信息，以指导施工和设计。

（5）在隧道施工过程中，建立“设计—施工检验—地质预测一量测反馈一修正”的一体化施工管理系统，以不断提高和完善隧道施工技术。

（6）在选择支护手段时，一般应选择能大面积牢固与围岩紧密接触的、能及时施设和应变能力强的支护手段，因此，多采用喷混凝土、锚杆金属网联合使用，有时也与钢支撑或格栅等配合使用；临时仰拱也是重要的，是不容忽视的支护手段。

（7）要特别注意，隧道施工过程是力学状态不断变化的过程，减少分部，也就有可能减少因分部过多而引起的围岩内的应力变化和围岩的松弛。因此，在有可能的条件下，应尽量采用全断面或大断面分部的开挖方法。

（8）使隧道断面在较短时间内闭合，应尽量采用先修筑仰拱（或临时仰拱）或铺底的施工方法。

（9）二次衬砌应采用先墙后拱的施工顺序。

3.3 开 挖 方 法

3.3.1 全断面一次开挖法

全断面一次开挖法是指将整个隧道开挖断面一次钻孔、一次爆破成型、一次初期支护到位的隧道开挖方法。对于符合条件的地质区域，应首先选用全断面施工法。在矿山，由于巷道断面比较小，基本均采用全断面一次开挖法。

全断面一次开挖法主要适用于Ⅰ~Ⅲ级围岩。当断面在50m^{2}以下，隧道又处于Ⅳ级围岩地层时，为了减少对地层的扰动次数，在进行局部注浆等辅助施工加固地层后，也可采用全断面一次开挖法施工，但在第四纪地层中时，断面面积一般在20m^{2}以下，施工中仍需特别注意围岩的稳定性变化。山岭隧道及小断面城市地下电力、热力、电信等管道多用此法。

该法的优点是：

（1）可以减少开挖对围岩的扰动次数，有利于围岩天然承载拱的形成。

（2）全断面开挖法有较大的作业空间，有利于采用大型配套机械化作业，提高施工速度，防水处理简单，且工序少，便于施工组织和管理。

该法的缺点是：

（1）对地质条件要求严格，围岩必须有足够的自稳能力。

（2）由于开挖面较大，围岩相对稳定性降低，且每循环工作量相对较大。

（3）当采用钻爆法开挖时，每次深孔爆破震动较大，因此要求进行精心的钻爆设计和严格的控制爆破作业。

全断面法施工顺序（见图3-4）：施工中先全断面开挖①，施作初期支护②；再开挖仰拱（捡底）③，浇筑仰拱砼④；待初期支护趋于稳定后，整体模筑二次衬砌⑤。

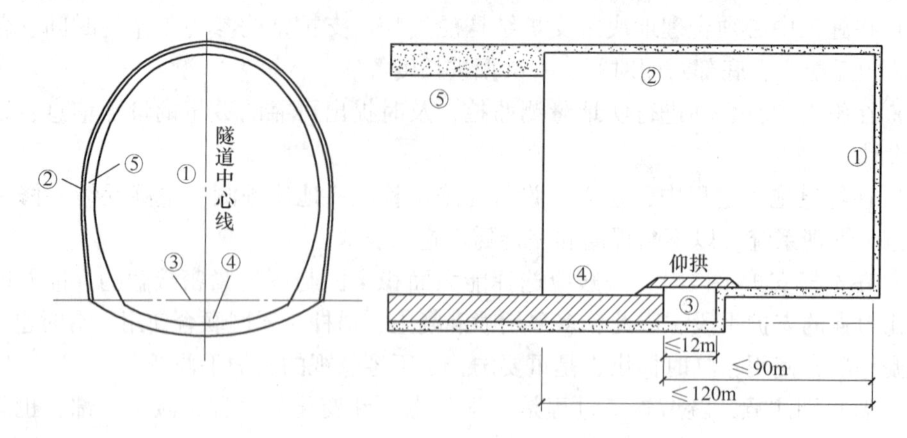

图 3-4　全断面施工步骤

全断面一次开挖施工工艺是一项综合程度较高的施工工艺，比分部开挖效率有很大提高。全断面一次开挖法的机械设备配套原则为配置设备生产能力高于进度指标，保证即使个别设备发生故障，施工生产也不致受到影响。同类机械设备尽可能采用同厂家设备，以便于维修、配件供应和通用互换，确保机械使用率。

常规的隧道全断面一次开挖法的设备通常有空压机、风动式凿岩机、自制式简易开挖台架（多臂作业台车）。

采用这种方法施工时，可用钻孔台车钻孔，一次爆破成洞，通风排烟后，用大型装岩机及配套的运载车辆将矸石运出。矿山巷道断面较小，一般先登矸进行拱部锚喷支护，矸石出完后再进行墙部支护。隧道断面大，通常需进行两次支护，初次支护用钢拱架及锚喷，故多先进行端部支护再支护拱，二次支护一般配备有活动模板及衬砌台车灌注且在后期进行。当采用锚喷支护时，一般由台车同时钻出锚杆孔。全断面一次开挖法施工工艺如图 3-5 所示。

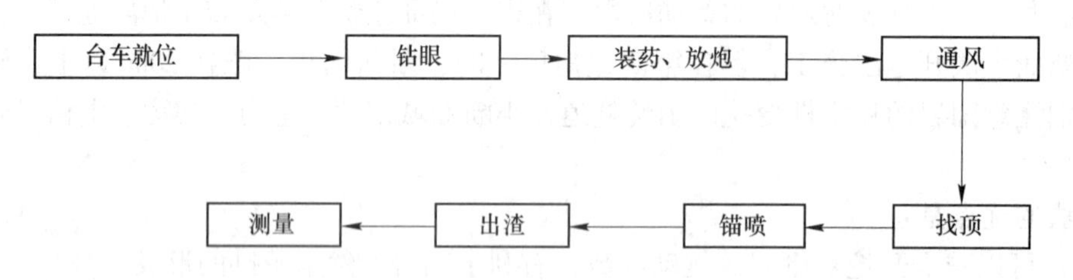

图 3-5　全断面一次开挖法施工工艺

具体施工步骤包括以下内容：

（1）钻孔台车钻眼、装药、连接导火线。

（2）台车退出、引爆炸药，开挖出整个隧道断面。

（3）排除危石（俗称“找顶”）。

（4）喷射拱圈混凝土，必要时安设拱部锚杆。

（5）装渣机将石渣装入运输车辆，运出洞外。

(6) 喷射边墙混凝土，必要时安设边墙锚杆。

(7) 根据需要可喷射第2层混凝土和隧道底部混凝土。

(8) 量测、判断围岩和初期支护的变形，为支护参数修改提供依据。

(9) 开始下一轮循环。

3.3.2 台阶法

台阶法施工就是将结构断面分成两个或几个部分，具有上下断面两个工作面或多个工作面，分步开挖。其优点是灵活多变、使用性强，有足够的作业空间和较快的施工速度，能较早地使支护闭合，有利于开挖面的稳定和控制其结构变形及由此引起的地面沉降。缺点是上下部作业有互相干扰，应注意下部作业时对上部稳定性的影响，台阶开挖会增加对围岩的扰动次数等。

3.3.2.1 台阶法的分类

台阶法按上下台阶的长度，分为长台阶法、短台阶法和超短（微）台阶法三种；按台阶布置方式的不同，分为正台阶、反台阶及台阶分部开挖法。

(1) 长台阶法。长台阶法的上、下台阶距离较远，一般上台阶超前50m以上或超前距离大于5倍的隧道宽度，如图3-6所示。施工中上下部可配置同类较大型机械并行操作，当机械不足时也可交替作业。当遇短隧道时，可将上部断面全部挖通后，再挖下半断面。该法的优点是施工干扰较少，可进行单工序作业。

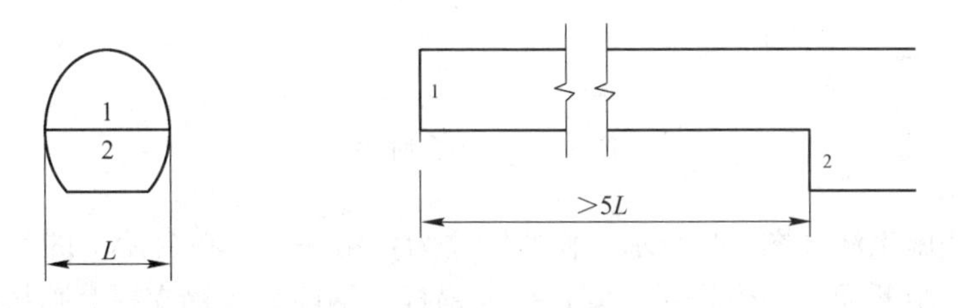

图3-6 长台阶法

长台阶法的作业顺序为：

1) 对于上半断面，用两臂钻孔台车钻眼、装药爆破，地层较软时亦可用挖掘机开挖。安设锚杆和钢筋网，必要时加设钢支撑、喷射混凝土。用铲斗为1.6m³的推铲机将石渣推运到台阶下，再由装载机装入车内运至洞外。根据支护结构形成闭合断面的时间要求，必要时在开挖上半断面后，可建筑临时底拱，形成上半断面的临时闭合结构，然后在开挖下半断面时再将临时底拱挖掉。但从经济观点来看，最好不这样做，而改用短台阶法。

2) 对于下半断面，用两臂钻孔台车钻眼、装药爆破。装渣直接运至洞外。安设边墙锚杆（必要时）和喷混凝土。用反铲挖掘机开挖水沟。喷底部混凝土。开挖下半断面时，其炮眼布置方式有两种：平行隧道轴线的水平眼；由上台阶向下钻进的竖直眼，又称插眼。前一种方式的炮眼主要布置在设计断面轮廓线上，能有效地控制开挖断面。后一种方式的爆破效果较好，但爆破时石渣飞出较远，容易损伤机械设备。

(2) 短台阶法。短台阶法的上台阶长度5~50m，或掘进长度小于1.5倍的隧道宽度，如图 3-7 所示。此法适用于Ⅳ～Ⅴ级围岩，可缩短仰拱封闭时间，改善初期支护受力条件，但施工干扰较大，当遇到软弱围岩时需慎重考虑，必要时应采用辅助开挖措施稳定开挖面，以保证施工安全。短台阶法的作业顺序和长台阶相同。

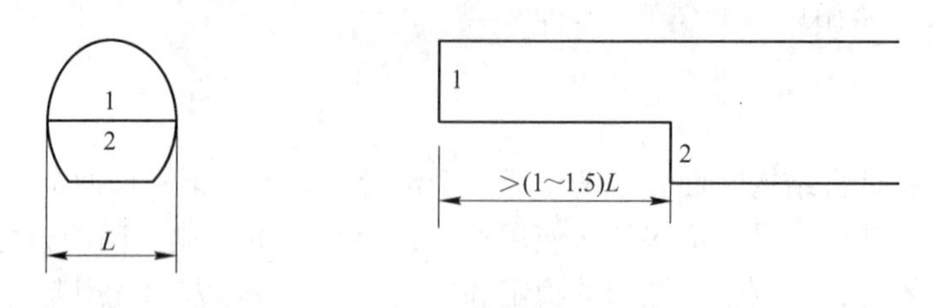

图 3-7　短台阶法

（3）超短台阶法。超短台阶法也称 4 台阶法。上台阶仅超前 3～5m，或小于隧道宽度，如图 3-8 所示。断面闭合较快。此法多用于机械化程度不高的各类围岩地段，当遇软弱围岩时需慎重考虑，必要时应采用辅助施工措施稳定开挖工作面，以保证施工安全。

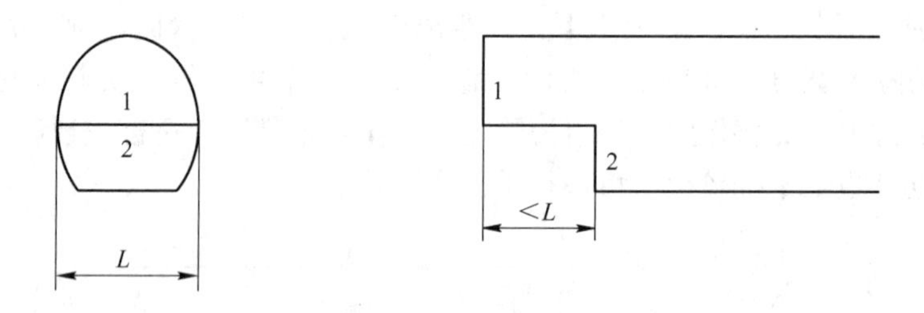

图 3-8　超短台阶法

超短台阶法施工法如图 3-9 所示。作业顺序为：用一台停在台阶下的长臂挖掘机或单臂掘进机开挖上半断面至一个进尺。安设拱部锚杆、钢筋网或钢支撑。喷拱部混凝土。用同一台机械开挖下半断面至一个进尺。安设边墙锚杆、钢筋网或接长钢支撑，喷边墙混凝土（必要时加喷拱部混凝土）。开挖水沟、安设底部钢支撑，喷底拱混凝土。灌注内层衬砌。

如无大型机械也可采用小型机具交替地在上下部进行开挖，由于上半断面施工作业场地狭小，常常需要配置移动式施工台架，以解决上半断面施工机具的布置问题。

由于超短台阶法初期支护全断面闭合时间更短，更有利于控制围岩变形。在城市隧道施工中，能更有效地控制地表沉陷。所以，超短台阶法适用于膨胀性围岩和土质围岩，要求及早闭合断面的场合，当然，也适用于机械化程度不高的各类围岩地段。

超短台阶法的缺点是上下断面相距较近，机械设备集中，作业时相互干扰较大，生产效率较低，施工速度较慢。

采用超短台阶法施工时应注意：在软弱围岩中施工时，应特别注意开挖工作面的稳定性，必要时可采用辅助施工措施，如向围岩中注浆或打入超前水平小钢管，对开挖面进行预加固或预支护。

（4）台阶分部开挖法。台阶分部开挖法又称环形开挖留核心土法，适用于一般土质或易坍塌的软弱围岩地段。上部留核心土可以支挡开挖工作面，增强开挖工作面的稳定，

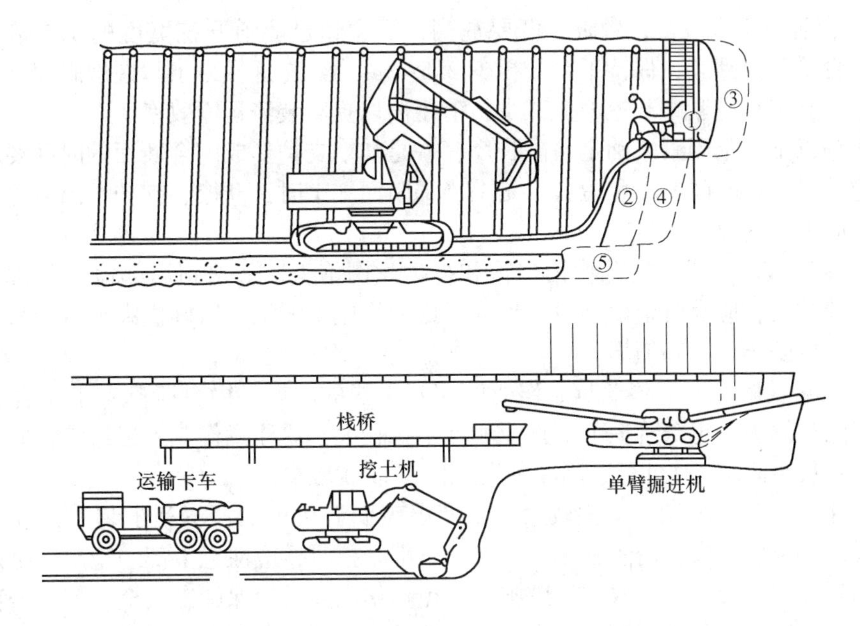

图 3-9 超短台阶法

施工安全性较好。一般环形开挖进尺为 0.5~1.0m，不宜过长，上下台阶可用单臂掘进机开挖，开挖和支护顺序如图 3-10 所示。

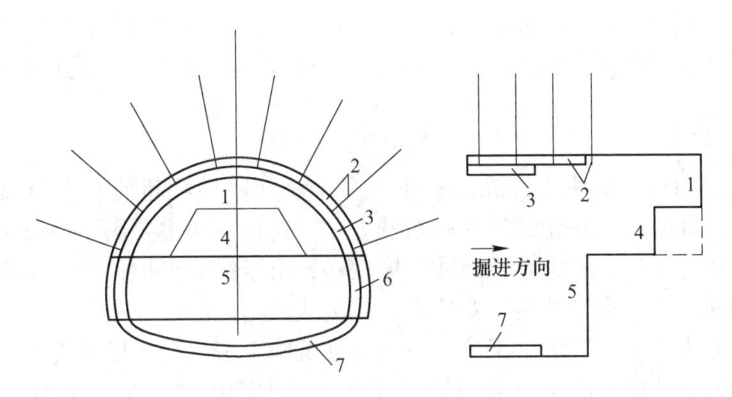

图 3-10 台阶分部开挖法

1—上弧形导坑开挖；2—拱部喷锚支护；3—拱部衬砌；4—中核开挖；
5—下部开挖；6—边墙部喷锚支护及衬砌；7—灌筑仰拱

与超短台阶法相比，台阶分部开挖法台阶的长度可以加长，相当于短台阶法的台阶长度，减少了上下台阶的施工干扰，施工速度可加快。而且较侧臂导坑法，台阶分部开挖法的机械化程度高。此法的缺点是开挖中围岩要经受多次扰动，而且断面分块多，支护结构形成全断面封闭的时间长，可能使围岩变形增大，需要结合辅助施工措施对开挖工作面及其前方岩体进行预支护或预加固。

3.3.2.2 台阶法的注意事项

采用台阶法进行施工时，需注意以下要点：

（1）台阶数不宜过多，台阶长度要适当，不宜超过隧道开挖宽度的1.5倍。一般以一个垂直台阶开挖到底，保持平台长至少2.5~3m为好，这样易于掌握炮眼深度和减少翻渣工作量，装渣机应紧跟开挖面，减少扒渣距离以提高装渣运输效率。

应根据以下两个因素来确定台阶长度：一是初期支护形成闭合断面的时间要求，围岩稳定性愈差，支护时间要求愈短；二是上半部断面施工时，开挖、支护、出渣等机械设备对工作空间大小的要求。

（2）个别破碎地段可配合喷锚支护和挂钢丝网施工。如遇到局部地段石质变坏，围岩稳定性较差时，应及时架设临时支护或考虑变换施工方法，留好拱脚平台，采用先拱后墙法施工，以防止落石和崩塌。

（3）应重视解决上下部半断面作业的相互干扰的问题。微台阶基本上是合为一个工作面进行同步掘进；短台阶上下部作业相互干扰较大，要注意作业施工组织，质量监控及安全管理；长台阶基本上上下部作业面已拉开，干扰较少。

（4）上部开挖时，因临空面较大，易使爆破面渣块过大，不利于装渣，应适当密布中小炮眼。但采用先拱后墙法施工时，对于下部开挖时，应注意上部的稳定，必须控制下部开挖厚度和用药量，并采取防护措施，避免损伤拱圈及确保施工安全。若围岩稳定性较好，则可以采取分段顺序开挖；若围岩稳定性较差，则应缩短下部掘进循环进尺；若稳定性更差，则可以左右错开，或先拉中槽后挖边帮。

（5）采用钻爆法开挖石质隧道时，应采用光面爆破或预裂爆破技术，尽量减少扰动围岩的稳定性。

（6）采用台阶法开挖的关键问题是台阶的划分形式。台阶划分要求做到爆破后扒渣量较少，钻眼作业与出渣运输干扰少。因此，一般分成1~2个台阶进行开挖。

3.3.3 导坑施工法

导坑法（矿山称导硐法）即先以一个或多个小断面导坑超前一定距离开挖，随后逐步扩大开挖至设计断面，并相继进行砌筑的方法。这种方法主要用于地质条件复杂或断面特大的洞室或隧道工程。矿山巷道断面一般较小，由于锚喷支护的广泛应用，已很少使用此法。隧道的断面大，穿过的地层变化多，导坑法使用广泛。

导坑法又分为中央下导坑施工法、中央上导坑施工法、上下导坑施工法和侧壁导坑施工法。其中侧壁导坑施工法又分为单侧壁导坑法（中隔墙法、交叉中隔墙）双侧壁导坑法（眼镜、双眼镜法）和双侧壁导坑先墙后拱法。

3.3.3.1 中央下导坑先墙后拱法

导坑位于隧道的中部并沿底板掘进。当导坑掘至预定位置后，再行开帮、挑顶，完成永久支护工作。施工顺序是先挑顶后开帮，在开帮的同时完成砌墙工作。该方法一般适用于围岩较稳定的隧道施工，一般为Ⅰ~Ⅱ级围岩石质隧道。施工工艺如图3-11所示。

图中，其下导坑①宜超前一定距离（一般超过50m），随后架设漏斗棚架，向上拉槽②和挑顶③。②部和③部之间的距离一般为15~20m，③部开挖完后立即进行刷帮，开挖④、⑤、⑥部，最后按先墙后拱的顺序衬砌浇筑。该法除下导坑和左右两帮（①和③部）外，其余各部位的岩渣均可经由漏斗漏到棚下的斗车内，再运出洞外。围岩条件允许时，可将①部与②部合并、③部与④部合并、⑤部与⑥部合并，即成为三部开挖法，使工序大为简化。漏斗棚架结构如图3-12所示。

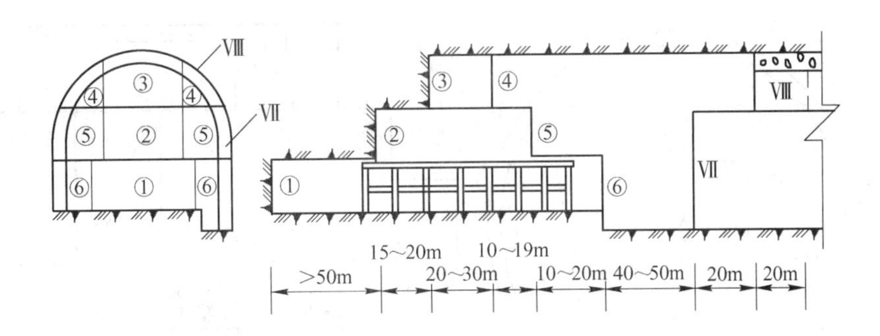

图 3-11 中央下导坑先墙后拱法施工工艺

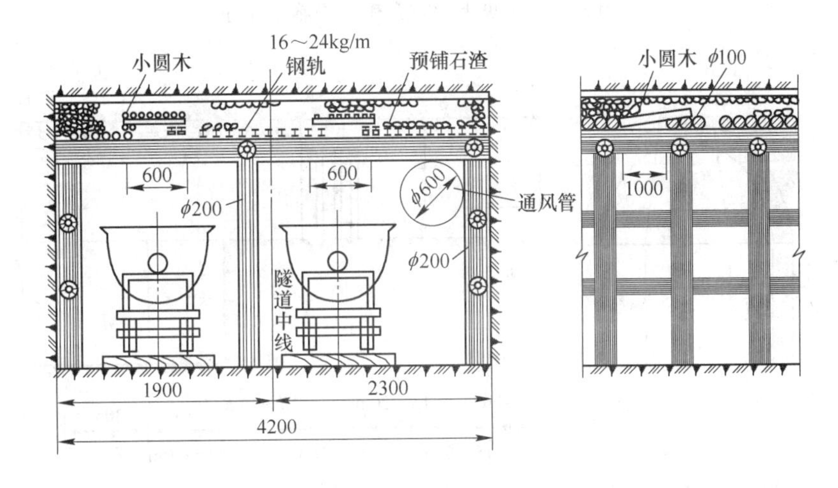

图 3-12 漏斗棚架结构

该施工方法的优点是可容纳较多人员同时施工，且可以小型机械为主施工，可利用棚架作脚手架，棚架上石渣可由漏斗口漏入车内，省力、速度快。但该法需要几十米长的棚架，需用大量木材、钢轨；爆破也易损坏棚架和风水管路；围岩暴露时间较长，对施工安全不利。

3.3.3.2 中央下导坑先拱后墙法

该法的施工程序如图 3-13 所示。以下导坑①领先，②部开挖的断面一般高 2.0m、宽 2.0m 左右。开挖时要多布孔，少装药，尤其应控制离排架较近炮眼的装药量。④部扩大开挖距③部一般 20m 左右，不宜太长，开挖的渣石不立即拉走，用其填平②部拉槽，作为衬砌工作平台。③、④部开挖后可立即用锚杆进行支护。扩大开挖完后，应立即灌注拱部混凝土。最后拆除棚架，开挖⑥部，并立即进行砌墙。

该法施工效率高，速度快，施工安全好，地层变化时，改换其他方法比较容易，但消耗木材和钢材较多，爆破易损坏棚架，衬砌整体性差。在条件允许时，也可将①、②部合并，③、④部合并，与⑥部形成三部开挖法，使工序简化。

3.3.3.3 中央上导坑施工法

本方法适用于随挖随砌的Ⅲ、Ⅳ级围岩的岩石及土质隧道。施工工艺如图 3-14 所示。

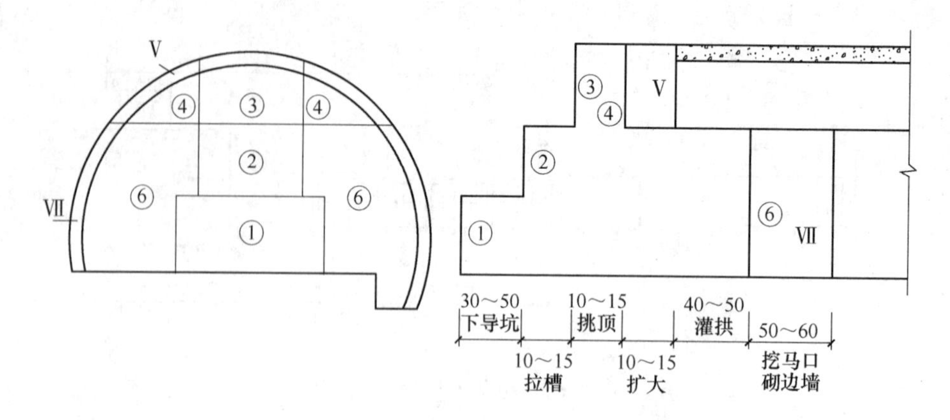

图 3-13　中央下导坑先拱后墙施工顺序

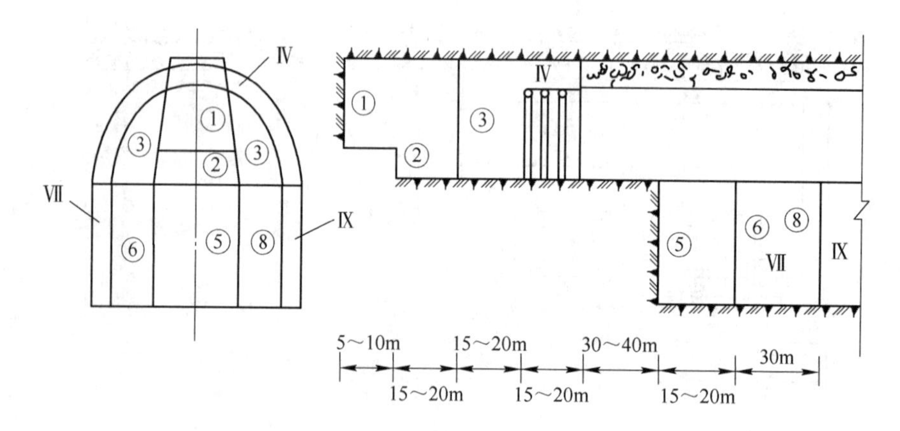

图 3-14　中央上导坑施工示意图

导坑①超前开挖并架临时支撑，随后落底②，更换导坑支撑，最后依次扩大两侧③，并立即进行砌筑。如岩质差、断面大，也可将导坑再分成几个小断面进行挖掘，先挖顶部后挖两帮并进行临时支撑，最后挖掉中间部分。土质隧道中，中间部分⑤可分三层进行。

两侧墙⑥、⑧采用马口开挖，每侧开挖完成后立即砌墙。马口开挖分对开马口和错开马口两种，如图 3-15（a）所示（括号内数字为错开马口）。对开马口即两帮马口同时相对开挖，适合于石质较好的隧道；错开马口即两帮马口相错开挖，适合于石质松软、破碎的隧道。马口长度以 4~8m 为宜，松软破碎围岩可小于 4m。

在岩石条件较差时，也可采用三步或四步跳跃法，如图 3-15（b）所示（括号内数字为四步跳跃法）。对开马口可不必来回跳跃，不会打坏对面边墙，风水管路及脚手架等不必多次拆装，可加快边墙施工速度。

3.3.3.4　上下导坑先拱后墙施工法

该法是软弱地层中修筑隧道的一种基本的传统方法，也是我国以往修筑隧道采用的最广泛的方法之一，它主要用于不稳定的或稳定性较差的Ⅲ~Ⅳ级围岩。

施工顺序如图 3-16 所示。首先开挖下导坑①，并尽快架设木支撑；在下导坑开挖面后 30~50m 处开挖上导坑②和架设木支撑，然后上导坑落底③；上、下导坑间开挖漏斗

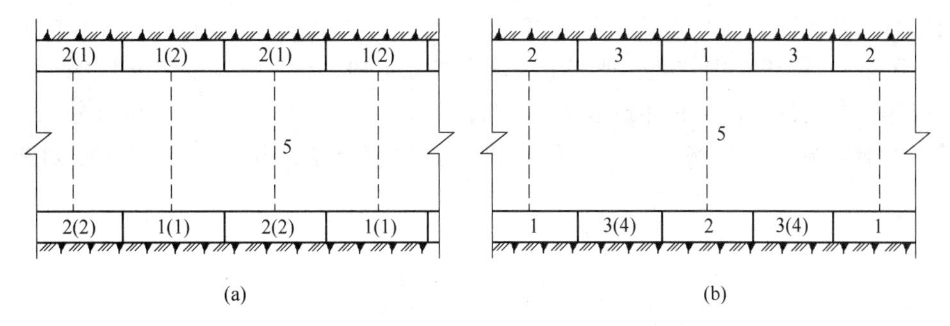

图 3-15 不同施工方法

(a) 马口形式；(b) 三步（四步）跳跃法

1~4—马口开挖顺序；5—拱圈施工缝

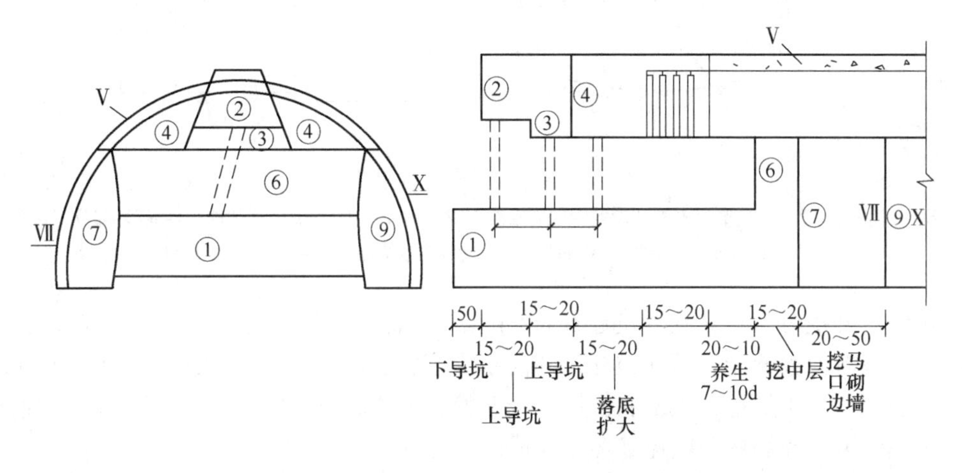

图 3-16 上下导坑先拱后墙施工法示意图

(见图中虚线所示)，以便于上部开挖出渣。由上导坑向两侧开挖④（“扩大”），边开挖边架设扇形木支撑；在扇形支撑之间立拱架模板，灌注拱圈混凝土（V），边灌注边顶替、拆除扇形支撑；开挖中层⑥（“落底”）；左右错开，纵向跳跃开挖马口⑦、⑨，每个马口的纵向长度不宜超过拱圈灌注节长的一半；紧跟马口开挖后，立即架设边墙模板，由下而上灌注边墙混凝土Ⅷ、X；挖水沟、铺底（在隧道底部铺设不小于10cm厚的混凝土)。

应说明的是，上导坑由②和③两部组成，这是因为当在软弱地层中施工时，由于木支撑难以及时支护，往往拱顶围岩会有较大的下沉，所以必须留足沉落量（20~50cm)，这就导致上导坑开挖高度较高，使得工人施工很不方便，故一般分为上、下两部开挖。

该施工方法的优点是在拱圈保护下进行拱下作业，施工安全；工作面多，便于拉开工序和安排较多的劳力，加快施工进度；当地质发生变化时，改变施工方法容易。其缺点是开挖两个导坑增加工程造价；开挖马口时施工干扰大；衬砌整体性差；工序多，不便于施工管理。

3.3.3.5 单侧壁导坑法

单侧壁导坑法是指在隧道断面一侧先开挖一导坑，并始终超前一定的距离，再开挖隧道其余部分，变大跨断面为小跨断面的隧道开挖方法。该法适用于围岩稳定性较差（如软弱松散围岩），隧道跨度较大，地表沉陷难以控制地段。该法确定侧壁导坑的尺寸很重要，一般侧壁导坑的宽度不宜超过洞宽的1/2，高度以到起拱线为宜，导坑可分二次开挖和支护，不需要架设工作平台，人工架立钢支撑也较方便，开挖和支护顺序如图3-17所示。

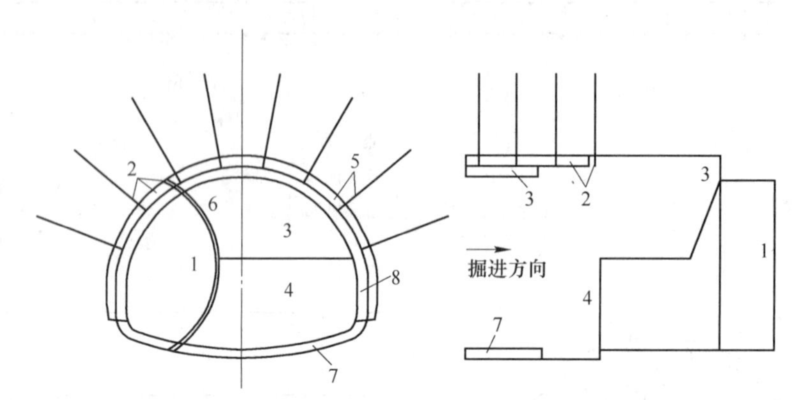

图3-17　单侧壁导坑施工法

1—侧壁导坑开挖；2—侧壁导坑锚喷支护及设置中壁墙临时支撑；3—后行部分上台阶开挖；4—后行部分下台阶开挖；5—后行部分喷锚支护；6—拆除中壁墙；7—灌筑仰拱；8—灌筑洞周衬砌

采用该法开挖时，单侧壁导坑超超前的距离一般在2倍的洞径以上。为了稳定工作面，必须采取超前大管棚、超前锚杆、超前小导管、超前预注浆等辅助施工措施进行超前加固。一般采用人工开挖、人工和机械配合开挖、人工和机械配合出渣。断面剩余部分开挖时，可适当采用控制爆破以免破坏已完成的临时支护。

该方法的优点是通过形成闭合支护的侧导坑将隧道断面的跨度一分为二，有效地避免了大跨度开挖造成的不利影响，明显地提高了围岩的稳定性。其缺点是因为要施作侧壁导坑的内侧支护，随后又要拆除，增加了工程造价。

3.3.3.6　中隔墙法

中隔墙法也称CD法（Center Diaphragm），是以台阶法为基础，将隧道断面从中间分成左右部分，使上下台阶左右各分成两个或多个部分，每一部分开挖并支护后形成独立的闭合单元。图3-18所示为一个典型的中隔墙法设计图。

本方法包含以下流程：

（1）利用上一循环架立的钢架施作隧道侧壁ϕ50超前钢花管及导坑侧壁ϕ22水平锚杆超前支护。

（2）人力配合机械开挖①部，高约为6.0m，宽约为7.5m；施作①部导坑周边的初期支护和临时支护，即初喷4cm厚混凝土；架立型钢钢架和I18临时钢架，并设锁脚锚杆（管），安装径向锚杆及铺设钢筋网片，复喷混凝土至设计厚度。

（3）在滞后于①部一段距离后，挖掘机开挖②部，人工整修表面；导坑周边部分初喷4cm厚混凝土；接长型钢钢架和I18临时钢架，并设锁脚锚杆（管）；钻设径向锚杆并铺设钢筋网片，复喷混凝土至设计厚度。

（4）在滞后于②部一段距离后，挖掘机开挖③部，人工整修表面，施作导坑周边初

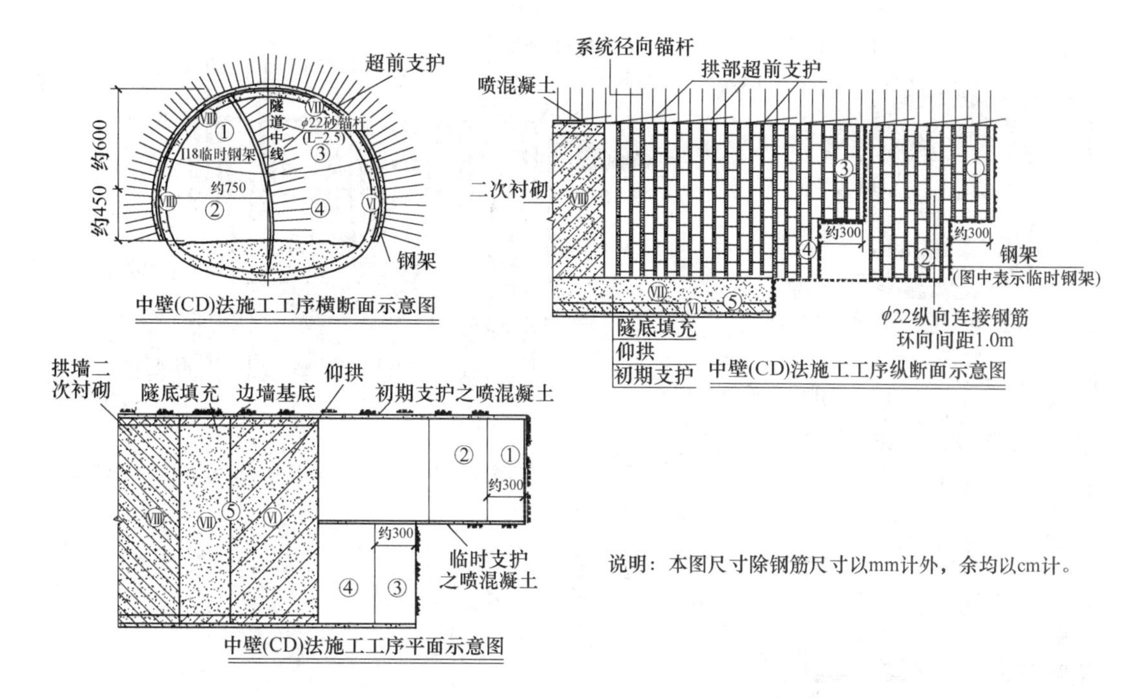

图 3-18　中隔墙法设计图

期支护，步骤及工序同①部。

(5) 在滞后于③部一段距离后，挖掘机开挖④部，人工整修表面，施作导坑周边初期支护，步骤及工序同②部。

(6) 在滞后于④部一段距离后，挖掘机开挖⑤部；接长 I18 临时钢架至隧底，底部垫槽钢。

(7) 根据监控量测结果分析，待初期支护收敛后，拆除 I18 临时钢架。

(8) 利用仰拱栈桥灌筑Ⅵ部边墙基础与仰拱。

(9) 利用仰拱栈桥灌筑仰拱填充Ⅶ部至设计高度。

(10) 利用衬砌模板台车一次性灌注Ⅷ部衬砌（拱墙衬砌一次施作）。

3.3.3.7　交叉中隔墙法（CRD 法）

交叉中隔墙法也称 CRD 法（Cross Diaphragm）。当 CD 法仍不能保证围岩稳定和隧道施工安全要求时，可在 CD 法的基础上对各分部加设临时仰拱，将原 CD 法先开挖中壁一侧改为两侧交叉开挖、步步封闭成环而改进发展的一种工法。

CRD 法最大的特点是将大断面施工化成小断面施工，各个局部封闭成环的时间段，控制早期围岩变形，每个步序受力体系完整。施工大量实例资料的统计结果表明，CRD 法比 CD 法减少地表下沉 50%。但 CRD 法施工工序复杂、隔墙拆除困难、成本高、进度较慢。CRD 法各分部间应拉开一定的距离，距离以保证掌子面稳定为准，一般为 1～1.5 倍洞径（此处的洞径取分部高度和跨度的大值），但在能保证掌子面围岩稳定的情况下，可适当缩短距离，以保证操作空间要求。典型 CRD 法施工设计如图 3-19 所示。

由图可知施工步骤为：

(1) 利用上一循环架立的钢架施作隧道侧壁 ϕ50 小导管及导坑侧壁 ϕ22 水平锚杆超

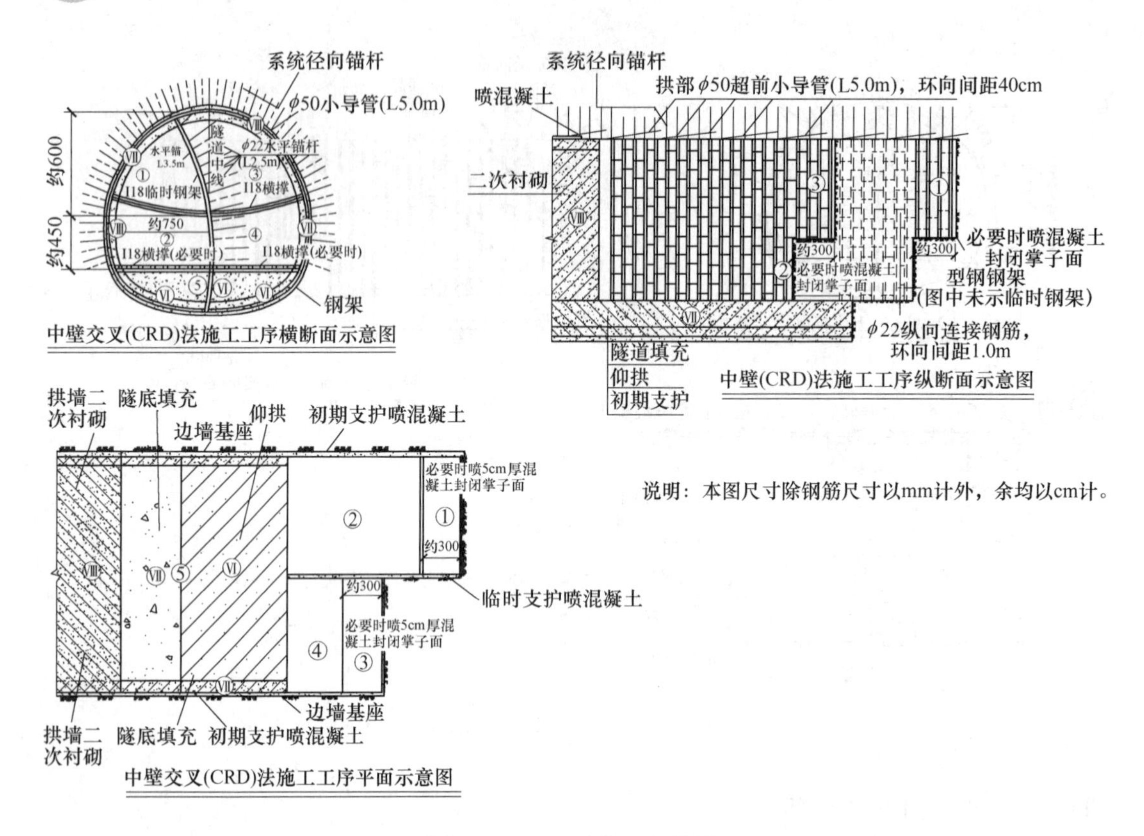

图 3-19　CRD 法施工工艺图

前支护。

（2）机械开挖①部，人工配合整修；必要时喷 5cm 厚混凝土封闭掌子面；施作①部导坑周边的初期支护和临时支护，即初喷 4cm 厚混凝土，架立型钢钢架和 I18 临时钢架，并设锁脚锚杆（管），安设 I18 横撑；安装径向锚杆后复喷混凝土至设计厚度。

（3）在滞后于①部一段距离后，机械开挖②部，人工配合整修，必要时喷 5cm 厚混凝土封闭掌子面，导坑周边部分初喷 4cm 厚混凝土，接长型钢钢架和 I18 临时钢架，安装锁脚锚杆（管），安设 I18 横撑，钻设径向锚杆后复喷混凝土至设计厚度。

（4）在滞后于②部一段距离后，机械开挖③部，人工配合整修，并施作导坑周边的初期支护，步骤及工序同①部。

（5）在滞后于③部一段距离后，机械开挖④部，人工配合整修，并施作导坑周边的初期支护，步骤及工序同②部。

（6）在滞后于④部一段距离后，机械开挖⑤部，人工配合整修；隧底周边部分初喷 4cm 厚混凝土；接长 I18 临时钢架，复喷混凝土至设计厚度。拆除下部横撑，安设型钢钢架仰拱单元，使之封闭成环。

（7）根据监控量测结果分析，待初期支护收敛后，拆除 I18 临时钢架及上部临时横撑。

（8）利用仰拱栈桥灌筑Ⅵ部边墙基础与仰拱混凝土。

（9）灌筑仰拱填充Ⅶ部至设计高度。

（10）利用衬砌模板台车一次性灌注Ⅷ部衬砌（拱墙衬砌一次施作）。

CRD 法适用于特别破碎的岩石、碎石土、卵石土、圆砾土、角砾土及黄土组成的Ⅴ级围岩和软塑状黏性土、潮湿的粉细砂组成的Ⅵ级围岩及较差的围岩中的洞口段、偏压段、浅埋段等。为了稳定工作面，采用 CRD 法施工时，必须采取超前大管棚、超前锚杆、超前小管棚、超前预注浆、掌子面封闭等辅助施工措施进行超前加固。一般采用人工开挖、人工和机械配合出渣。剩余断面开挖时，采用控制爆破，以免破坏已完成的临时支撑和临时仰拱。

3.3.3.8 双侧壁导坑法（眼镜法）

双侧壁导坑法是双侧壁导坑超前中间台阶法的简称，也称眼镜工法，也是变大跨度为小跨度的施工法。

此法先开挖隧道两侧的导坑，并进行初期支护，再分部开挖剩余部分。该方法主要应用于Ⅴ级围岩浅埋、偏压及洞口地段。典型的双侧壁导坑法设计图如图 3-20 所示。

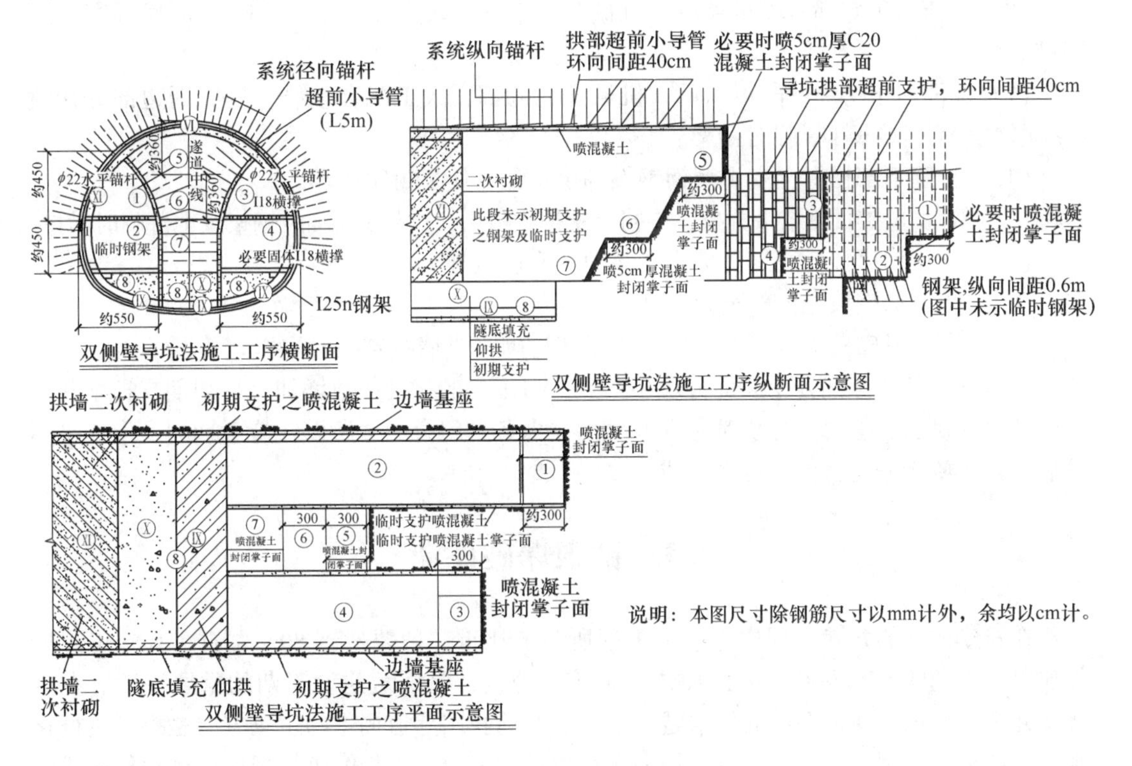

图 3-20 双侧壁导坑法设计图

由图可知，本方法的施工工序包括以下步骤：

（1）利用上一循环架立的钢架施作侧壁 ϕ50 小导管及导坑侧壁 ϕ22 水平锚杆超前支护。

（2）机械开挖①部，人工配合整修；必要时喷 5cm 厚混凝土封闭掌子面；施作①部导坑周边的初期支护和临时支护，即初喷 4cm 厚混凝土，架立型钢钢架和 I18 临时钢架，并设锁脚锚杆（管），安设 I18 横撑；安装径向锚杆后复喷混凝土至设计厚度。

（3）在滞后于①部一段距离后，机械开挖②部，人工配合整修；必要时喷 5cm 厚混凝土封闭掌子面；导坑周边部分初喷4cm厚混凝土；接长型钢钢架和I18临时钢架，安装锁脚锚杆（管），根据实际地质情况，必要时安设I18横撑；钻设径向锚杆后复喷混凝土至设计厚度。

（4）在滞后于②部一段距离后，机械开挖③部，人工配合整修，并施作导坑周边的初期支护，步骤及工序同①部。

（5）在滞后于③部一段距离后，机械开挖④部，人工配合整修，并施作导坑周边的初期支护，步骤及工序同②部。

（6）利用上一循环架立的钢架施作隧道侧壁φ50小导管超前支护；机械开挖⑤部，人工配合整修；喷5cm厚混凝土封闭掌子面；导坑周边初喷4cm厚混凝土，架立拱部型钢钢架，安装径向锚杆后复喷混凝土至设计厚度。

（7）在滞后于⑤部一段距离后，机械开挖⑥部，人工配合整修；喷5cm厚混凝土封闭掌子面。

（8）在滞后于⑥部一段距离后，机械开挖⑦部，人工配合整修；喷5cm厚混凝土封闭掌子面。

（9）在滞后于⑦部一段距离后，机械开挖⑧部，人工配合整修；隧底周边部分初喷4cm厚混凝土；接长I18临时钢架。

（10）拆除下部横撑，安设型钢钢架仰拱单元，使之封闭成环。

（11）根据监控量测结果分析，待初期支护收敛后，拆除I18临时钢架及上部临时横撑。

（12）利用仰拱栈桥灌筑Ⅸ部边墙基础与仰拱混凝土。

（13）灌筑仰拱填充Ⅹ部至设计高度。

（14）利用衬砌模板台车一次性灌注Ⅺ部衬砌（拱墙衬砌一次施作）。

双侧壁导坑法虽然开挖断面分块多一点，对围岩的扰动次数增加，且初期支护全断面闭合的时间延长，但每个分块都是在开挖后立即各自闭合的，所以在施工期间变形几乎不发展。该法施工安全，但进度慢，成本高。

3.4 钻眼爆破作业

在新建矿井的井巷工程中，巷道工程所占的比重一般要达到80%左右，其施工工期占建井总工期的55%左右，因此加快巷道施工速度，是缩短建设工期的重要手段。在生产矿井中，对加快巷道掘进的要求越来越高。当前我国巷道掘进的主攻方向是提高机械化水平，加快巷道掘进的平均速度，提高掘进单进和工效，逐步解决好掘进机械化作业线的配套问题，迅速提高施工速度，加快建设、生产步伐。

水平岩石巷道掘进工艺有钻眼爆破法和掘进机法两种。目前，我国多数矿山巷道掘进使用钻眼爆破法，因此本节主要介绍钻眼爆破法。

3.4.1 凿岩机具

3.4.1.1 冲击式凿岩机械

冲击式钻眼法使用的是凿岩机，凿岩机以使用动力不同，可分为风动凿岩机（一般简称凿岩机或风钻）、电动凿岩机和液压凿岩机等。液压凿岩机的效率远比风动凿岩机高，是最有发展前途的凿岩机械，目前正在我国推广应用。

A 风动凿岩机

a 凿岩机类型

按其支架方式凿岩机可分为手持式、气腿式、向上式（伸缩式）和导轨式四种。按冲击频率分，凿岩机可分为低频、中频和高频三种。冲击频率在 2000 次/min 以下的为低频，2000~2500 次/min 为中频，高于 2500 次/min 为高频。国产气腿式凿岩机一般都是中、低频的，如 YT-23 型凿岩机，目前只有 YTP-26 等少数型号为高频凿岩机。

手持式凿岩机，因操作人工体力消耗大，目前多在开凿竖直向下的工程中应用。气腿式凿岩机由于机身重量有气腿支撑，可减轻体力劳动，同时操作灵便，适用性强，因而在矿山、铁路、公路或其他功用的隧道工程中应用较广泛。定型产品有 YT-23、YT-24 等。

与气腿轴线平行或气腿整体连结在同一轴线上的凿岩机，称为向上式凿岩机，专门用于反井、煤仓及打锚杆施工，主要产品有 YSP-45 型。

导轨式凿岩机属于大功率凿岩机，其质量在 35kg 以上，配备有导轨架和自动推进装置。在巷道内钻眼时需将导轨架、自动推进装置和凿岩机安设在起支撑作用的钻架上，或者装在凿岩台车、钻装机上使用；在立井内钻眼时则与伞钻或环形钻架配合使用。

国产风动凿岩机的技术性能见表 3-3。

表 3-3 国产风动凿岩机技术性能

技术特征	手持式	气腿式			向上式	导轨式				
	Y-30	YT-23	YT-24	YT-26	YSP-26	YSP-45	YG-40	YG-80	YGZ-90	YGP-28
质量/kg	28	24	21	26	26.5	44	36	74	90	28
气缸直径/mm	65	76	70	75	95	95	85	120	125	95
活塞直径/mm	60	60	70	70	50	47	80	70	62	50
冲击频率/次·min^{-1}	1650	2100	1800	2700	2600	2700	1600	1800	2000	2700
冲击功/J	>44	59	>59	>70	>59	>69	103	176	196	90
扭矩/N·m	>9.0	>14.7	>12.7	>15	>17.6	>17.6	37.2	98	117	>40
使用风压/MPa	0.5	0.5	0.5	0.5	0.5~0.6	0.5	0.5	0.5	0.5~0.7	0.5
耗气量/$m^3 \cdot min^{-1}$	<2.2	<3.6	<2.9	<3.5	<3.0	<5.0	5	8.1	11	4.5
使用水压/MPa	0.2~0.3	0.2~0.3	0.2~0.3	0.2~0.3	0.3~0.5	0.2~0.3	0.3~0.5	0.3~0.5	0.4~0.6	0.2~0.3
配气阀形式	环状活阀	环状活阀	控制阀	控制阀	无阀	环状活阀	控制阀	控制阀	无阀	控制阀
推进方式	人力	FT-160型	FT-140型	FT-160型	FT-170 型	轴向推进器	FJZ-25柱架	CT400台车	CTC-142台车	—
注油器	—	FY-200A	FY-200A	FY-200A	FY-700落地式	FY-500落地式	FY-500落地式	FY-500落地式	FY-500落地式	—
钻孔直径/mm	34~40	34~42	34~42	34~43	36~45	35~42	40~50	50~75	50~80	43
最大钻深/m	3	5	5	5	5	6	15	40	30	5

b 破岩原理

风动凿岩机是以压缩空气推动机体内的活塞前后移动打击钎子完成的。它的破岩原理如图 3-21 所示。

钎刃在冲击力 F 作用下侵入岩石，凿出深度为 h 的一条沟槽Ⅰ—Ⅰ，然后将钎子转动一个角度，在第二次冲击时不但可凿出第二条沟槽Ⅱ—Ⅱ，而且位于两个沟槽之间的三角块，也在冲击时被产生的水平分力 H 剪切掉。如此循环下去，煤眼就可逐渐加深。风动凿岩机在施工中必须及时排除岩粉，并对凿岩机施以轴向推力，使钎刃可靠地接触眼底岩石，以便更有效地破岩。

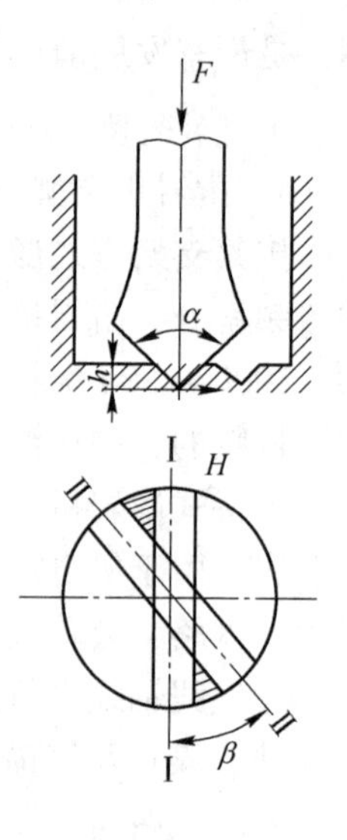

图 3-21 冲击破岩原理

c 凿岩机构造和工作原理

凿岩机的类型很多，但主机构造和动作原理大致相同。下面以 YT-23（7655）型气腿凿岩机为例介绍凿岩机的构造和工作原理。

YT-23（7655）型气腿凿岩机的外形如图 3-22 所示，主机由柄体、缸体和机头组成，利用两根螺栓固装在一起（见图 3-23）。YT-23（7655）型气腿凿岩机的工作系统由冲击机构、转钎机构、排粉系统和润滑系统组成。

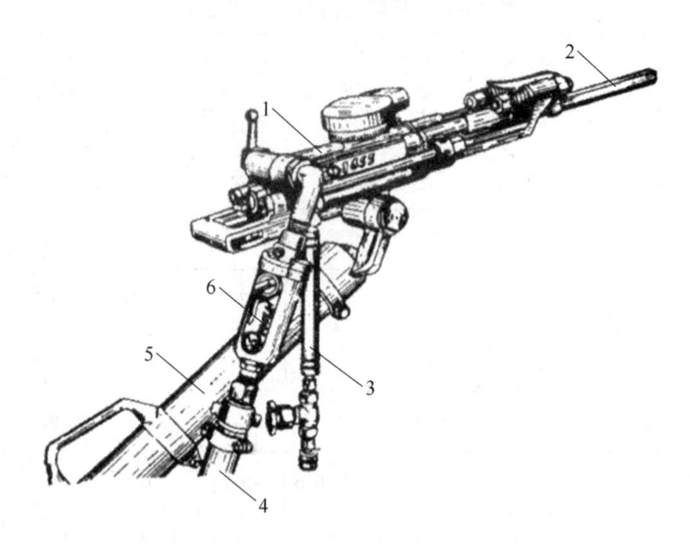

图 3-22 YT-23（7655）型凿岩机外形

1—凿岩机主机；2—钎子；3—水管；4—压气软管；5—气腿；6—注油器

（1）冲击机构。YT-23（7655）型气腿凿岩机的冲击机构由气缸、活塞和配气系统组成。借助配气系统可以自动变换压气进入气缸的方向，使活塞完成往复运动，即冲程和回程。当活塞做冲程运动时活塞冲击钎尾，将冲击功经钎杆、钎头传递给岩石，完成冲击做功过程。

1）冲程运动：压缩空气从操纵阀经气道进入滑阀的前腔再进入气缸的后腔施加于活塞的左侧面，此时活塞的右端即气缸的前腔与大气相通，故活塞左右两端面的压力不同，从而推动活塞自左向右运动，开始冲击过程。当活塞右端面越过排气口时，气缸前腔被封

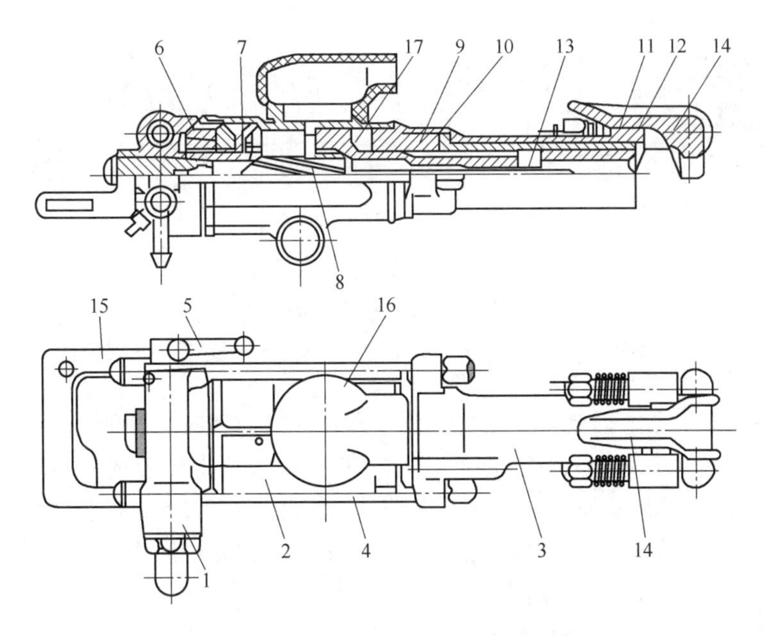

图 3-23 YT-23（7655）型凿岩机构造图

1—柄体；2—缸体；3—机头；4—螺杆；5—操纵阀；6—棘轮；7—配气阀；
8—螺旋棒；9—活塞；10—导向套；11—转动套；12—钎套；13—水针
14—钎卡；15—把手；16—消声罩；17—螺旋母

闭，前腔余气受活塞压缩而压力逐渐升高，并经回程气道至滑阀的后腔，使滑阀的左端面压力逐渐升高。当活塞的左端面越过排气口后气缸后腔与大气相通，压缩空气突然逸出而造成压力骤然下降，这时作用在滑阀左端面上的余气压力大于右端面上的压力，滑阀被推向右运动，关闭原来压缩空气的通道。同时，活塞冲击钎尾，结束冲程，开始回程。

2）回程运动：当滑阀移至右端，封闭与气缸后腔的通路后，压缩空气沿滑阀左端的气路经回程通路进入气缸前腔推动活塞做回程运动。活塞左端面越过排气口，活塞压缩气缸后腔的余气，使压力逐渐升高，并使滑阀右端面所受余气压力增高。当活塞右端越过排气口后，气缸前腔与大气相通，压缩空气突然逸出，压力骤然下降。这时作用在滑阀右端的压力高于左端的压力，从而推动滑阀向左端运动，封闭了回程气道的通路，回程结束。压缩空气又从滑阀右端进入气缸后腔，开始又一个冲程运动。

由此可见，活塞的往复运动是靠配气系统来实现的。配气系统是控制压缩空气反复进入气缸前腔、后腔的机构，其形式主要有环阀配气装置、控制阀配气装置和无阀配气。

（2）转钎机构。YT-23 型气腿凿岩机采用棘轮、螺旋棒，并利用活塞的往复运动经过转动套筒等转动件来转动钎子。该机构由棘轮、螺旋棒、活塞、导向棒、转动套和钎套筒组成，如图 3-24 所示。环形棘轮的内侧有棘齿，棘轮用键固定在机体的柄体上。螺旋棒的大头端有棘爪并借助弹簧或压缩空气将棘爪顶在棘轮的棘齿上。螺旋棒上铣有螺旋槽与固定在活塞头内的螺旋母相啮合，活塞柄上的花键与转动套内的花键配合，转动套前端是钎套筒，钎套筒的内孔为六方形，六方形钎尾插在套筒内。

转钎机构的转钎动作是：当活塞做冲程运动时，活塞做直线运动，带动螺旋棒转动。活塞回程时螺旋棒被棘爪卡住，活塞被迫回转，从而带动转动套筒、钎套筒和钎子转动。

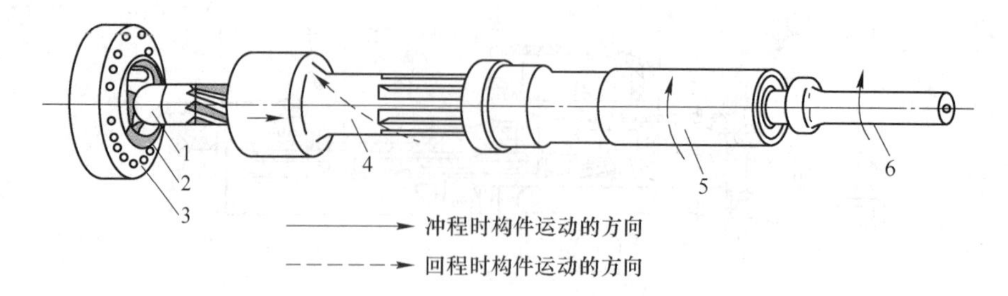

图 3-24 棘轮与螺旋棒转钎机构

1—螺旋棒；2—棘爪；3—内棘轮；4—活塞；5—转动套；6—钎子

活塞每往复一次，钎子被转动一个角度，而且是在活塞回程时实现的。

（3）排粉系统。钻眼过程中，眼底岩石不断被刃头冲击破碎成为岩粉，必须及时排除，才能保证钎刃与眼底岩石接触。排出的岩粉对人体危害极大。我国规定钻眼必须采用湿式钻眼。现代生产的凿岩机都配有轴向供水系统，并都采用风水联动系统，即凿岩机运转时自动注水，停止运转时自动停水。

大多数凿岩机除有注水排粉系统外，还有强力吹扫炮眼的系统。当把手扳到强吹位置时，凿岩机停止运转也停止供水。这时压缩空气直接经缸体上的气道和机头壳体上的气孔进入钎子中心孔，经过钎子中心到达眼底，强力吹出岩粉。

（4）润滑系统。凿岩机每分钟冲击 2000 次以上，若不注意润滑很快便会发热磨损。为使凿岩机正常工作、延长机件寿命，凿岩机必须有良好的润滑系统。现代凿岩机均采用独立的自动注油器实现润滑。

B 电动凿岩机

电动凿岩机是以电为动力，为了把电动机的回转运动转换为往复冲击运动，常采用的结构形式有偏心块式与活塞压气式两种。电动机若采用矿用隔爆水冷式，可用于煤矿井下。国产电动凿岩机的主要技术特征见表 3-4。

C 液压凿岩机

液压凿岩机是一种以液压为动力的新型凿岩机，在构造上它与气动凿岩机类似，也由冲击机构、转钎机构和排粉系统组成。

液压凿岩机的冲击机构包括活塞、缸体和配油阀，通过配油阀高压油交替作用于活塞两端，并形成压力差，迫使活塞在缸体内做往复运动，完成冲击钎子、破碎钎子的功能。活塞的冲击功可通过改变供油压力或活塞冲程进行调节。液压凿岩机的转钎机构采用独立机构，由液压马达驱动并经减速齿轮减速，带动钎子回转。

液压凿岩机可用压气、水或气水混合物进行排粉，为了提高凿岩速度，多采用压力高、流量大的冲洗水排粉。供水方式有中心供水与旁侧供水两种。中心供水时，活塞中空；旁侧供水时，钎尾有径向水孔。

与风动凿岩机相比，液压凿岩机主要有以下优点：

（1）钻速提高 2~3 倍以上。

（2）没有排气，消除了排气噪声，噪声降低 10~15dB。

（3）可消除油雾水汽，改善工作环境。

表 3-4 国产电动凿岩机技术性能

技术特征		型号	
		TD-2	TD-3
质量/kg		30	30
凿眼直径/mm		34~43	38
凿眼深度/m		4	4
适用岩石 f		6~10	6~10
冲击功/J		>29.4	≥44
冲击频率/Hz		44	33~35
扭矩/N·m		>15	≥18
凿眼速度/m·min^{-1}		—	0.15
转钎转速/r·min^{-1}		—	140
电动机	功率/kW	2.0	2.5
	频率/Hz	50	50
	电压/V	127	380
	转速/r·min^{-1}	2640	2840
隔爆性能		隔爆，水冷	不隔爆，水冷
钎杆规格/mm		B22 或 B25	B22
水管内径/mm		13	13
使用水压/MPa		0.2~0.3	0.3~0.5
外形尺寸（长×宽×高）/mm×mm×mm		570×380×230	678×267×170

(4) 可钻较深和大直径的钻孔。

D 冲击式凿岩机具

冲击式钻眼工具，又称钎子。它由钎头、钎杆、钎尾和钎肩组成，如图 3-25 所示。钎子有整体钎子和活动钎子（又称组合钎子）两种。整体钎子与活动钎子的区别在于它的钎头和钎杆是不能拆开的，钎头直接在钎杆上锻制出来。整体钎子由于钎刃强度低、不耐用、损耗大、加工烦琐等缺点，已很少使用。目前广泛使用的是活动钎子。

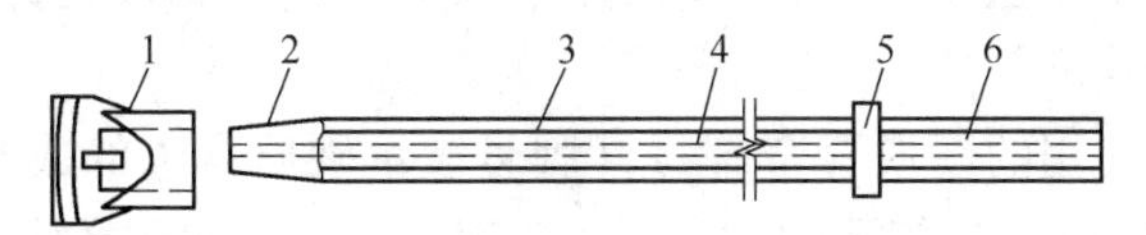

图 3-25 活动钎子

1—活动钎头；2—锥形梢头；3—钎杆；4—中心孔；5—钎尾前钎肩；6—钎尾

a 钎头

钎头是直接破碎岩石的部分，它的形状、结构、材质、加工工艺等是否合理，都直接影响着凿岩效率和本身的磨损。钎头要求锋利、坚韧耐磨、排粉顺利、制造和修磨简单，而且要求成本低。

钎头的形状较多，但最常用的是一字形（见图 3-26a）、十字形（见图 3-26b）和球齿钎头（见图 3-26c）。

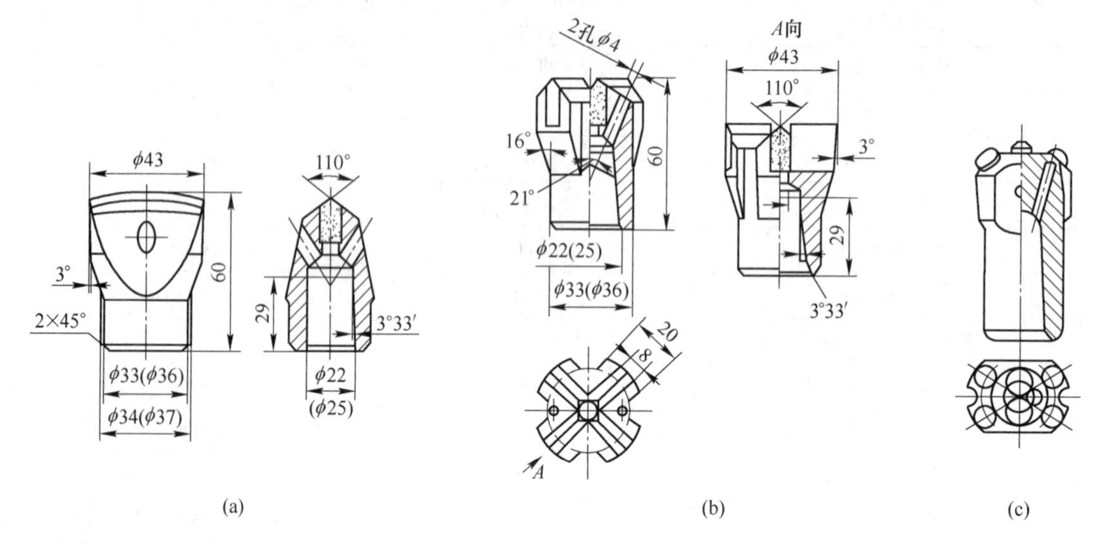

图 3-26　活动钎头结构

（a）一字形钎头；（b）十字形钎头；（c）球齿钎头

一字形钎头的冲击力集中，凿入深度大，凿速较高，制造和修磨工艺简单，应用范围广泛。其缺点是在裂隙性岩石中凿眼时容量夹钎，磨损较快，凿出的炮眼圆度较差。

十字形钎头基本上能克服上述缺点，但与一字形钎头比较，其凿速一般较低，而且合金钢片用量大，制造和修磨工艺比一字形钎头复杂。

球齿形钎头是由钎头体上镶嵌几颗球形或锥形硬质合金齿而成，适用于在磨损性较高的硬脆岩层中凿眼。其优点是：合理布置球齿，能使冲击能量在眼底均匀分布，凿岩速度较快，不易夹钎、炮眼圆、重复破岩少和耐磨等。

b　钎头的材质

镶嵌在钎头上的硬质合金一般采用钨钴类合金。它是将碳化钨粉末和钴粉末按一定比例配合混匀，压制成型，然后在高温下烧结而成的。这种钨钴硬质合金，具有碳化钨的高硬度、高耐磨性和高抗压强度，又具有钴的良好韧性，将它镶焊在钎头上，可以大大提高钎头的耐磨性和凿岩速度。

凿岩机钎头通常使用的硬质合金牌号（牌号表示硬质合金的成分和性能）为 YG8C、YG10C、YG11C、YG15X。Y 表示硬质合金；G 表示钴，后面的数字为合金中含钴的百分数；C 表示粗晶粒合金。通常，合金硬度和耐磨性随钴的含量而改变，含钴越少则越硬越耐磨，韧性降低；含钴量大则韧性好，硬度和耐磨性降低；含钴量相同时，粉末颗粒越细越耐磨，但也越脆；晶粒粗则韧性好。

c　钎杆

钎杆是承受活塞冲击力并将冲击功、回转功与回转力矩传递到钎头上去的细长杆体，在冲击时还会由于横向振动产生弯曲应力。故在凿岩过程中，钎杆承受着冲击疲劳应力、弯曲应力、扭转应力及矿坑水的侵蚀。

钎杆断面形状通常有中空六角形和中空圆形两种。其中以中空六角形 B22、B25（B 指边到边尺寸，单位 mm）使用最多，中空圆形 D32、D38（D 指直径，单位 mm）多用于重型导轨式凿岩机上。

用于制造钎杆的钢材称为钎钢，我国使用的是中空 8 铬（ZK8Cr）、中空 55 硅锰钼（ZK55SiMnMo）、中空 35 硅锰钼钒（ZK35SiMnMoV）和中空锰钼钒（ZK40MnMoV）等。它们具有强度高、抗疲劳性能好、耐腐蚀等优点。

d 钎杆和钎尾

钎尾是承受与传递能量的部位，钎尾规格和淬火硬度对凿岩速度有很大的影响。气腿式凿岩机钎尾长度一般为 108mm。钎尾端面应平整，并垂直于钎杆中心轴线，以保证凿岩机活塞与钎尾完全对准冲击，这对于冲击荷载的有效传递和延长机具寿命都是很重要的。

钎肩形状有环形和耳形钎肩两种，六角形钎杆用环形钎肩，圆钎杆用耳形钎肩。

3.4.1.2 旋转式凿岩机械

A 破岩原理

旋转式钻眼法破岩过程如图 3-27 所示。进行旋转式钻孔时，切割型钻头在轴压力 P 的作用下，克服岩石的抗压强度并侵入岩石一定深度 h，同时钻头在回转力 p_c 的作用下，克服岩石的抗切削强度，将岩石一层层地切割下来，钻头运行的轨迹是沿螺旋线前进，破碎的岩屑被排至孔外。

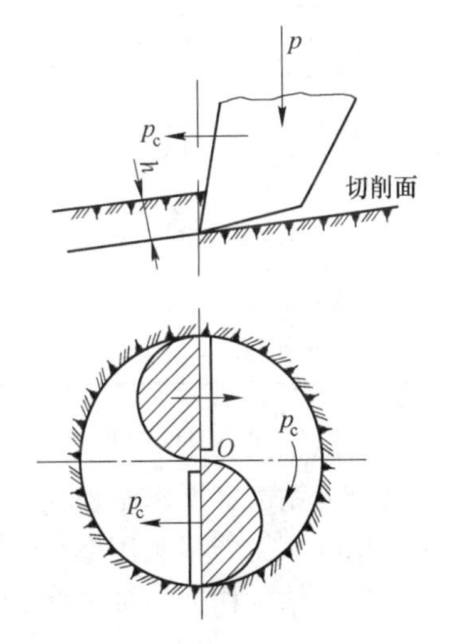

图 3-27 旋转破岩原理

“压入—回转切削—排粉”这样的过程不断地进行，形成旋转式钻孔过程。在软弱岩层或煤层中钻孔，一般采用旋转式钻孔。该方法的代表机械是电钻。

B 电钻类型

电钻即是采用旋转式钻眼法破岩并用电能为动力的钻眼机械。按使用条件和推进方式，电钻分为手持式煤电钻和支架式岩石电钻。

煤电钻由电动机、减速器、散热风扇、开关、手柄和外壳等组成，如图 3-28 所示。

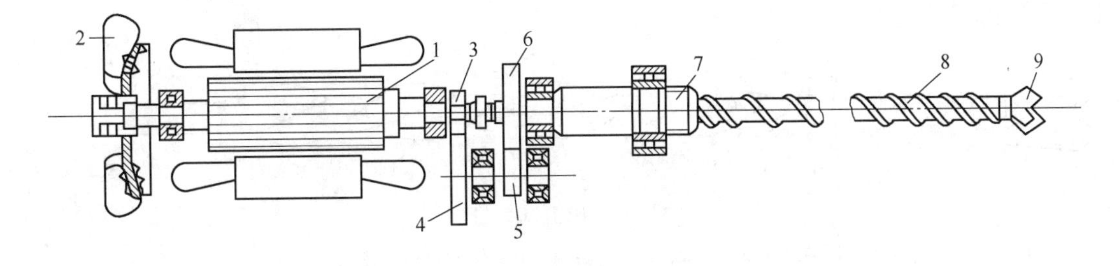

图 3-28 煤电钻结构

1—电动机；2—风扇；3~6—减速器齿轮；7—电钻心轴；8—麻花钻杆；9—钎头

电动机采用三相交流鼠笼式全封闭感应电动机，电压 127V，功率一般为 1.2kW。减速器一般采用二级外啮合圆柱齿轮减速。散热风扇装在机轴后端，与电动机同步运转。

煤电钻外壳用铝合金制成，电动机、开关、减速器均密封在外壳内，接口严密隔爆，外壳后盖两侧设有手柄，手柄内侧设有开关扳手，抓紧扳手即可推动开关盒内的三组触点接通三相电源，开动电动机。

煤电钻工作时的轴推力，靠人力推顶产生。为了安全，在手柄和后盖上均包有橡胶绝缘包层。国产电钻的技术特征见表 3-5。

表 3-5 国产电钻的类型和技术指标

技术特征	煤电钻			岩石电钻	
	MZ_2-12	SD-12	MSZ-12	DZ2-2.0 水冷	YZ2S 水冷
额定电压/V	127	127	127	127/380	380
额定电流/A	9	9.1	9.5	13/4.4	4.7
相数	3	3	3	3	3
电动机效率/%	79.5	75	74	79	78
电动机转速/$r \cdot min^{-1}$	2850	2750	2800	2790	2820
电钻转速/$r \cdot min^{-1}$	640	610/430	630	230/300/340	240/260
电钻扭矩/N·m	17.6	18/26	17	—	—
隔爆性能	隔爆	隔爆	隔爆	隔爆	隔爆
型号含义	M—煤；Z—钻；S—手；D—电				

岩石电钻可在中等硬度（单轴抗压强度 $\sigma_c = 40 \sim 80$MPa）岩石上钻眼，它的扭矩、功率比煤电钻大，要求施加较大的轴向推力。与冲击式凿岩机比较，岩石电钻的优点是：直接利用电能，能量利用率高，设备简单，以切削方式破岩，钻速高，噪声低。

岩石电钻的构造原理与煤电钻基本相同，多采用 2~2.5kW 电动机，以保证有足够的旋转力矩能有效地切削岩石。此外岩石电钻还要求轴推力较大。

3.4.1.3 旋转式凿岩机具

煤电钻的钻具（见图 3-29）由钻头 1 和麻花钻杆 4 组成。钻杆前部的方槽 2 和尾孔 3 是用来插入钻头的。钻头插入后，从尾孔 3 上的小圆孔中插入销钉固定钻头。麻花钻杆尾部 5 车成圆柱形，用以插入电钻的套筒内。套筒前端有两条斜槽，可以卡紧在麻花螺纹上，以传送回转力矩。

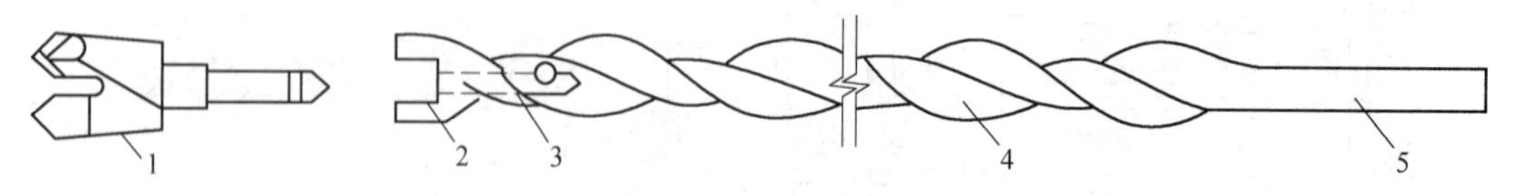

图 3-29 煤电钻钻具

1—钻头；2—方槽；3—尾孔；4—麻花钻杆；5—钻杆尾部

A 钻头

电钻钻头有两翼的，也有三翼的。最常采用的是两翼钻头。如图 3-30 所示，钻头刃部镶有硬质合金片，每块合金片都有主刃 1 和副刃 2。

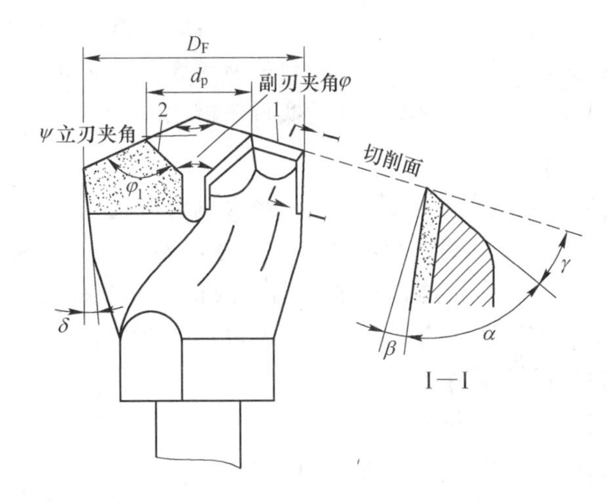

图 3-30　电钻钻头几何形状

ψ—立刃夹角；φ_1—主副刃夹角；δ—隙角；β—前角；γ—后角；α—刃角；D_F—钻头宽度；d_p—两刃间距离

两主刃构成立刃夹角 ψ，两副刃构成副刃夹角 φ，主刃与副刃构成主副刃夹角 φ_1。φ_1 越小越尖锐，就越易压入岩石，但也越易磨损。因此，在煤和软岩中钻眼 φ_1 应小些，在硬岩中钻眼 φ_1 应大些，其大小一般为 90°~120°。

从一个钻刃的剖面上（图中Ⅰ—Ⅰ剖面），可以看出钻刃和切削面构成的几个角度如下：刃角 α：α 越大，钻刃就越坚固耐磨；α 越小就越锋利，越易压入岩石，但强度降低、磨损快。一般钻煤的钻头 α 取 60°，钻硬煤或岩石的钻头可大到 90°。

后角 γ：它是为减少钻刃与眼底岩石之间的摩擦而设的。角度大则摩擦小，但钻翼的强度降低，所以后角不宜过大，一般为 5°~20°。但当前角 β 为负值时，后角可增大到 30°。

前角 β：如果 $\alpha+\gamma<90°$，则 β 为正值；如果 $\alpha+\gamma>90°$，则 β 为负值。钻煤时 β 角约为 30°。

为了减少钻头侧面与炮眼壁之间的摩擦，钻头体还应设计有隙角 δ。

B　钻杆

煤电钻的麻花钻杆，是用菱形或矩形断面的 T7、T8 钢在加热状态下扭制成的。由于螺纹方向与钻头方向一致，所以麻花钻杆除了传递轴压和扭矩外，还能利用螺旋沟槽排出岩粉。

麻花钻杆强度较小，而岩石电钻传递的轴压和扭矩较大，且多数又采用湿式钻眼，故岩石电钻采用的钻杆与风动凿岩机的钎杆相同，用六角中空钢制成。

3.4.1.4　凿岩台车

A　凿岩台车的概念

凿岩台车（也称钻孔台车）是一种隧道及地下工程采用钻爆法施工的凿岩设备。它能移动并支持多台凿岩机同时进行钻眼作业。

凿岩台车主要由凿岩机、钻臂（凿岩机的承托、定位和推进机构）、钢结构的车架、行走机构以及其他必要的附属设备，和根据工程需要添加的设备所组成。应用钻爆法开挖隧道为凿岩台车提供了有利的使用条件，凿岩台车和装渣设备的组合可加快施工速度、提高劳动生产率，并改善劳动条件。将一台或几台凿岩机连同自动推进器一起安装在特制的钻臂或钻架上，并配以行走机构，使凿岩作业实现机械化。

B　凿岩台车的工作机构

工作机构主要由推进器、钻臂、回转机构、平移机构组成。

（1）推进器。推进器主要有钢绳活塞式、风马达活塞式、气动螺旋副式。推进器的作用是：在准备开孔时，使凿岩机能迅速地驶向（或退离）工作面，并在凿岩时给凿岩机以一定的轴推力。推进器的运转应是可逆的。推进器产生的轴推力和推进速度应能任意调节，以便使凿岩机在最优轴推力状态下工作。

（2）钻臂。钻臂是支撑凿岩机的工作臂。钻臂的结构和尺寸、钻臂动作的灵活性和可靠性等，都将影响钻车的适用范围及其生产能力。

按照钻臂的动作原理，钻臂有直角坐标、极坐标和复合坐标三种。

直角坐标钻臂具有钻臂的升降和水平摆动、托架（推进器）的俯仰和水平摆动及推进器的补偿运动等基本动作。这些动作分别由支臂油缸、摆臂油缸、俯仰角油缸、托架摆角油缸和补偿油缸来实现。

（3）回转机构。回转机构主要可分为摆动式转柱、螺旋副式转柱、极坐标钻臂回转机构几种。

摆动式转柱的结构特点是在转柱轴外面有一个可转动的转套。钻臂下端部和支臂油缸下铰分别铰接于转动套上。当摆臂油缸伸缩时，转动套绕轴线转动，从而带动钻臂左右摆动。摆动式转柱结构简单、工作可靠、维修方便。

（4）推进器平移机构。在钻车中常用的平移机构有机械式平移机构和液压平移机构两大类。属于机械式平移机构的有剪式、平面四连杆式和空间四连杆式等几种；属于液压平移机构的有无平移引导缸式和有平移引导缸式等。

C　凿岩台车的分类

凿岩台车按功能可分为平巷掘进台车、采矿台车、锚杆台车和露天开采用凿岩台车等；按照台车的行走机构可分为轨道、履带及轮辐式、挖掘式四种，国产凿岩台车以轨道与轮辐式较多；按照架设凿岩机台数可分为单机、双机和多机台车。如图 3-31 所示为典型的轮辐式凿岩台车，主要由柴油机驱动，安装 2～6 台高速凿岩机，车体转弯半径小，机动灵活，效率高，一般用于矿山平巷掘进，也可用于隧道及地下工程的开挖。

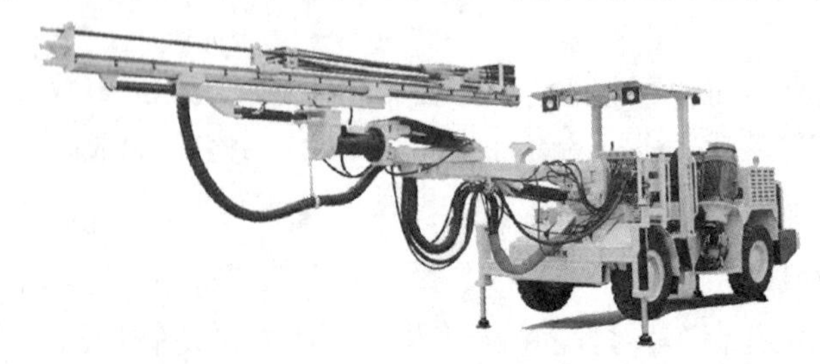

图 3-31　轮辐式凿岩台车

轨轮式凿岩台车可适用于中小型断面，易与装岩设备发生干扰。车体一般为门架式，故常称为门架式凿岩台车。其上部有2~3层工作平台，能安装多台（可达21台）凿岩机；下部能通过装渣机、运输车辆及其他机具。这种台车具有钻眼、装药、支护、量测等多种功能。它是为了适应大断面隧道施工的需要，同时克服手持式凿岩机钻眼效率低的缺点而发展起来的，在铁路隧道和水工隧洞施工中被推广应用。凿岩台车可在车体上安装数个钻臂（用以安装凿岩机，一般1~4台），可自行凿岩。钻臂能任意转向，可将凿岩机运行至工作面上任意位置和方向钻眼（孔）。钻眼（孔）参数更为准确，钻进效率高，劳动环境大大改善。

凿岩台车按动力可分为机械式和液压式，后者应用较多，自动化程度高，整个钻眼（孔）程序由电脑控制。在发展过程中，起初采用风动凿岩机的梯架式凿岩台车，后来逐步采用液压凿岩机的门架式凿岩台车。

3.4.1.5 凿岩机器人

凿岩机器人是一种将信息技术、自动化技术、机器人技术应用于凿岩台车中的先进凿岩设备。20世纪70年代末，芬兰、法国、美国、日本、挪威等近20个国家开始了凿岩机器人的研究。凿岩机器人与一般凿岩台车的主要差别在控制方面，在外形结构上二者非常近似。台车装有两个或三个钻臂、推进器、液压凿岩机，它们拥有一个胶轮式或轨轮式载运车体。在隧道施工建设中，凿岩机器人可以大幅度地提高爆破后断面的精确度，可以有效地减少超挖（大于设计断面）和欠挖（小于设计断面），比常规台车可减少5%~15%的超挖量，仅此一项，因衬砌材料和石渣运输量减少带来的经济效益就十分可观；减少钻孔时的移位辅助时间，可提高工效四分之一左右；实现孔底共面控制，爆破效率可提高5%以上，大幅度地降低隧道开挖成本。

凿岩机器人由液压凿岩机、链式推进器、直接定位式钻臂（具有无误差的液压平移机构）、直角定位式辅助臂、伸缩式门架、行走轮系、稳车支腿、液压系统、电缆卷筒、动力箱、可升降的司机室以及高压冲洗水、润滑剂、补油箱组成的台车本体，与由操作单元、传感器组、控制器（由上、下位机构成两级控制结构）、监示报警单元组成的控制系统构成。另外，为保证台车的正常使用与维修方便，配备了一个具有基本工具与维修包的移动式维修间。

采用隧道凿岩机器人钻凿隧道的基本工作过程如下（见图3-32）：

（1）隧道断面轮廓与布孔设计：在隧道凿岩机器人开始钻凿隧道之前，先在办公室

图3-32 某型号凿岩机器人

进行钻孔方案设计，设计隧道断面的轮廓、各炮孔的位置、方向角度、大小、深度及在断面的分布形式，同时还可以对各炮孔钻凿的先后顺序进行静态规划。

（2）虚拟现实：在完成钻孔方案设计后，为了验证钻孔方案的可行性与可操作性，可在办公室操纵操作手柄，通过动画虚拟显示钻臂与凿岩机的动作，验证工作中是否会发生干涉。也可虚拟验证自动作业过程孔序规划的可行性、自动避碰的能力以及钻孔方案布置中是否有盲区等，从而提高工作效率，降低作业成本。

（3）车体定位：在开始钻孔之前，必须先确定车体坐标与隧道断面坐标的关系，即进行车体定位，求出车体坐标到断面坐标的坐标变换矩阵。车体定位后凿岩机器人可以以电脑导向、自动移位、自动凿岩等三种方式工作，具体如下：

1）电脑导向：导向移位时，通过手动操作移动钻臂，显示屏上显示钎杆的位姿与移动过程，并显示钻孔方案中各孔在隧道断面上的位姿，对钻臂的移动进行跟踪。

2）自动移位：上位机按照静态规划的顺序从钻孔方案文件中依次读取当前孔的参数，求钻臂各关节的运动学反解；下位机根据目标参数计算各液压执行机构的控制量，并控制比例阀的开度及各电磁阀的通与断，进行自动移位。显示屏上显示钎杆的位姿与移动过程，对钻臂的移动进行跟踪。

3）自动凿岩：上位机根据凿岩开始时钎杆的实际姿态角度，按照炮孔共底面要求，计算钎杆实际要求钻凿的目标钻孔深度。下位机根据目标钻孔深度，控制比例减压的开度及各钎杆的推进、旋转及冲击的重冲与轻冲。凿岩过程中出现转钎压力高时，凿岩台车可自动处理卡钎。当钻进深度达到要求的深度时，钎杆自动回退，钎杆回退到位后，凿岩结束。上位机在显示屏上显示冲击压力、钎杆推进压力、转钎压力、钻进深度等参数，对凿岩过程进行跟踪。

（4）孔序动态规划：在双臂同时工作时，两臂分别按各自的孔序工作，但是由于工作故障、岩石坚固程度、孔的位姿、移位与钻进的速度等因素的影响，两臂的工作进度可能不同步，甚至可能出现相互干涉的情况，这时，上位机应及早做出判断，及时对钻孔任务与孔序进行动态调整，以做到两臂不干涉，尽量使两臂同时结束断面的凿岩工作，充分利用两臂的资源。

（5）人工干预：当需要手工操作以加快进度时，或遇紧急情况或遇自动功能难以处理的情况时，需要进行人工干预。在自动移位或自动凿岩过程中，检测到手动优先开关信号后，暂停自动功能，转入到人工干预状态，实现电脑导向的功能，直到人工干预结束后，恢复自动作业状态。

（6）急停：当遇紧急情况，可能出现碰撞或可能危及机器与周围人员安全时，启动急停功能，停止一切动作。排除故障且所有开关恢复至初始化状态后，可以解除急停状态，开始新的工作。

对于凿岩台车和凿岩机器人，随着计算机技术性价比的提高，也随着电子与软件技术在台车上的应用，自动功能将逐步应用于所有大小台车。凿岩机器人有以下发展趋势：

（1）即插即用化。当现场台车接上现场网络后，现场控制与管理系统即能收集台车的工作数据与台车内部数据，台车也可通过网络下载新的工作任务与信息。

（2）智能化。随着遥控操作技术、导航技术、自动操作的发展，台车与现场数据交换用户界面的标准化，凿岩台车将是自动化与智能化的机器。

(3) 在线服务。技术服务部将能通过拨号上网与台车故障报告或用户端连接而进行远程故障诊断。

3.4.2 爆破参数确定

3.4.2.1 炮孔深度的确定

炮孔深度是指孔底到工作面的平均垂直距离。它是一个很重要的参数，直接关系到巷道的施工速度和成本。炮孔深度的确定，主要根据巷道断面、岩石性质、凿岩机具类型、装药结构、劳动组织及作业循环面确定。

一般来说，炮孔深度越大，每个循环进尺也就越大，相对应的施工时间减少，材料的消耗降低。但是，若炮孔深度过大时，凿岩速度则会明显降低，而且爆破后岩石块度不均匀，造成后期出渣时间延长，使掘进速度降低。

(1) 根据一定时期内计划完成巷道掘进长度来计算炮孔深度。

$$l_b = \frac{L}{t n_M n_S n_C \eta} \tag{3-3}$$

式中 l_b——炮孔深度，m；

L——巷道全长，m；

t——规定完成巷道掘进任务的时间，月；

n_M——每月的工作日，考虑到备用系数每月按 25 天计算；

n_S——每天工作班数；

n_C——每班循环数；

η——炮孔利用率。

(2) 根据完成一个循环的时间和劳动工作组织，计算炮孔深度。

$$l_b = \frac{T - t}{\dfrac{K_p N}{K_d v_d} + \dfrac{\eta S}{\eta_m P_m}} \tag{3-4}$$

式中 T——每个循环的时间，h；

t——其他非平行工序（交接班、装药、连线等）时间总和，h；

K_d——同时工作的凿岩机台数；

K_p——钻孔与装岩的非平行作业时间系数，$K_p \leqslant 1$；

N——炮孔数目；

P_m——装岩机生产率，m^3/h；

η_m——装岩机的时间利用率；

v_d——每台凿岩机的钻孔速度，m/h；

S——巷道断面面积，m^2。

3.4.2.2 炮孔直径

炮孔直径直接影响钻眼效率、全断面炮眼数目、单位炸药消耗量和爆破岩石块度与岩壁平整度等。炮孔直径应和药卷直径相适应；炮孔直径小，装药困难；炮孔直径过大，则药卷与炮孔内空隙过大，影响爆破效果。

炮孔直径应根据巷道断面大小、块度要求、炸药性能和凿岩机性能等因素进行选择。

直径大，减少炮眼数目，提高爆破效率，钻速下降，降低围岩稳定性。

目前我国普遍采用的药卷直径为 ϕ32mm 和 ϕ35mm 两种，钎头直径一般为 ϕ38～45mm。若采用气腿式凿岩机，炮孔直径通常为 39～41mm，中深孔凿岩台车的炮孔直径通常为 54～64mm；深孔凿岩台车直径通常为 70mm 以上。

3.4.2.3 炸药消耗量

炸药消耗量包括单位消耗量和总消耗量。爆破每立方米原岩所需的炸药量称为单位炸药消耗量；每循环所使用的炸药消耗量总和称为总消耗量。单位炸药消耗量与炸药性质、岩石性质、断面大小、临空面多少、炮眼直径与深度等有关。其数值大小直接影响岩石块度、飞散距离、炮眼利用率、对围岩的扰动以及对施工机具、支护结构的损坏等，故合理确定炸药用量十分重要。

单位炸药消耗量（q）可根据经验公式计算或者根据经验选取，也可根据炸药消耗定额确定。经验公式有多种，此处仅介绍形式较简单的普氏公式：

$$q = 1.1K\sqrt{f/S} \tag{3-5}$$

式中 q——单位炸药消耗量，kg/m^3；

f——岩石坚固性系数；

S——巷道掘进断面面积，m^2；

K——考虑炸药爆力的修正系数，$K=525/P$，P 为所选用炸药的爆力。

按定额选用时需注意，不同行业的定额指标不完全相同，施工时需根据工程所属行业选用相应的定额。隧道和煤矿水平巷道施工的定额消耗量见表 3-6 和表 3-7。

表 3-6 开挖 1m^{3}原状岩石的炸药用量 （kg）

开挖部位		软石	次坚石	坚石	特坚石
导坑断面面积/m^2	4～6	1.5/1.1	1.8/1.3	2.3/1.7	2.9/2.1
	7～9	1.3/1.1	1.6/1.25	2.0/1.6	2.5/2.0
	10～12	1.2/0.9	1.5/1.1	1.8/1.35	2.25/1.7
扩大		0.6/0.45	0.74/0.53	0.95/0.70	1.2/0.87
挖底		0.52/0.38	0.62/0.45	0.79/0.58	1.0/0.72

注：表中分子为硝铵炸药用量，分母为 62%硝化甘油炸药用量。

表 3-7 煤矿岩石巷道炸药消耗量定额 （kg/m^3）

普氏系数 f	掘进断面面积/m^2									
	≤4	≤6	≤8	≤10	≤12	≤15	≤20	≤25	≤30	>30
煤	1.20	1.01	0.89	0.83	0.76	0.69	0.65	0.63	0.60	0.56
≤3	1.91	1.57	1.39	1.32	1.21	1.08	1.02	1.02	0.97	0.91
≤6	2.85	2.34	2.08	1.93	1.79	1.61	1.47	1.47	1.42	1.39
≤10	3.38	2.79	2.42	2.24	2.09	1.92	1.73	1.73	1.59	1.46
>10	4.07	3.39	3.03	2.82	2.59	2.33	2.14	2.14	1.93	1.85

单位炸药消耗量确定后，根据断面尺寸、炮眼深度、炮眼利用率即可求出每循环所使

用的总炸药消耗量。确定总用量后，还需将其按炮眼的类别及数目加以分配（按卷数或质量)。掏槽眼因为只有一个临空面，药量可多些；周边眼中，底眼药量最多，帮眼次之，顶眼最少。扩大开挖时，由于有 2~3 个临空面，炸药用量应相应减少，两个临空面时减少 40%，三个临空面时可减少 60%。

3.4.2.4 炮眼数目

炮眼数目 N 主要与挖掘的断面、岩石性质、炸药性能、临空面目等有关，目前尚无统一的计算方法，常用的有以下几种：

（1）根据掘进断面面积 S 和岩石坚固性系数 f 估算。

$$N = 3.3\sqrt[3]{fS^2} \tag{3-6}$$

（2）根据每循环所需炸药量与每个炮眼的装药量计算。

$$N = \frac{qS\eta m}{\alpha p} \tag{3-7}$$

式中 N——炮眼数目，个；

q——单位炸药消耗量，kg/m^3；

S——掘进断面面积，m^2；

η——炮眼利用率；

p——每个药卷的质量，kg ；

m——每个药卷长度，m；

α——炮眼的平均装药系数，取 0.5~0.7。

（3）按炮眼布置参数进行布置确定，即按掏槽眼、辅助眼、周边眼的具体布置参数进行布置，将各类炮眼数相加即得。

3.4.3 炮眼类型与布置

巷道钻眼爆破掘进时，通常将炮眼分为三类，即掏槽眼、辅助眼和周边眼。掏槽眼用于爆破出新的自由面，为整个巷道爆破提供有利的条件。辅助眼用来进一步扩大掏槽眼形成的自由面，同时也是主要破碎岩石的炮眼。周边眼又称轮廓眼，主要用途是使爆破后的巷道断面、形状和方向符合设计要求。周边眼按其所在位置又分为顶眼、帮眼和底眼。

3.4.3.1 掏槽眼布置

掏槽眼的作用是首先在其工作面上将一部分岩石破碎并抛出，在一个自由面的基础上崩出第二个自由面来，为其他炮眼的爆破创造有利条件。掏槽效果的好坏对掘进进度起着决定性的作用。

掏槽眼一般布置在巷道断面中央靠近底板处，这样便于打眼时掌握方向，并有利于其他多数炮眼能借助于岩石的自重崩落。在掘进断面中，如果存在有显著易爆的软弱岩层时，可将掏槽眼布置在这些软层中。

掏槽眼爆破的效果是关系到巷道全断面爆破能否取得预想效果的关键环节，其目的是为全断面爆破提供新的自由面。由于掏槽眼受围岩夹制作用，一般掏槽眼的爆破效果在 80%左右，因而掏槽眼的深度比其他炮眼深 200~300mm。掏槽眼按其方向可分为三大类，即斜眼掏槽、直眼掏槽和混合掏槽。

A　斜眼掏槽

斜眼掏槽的掏槽眼与开挖断面斜交，具有操作简单、精度要求较直眼掏槽低、能按岩层的实际情况选择掏槽方式和掏槽角度、易把岩石抛出、掏槽眼的数量少且炸药耗量低等优点。但是，炮眼深度易受开挖断面尺寸的限制，不易提高循环进尺，也不便于多台凿岩机同时作业。因此，在装备凿岩台车的大断面巷道中，斜眼掏槽已逐渐被直眼掏槽和混合掏槽所取代。

目前常用的斜眼掏槽方式有单斜掏槽、扇形掏槽、锥形掏槽和楔形掏槽。其中楔形掏槽适用范围比较广泛，适用于各类岩石及中等以上断面。

（1）单斜掏槽。单斜掏槽适用于中硬及较软的岩层。当岩石中有松软的夹层和层理、节理与裂缝结构时，各掏槽眼应尽量垂直穿过层理、节理和裂缝，并处于巷道中心线上，这样可避免卡钎头或崩裂支架。单斜掏槽眼数一般为1~3个，眼距为0.3~0.6m，与工作面的平面夹角为50°~75°，眼深为0.8~1.5m，装药系数（装药长度与炮眼长度比值）为0.5左右，炮眼布置如图3-33所示。

（2）扇形掏槽。扇形掏槽适用于软岩层中有弱面可利用的巷道。它是一排布置在较软的岩层中的炮眼，向同一方向倾斜，与工作面夹角一个比一个大（为45°~90°），形成扇形。掏槽眼的方向可随软岩层的位置选定。眼数根据断面大小和岩石的硬度选定，一般为3~5个，眼距为0.3~0.6m，眼深为1.3~2.0m，装药系数为0.5左右，各掏槽眼利用多段延时电雷管依次起爆，如图3-34所示。

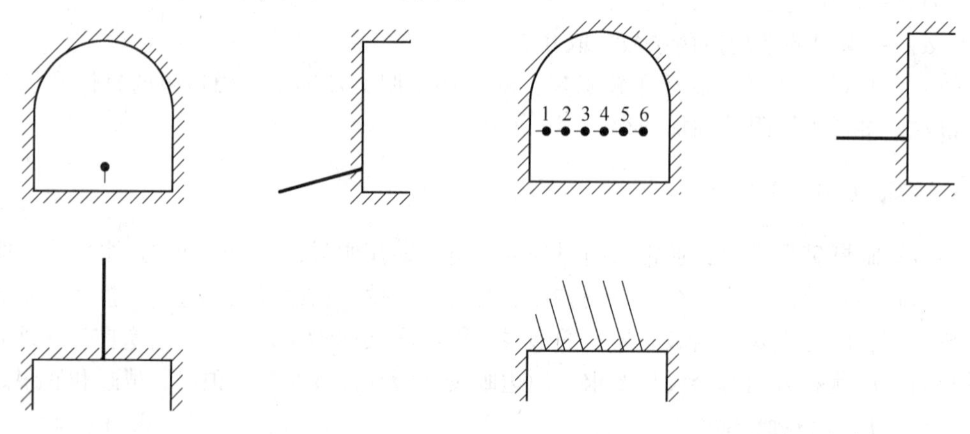

图3-33　单斜眼掏槽炮眼布置　　　　图3-34　扇形掏槽炮眼布置

（3）锥形掏槽。在只有一个自由面的坚硬岩层或均质岩层中爆破时，采用锥形掏槽，即将几个掏槽炮眼的眼底集中在一个点附近，实行集中装药，同时起爆，如图3-35所示。

锥形掏槽可分为三眼或四眼掏槽，眼数、眼深和眼距根据断面大小及岩石软硬而定，眼数一般为3~6个，多为4个。眼口左右间距一般为0.8~1.2m，上下间距为0.6~1.0m，与工作面夹角为55°~70°，眼底间距为0.1~0.2m，眼深应小于巷道高或宽的1/2，各掏槽眼同时起爆。为了加深掏槽深度和循环进度，也可采用分段锥形掏槽。

因掏槽眼的方向不易掌握、钻眼工作不方便，锥形掏槽眼深受到限制，目前在巷道掘进中使用很少。

（4）楔形掏槽。和锥形掏槽一样，楔形掏槽也是根据眼底集中装药，爆破成抛掷漏

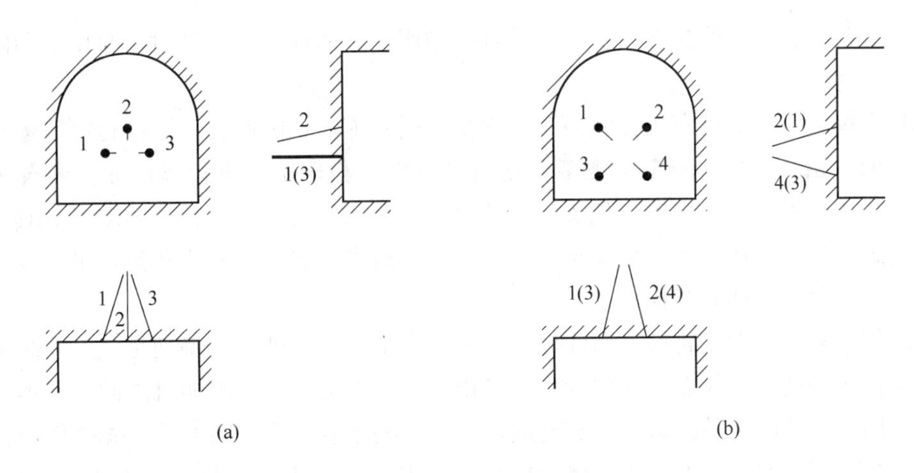

图 3-35　锥形掏槽炮眼布置

（a）三眼锥形掏槽；（b）四眼锥形掏槽

斗的原理，集中装药在眼底成一条直线。槽眼为对称布置。

楔形掏槽分为水平楔形掏槽和垂直楔形掏槽，如图 3-36 所示。垂直楔形掏槽每对水平方向槽眼眼口间距为 1.0~1.4m，眼底间距为 0.2~0.3m，但对于坚硬难爆的岩石，眼底距离不超过 0.2m，装药系数一般为 0.7。槽眼排距、眼数及槽眼角度根据岩石软硬决定，排距一般为 0.3~0.5m，眼数一般为 4~6 个，槽眼角度一般为 60°~70°，槽眼深度一般为巷道宽度的 1/3。垂直楔形掏槽因受巷道宽度限制，深度较浅，如欲加深，可采用复式楔形掏槽。

楔形掏槽由于钻眼技术比锥形简单，易于掌握，故适用于任何岩石，因此，在岩巷掘进中使用较广泛。

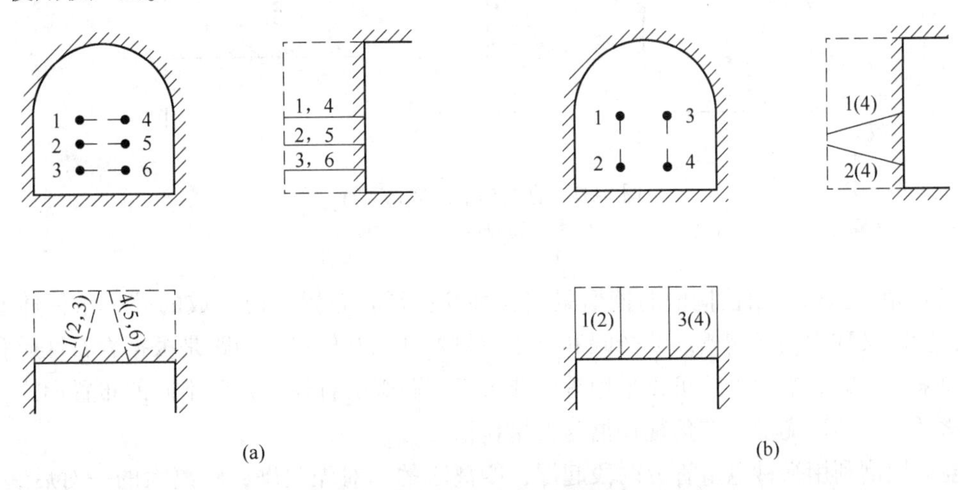

图 3-36　楔形掏槽炮眼布置

（a）垂直楔形掏槽；（b）水平楔形掏槽

B　直眼掏槽

直眼掏槽是指所有掏槽眼的方向均垂直于巷道工作面，掏槽眼距离较小，并且严格保证平行。通常情况下直眼掏槽要保留不装药的空眼，作为掏槽眼爆破时的自由面和破碎岩石的膨胀空间。

掏槽眼垂直工作面的布置方式简单，深部不受巷道断面限制，便于进行深眼爆破。其优点是：槽眼相互平行，便于实现多台钻机平行作业和采用凿岩台车作业；岩石块度均匀，抛掷距离较近，爆堆集中，便于清理装岩；不易崩坏支架和设备。其缺点是对槽眼的间距、钻眼质量和装药等有严格要求，不易掌握，所需槽眼数目和炸药消耗量偏多，掏槽体积小，掏槽效果不如斜眼掏槽。

直眼掏槽多用于中硬岩层、断面较小的巷道和中深孔爆破中，特别是立井井筒施工。

直眼掏槽的破岩不仅以工作面为主要自由面，还以空眼作为附加自由面，基本上是利用爆破作用的破碎圈来破碎岩石。装药起爆会对这些小空眼产生强力挤压爆破作用，使槽内的岩石被破碎，而后借助爆轰气体的能量将已破碎岩石从腔内抛出，达到掏槽的目的。在这一过程中，空眼一方面对爆破应力和爆破方向起集中导向作用，另一方面使受压岩石有必要的碎胀补充空间。

a　直眼掏槽的分类

常用的直眼掏槽方法有直线掏槽、角柱掏槽和螺旋掏槽等。

（1）直线掏槽。这种方法对打眼质量要求较高，所有炮眼必须平行且眼底要落在同一立面上，否则会影响掏槽效果。施工时，各个炮眼相距 0.1～0.2m，处于一条直线上，也称为缝形掏槽。此种方法掏槽面积小，适用于整体性好的韧性岩石和较小的巷道断面，尤其适用于工作面有较软夹层或接触带相交的情况，炮孔布置如图 3-37 所示。

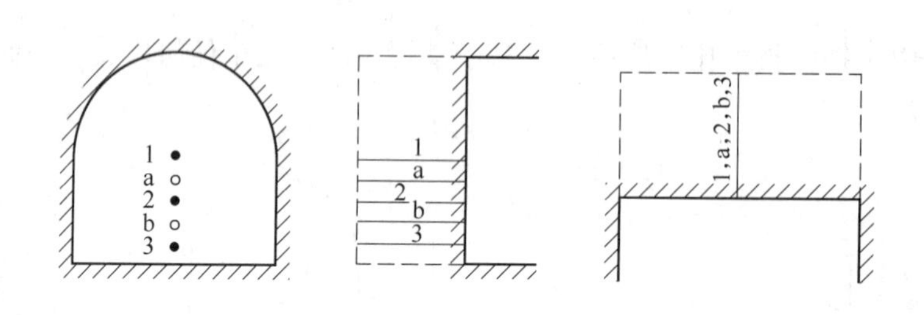

图 3-37　直线掏槽法炮孔布置

1，2，3—装药眼；a，b—空眼

（2）角柱掏槽。角柱掏槽的掏槽眼按各种几何形状布置，使形成的腔呈角柱体或圆柱体，所以又称为桶状掏槽。装药眼和空眼数目及其相互位置与间距是根据岩石性质和巷道断面来确定的。空眼直径可以采用等于或大于装药眼的直径。按照不同的布置形式，角柱掏槽可分为菱形掏槽、三角柱掏槽与五星掏槽。

菱形掏槽利用毫秒电雷管分两段起爆，距离小的一对先起爆，距离大的一对后起爆，装药系数为 0.7～0.8。这种掏槽方式简单，易于掌握，适用于各种岩层条件，效果较好，如图 3-38 所示。图中的中心眼为不装药的空眼，各眼间距随岩石性质不同而不同。一般在普氏硬度 f 为 4～6 的页岩或砂岩中取 a 为 150mm，b 为 200mm。在 f 为 6～8 的硬岩中，a 为 100～130mm，b 为 170～200mm。在坚硬岩石中，为了保证掏槽效果，可将中心空眼改为两个相距 100mm 左右的空眼，如图 3-38（b）所示。

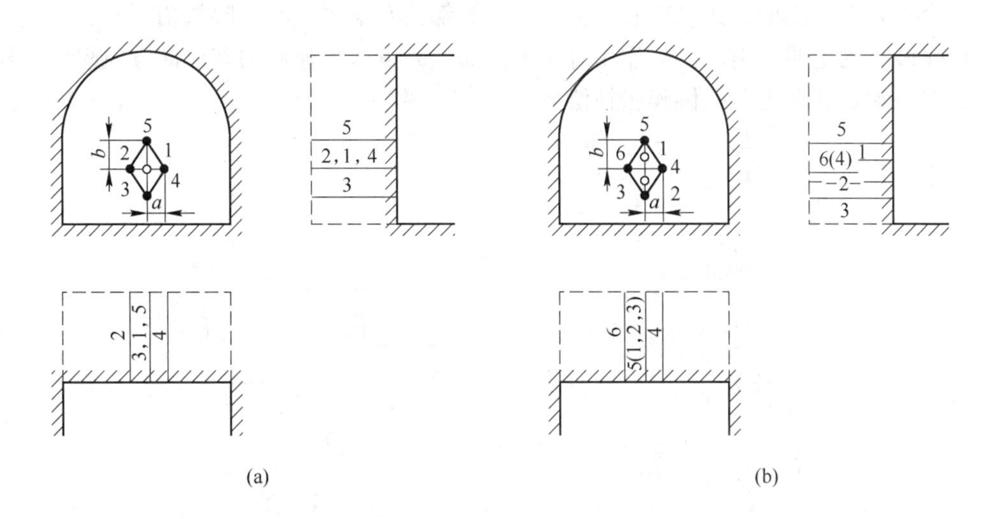

图 3-38 菱形掏槽法炮孔布置

（a）单空眼布置；（b）双空眼布置

三角柱掏槽的炮眼布置有图 3-39 所示几种。眼距 L 为 100~300mm，各装药孔一般可用一段雷管同时起爆，也可分两段或三段起爆。

五星掏槽如图 3-40 所示。各眼之间距离，在软岩中，a 不大于 200mm，b 取 250~300mm；在中硬岩层中 a 取 160mm，b 取 250mm。分两段起爆，1 号眼为一段，2~5 号眼为二段。

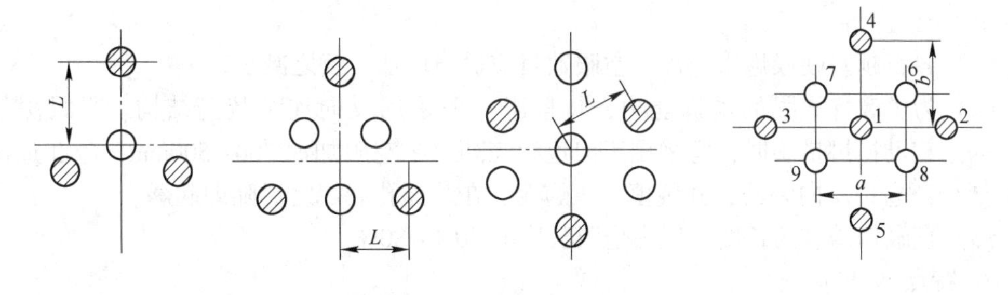

图 3-39 三角柱掏槽布置形式

图 3-40 五星掏槽

（3）螺旋掏槽。这种掏槽方法是围绕空眼逐步扩大槽腔，能形成较大的掏槽面积。但螺旋掏槽方法需要的雷管段数较多，因此使用受到限制。

中心空眼为小直径的螺旋掏槽见图 3-41（a），其眼距 $L_1=(1\sim2)d$，$L_2=(2\sim3)d$，$L_3=(3\sim4)d$，$L_4=(4\sim5)d$，d 为空眼直径。0~4 号眼眼深相同，0_1、0_2眼加深 200~400mm，反向装药 1~2 个药卷，以加强抛掷。这种掏槽适用于各种岩石，眼深可加深到 3m。按眼序 1、2、3、4 逐个分四段起爆，如 0_1、0_2孔装药时则为第五段起爆。

中心空眼为大直径（d=100~120mm）的螺旋掏槽见图 3-41（b），眼深一般不宜超过 2.5m，可用于坚硬岩石的大、中断面巷道。

b　空眼的作用

综合所有直眼掏槽方式可以看出，直眼掏槽都设有空眼。与斜眼掏槽不同，空眼是直眼掏槽爆破时的主要自由面，其作用有两个方面：一是对爆炸应力和爆破方向起集中导向作用；二是为爆破的岩石提供碎胀补偿空间。

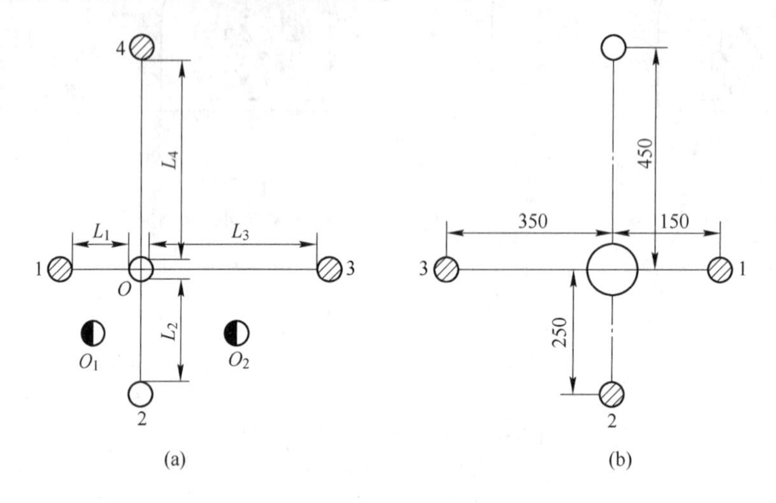

图 3-41　螺旋形掏槽

c　直眼掏槽的注意事项

直眼掏槽的具体注意事项为：

(1) 掏槽眼应尽量布置在软弱岩层中，严格保持炮眼平行、间距相等。

(2) 空眼与装药眼之间的距离，一般不超过爆破破碎圈的范围。采用等直径炮眼时，该间距为炮眼直径的2~4倍，岩石越坚硬，间距越小，采用大直径空眼时，眼距不宜超过空眼直径的2倍。

(3) 岩石越坚硬或炮眼越深，空眼数目应适当增加，反之减少。

(4) 为了改善炮眼的抛掷能力，掏槽眼一般采用反向连续装药结构。当眼深超过2m，采用辅助抛掷措施时，宜采用正向连续装药，半空眼加深200~500mm，应在加深段装1~3个药卷，反向装药，并装填一段炮泥，在装药孔起爆之后随即起爆。

(5) 直眼掏槽装药长度一般占炮眼长度的70%~80%。

d　特点

直眼掏槽的优点是其所有的掏槽眼垂直于工作面，其炮眼深度一般不受巷道断面大小的限制，更适于中深孔或深孔爆破；爆破的岩石块度均匀，岩石抛离不远，全部掏槽眼互相平行，而且相距较近，有利于使用凿岩台车。直眼掏槽的缺点是钻眼工作量较大，需要雷管段数较多，有瓦斯的工作面不能用，眼孔质量要求较高。

C　混合掏槽

为了加强直眼掏槽的抛渣率能力，以提高炮眼利用率，在断面较大、岩石坚硬的情况下，可用以直眼掏槽为主并吸取斜眼掏槽的优点的混合掏槽（见图3-42）。斜眼布置成垂直楔形，与工作面的夹角在75°~85°为宜，眼底与直眼相距约为200mm（不少于200mm）。装药系数直眼为0.7左右，斜眼为0.4~0.5为宜，斜眼安排在所有垂直槽眼起爆之后起爆，以发挥其抛渣扩槽作用。

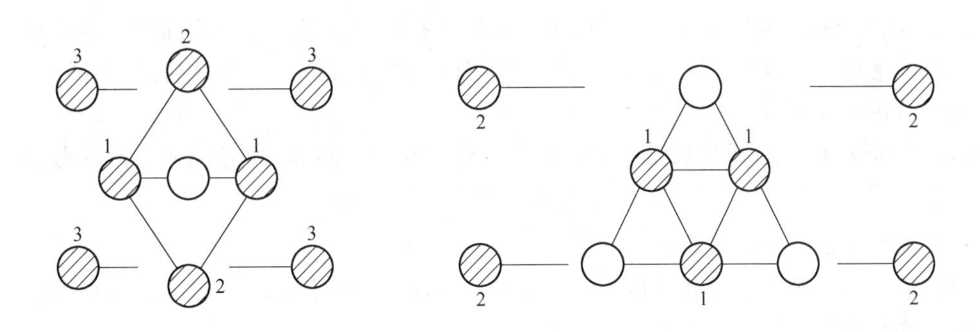

图 3-42 混合掏槽

3.4.3.2 辅助眼布置

辅助眼也称崩落眼，是大量崩落岩石扩大掏槽的炮眼。

辅助眼要成圈且均匀布置在掏槽眼与周边眼之间。其布置原则是充分利用掏槽眼所创造的自由面，最大限度均匀地将岩石崩落，如采用光面爆破，则紧邻周边眼的辅助眼要为周边眼创造一个理想的光面层，即光面层厚度要比较均匀，且大于周边眼的最小抵抗线，并为周边眼的光面爆破创造条件。

辅助眼眼间距和最小抵抗线为500~700mm，眼深与周边眼一样，炮眼方向一般垂直于工作面，装药系数一般为0.4~0.6。

3.4.3.3 周边眼布置

周边眼布置在巷道设计断面轮廓线上。

周边眼是控制形成巷道设计断面轮廓的炮眼。周边眼布置合理与否，直接影响巷道成型是否规整。现在光面爆破已经较为成熟，一般按照光面爆破要求进行周边眼的布置。

3.4.3.4 其他炮眼布置形式

(1) 直线形布孔。直线形布孔是将炮眼按垂直方向或水平方向，围绕掏槽开口成直线形逐层排列，如图3-43 (a) 所示。这种布孔图式，形式简单，容易掌握，同排炮眼的最小抵抗线一致，间距一致，前排眼为后排眼创造临空面，爆破效果较好。

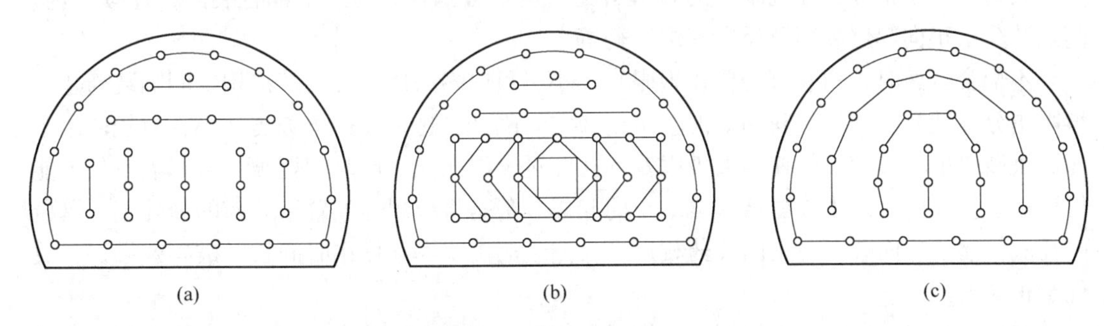

图 3-43 其他炮眼布置形式

(a) 直线形布孔；(b) 多边形布孔；(c) 弧形布孔

(2) 多边形布孔。如图3-43 (b) 所示，多边形布孔是围绕着掏槽开口，由里向外将炮孔逐层布置成正方形、长方形或多边形等基本规则的图式。

（3）弧形布孔。如图3-43（c）所示，弧形布孔是顺着拱部弧形轮廓线，把炮孔布置成逐层的弧形图式。此外，还可将开挖面上部炮孔布置成弧形，下部炮孔布置成直线形，以构成混合形布孔图式。

（4）圆形布孔。当开挖断面为圆形时，可将炮孔围绕断面中心逐层布置成圆形图式。这种布孔图式，多用在圆形隧道、泄水洞以及圆柱形竖井的开挖中。

3.4.3.5 炮眼布置注意事项

合理的炮眼布置应达到较高的炮眼利用率，块度均匀且符合大小要求，岩面平整，围岩稳定。炮眼布置的注意事项有以下几点：

（1）首先选择掏槽方式和掏槽眼位置，然后布置周边眼，最后根据断面大小布置辅助眼。

（2）掏槽眼一般布置在开挖面中部或稍偏下，并比其他炮眼深10~20cm左右。

（3）帮眼和顶眼一般布置在设计掘进断面轮廓线上，并符合光面爆破要求。在坚硬岩石中，眼底应超出设计轮廓线10cm左右，软岩中应在设计轮廓线内10~20cm。

（4）底眼眼口应高出底板水平面15cm左右；眼底超过底板水平面10~20cm，眼深宜与掏槽眼相同，以防欠挖。眼距和抵抗线与辅助眼相同。

（5）辅助眼在周边眼和掏槽眼之间交错均匀布置，圈距一般为65~80cm，炮眼密集系数一般为0.8左右。

（6）周边眼和辅助眼的眼底应在同一垂直面上，以保证开挖面平整。

（7）扩大爆破时，落底可采用扎眼或抬眼（即眼孔向断面内下斜或上斜钻进），刷帮可采用顺帮眼。炮眼布置要均匀，间距通常为0.8~1.2m。石质坚硬时，顺帮眼应靠近轮廓线。扩大开挖时，最小抵抗线W一般为眼深的2/3，圈距与W相同，眼距为1.5W。

（8）当巷（隧）道掘进工作面进入曲线段时，掏槽眼的位置应往外帮适当偏移，同时外帮的帮眼要适当加深，并相应增加装药量，这样才可以使外帮进尺大于内帮，达到巷道沿曲线前进的目的。

3.4.3.6 装药结构与填塞

装药结构是指炸药在炮眼内的装填情况，主要有耦合装药、不耦合装药、连续装药、间隔装药、正向起爆装药及反向起爆装药等。

不耦合装药时，药卷直径要比炮眼直径小，目前多采用此种装药结构。间隔装药是在炮眼中分段装药，药卷之间用炮泥、木棍或空气隔开，这种装药爆破震动小，故较适用于光面爆破等抵抗线较小的控制爆破以及炮孔穿过软硬相间岩层时的爆破。若间隔较长不能保证稳定传爆时应采用导爆索起爆。正向起爆装药是将起爆药卷置于装药的最外端，爆轰向孔底传播。反向装药与正向装药相反。反向装药由于爆破作用时间长，破碎效果好，故优于正向装药。

在炮孔孔口一段应填塞炮泥。炮泥通常用黏土或黏土加砂混合制作，也可用装有水的聚乙烯塑料袋作充填材料。填塞长度约为炮眼长度的1/3，当眼长小于1.2m时，填塞长度需有眼长的1/2左右。

3.4.3.7 起爆与爆破安全

起爆方法有电起爆和非电起爆两类。电起爆系统由放炮器、放炮电缆、连接线、电雷管组成。非电起爆有火雷管法、导爆索法和非电导爆管法等。

起爆顺序一般为：掏槽眼、辅助眼、帮眼、顶眼、底眼。

起爆顺序及间隔时间，火雷管起爆时采用导火索的长短或点燃的先后来控制；电雷管起爆时用延期雷管控制。延期雷管有秒延期和毫秒延期之分，毫秒延期雷管由于延期时间短，能量集中，因此可提高爆破效果。

放炮前，非有关人员应撤离现场。火雷管起爆时应有充裕时间保证点炮人员安全退避。用电雷管起爆时，要认真检查电爆网路，以免出现瞎炮，即由于操作有误、爆破器材质量不良等原因引起的药包不爆炸。出现瞎炮时应严格按照规定的方法处理。瞎炮处理完毕之前，不允许继续施工，处理瞎炮应由专人负责，无关人员撤离现场。

煤矿巷道施工时，爆破作业应严格按《煤矿安全规程》执行。

3.4.4 周边眼控制爆破

周边眼的爆破结果，反映了整个爆破的效果。实践表明，采用一般方法进行爆破，不仅对围岩扰动大，而且难以爆破出理想的开挖轮廓，目前多采用控制爆破技术进行爆破。

3.4.4.1 光面爆破

光面爆破对围岩扰动小，尽可能保存了围岩自身原有的承载能力，从而改善了衬砌结构的受力状况；又由于围岩壁面平整，减小了应力集中和局部落石现象，增加了施工安全度，减小了超挖和回填量，若与锚喷支护相结合，能节省大量混凝土，降低工程造价，加快施工进度。因为光面爆破可减轻震动和保护岩体，所以它是松软与不均质的地质岩体较为有效的开挖爆破方法。光面爆破的分区起爆顺序为：掏槽眼→辅助眼→周边眼→底板眼。

光面爆破的成功与否主要取决于爆破参数的确定。其主要参数包括：周边炮眼的间距、光面爆破层的厚度、周边炮眼密集系数和装药集中度等。

（1）周边炮眼间距 E。在不耦合装药的前提下，光面爆破应满足炮孔内静压力合力必须小于爆破岩体的极限抗压强度，而大于岩体的极限抗拉强度的条件，如图 3-44 所示。周边炮眼间距与岩体的抗拉、抗压强度以及炮眼直径有关。

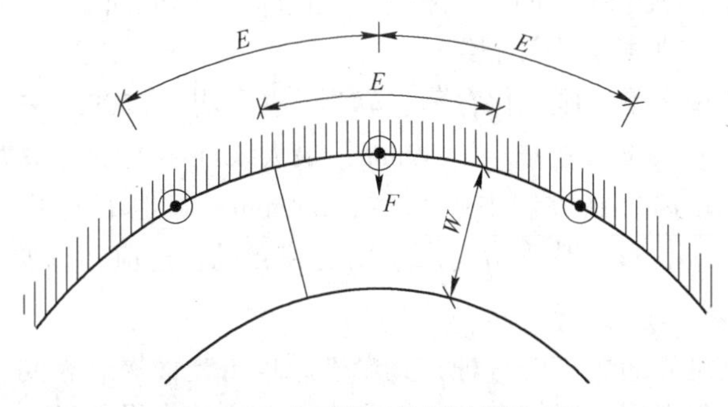

图 3-44 光面爆破的周边眼布置

（2）光面层厚度及炮眼密集系数。光面层就是周边炮眼爆破的那一部分岩层。其厚度就是周边炮眼的最小抵抗线。周边炮眼间距 E 与最小抵抗线 W 的比值 k 称为周边炮眼的密集系数。其大小对光面爆破效果影响较大。实践表明，光面爆破以 $k=0.8$ 左右为宜，光面层厚度一般应取 50~90cm。

（3）装药量。周边炮眼的装药量通常用线装药密度，即每米长炮眼的装药数量来表示。该数量既能提供足够的破岩能量，又不会造成围岩过度的破坏。通常应根据围岩条件、炸药品种、孔距和光面层厚度等因素综合考虑确定装药量，一般控制在 0.04~0.4kg/m。

在光面爆破中，常采用的技术措施有：

（1）使用低爆速、低猛度、低密度、传爆性能好、爆炸威力大的炸药。

（2）采用不耦合装药结构。这样通过空气间隙再作用到炮孔壁上的冲击波强度将大为减弱，空气间隙起到了缓冲的作用，故不耦合装药爆破又称缓冲爆破。

（3）严格掌握与周边炮眼相邻的内圈炮眼的爆破效果，周边炮眼应同步起爆。要求周边眼必须采用同段雷管同时起爆，并尽可能减少同段雷管的延期时间差。

（4）严格控制装药集中度，必要时采用间隔装药结构。但为了克服眼底岩石的夹制作用，常在炮眼底部加强装药。

合理的光面爆破参数应由现场试验确定，设计时可参照表 3-8 选用。

表 3-8　周边眼光面爆破参数

岩石类别	爆破方式	眼距 E/mm	抵抗线 W/mm	炮眼密集系数 E/W	装药密度 /kg · m^{-1}
硬岩	全断面一次爆破时	550~650	600~800	0.8~1.0	0.3~0.35
	预留光面层时	600~700	700~800	0.7~1.0	0.2~0.3
中硬	全断面一次爆破时	450~600	600~750	0.8~1.0	0.2~0.3
	预留光面层时	400~500	500~600	0.8~1.0	0.10~0.15
软岩	全断面一次爆破时	350~450	450~550	0.8~1.0	0.07~0.12
	预留光面层时	400~500	500~600	0.7~0.9	0.07~0.12

注：炮眼深度 1.0~3.5m，炮眼直径 40~50mm。

光面爆破的质量要求，一般应达到三条标准：

（1）岩石上留下具有均匀眼痕的周边眼数应不少于周边眼总数的 50%。

（2）超挖尺寸不得大于 150mm，欠挖不得超过质量标准规定。

（3）岩石上不应有明显的炮震裂缝。

隧道施工规范的规定是：眼痕保存率，软岩中要不小于 50%，中硬岩中要小于 70%，硬岩中要不小于 80%；局部欠挖量小于 50mm，最大线性超挖量（最大超挖处到爆破设计开挖轮廓切线的垂直距离）在硬岩中要不大于 200mm，其他不大于 250mm。两炮衔接台阶的最大尺寸为 150mm；爆破块度应与所采用的装岩机相适应，以便于装岩。

3.4.4.2　预裂爆破

预裂爆破实质上是光面爆破的一种，其爆破原理与光面爆破相同，只是分区起爆顺序不同。它是由于首先起爆周边眼，在其他炮眼未爆破之前先沿着开挖轮廓线预爆破出一条用以反射地震应力波的裂缝而得名。预裂爆破的分区起爆顺序为：周边眼→掏槽眼→辅助眼→底板眼。

预裂爆破的周边眼间距、预留内圈岩层厚度、装药量及装药集中度均较光面爆破要小；但相应增加了周边眼数量和钻眼工作量。

由于贯通裂缝的存在，主体爆破产生的应力波在向围岩传播时受到大量衰减，因而更有效地减少了对围岩的扰动，所以预裂爆破更适用于稳定性较差的软弱破碎岩层中。

3.4.5 爆破说明书

爆破说明书是井巷施工组织设计中的一个重要组成部分，是指导、检查和总结爆破工作的技术文件。爆破说明书是指导和检验钻眼爆破工作的技术性文件，是掘进技术管理的重要环节。地下工程施工必须根据具体条件编制切实可行的爆破说明书。在施工过程中，爆破说明书还要根据地质条件的变化不断修正、完善，爆破说明书一旦确定就要严格按说明书施工。

3.4.5.1 爆破说明书的内容

爆破说明书的主要内容包括：

（1）爆破工程的原始资料，包括掘进井巷名称、用途、位置、断面形状和尺寸，穿过岩层的性质，地质条件以及瓦斯情况。

（2）选用的钻眼爆破器材，包括炸药、雷管的品种，凿岩机具的型号、性能。

（3）爆破参数的选择与计算，包括掏槽方法，炮眼直径、深度、数目，单位耗药量等。

（4）爆破网路的计算和设计。

（5）爆破作业安全措施。

（6）爆破图表是爆破说明书的关键内容之一。

3.4.5.2 编制爆破图表的原则

首先，应做充分的调查研究工作，掌握第一手资料；然后，根据所用钻眼设备和爆破器材进行综合分析，确定一个初步爆破图表，经过若干个循环的爆破实践，不断完善之后，才能正式作为指导钻眼、爆破工作的依据。

3.4.5.3 爆破图表的特点

合理的爆破说明书及爆破图表应有以下特点：

（1）参数选择正确。图表编制者必须根据岩石性质、设备能力、工人技术水平等正确选择各项爆破参数。

（2）编制爆破图表时充分考虑工作队的操作技术，扬其所长，抑其所短。

（3）尽量采用先进技术，并应符合国家各项指标的规定。

（4）爆破图表的内容应全面、准确。

3.4.5.4 爆破图表的主要内容

爆破图表主要包括炮孔平面布置图、炮孔参数表、装药结构表及预期爆破技术经济指标表，简称“三表一图”。

炮孔布置图主要用来展示炮孔设计的平面布置图、横剖面图和纵剖面图，如图 3-45 所示。炮孔参数表将所有类型的炮孔主要参数进行汇总，如表 3-9 所示。装药结构表将所有炮孔的装药结构进行汇总，并展示炮孔的堵塞情况。预期爆破技术经济指标见表 3-10 和表 3-11。

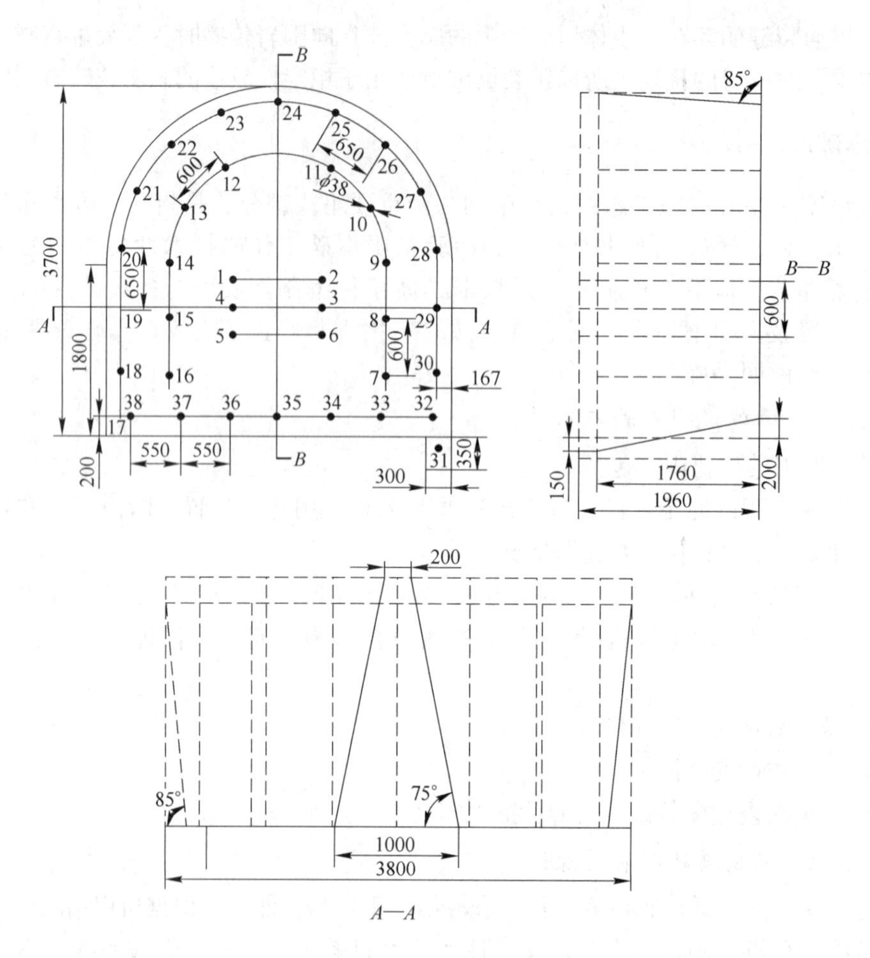

图 3-45　工作面炮眼布置

表 3-9　爆破原始条件

序号	名　称	单位	数　量
1	掘进断面	m^2	13.63
2	岩石普氏系数		6~8
3	工作面瓦斯性况	%	无瓦斯
4	工作面涌水性况	m^3/h	无涌水
5	炸药和雷管的类型		2 号岩石硝铵炸药，Ⅶ毫砂雷管

表 3-10　装药量及起爆顺序

序号	炮眼名称	眼号	眼数/个	眼深/m	眼距/mm	倾角/(°)		装药量/kg		起爆顺序	连线方式
						水平	垂直	单孔	小计		
1	中心眼	0	1	2.7		90	90				串联
2	掏槽眼	1~3	3	1.5	500	90	90	1.35	4.05	Ⅰ	
3	掏槽眼	4~6	3	2.7	250	90	90	1.20	3.60	Ⅱ	

续表 3-10

序号	炮眼名称	眼号	眼数/个	眼深/m	眼距/mm	倾角/(°)		装药量/kg		起爆顺序	连线方式
						水平	垂直	单孔	小计		
4	辅助掏槽眼	7~10	4	2.7	850	90	90	2.40	9.60	Ⅲ	串联
5	辅助眼	11~20	10	2.5	800	90	90	1.65	16.50	Ⅳ	
6	辅助眼	21~31	11	2.5	800	90	90	1.65	18.15	Ⅴ	
7	边眼	32~50	19	2.5	600	87	87	0.8	15.2	Ⅵ	
8	底眼	51~58	8	2.5	800	90	87	1.65	13.2	Ⅶ	
9	合计		59						80.30		

表 3-11 预期爆破技术经济指标表

指标名称	单位	数量	指标名称	单位	数量
掘进断面面积	m^2	20.71	循环进尺	m	2.13
岩石性质		中硬岩（f=4~6）	循环实体岩石量	m^3	44.11
工作面瓦斯情况		无	炸药单位消耗量	kg/m^3	1.82
循环炸药用量	kg	80.3	雷管单位消耗量	发/m^3	1.31
循环雷管用量	发	58	每米进尺炸药消耗量	kg	37.70
炮眼利用率	%	85	每米进尺雷管消耗量	发	27.23

注：炸药使用的是 2 号岩石硝铵，雷管使用的是段发（延时 100ms）。

3.5 支护技术

地下工程施工一般包括掘进、支护和安装三个大的环节。其中掘进和支护两个工序关系密切，只有正确而又及时予以支护，掘进工作才能正常进行。因此，合理地选择支护形式、正确地组织施工十分重要。

支护的主要目的是防止围岩垮落或产生过大变形，满足正常生产和安全要求。从目前各类支护形式和支护效果来看，地下工程支护主要可分为三大类：

(1) 各种被动支护形式，包括木棚支架、钢筋混凝土支架、金属型钢支架、料石碹、混凝土及钢筋混凝土碹等。

(2) 以锚杆支护为主，旨在改善巷道围岩力学性能的积极支护形式，包括锚喷支护、锚网支护、锚网喷支护等。

(3) 以锚杆和注浆加固为主的积极主动加固形式，如锚注支护、预应力锚索支护技术等。

3.5.1 棚式支护

棚式支护是最早的支护形式，随着锚喷等新型支护形式的出现，棚式支护在大型地下工程中的应用越来越少，但在矿山、服务寿命较短的坑道工程中以及临时支护中仍有较多应用。棚式支护所用支架按地下工程的断面形状分有梯形支架、矩形支架和拱形支架；按支架材料分有木支架、金属支架、钢筋混凝土支架、钢管混凝土支架等。

3.5.1.1 木支架

地下工程中常用的木支架是梯形棚子，其结构如图 3-46 所示，是由一根顶梁、两根棚腿以及背板、木楔等组成。巷顶梁承受顶板岩石给它的垂直压力和由棚腿传来的水平压力。棚腿承受顶梁传给它的轴向压力和侧帮岩石给它的横向压力。背板将岩石压力均匀地传到主要构件梁与腿上，并能阻挡岩石垮落。木楔的作用是使支架与围岩紧固在一起，防止爆破崩倒支架，木楔应向工作面方向打紧。撑柱的作用是加强支架在坑道轴线方向上的稳定性。

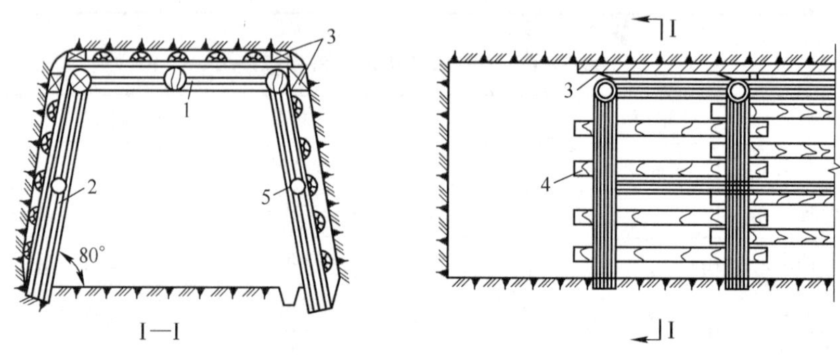

图 3-46 木支护

1—顶梁；2—棚腿；3—木楔；4—背板；5—撑柱

根据围岩的稳定程度，背板可密集或间隔布置。每架支架的平面应和巷道的纵轴相垂直。木支架一般可使用在地压不大、服务年限不长、断面较小的矿山采区巷道里，有时也用作巷道掘进中的临时支架。

木支架重量较轻，具有一定的强度，加工容易，架设方便，特别适用于多变的地下条件。构造上可以做成有一定刚性的，也可以做成有较大可缩性的。其缺点是强度有限，不能防火，很易腐朽，风阻很大，并且不能阻水和防止围岩风化，特别是需要消耗大量木材。因此，木支架的使用量越来越少。

3.5.1.2 金属支架

金属支架反映了现代化的生产技术。它的强度大，体积小，坚固、耐久、防火，在构造上可以制成各种形状的构件。虽然初期投资较大，但坑道维修工作量小，并且可以回收复用，最终成本还是经济的。金属支架的主要形式有梯形和拱形两种，如图 3-47 所示。

（1）梯形金属支架。梯形金属支架常用 18~24kg/m 钢轨或 16~20 号工字钢制作，由两腿一梁构成。型钢棚腿的下端焊有一块钢板，以防止陷入底板。梁腿连接要求牢固可靠，安装、拆卸方便。

（2）拱形金属支架。拱形金属支架又称钢拱架，一般可用工字钢、H 型钢、U 型钢、钢轨、钢管等型钢制作。工字形钢架加工较简易，使用方便，但由于截面纵横方向不是等刚度和等强度而容易失稳，在较大跨度中使用有困难，适用于跨度较小的矿山巷道或隧道施工支护。H 型钢虽克服了工字形钢架的缺点，但自重大，费钢材多，安装较困难，所以使用不广。钢管钢架比 H 型钢架轻便，但造价较高。

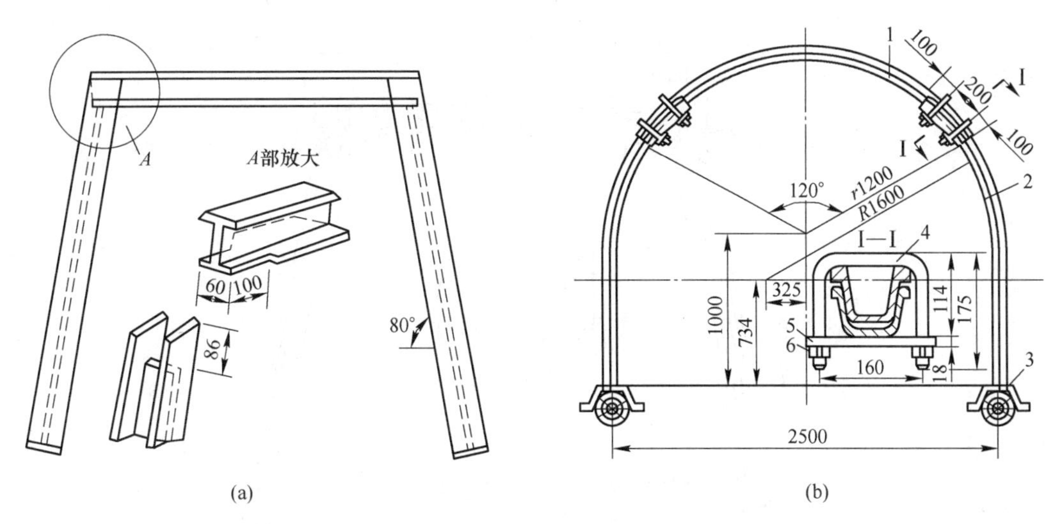

图 3-47 金属支架支护

（a）梯形；（b）拱形

1—顶梁；2—棚腿；3—底座；4—U 形卡子；5—垫板；6—螺母

对于动压影响大，围岩变形量大的矿山巷道多采用 U 型钢制作的可缩性支架（见图 3-47b）。它可避免使用刚性金属支架的大量折损。这种可缩性支架由三节（或四节）曲线形构件组成，接头处重叠搭接 0.3~0.4m，并用螺栓箍紧（箍紧力靠螺栓调节）。通常取顶部构件的曲率半径 r 小于两帮棚腿的曲率半径 R，顶部构件曲率半径逐渐增大，当其和棚腿的曲率半径 R 相等，并且沿搭接处作用的轴向力大于螺栓箍紧所产生的摩擦力时，构件之间便相对滑动，支架即产生可缩性。这时，围岩压力得到暂时卸除，支架构件在弹性力作用下，又恢复到原来 $r<R$ 的状态，直到围岩压力继续增加至一定值时，再次产生可缩现象，如此周而复始。这种棚子的可缩量可达 0.2~0.4m。

3.5.1.3 预制钢筋混凝土支架

钢筋混凝土支架又称水泥支架，它是由一根顶梁和两根棚腿组成梯形棚子。这种支架的构件是在地面工厂预制的，故构件质量高，可以紧跟工作而架设，并能立即承受地压，支护效果良好。但是，这种支架存在着构件太重、用钢量多、成本高以及可缩性不够等问题。这种支架分普通型和预应力型两种。预应力钢筋混凝土支架进一步提高了钢筋混凝土构件的强度，缩小了支架断面尺寸，同时节约了材料，减轻了构件重量，降低了支架成本。

预应力工字形断面钢筋混凝土支架结构如图 3-48 所示。

3.5.1.4 钢管混凝土支架

在钢管内灌入混凝土，便形成钢管混凝土。钢管混凝土在建筑领域已得到较多应用，它既具有钢材的高强度和延性，又有混凝土耐压和价廉。钢管混凝土在受压时，钢管和混凝土互相弥补了对方的缺点，发挥了双方的优点，使材料的强度得到充分发挥。安徽理工大学率先将这一技术应用于矿井巷道的支护，研制了钢管混凝土支架。钢管直径为 108~159mm，壁厚 4~6mm，混凝土强度等级为 C40~C60。可根据地下工程断面形状制作成圆形、拱形等不同形式的支架，每架由 4~5 节组成，每节端部有法兰盘，以便连接。架与

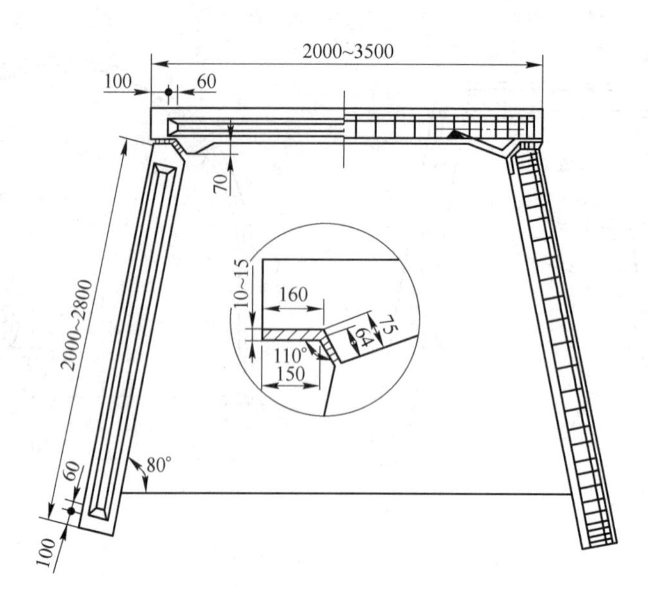

图 3-48　预应力工字形断面钢筋混凝土支架

架之间用槽钢或角钢拉杆连接，增加其稳定性。支架的背板采用钢筋网，在钢筋网后面用灰包充填，以保证支架受力均匀。为了使支架具有可缩性，可在法兰盘连接处加可缩板，要求的可缩量较大时，可仿照 U 形钢支架的可缩原理。在两拱肩部位的管节接头上各焊接一段 U 形钢，形成可缩性接头。这种支架的缺点是重量较大，人工架设劳动强度高。与 U 形钢相比，耗钢量降低 30%，成本降低 20%左右。

3.5.2　锚杆支护

锚杆是利用金属或其他高抗拉性能的材料制作的一种杆状构件。使用机械装置、粘结介质，将其安设在地下工程的围岩或其他工程体中，形成能承受荷载、阻止围岩变形的锚杆支护。

锚杆支护是一种主动支护形式，它是通过锚杆及其辅助构件与锚固范围的围岩形成锚固结构体，利用锚杆的横向作用提高锚固范围岩体的强度参数，锚杆的轴向作用改变锚固范围岩体的应力状态，从而达到提高巷道稳定性的目的。

随着锚杆支护工程实践的不断丰富，锚杆支护的理论计算模型已有许多有价值的成果。这些理论都是以一定的假说为基础的，各自从不同的角度、不同的条件阐述锚杆支护的作用机理，而且力学模型简单，计算方法简便易懂，适用于不同的围岩条件，得到了国内外的承认和应用。

3.5.2.1　锚杆作用原理

锚杆的作用就是提高围岩的抗变形能力，并控制围岩的变形，使围岩成为支护体系的组成部分。目前，较成熟的理论主要可归纳为三大类：

A　基于锚杆的悬吊作用而提出的理论

（1）悬吊理论。锚杆上端锚固在围岩内部较坚硬的岩石中，把一层或几层稳定（或不稳定）且比较平而薄的直接顶板通过锚杆下端的托板及螺栓，锚固在比较坚硬的岩层上，从而起到悬吊作用，如图3-49所示。锚杆的悬吊作用理论能很好地解释锚杆长度范围内存在稳定岩层的情况，但不能说明松软岩层高度超出锚固范围情况下的锚杆作用机理。该理论只适用于巷道顶板，不适用于帮、底，且开掘巷道的顶板在一定范围内，必须有坚硬稳定的岩层。当跨度较大的软岩巷道中普氏拱高往往超过锚杆长度，或顶板软弱岩层较厚，围岩破碎区范围较大时，无法将锚杆锚固到上面坚硬岩层或者未松动岩层上，悬吊理论就不适用了。

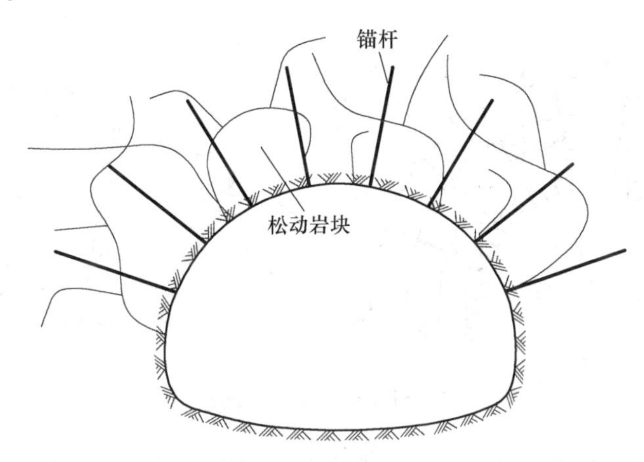

图3-49　悬吊理论

（2）减跨理论。减跨理论包括两方面的内容：

1）基于松散介质的自然冒落拱理论提出的锚杆作用原理，其依据是冒落拱高度与跨度成正比关系，认为利用锚杆的悬吊作用可增加顶板岩层的支点，从而减小支点间的跨距，进而达到降低冒落拱高度、减小所需支护强度的目的。

2）基于梁的理论而提出的锚杆作用原理，即当巷道顶板为层状岩层时，其变形特性近似于梁的性质，此时锚杆的作用是缩短梁的跨距，以减小其中的横向应力产生的弯矩及弯矩产生的弯曲应力，尤其是弯曲拉应力，从而提高顶板的稳定性。

从以上两种情况可以看出，减跨理论中的锚杆作用机理以及适用条件与悬吊理论等同，即需要以稳定岩层或稳定岩层结构为依托。

B　基于锚杆的挤压加固作用而提出的理论

（1）组合梁理论。通过锚杆的轴向作用力将顶板各分层压紧，以增强各分层间的摩擦作用，并借助锚杆自身的横向承载能力提高顶板各分层间的抗剪切强度以及层间粘结程度，使各分层在弯矩作用下发生整体弯曲变形，呈现出组合梁的弯曲变形特征，从而提高顶板的抗弯强度，如图3-50所示。该理论适用于顶板由多层厚度小的连续性岩层组成的巷道支护。巷道帮、底不能应用。

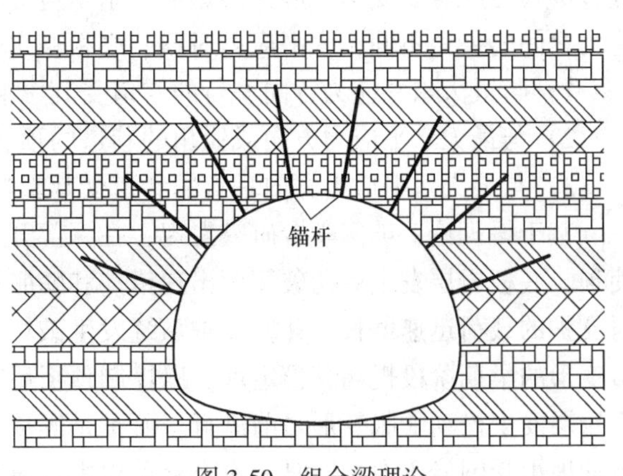

图3-50　组合梁理论

（2）加固拱理论（挤压加固理

论）。通过系统的布置锚杆，使巷道拱顶节理发育的岩体串联在一起，沿巷道的断面形成一个连续的具有自承受能力的拱形压缩带，使岩层得到补强，成为一个整体结构，支承其自身重量和上部的顶板压力，如图 3-51 所示。在锚杆预张应力 P 的作用下，每根锚杆周围都形成一个两头呈圆锥形的筒状压缩区。各锚杆所形成的压缩区彼此搭接，形成一条厚度为 W 的均匀压缩带。在均匀压缩带中产生径向压应力 σ_r，给压缩外的围岩提供径向支护抗力，使围岩接近于三向受力状态，增加围岩的稳定性。

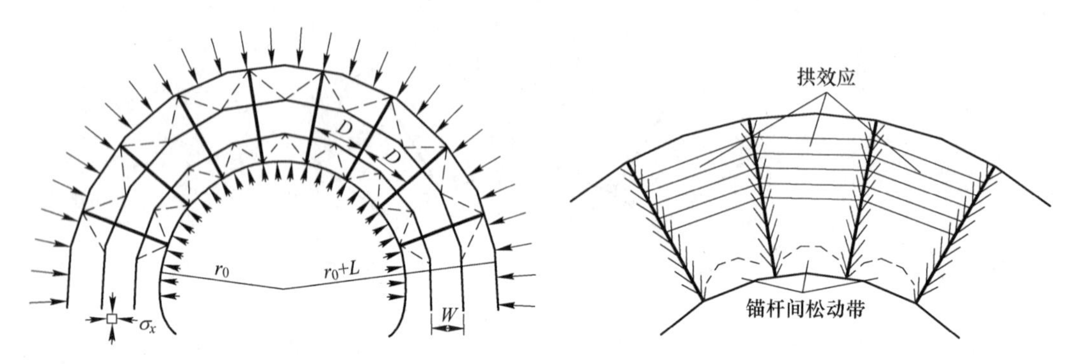

图 3-51　挤压加固拱理论

对于平顶巷道的层状连续性顶板，挤压加固理论等同于组合梁理论，此时，锚杆的挤压加固作用既可使层状顶板形成组合梁结构，从而提高其抗弯强度，又可改善岩层的应力状态，使岩层沿平行于岩层层理方向的抗压强度得到提高。本理论适用性较强，几乎适用于所有的围岩条件。

（3）楔固理论。楔固理论主要是针对巷道围岩中的围岩有时会沿其中的弱面滑移而提出的围岩加固理论。当巷道围岩中的部分岩体被其中的弱面切割为块体时，其稳定性状况一定程度上将取决于对关键块体的维护情况，因为这种条件下围岩的失稳大多起因于关键块体的失稳。对此可将锚杆沿与弱面相交的方向布置，并借助锚杆的抗拉、抗剪、抗弯等作用防止围岩发生滑动甚至脱离岩层而冒落，从而保持巷道围岩的整体稳定性。

C　综合锚杆的各种作用或基于特殊条件而提出的理论

（1）最大水平应力理论。巷道围岩的水平应力有时会大于垂直应力，此时，巷道顶、底板的稳定性主要受水平应力的影响。水平应力具有明显的方向性，巷道轴向与最大水平应力之间的夹角不同，水平应力对顶、底板稳定性的影响程度也会有所差异：

1）与最大水平应力方向平行的巷道受其影响最小，顶、底板稳定性最好。

2）与最大水平应力方向成锐角的巷道的顶、底板变形破坏偏向巷道的某一帮。

3）与最大水平应力方向垂直的巷道受其影响最大，顶、底板稳定性最差。

基于该理论，英国学者研究发现，在深部开采的高应力环境下，最大水平应力的作用使顶、底板岩层发生剪切破坏而出现错动和膨胀，造成围岩变形，随着变形的发展，顶板对支护的载荷迅速增长，并使支护系统发生破坏。在这种作用下，锚杆的作用应当是在顶板变形的早期阶段提高其稳定性，以控制顶板后期变形的严重程度。即锚杆的加固应在顶板岩层发生松动膨胀变形之前进行，而不是等顶板已经松动破坏、几乎丧失自承能力后才被动地承受围岩压力。同时，应充分重视垂直应力对两帮的影响：顶板锚固后，两帮垂直应力集中区更靠近巷帮表面。控制两帮破坏，防止顶板有效跨度超过顶板锚杆的有效支护范围，对围岩稳定极为重要。

（2）围岩松动圈支护理论。基于巷道围岩状态特征的研究，董方庭教授等人提出了松动圈支护理论，并提出了关于锚杆作用机理的动态解释，认为在矩形巷道围岩中，锚杆除了可以发挥悬吊作用以外，形成组合拱是其主要的支护作用，即破裂顶板在锚杆锚固力作用下可以形成具有一定强度和厚度的锚固层，随着顶板的下沉变形，锚固层将达到新的平衡状态，形成压力拱或称之为裂隙体梁式的平衡结构。

（3）围岩强度强化理论。通过对处于不同物性状态岩体加锚前后的力学性质的研究，侯朝炯教授等人提出了巷道锚杆支护围岩强度强化理论。巷道锚杆支护的实质是锚杆和锚固区域岩体相互作用，并形成统一的承载结构。锚杆支护可以提高锚固体强度破坏前、后的力学参数，改善锚固体的力学性能。锚杆作用可以提高围岩各状态下的强度值，使巷道围岩强度得到强化。通过对巷道底鼓机理的深入研究，侯朝炯教授提出了加固巷道帮、角控制底鼓的理论及方法，为巷道底鼓的防治提供了一条有效、实用的途径。

（4）锚杆桁架支护理论。该理论出现于20世纪60年代。人们通过对锚杆桁架支护机理进行研究认为桁架锚杆的作用原理属于挤压加固一类，锚杆桁架对巷道围岩的加固作用主要表现在以下三个方面：

1）改变巷道顶板的应力状态。即随着锚杆桁架预紧力的增加，顶板中部的拉应力将减小，甚至出现压应力，使顶板不受拉应力，从而弥补岩体抗拉强度较小的弱点。

2）促进顶板裂隙体梁的形成。当巷道开挖在层状岩体中时，顶板的破坏和变形可以用“岩梁”理论来分析，它的稳定性取决于裂隙体梁的成拱作用。

3）提高顶板裂隙体梁拱座处的抗滑动性能。根据静力平衡原理，当岩梁拱座处的抗剪切能力过低时，顶板将发生整体剪切滑动。桁架预紧力引起的主动作用将与拱座处的水平推力叠加，增大了该危险部位岩石或不连续面的摩擦阻力，从而提高顶板裂隙体梁在拱座处的剪切强度。

（5）锚固平衡拱支护理论。根据困难条件下锚杆支护成拱的重要作用，煤炭科学院北京开采研究所的林崇德高工提出了锚固平衡拱支护理论。其主要内容包括：

1）煤巷软弱顶板岩层在矿山压力作用下经历压缩变形的过程。

2）锚固岩层没有整体达到塑性破坏之前，顶板岩层仍可视为岩梁。

3）锚固岩层整体进入破坏阶段后，岩层已经不是一个连续体。

4）锚固支架是否具有较大的承载能力和变形能力，取决于顶板岩层的力学性质和锚杆的成拱作用大小。

5）锚固支架形成锚固平衡拱的关键是通过锚杆的作用保持锚固岩层的整体性。

（6）锚注支护理论。通过对软岩巷道围岩控制方法的研究，陆士良教授提出了外锚内注式的支护方法。他认为软岩巷道围岩的破裂范围及变形量都很大，传统的刚性支护难以适应，而单纯的锚杆支护或组合锚杆支护欲使破裂岩体处于挤紧状态，从而形成平衡拱也难以实现。对于节理裂隙发育的软岩，采用注浆的方法可以改变其松散结构，提高粘结力和内摩擦角，提高围岩的整体性和强度系数，从而形成一个注浆加固圈，为锚杆提供可靠的着力基础，使其能够充分发挥悬吊、组合等基本功能，对注浆加固圈以下的松碎岩石起到支护的作用。这种支护方式的提出极大地拓宽了锚杆支护技术的应用范围。

3.5.2.2　锚杆种类与安装方法

锚杆种类繁多，形式不一，分类方法也各不相同，一般多按锚固形式、锚固原理和锚杆材料分类。锚杆按锚固原理分为机械摩擦式、粘结式和自锚式三类，按锚固形式分为端头锚固和全长锚固两大类，按锚杆材料可分为木质、金属和化工三类。

（1）全长锚固锚杆。锚固力分布在岩体内全长范围的锚杆，称为全长锚固锚杆，用水泥砂浆或树脂作填充粘结剂，使锚杆和孔壁岩石粘结牢固，提供摩擦阻力，阻止岩体位移，并通过安装在孔口的托板、螺母对岩壁的约束力来抑制围岩变形和承受围岩松弛荷载。普通水泥砂浆锚杆、早强水泥砂浆锚杆、中空注浆锚杆、自钻式注浆锚杆、树脂锚杆等都属于全长粘结型锚杆。

（2）端头锚固型锚杆。端头锚固型锚杆是通过锚杆的机械式锚固或粘结式锚固，将锚杆前端锚固于锚杆孔底部岩体，通过孔口托板与螺母使锚杆受拉，对孔口附近围岩施加径向约束力。锚杆受力大小取决于锚头的锚固强度。根据结构形式端头锚固型锚杆又可分为机械式内锚头，如楔缝式锚杆、倒楔式锚杆、胀壳式锚杆；粘结式内锚头，如水泥砂浆内锚头、快硬水泥卷内锚头、树脂药包内锚头。

（3）摩擦型锚杆。摩擦型锚杆是将锚杆强行压入比其直径略小的钻孔后，管体受围岩约束而产生径向张力，使孔壁产生压力，挤压岩体，从而使孔壁与锚杆间产生静摩擦力（即锚固力），阻止岩体位移，同时，锚杆末端托板在安装时紧压孔口岩面，对围岩产生压力，使锚杆周围岩体处于三向应力状态，形成梨形压力球，增加围岩的稳定性。典型的摩擦型锚杆包括缝管式锚杆、楔管式锚杆、水胀锚杆。

（4）预应力锚杆。预应力锚杆应用端头锚杆，在锚孔口部对锚杆施加拉力，并用垫板和螺栓锁口，紧压孔口岩面，使围岩产生径向压力，约束围岩变形，对改善围岩的力学性能，特别是提高岩体结构面的摩擦力很有帮助。

本节介绍几种常用的锚杆支护形式。

（1）普通水泥砂浆锚杆。图 3-52 所示为典型的水泥砂浆锚杆。

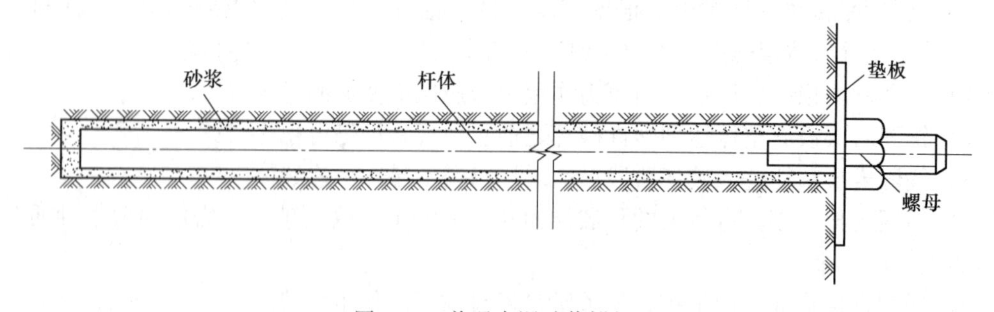

图 3-52　普通水泥砂浆锚杆

水泥砂浆锚杆由水泥砂浆、杆体、垫板和螺母组成。杆体可采用带肋钢筋或高强度玻纤树脂实心或空心管。垫板可用金属材料，也可以用工程塑料。

普通水泥砂浆锚杆具有以下特点：

1）结构简单，加工安装方便，价格便宜，对围岩适用性强，具有一定的锚固力。

2）安装后有一个养护过程不能承载。

3）被动支护，提供的支护反力依赖围岩变形，如果安装过晚，锚杆抗力小，作用有限。

4）注浆不宜密实。

垫板作用包括：

1）增强并扩大锚杆对岩体的锚固范围，特别是能使表层围岩处于三向受力状态，极大增强了围岩稳定性。

2）垫板能显著提高锚杆的系统刚度，使锚杆在软岩中不至于太软而无法与围岩特征线相交，丧失承载围岩压力的条件。

3）通过垫板将喷网与锚杆连成整体，从而形成喷锚网与围岩的联合体，共同承担地层压力的作用，这里垫板的传递起着重要的作用。

4）垫板能改变锚杆的受力分布，使锚杆的轴力分布比较均匀，提高锚杆效果。

（2）早强水泥砂浆锚杆。早强水泥砂浆锚杆与水泥砂浆锚杆的唯一区别就是注浆材料（粘结剂）不同。早强水泥砂浆锚杆一般在2~4h就具有50kN左右的锚固力，弥补了普通水泥砂浆早期不能承载和强度增长缓慢的不足，因而在软弱、破碎、自稳时间短的围岩中显示出一定的优越性。

（3）快硬水泥卷内锚头锚杆。快硬水泥卷内锚头锚杆由快硬水泥卷（锚固剂）、杆体、垫板、螺母、排气管组成，杆体内端要求设计成左旋麻花状结构，其上端焊有挡圈，挡圈至麻花状顶部的长度即为锚头长度，挡圈具有防止搅碎的水泥从孔内滑出的作用。

快硬水泥卷内锚头锚杆具有早强水泥砂浆锚杆能快速提供支护力的优点，但是存在以下缺点：1）锚固质量受操作工艺影响，波动较大。2）包装皮搅碎后混入锚固剂，严重影响内锚头的防腐耐久性。3）注浆和排气系统的结构不完善，难以保证注浆饱满，尤其是向上安装的锚杆。

（4）中空注浆锚杆。中空注浆锚杆（见图3-53）采用冷轧左旋螺纹杆体，为空心管。注浆分为无压注浆和有压注浆两种，注浆时采用封堵技术的为压力注浆，否则为无压注浆。

中空注浆锚杆的最大特点是利用杆体中中空管道进行注浆，浆液直达孔底，能保证注浆饱满。如果是向上安装的锚杆还设有排气管，孔底的塑料锚固头用来悬挂杆体的重量，以免向上安装时杆体下滑。凡永久性锚杆均要求压力注浆。中空注浆锚杆在我国沿海地区得到了普遍使用。

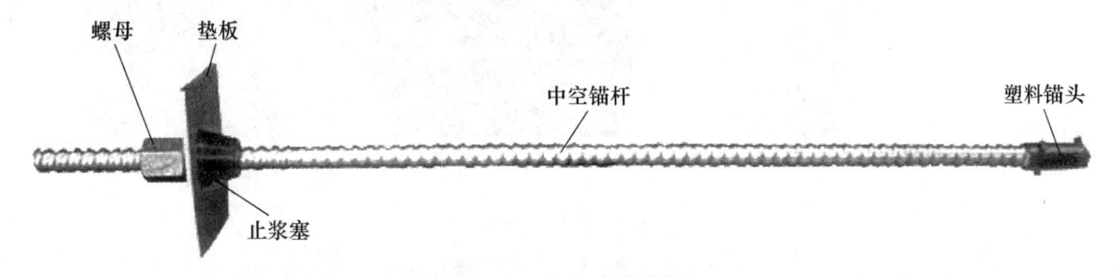

图3-53　中空注浆锚杆

（5）自钻式中空注浆锚杆。这种锚杆将钻孔、注浆与锚固等功能一体化，适用于钻孔过程易塌孔，而且必须采用套管跟进的复杂地层。图3-54所示为典型的自钻式注浆锚杆。

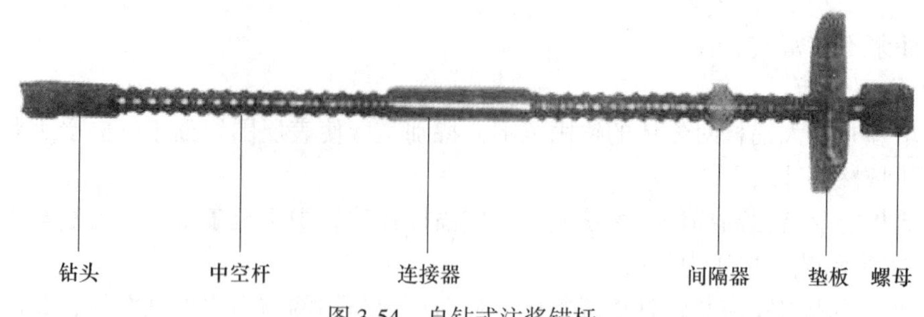

图 3-54 自钻式注浆锚杆

自钻式中空注浆锚杆本身兼作钻杆和注浆管，注浆前可作吹尘管，排除凿岩形成的粉尘，注浆时浆液通过中空锚杆从钻头喷出，填空锚杆周围的钻孔和地层裂隙，使锚杆与周围土质凝固成一体，形成钢管水泥柱，起到加固的作用。

（6）管缝式锚杆。管缝式锚杆（见图 3-55）是一种全长锚固，主动加固围岩的新型锚杆，它立体部分是一根纵向开缝的高强度钢管，当安装于比管径稍小的钻孔时，可立即在全长范围内对孔壁施加径向压力和阻止围岩下滑的摩擦力，加上锚杆托盘托板的承托力，从而使围岩处于三向受力状态，实现岩层稳定。在爆破振动围岩锚移等情况下，后期锚固力有明显增大，当围岩发生显著位移时，锚杆并不失去其支护抗力，它比胀壳式锚杆有更好的特性。

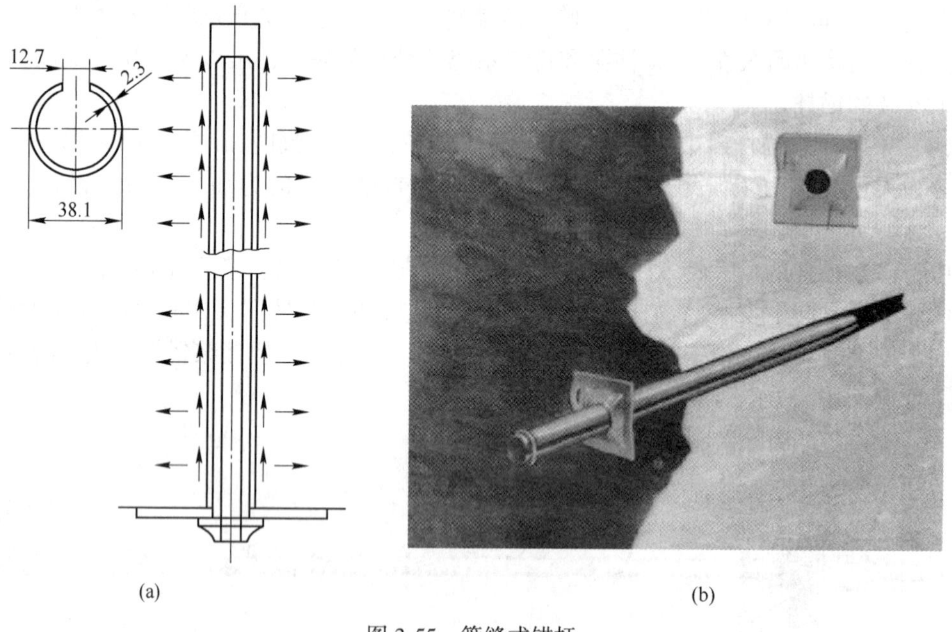

图 3-55 管缝式锚杆

（a）支护原理；（b）典型管缝式锚杆

管缝式锚杆的原料采用高强合金带钢，安装简单，无须锚固剂，锚杆与岩体的摩擦力大，具有很高的抗剪、抗拉强度，配有高强托盘，托盘受力均匀，巷道高度大于锚杆长度，锚固力可达到 50~70kN。

3.5.2.3 锚杆支护技术参数

锚杆支护技术参数主要包括锚杆的直径、锚杆的长度、锚杆的间排距、锚杆的安装角度、锚固力等，其中长度、间排距为主要参数。锚杆支护参数的确定方法有经验法、理论计算法、数值模拟法和实测法等，目前应用较多的是经验法和计算法。

A 锚杆直径

锚杆直径 d 主要依据锚杆的类型、布置密度和锚固力而定，常用为16~24mm。

（1）经验公式。

$$d = \frac{L}{110} \tag{3-8}$$

式中 d —— 锚杆最小直径，mm；

L —— 锚杆长度，mm。

（2）根据锚固力和锚杆性质计算。

$$d = \sqrt{\frac{4Q}{\pi\sigma_t}} = 1.13\sqrt{\frac{Q}{\sigma_t}} \tag{3-9}$$

式中 d —— 锚杆最小直径，mm；

Q —— 锚杆设计锚固力，MPa，100kN 取 380MPa；

σ_t —— 锚杆杆体的抗拉强度，MPa，取 380MPa。

B 锚杆长度

依据国内外锚喷支护的经验和实例，常用锚杆长度为1.4~3.5m。对于跨度小于10m的洞室，锚杆长度 L 取以下两式中的较大者：

$$L = n\left(1.1 + \frac{B}{10}\right) \tag{3-10}$$

$$L > 2S \tag{3-11}$$

式中 L —— 锚杆长度，m；

B —— 洞室跨度，m；

n —— 围岩稳定性系数，对于稳定性较好的Ⅱ类岩石（按锚喷支护围岩分类，下同），$n=0.9$；对于中等稳定的Ⅲ类岩石，$n=1.0$；对于稳定性较差的Ⅳ类岩石，$n=1.1$；对于不稳定的Ⅴ类岩石，$n=1.2$；

S —— 围岩中节理间距。

在层状顶板中，按悬吊作用，锚杆的长度为：

$$L = KH + L_1 + L_2 \tag{3-12}$$

式中 K —— 安全系数，一般取2；

H —— 软弱岩层厚度（或冒落拱高度），m；

L_1 —— 锚杆锚入稳定岩层的深度，一般取0.23~0.25m；

L_2 —— 锚杆外露长度，一般取0.1m。

C 锚杆的间距

（1）经验公式。根据《锚杆喷射混凝土支护技术规范》规定，在隧洞横断面上，锚杆应与岩体主结构面成较大角度布置；当主结构面不明显时，可与隧洞周边轮廓垂直布置；在岩面上，锚杆宜成菱形排列；锚杆间距不宜大于锚杆长度的1/2；Ⅳ、Ⅴ类围岩中的锚杆间距宜为0.5~1.0m，并不得大于1.25m。

$$D \leqslant 1/2L \tag{3-13}$$

（2）根据锚杆支护的原理计算锚杆间、排距。

1）根据“悬吊理论”计算锚杆间、排距。

锚杆间距按式（3-14）计算。

当复合顶板厚度小于1.15m，即在巷道上方1.15m范围内有关键层存在条件下，关键层下面复合顶岩层可悬吊在稳定的关键层岩层上，支护设计按悬吊理论计算，且不需锚索补强。锚杆的有效长度L_2大于或等于关键层下位复合顶板厚度，锚杆的间、排距则有：

$$D \leqslant \sqrt{\frac{Q}{KH\gamma}} = \sqrt{\frac{Q}{KL_2\gamma}} \quad 或 \quad D \leqslant 0.887d\sqrt{\frac{\sigma_t}{KL_2\gamma}} \tag{3-14}$$

式中 D—— 锚杆间、排距，m；

Q—— 锚杆设计锚固力，kN；

σ_t—— 杆体抗拉强度，MPa；

K—— 安全系数，一般取1.5~2；

L_2—— 巷道顶板岩体破碎带高度，m；

d—— 锚杆最小直径，mm；

H—— 冒落拱高度，m，由下式计算：

$$H = \frac{B}{2f} \tag{3-15}$$

其中，B —— 巷道开挖宽度，m；

f —— 岩石坚固性系数，取3；

γ —— 被悬吊岩石的相对密度，取24kN/m^3。

2）根据“组合拱理论”计算锚杆间、排距。

（顶）锚杆间排距：

$$L_0 = \frac{\sigma_t n}{2K\gamma aL_2} = \frac{\sigma_t n}{2K\gamma ab} \tag{3-16}$$

式中 L_0—— 锚杆间、排距，m；

σ_t—— 锚杆设计锚固力，105kN/根；

n —— 每排锚杆根数，根；

K —— 安全系数，一般取2~3；

γ —— 被悬吊岩石的相对密度，取24kN/m^3；

a —— 1/2巷道掘进宽度，m；

L_2—— 锚杆有效长度（顶锚杆取冒落拱高度b），取1.31m。

（帮）锚杆间排距：

$$D = \frac{\sigma_t h}{KQ_s L_0} \tag{3-17}$$

式中 D—— 锚杆间、排距，m；

σ_t—— 锚杆设计锚固力，105kN/根；

h —— 巷道掘进高度，m；

K —— 安全系数，一般取2~3；

L_0—— 帮锚杆排距（同顶锚杆排距），取m。

3）根据“组合梁原理”计算锚杆间、排距。

$$D \geqslant 1.63 m_1 \frac{\sigma_1}{2KP} \tag{3-18}$$

式中 D —— 锚杆间、排距，m；

m_1—— 最上一层岩石厚度，m；

σ_1—— 最上一层岩石抗拉强度，MPa，可取实验强度的0.3~0.4；

K —— 安全系数，一般取2~3；

P —— 本层自重均布载荷，MPa；$P=m_1 \times r_1$，其中r_1为最下面一层岩层的容重，取24kN/m^3。

D 锚固力 N

（1）按锚杆杆体的屈服载荷计算。

$$N = \frac{\pi}{4}(d^2 \times \sigma_{屈}) \tag{3-19}$$

式中 $\sigma_{屈}$—— 杆体材料的屈服极限，MPa，ϕ20mm螺纹钢为335MPa；

d —— 杆体直径，$d=20$mm。

（2）经验法。

$$N = KL_2 d^2 r \tag{3-20}$$

式中 N —— 锚杆锚固力，kN；

K —— 锚杆安全系数，取2~3；

L_2—— 锚杆有效长度，m；

d —— 锚杆杆体直径，m，$d=0.02$m；

r —— 锚杆视密度，t/m^3。

3.5.2.4 锚杆支护施工

（1）永久支护的锚杆应为全长粘结型锚杆或预应力注浆锚杆。其他类型的锚杆不能作为永久支护，当需作永久支护时，锚孔内必须注满砂浆或树脂。

（2）自稳时间短的围岩，宜采用全长粘结式锚杆或早强水泥砂浆锚杆。

（3）在Ⅲ、Ⅳ、Ⅴ、Ⅵ级围岩条件下，锚杆应按系统锚杆设计，并符合下列规定：

1）锚杆一般应沿隧道周边径向布置，当结构面或岩层层面明显时，锚杆应与岩体主结构面或岩层层面呈大角度布置。

2）锚杆应按矩形排列或梅花形排列。

3）锚杆间距不得大于1.5m。间距较小时，可采用长短锚杆交错布置。

4）两车道隧道系统锚杆长度一般不小于2.0m，三车道隧道系统锚杆一般不小于2.5m。

（4）局部不稳定的岩块宜设置局部锚杆，可采用全长粘结型锚杆、端头锚固型锚杆、预应力锚杆，锚固端应置于稳定岩体内，锚杆参数应通过计算确定。

（5）软岩、收敛变形较大的围岩地段，可采用预应力锚杆。预应力锚杆的预应力应不小于 100kPa。预应力锚杆的锚固端必须锚固在稳定岩层内。

（6）岩体破碎、成孔困难的围岩，宜采用自进式锚杆。

3.5.3　喷射混凝土支护

3.5.3.1　喷射混凝土支护的概念与特点

喷射混凝土是一种原材料与普通混凝土相同，而施工工艺特殊的混凝土。喷射混凝土是将水泥、砂、石按一定的比例混合搅拌后，送入混凝土喷射机中，用压缩空气将干拌合料压送到喷头处，在喷头的水环处加水后，高速喷射到巷道围岩表面，起支护作用的一种支护形式和施工方法。在矿山井巷，采用与锚杆支护相结合的喷射混凝土支护，取代原有的料石砌碹、混凝土衬砌，取得了明显的效果。

喷射混凝土支护的主要特点有：

（1）技术上先进，质量上可靠。过去用钢、木、料石、混凝土碹支护只有消极地承受上部松动围岩的重量，维持巷道的稳定性。喷射混凝土支护则是充分考虑和积极发挥围岩本身自稳作用，喷射混凝土与围岩自稳能力相结合，变被动为主动，变消极为积极。喷射混凝土利用压气高速喷射到围岩表面的节理、裂隙中，把被节理、裂隙分隔的岩体联结起来，有效地阻止岩块的松动和滑移。喷射混凝土形成一种紧贴岩面的封闭层，隔绝了水和空气对围岩的风化和剥蚀作用，防止因围岩风化、剥蚀而影响巷道稳定性和正常使用。喷射混凝土支护可填补由于爆破而形成的巷道围岩表面凸凹不平，使其成型圆滑规整，避免了应力集中。喷射混凝土支护紧跟掘进工作面，以最快的速度施工，有效减少围岩的暴露时间，有利于迅速控制或稳定围岩因爆破引起的扰动，从而大大地提高了围岩的稳定性和自撑能力。同时喷射混凝土同围岩岩层紧密粘结在一起，实际上组成了围岩和支护为一体的共同受力系统。把过去认为是荷载的岩层转化为承载结构的一部分。加之，喷射锚杆混凝土支护与锚杆支护、金属网相结合，提高了支护的性能和工程质量，改进了巷道的稳定性。

（2）经济上合理，工艺上简便。喷射混凝土与传统的普通混凝土相比，其支护厚度可减少 1/3~2/3。过去碹厚在 250~500mm，现在喷射混凝土层厚度在 50~200mm。这样，不仅开挖工作量可减少 15%以上，支护材料也大幅度减少。同时，支护速度可以提高 2~4 倍，劳动力节省 50%以上。

3.5.3.2　喷射混凝土的原材料及其配比

A　原材料

（1）水泥。水泥的品种和规格应根据巷道支护工程的要求、水泥对所用速凝剂的适应性以及现场供应条件而定。应优先选用普通硅酸盐水泥，其特点是凝结硬化快，保水性好，早期强度增长快。水泥的标号一般不低于 325 号，过期、受潮结块或混合的水泥均不得使用。水泥进库时应根据出厂合格证进行验收，注意检查其品种、标号和出厂日期，并按批堆，防止堆放在底部的水泥因长期不用而失效。

（2）砂子。应采用坚硬耐久的中砂或粗细度模数应大于 2.5，含水率宜控制在 5%~7%，含泥量不得大于 3%。细砂会增加喷射混凝土的干缩变形，而且过细的粉砂中小于 5μm 的颗粒和游离二氧化硅的含量增大，易产生大量粉尘，影响操作人员的身体健康。

(3) 石子。应采用坚硬耐久的卵石或碎石，粒径不应大于15mm。卵石因其光滑干净，对喷射机和输料管路磨损少，有利于远距离输料和减小堵管故障。碎石混凝土比软石混凝土强度高，喷射作业中回弹率也较低，但碎石有棱角，表面粗糙，对喷射机和输料管路磨损严重，应尽量少用。

(4) 水。凡能饮用的自来水及天然水都可作为喷射混凝土混合用水。混合水中不应含有影响水泥正常凝结与硬化的有害物质，不得使用污水以及 pH<4 的酸性水和含硫酸盐量按 SO_4 计算超过水重的1%的水。

(5) 速凝剂。速凝剂按成分可分为两类：一类是以铝酸盐和碳酸盐为主，再复合一些其他无机盐类组成的；另一类则以水玻璃为主要成分，再与其他无机盐类复合组成。速凝剂按其形状可分为粉状和液状两类。具体选用种类后，依说明进行配制。

B　配合比

由于喷射混凝土施工工艺的特点，在选择喷射混凝土时既要满足支护结构对喷射混凝土的物理力学性能方面的要求，又要考虑喷射混凝土施工工艺方面的要求。喷射混凝土应具有足够的抗压、抗拉、粘结强度，以使喷射混凝土收缩变形值保持最小，喷射作业的回弹力最低。

混合料配合比是指 $1m^3$ 喷射混凝土中，水泥、砂、石子所占比例。水泥用量大，喷射混凝土的收缩也大，容易开裂，而且费用增加。为了减少喷射时的回弹物，喷射混凝土与普通混凝土相比，其石子用量要少得多，而砂子用量则相应增大，甚至达50%。

一般喷射混凝土混合料的配合比如下：水泥与砂石的重量比1∶4~1∶4.5；砂率宜为45%~55%；水灰比宜为0.4~0.45。速凝剂掺时应根据产品性能通过试验确定。

喷浆时，水泥与砂的重量比为1∶3~1∶2，水灰比为0.45~0.55。

喷射混凝土时，水泥、砂与石子的重量比为1∶2∶2、1∶2.5∶2，初喷时可适当减少石子掺量，水灰比为0.4~0.5。

原材料按重量计，称量的允许偏差，水泥和速凝剂均为±2%，砂和石子均为±3%。

3.5.3.3　喷射混凝土的主要工艺参数

喷射混凝土工艺主要有供料、压气、供水、供电四大系统。只有四大系统齐备，才能进行喷射混凝土操作。但是工作气压多大合适，喷头喷射的方向以及喷头距受喷围岩表面距离多少才能有效地作业，一次喷层厚度多大为合理，初喷与复喷的间隔时间多长为适宜，以及喷层与锚杆、金属网的关系等，都需要科学、合理地确定。只有工艺参数合理，才能保证喷射混凝土的质量和施工进度，从而有效地发挥其应有的支护作用。

(1) 工作压力。工作压力是指喷射混凝土正常施工时，喷射机工作罐内或转子体内的压气压力。喷射混凝土是靠压缩空气来输送混合料的，因此，正确掌握气压是十分重要的。气压掌握是否适当，对减少喷射混凝土的回弹、降低粉尘、保证喷射混凝土质量、防止输送管路堵塞等都有很大影响。

为了控制粉尘和回弹，大都采用低气压。一般来说，水平输送距离30~50m，喷射机的供气压力保持在0.12~0.18MPa是适当的和有效的。

进料管内径为50mm时，喷射机的工作气压可参照下列经验公式确定：

1) 水平输料，输料管长度在200m以内，喷射机的压力为：

空载压力(MPa) = 0.001 × 输料管长度(m)

工作压力(MPa) = 0.1 + 0.001 × 输料管长度(m)

2）向上垂直输料时，要求工作气压比水平输料时大，每增加设计 10m，约增加工作气压 0.02~0.03MPa。

当然，在喷射混凝土施工过程中，喷射机司机应与喷射手密切配合，根据实际情况及时调整喷射机的工作压力。

（2）水压。为了保证喷头处加水通过水环能使气流迅速通过的混凝土混合料充分湿润，一般水压应比气压高 0.1MPa 左右。采用双水环比单水环的效果好一些。应当采用专用水箱，装上压力表，操作人员调节喷头水环上的水阀来控制水压。

（3）水灰比。掌握合理的水灰比对于减少回弹、降低粉尘和保证喷射混凝土有直接关系。混合料加水变成混凝土是在喷头处水环供水瞬间实现的，理论上最合适的水灰比是 0.4~0.5。但实际操作中全靠喷射手的经验加以控制，及时调整。主要靠目测，而不能实测。根据经验，如果新喷射的混凝土易黏着、回弹量少、喷层表面有一定的光泽，说明水灰比是合适的。如果喷射时出现干斑、粉尘飞扬、回弹量大、喷层表面无光泽，说明水灰比偏低，应适当增加水量。如果喷射时表面塑性大、出现流淌现象，则说明水灰比偏高，应适当减少水量。

（4）喷头方向。当喷头喷射方向（即喷射料束方向）与受喷面（围岩表面）垂直，并略向刚喷射的部位倾斜时，回弹量最小。这时因喷射方向与受喷面垂直时，粗骨料遇岩面或混凝土层碰撞后总有一部分按垂直的相反方向弹回，这时弹回物受到喷射料束的约束，抵消了部分回弹的能量，有利于嵌入砂浆或混凝土层中。而喷头喷射方向略微向刚喷部位倾斜，则可使喷出的料束有相当部分直接冲入黏塑状态的混凝土中，避免一部分骨料与岩面直接碰撞而增大回弹量。因此，除喷巷帮侧墙下部时，喷头的喷射角度可下俯 10°~15°外，其他顶板及两帮喷射混凝土时，要求喷头的喷射基本上垂直于围岩受喷面。

（5）喷头与受喷面的距离。喷头与受喷面最佳距离是根据喷射混凝土强度最高和回弹最小来确定的，最大限度为 800~1000mm。一般在输料距离 30~50m，供气压力 0.12~0.18MPa，最佳喷距喷帮 300~500mm，喷顶 450~600mm。如果距离过小，粗骨料喷射时所受空气阻力很小，而喷射动能很大，增大了回弹；如果距离过大，粗骨料喷射时所受空气阻力过大，相应的喷射动能减小而无法嵌入混凝土，而且有可能出现料束扩散较大，使回弹量有所增加。

（6）一次喷射厚度。混凝土混合料从喷头喷出后，围岩表面立即粘结一层喷射混凝土。如果不移开喷头而连续在一处喷射，黏结的混凝土层会愈粘愈厚，直至混凝土支持不住本身的重量，出现错裂，甚至脱落，影响混凝土的粘结力与凝聚力。如喷头移动过快，地岩面上只留下薄薄一层砂浆，而大部分骨料弹回。等薄层硬结后再喷第二层，相当于又向岩面喷射，势必增加回弹率，影响效率。因此，一次喷射混凝土应有一定的厚度，其厚度主要根据岩性、围岩应力、裂隙、巷道规格尺寸及其他形式支护（如锚杆）的配合情况来确定，过厚、过薄均不利。一般一次喷射混凝土的厚度：掺速凝剂水平喷 100mm，向上喷射 60mm；不掺速凝剂水平喷射 70mm，向上喷射 40mm。

（7）喷射层间的间隔时间。因设计要求喷射混凝土很厚，或围岩部凹穴很深，喷射混凝土厚度往往超过一次喷射所能达到的厚度，要进行二次或多次复喷。其间隔时间，应当是喷射混凝土终凝后，且产生一定强度，能经受下次喷射流束的冲击而不至损坏。合理的间隔时间与水泥品种、速凝剂掺量、环境温度、水灰比、施工方法、支护性能等有密切关系。实际操作时，可根据具体情况和施工组织设计或作业规程的要求掌握。

3.5.3.4 喷射混凝土支护结构

（1）喷砂浆支护。这是巷道周围围岩表面喷一层砂浆的支护形式，主要用以封闭围岩使之不与大气环境接触，减缓风化、侵蚀作用，一般用于Ⅰ、Ⅱ类岩石巷道支护。喷砂浆的标号不应低于75号，喷砂浆的厚度不小于10mm，不大于30mm。

（2）喷射混凝土支护。这是在井巷围岩表面喷射一层混凝土，与围岩自持能力相结合，共同支护巷道的一种形式，广泛应用于Ⅱ、Ⅲ类岩石和大部Ⅳ类岩石。喷射混凝土支护根据其使用功能，即临时支护、永久支护，或初喷、复喷的要求，喷射混凝土厚度最小30mm，最大200mm。喷射混凝土的强度，一般工程不低于C15，重要工程不低于C20，喷射混凝土容重可取2200kg/m^3，弹性模量C15和C20分别取1.85×10^4和2.1×10^4。喷射混凝土与围岩的黏结力Ⅰ、Ⅱ类围岩不应低于0.8MPa，Ⅱ类围岩不应低于0.5MPa。

（3）锚杆喷射混凝土支护。这是锚杆和喷射混凝土联合支护的一种结构形式，广泛应用于Ⅲ、Ⅳ类围岩和一部分Ⅱ类围岩。这种结构既能充分发挥锚杆的作用，又能充分发挥喷射混凝土的作用，这两种作用的结合，有效改进了支护的效能。

（4）锚杆喷射混凝土金属网联合支护。这是锚杆、金属网和喷射混凝土进行联合支护的一种形式。金属网的介入，起到了加固的作用，很像钢筋混凝土结构，只不过不是浇注、捣固而是喷射混凝土。因此，这种支护形式在Ⅳ、Ⅴ类围岩的井巷支护，以及软岩巷中得到广泛的应用。一般金属网的网格不小于150mm×150mm，金属网所用钢筋或钢丝直径为2.5~10mm，施工时应注意用锚杆固定牢固，金属网间要用铁丝绑扎结实，钢筋保护层厚度应在20~40mm，必须能与喷射混凝土密切结合，保证强度。

（5）钢架喷射混凝土联合支护。这是在软岩中应用的一种特殊支护结构，即先在掘进后架设钢架，允许围岩收敛变形，基本稳定后再进行喷射支护，把钢架喷在里面，有时也打一些锚杆，控制围岩变形。这样，钢架自身仍保持相当的支护能力，同时，被喷射的混凝土裹住后又起到了“钢筋加固”的作用，而喷射的混凝土层有一定的柔性，可以适应围岩基本稳定后的微量变形。

3.5.3.5 混凝土喷射机

混凝土喷射机（见图3-56）是指利用压缩空气将按一定配比制成的混凝土形成悬浮状态的气流并喷射到被敷表面形成密实的混凝土层，以达到支护目的的机械设备。

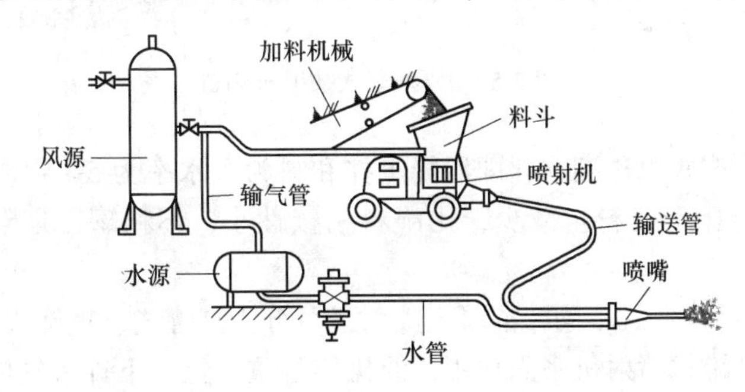

图3-56 混凝土喷射机工作原理

混凝土喷射机是喷射混凝土施工中的核心设备，与其配套使用的机械设备有机械手、空压机、供水系统、配料及搅拌上料装置、速凝剂添加装置等。这些设备通过不同的配备组合，可实现多种工艺流程，也可将这些设备组装于一体构成集储料、搅拌、喷射于一体的三联机，从而提高整个混凝土喷射施工过程的机械化程度。

混凝土喷射技术自20世纪50年代在地下开拓工程中应用以来，由于它具有机械化程度高、工艺简单、生产效率高等优点，所以，在建筑、市政、铁道、矿山等行业的地下、地面的混凝土工程中，被许多国家广泛采用，并显示出较好的技术、经济效益。这种工艺与一般的混凝土浇筑工艺相比，进度快1~3倍，节约原材料达40%~50%，工程质量高，成本可降低30%以上，且可以节约劳动力60%。当前喷锚支护工艺在地下建筑工程中已成为一种重要的支护形式，尤其是为各种形状的地下和地面混凝土工程提供了一种较为先进的手段，并充分显示出其优越性。

（1）按混凝土拌和料的加水方法不同，混凝土喷射机可分为干式、湿式和介于两者之间的半湿式三种。

1）干式。这种喷射机将按一定比例的水泥及骨料搅拌均匀后，经压缩空气吹送到喷嘴，与来自压力水箱的压力水混合后喷出。这种方式的施工方法简单，速度快，但粉尘太大，喷出料回弹量损失较大，且要用高标号水泥。国内生产的喷射机大多为干式。

2）湿式。湿式喷射机的结构如图3-57所示。进入喷射机的是已加水的混凝土拌和料，因而喷射中粉尘含量低，回弹量也减少，是理想的喷射方式。但是湿料易于在料罐、管路中凝结，造成堵塞和清洗的麻烦，因而湿式喷射机未能推广使用。

图3-57 典型湿式喷射机构造

3）半湿式。半湿式也称潮式，即混凝土拌和料为含水率为5%~8%的潮料（按体积计），这种料喷射时比干式粉尘减少，比湿料粘接性小，不粘罐，是干式和湿式的改良方式。

（2）按喷射机结构形式不同，混凝土喷射机可分为缸罐式、螺旋式和转子式三种。

1）缸罐式。缸罐式喷射机坚固耐用，但机体过重，上、下钟形阀的启闭需手工繁重操作，劳动强度大，且易造成堵管，故已逐步淘汰。

2）螺旋式。螺旋式喷射机结构简单、体积小、质量小、机动性能好，但输送距离超过30m时容易返风，生产率低且不稳定，只适用于小型巷道的喷射支护。

3）转子式。转子式喷射机具有生产能力大、输送距离远、出料连续稳定、上料高度低、操作方便、适合机械化配套作业等优点，并可用于干喷、半湿喷和湿喷等多种喷射方式，是广泛应用的机型。

混凝土喷射机的选用是否合理，直接影响着施工进度和工程质量。因此，应根据工程量的大小、工期的长短、施工具体条件等来正确选定喷射机的型式和数量，具体选定时应按下列原则进行：

（1）与工程量的大小和工期的长短相适应。若混凝土的工程量不大且工期也不太长，可选用小型移动式混凝土搅拌机；若混凝土的工程量大且工期长，则宜选用中、大型混凝土喷射机群（组）。

（2）满足输送距离的要求。若输送距离较远，工作风压较低，则适合干式喷射机。

（3）当喷射工作面有渗水或潮湿基面时，宜选用干式喷射机。

（4）满足粉尘要求。施工工程现场对粉尘要求较高时，宜选用湿式或潮式混凝土喷射机；对粉尘无要求时，可选用干式混凝土喷射机。

3.5.4 连续式衬砌支护

连续式支护分砌筑式和浇注式。砌筑式主要指用料石、砖、混凝土或钢筋混凝土块砌筑而成的地下支护结构形式。浇注式是指在施工现场浇注混凝土而形成的支护结构形式。

3.5.4.1 *砌筑式支护*

（1）石材支架。石材支架的主要断面形式是直墙、拱顶。它由拱、墙和基础构成。使用料石砌筑拱、墙（壁）时，一般均采用拱、壁等厚；使用混凝土砌拱、料石砌壁时，一般拱、壁不等厚。

石材支架的施工，多数情况下是在掘进后先架设临时支架，以防止未衬砌段坑道的顶、帮岩石垮落。临时支护可用锚喷或金属拱形支架形式。

砌筑式支护的施工顺序如下：

1）拆除临时支架的架腿。

2）掘砌基础。基础挖出后，将沟内积水排净，挂好中线、腰线，在硬底上铺50mm厚砂浆，然后在其上砌筑料石基础。

3）砌筑侧墙。砌筑料石墙时，垂直缝要错开，横缝要水平，灰缝要均匀、饱满。在砌筑时，应用矸石充填壁后空隙。砌筑混凝土墙时，必须根据巷道的中线、腰线组立模板，然后分层浇灌与捣固。

4）砌拱。首先拆除临时支架，然后立碹胎、搭工作台，再进行拱部砌筑。碹胎可由14~16号槽钢或钢轨弯制而成。模板可用8~10号槽钢或木材制作。砌拱必须从两侧拱基向拱顶对称进行，使碹胎两侧均匀受力，以防碹胎向一侧歪斜。砌拱的同时，应做好壁后充填工作。封顶时，最后的砌块必须位于正中。砌筑工作面的横断面布置如图3-58所示。

砌筑完毕后，要待拱达到一定的强度后才能拆除碹胎和模板。砌筑石材支架由于劳动强度很大，效率低，承载能力低，矿山巷进及隧道现已很少使用。

（2）大型混凝土预制块砌筑支护。

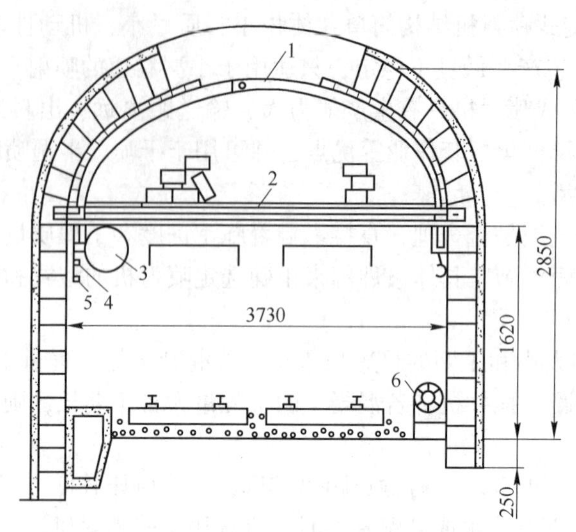

图 3-58 砌筑工作面横断面布置

1—金属砌碹；2—工作台；3—风筒；4—风带；5—水带；6—压风管

1）大型高强钢筋混凝土弧板支架。大型高强钢筋混凝土弧板支架（简称高强弧板支架）是安徽理工大学专门为矿山高地应力、松软、破碎、膨胀地层的软岩巷道支护而研制的，混凝土强度等级可达 C100。弧板块在地面预制，在巷道工作面组装。每圈由 4~5 块组成，每块厚 200~300mm，宽 300~500mm。弧板两端为平接头，中间垫入厚 20~30mm 的木垫板做压缩层。前后圈各弧板支架的接头缝相互错开 500mm。弧板壁后用塑料编织袋灰包充坑密实。灰包材料为粉煤灰、石灰和水泥的混合物，充填前要浸水，以便充填后固化。高强弧板支架适用于圆形断面，由于重量较大（10kN 左右），需要由专门的机械手安装。该技术已在淮南、平顶山、永夏等矿区得到成功应用。

2）钢筋混凝土管片支护。钢筋混凝土管片衬砌是城市地铁盾构隧道中广泛使用的一次衬砌支护形式。它是隧道贯通后在其内再用现浇混凝土进行二次衬砌。

3.5.4.2 现浇混凝土衬砌施工

现浇混凝土支护是地下工程中应用最为广泛的支护形式，在隧道工程中通常称为模筑混凝土衬砌。现浇混凝土衬砌施工的主要工序有：准备工作、拱架与模板架立、混凝土制备与运输、混凝土浇注、混凝土养护与拆模等。

（1）准备工作。衬砌施工开始前，应进行场地清理，进行中线和水平施工测量，检查开挖断面是否符合设计要求，然后放线定位、架设模板支架或架立拱架等。同时，准备砌筑材料、机具等。

（2）拱架与模板施工。砌筑拱架的间距应根据衬砌地段的围岩情况、隧道等地下工程的宽度、衬砌厚度及模板长度确定，一般可取 1m，最大不应超过 1.5m。

模筑衬砌所用的拱架、墙架和模板，宜采用金属或其他新型模板结构，应式样简单、装拆方便、表面光滑、接缝严密、有足够的刚度和稳定性。

模筑衬砌施工中，根据不同施工方法，可使用衬砌模板台车或移动式整体模架，并配备混凝土泵车或混凝土输送器浇注衬砌。中、小长度隧道可使用普通钢模板或钢木混合模板。

当围岩压较大时，拱（墙）架应增设支撑或缩小间距，拱架脚应铺木板或方木块。架设拱架、墙架和模板，应位置准确、连接牢固。

隧（巷）道施工立墙架时应做好以下工作：

1）立墙架时，应对墙基标高进行检查。

2）衬砌施工时，其中线、标高、断面尺寸和净空大小均须符合隧道设计要求。

3）模筑衬砌的模板放样时，允许将设计的衬砌轮廓线扩大50mm，确保衬砌不侵入隧道建筑界限。

4）衬砌的施工缝应与设计的沉降缝、伸缩缝结合布置，在有地下水的隧道中，所有施工缝、沉降缝和伸缩缝均应进行防水处理。

（3）混凝土制备与运输。混凝土的配合比应满足设计要求。目前，现场多是采用机械拌和混凝土，在混凝土制备中应严格按照重量配合比供料，特别要重视掌握加水量，控制水灰比和坍落度等。

在边墙处混凝土坍落度为10~40mm；在拱圈及其他不便施工处坍落度为20~50mm。当隧道不长时，搅拌机可设在洞口。在矿山井下施工时，搅拌机一般设在施工地点。

混凝土拌和后，应尽快浇注。混凝土的运送时间一般不得超过45min，以防止产生离析和初凝。城市地下工程原则上应采用混凝土搅拌运输车，采用其他方法运送时，应确保混凝土在运送中不产生损失及混入杂物，已经达到初凝的剩余混凝土，不得重新搅拌使用。

（4）混凝土的浇注。混凝土衬砌的浇注应分节段进行，节段长度应根据围岩状况、施工方法和机具设备能力等确定，在松软地层一般每节段长度不超过6m。为保证拱圈和边墙的整体性，每节段拱圈或边墙应连续进行灌注混凝土衬砌，以免产生施工工作缝。

1）浇注边墙混凝土。浇注前，必须将基底石渣、污物和基坑内积水排除干净，墙基松软时，应做加固处理；边墙扩大基础的扩大部分及仰拱的拱座，应结合边墙施工一次完成；边墙混凝土应对称浇注，以避免对拱圈产生不良影响。

2）拱圈混凝土衬砌。拱圈浇注顺序应从两侧拱顶向中间拱顶对称进行；分段施工的拱圈合拢宜选在圈岩较好处；先拱后墙法施工的拱圈，混凝土浇注前应将拱脚支承面找平。钢筋混凝土衬砌先做拱圈时，应在拱脚下预留钢筋接头，使拱墙连成整体；拱圈浇注时，应使混凝土充满所有角落，并应充分进行捣固密实。

3）拱圆封顶。封顶应随拱圈的浇注及时进行。墙顶封口应留7~10cm，在完成边墙灌注24h后进行，封口前必须将拱脚的浮渣清除干净，封顶、封口的混凝土均应适当降低水灰比，并捣固密实，不得漏水。

4）仰拱施工。仰拱施工应结合拱圈和边墙施工抓紧进行，使结构尽快封闭；仰拱浇注前应清除积水、杂物、虚渣；应使用拱架模板浇注仰拱混凝土。

5）拱墙背后回填。拱墙背后的空隙必须回填密实，边墙基底以上1m范围内的超挖，宜用与边墙相同强度等级混凝土浇注；超挖大于规定时，宜用片石混凝土或10号砂浆砌片石回填，不得用渣体随意回填，严禁片石侵入衬砌断面（或仰拱断面）。

（5）衬砌混凝土养护与拆模。衬砌混凝土灌注后10~12h应开始洒水养护，以保持混凝土良好的硬化条件。养护时间应根据衬砌施工地段的气温、空气相对湿度和使用的水泥品种确定，使用硅酸盐水泥时，养护时间一般为7~14d。寒冷地区应做好衬砌混凝土的防寒保温工作。

拱架、边墙支架和模板的拆除，应满足下列要求：

1）不承受荷载的拱、墙，混凝土强度达到5.0MPa，或拆模时混凝土表面及棱角不致损坏，并能承受自重。

2）承受较大围岩压力的拱、墙，应当封口或封顶混凝土达到设计强度100%时，可以拆模。

3）受围岩压力较小的拱和墙，一般当封顶或封口混凝土达到设计弧度的70%时，可以拆模。

4）围岩较稳定、地压很小的拱圈，一般封顶混凝土达到设计强度的40%时，可以拆模。

3.6 巷道施工作业方式

巷道施工要达到快速、优质、高效、低耗和安全的要求，除合理选择施工技术装备及施工方法外，正确选择施工作业方式，采用科学的施工组织和先进的管理方法，也是十分重要的。

3.6.1 施工作业方式分类

巷道施工组织方式有两种：分次成巷、一次成巷。

（1）分次成巷。分次成巷的实质是把巷道的掘进和支护两个分部工程分两次完成，是先以小断面掘完整条巷道，并架设临时支架，然后拆除临时支架进行永久支护。

（2）一次成巷。一次成巷就是把巷道施工中的掘进、支护、水沟、铺永久轨道等四个分部工程视为一个整体，有机地联系起来，在一定距离内，按设计规定的规格、标高、方位及质量标准等要求，相互配合，前后连贯地最大限度的同时施工，一次做成巷道，不留尾工。

实践证明，一次成巷具有施工安全、速度快、质量好、节约材料、降低成本和便于管理等优点。因此，在条件允许的情况下，应优先选用一次成巷法施工。

一次成巷的施工方法具有以下四个主要优点：

1）作业安全，有利于保证工程质量。由于爆破后在较短时间内即进行永久支护，因而可以避免围岩因暴露日久而产生风化、松动和减少片帮、冒顶等事故。同时由于边掘进边支护，按成巷验收进度，在施工过程中要求严格地进行技术监督和检查，这就易于保证巷道的规格质量。

2）减少材料消耗、降低工程成本。由于采用全断面一次掘进比多次掘进大大地简化了工序，减少了炸药、雷管、坑木等主要材料的消耗量，因此成本显著降低。

3）由于作业空间大，条件较好，作业时不致互相干扰，有利于提高效率，缩短循环时间，加快进度。

4）所完成的进度是按成巷计算的，包括水沟等在内。这样在矿井移交生产前不再出现大量的井下收尾工程，可以缩短建井工期。

3.6.2 一次成巷施工作业方式

根据掘进和永久支护两大工序在时间和空间上的相互关系，一次成巷施工法又可分为掘支平行作业、掘支顺序作业（也称单行作业）和掘支交替作业。

3.6.2.1 掘进与永久支护平行作业

这种作业方式是指永久支护在掘进工作面之后一定距离处与掘进同时进行。《矿山井巷工程施工及验收规范》中规定，掘进工作面与永久支护间的距离不应大于40m，如图3-59所示。

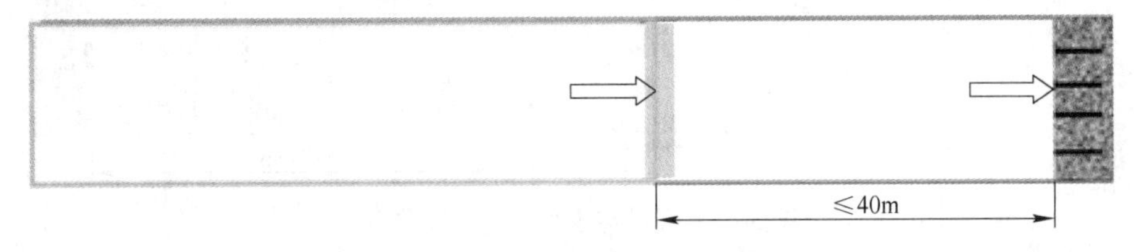

图3-59 掘进与永久支护平行作业

这种作业方式的难易程度取决于永久支护的类型。

（1）采用金属拱形支架，永久支护随着掘进而架设即可。

（2）采用料石或混凝土砌碹，掘进与砌碹之间就必须保持一定的距离，一般为20~40m。在这段距离内，一般采用锚喷或金属拱形临时支架作为控制顶板的临时支护措施。

（3）单一喷射混凝土时，喷射工作可紧跟掘进工作面进行，如图3-60所示。先喷一层30~50㎜厚的混凝土，作为临时支护控制围岩。随着掘进工作面的推进，在距工作面20~40m处再进行二次补喷，该工作与工作面的掘进同时进行。

图3-60 单一喷射混凝土时平行作业

（4）采用锚杆喷射混凝土联合支护时，锚杆可紧跟工作面而安设，喷射混凝土工作可在距工作面一定距离处进行，如图3-61所示。

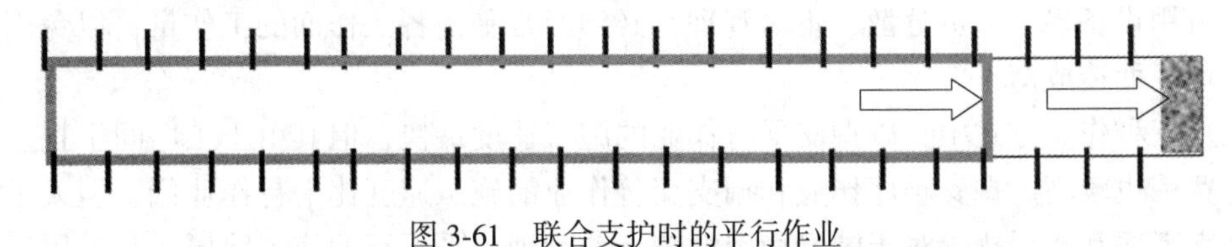

图3-61 联合支护时的平行作业

平行作业方式由于永久支护不单独占用时间，可提高成巷速度30%~40%，施工机械设备能得到充分利用，可降低施工成本，但同时需要的人力、物力较多，组织工作比较复杂，一般适用于围岩比较稳定及掘进断面大于8m^{2}的巷道，以免掘砌工作相互干扰，影响成巷速度。

3.6.2.2 掘进与永久支护顺序作业

掘进与永久支护顺序作业（见图3-62）是掘进与支护两大工序在时间上按先后顺序施工，即先将巷道掘进一段距离，然后停止掘进，边拆除临时支架，边进行永久支护工作。当围岩稳定时，掘、支间距为20~40m。

这种作业方式的特点是掘、支轮流进行，由一个工作队来完成，因此要求工人既会掘进又会砌碹或锚喷。这种作业方式组织工作比较简单，但成巷速度较慢，适用于掘进断面小于$8m^2$，巷道围岩不太稳定的情况。

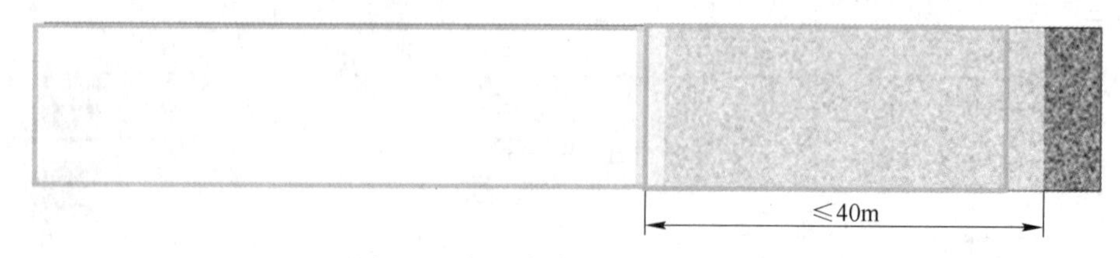

图3-62 掘进与永久支护顺序作业

3.6.2.3 掘进和永久支护交替作业

在距离接近而又平行的两条巷道内，掘进时可以由一个综合掘进队负责施工。对每条巷道来讲，掘进与永久支护是顺序进行的，但在相邻的两条巷道中的掘、支（或锚喷）工作则是交替进行的，如图3-63所示。

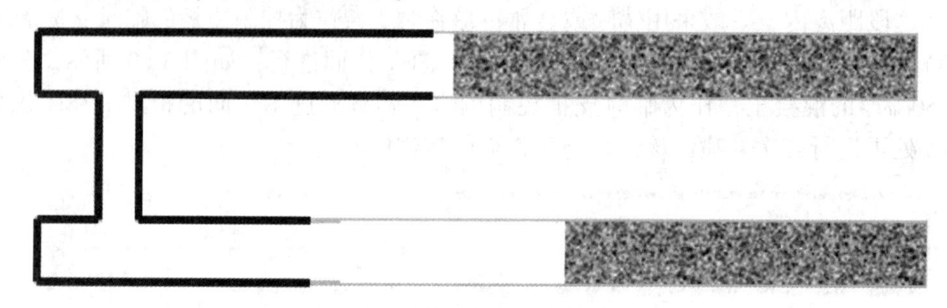

图3-63 掘进和永久支护交替作业

这种交替作业方式工人按工种分工，掘支在不同的巷道内进行，避免了掘进和永久支护工作的互相影响，有利于提高工人操作能力和技术水平，有利于提高机器设备的使用效率，但占用设备多、人员分散、不易管理，必须经常平衡各工作面的工作量，以免因工作量的不均衡而造成窝工。

上述三种作业方式中，以掘支平行作业的施工速度最快，但其由于工序间干扰多而效率低，费用也较高。掘支顺序作业和掘支交替作业的施工速度比平行作业低，但人工效率高，掘支工序互不干扰。对于围岩稳定性较差、管理水平不高的施工队伍，宜采用掘支顺序作业，条件允许时亦可采用掘支交替作业。在实际工作中，应详细了解施工的具体情况，如巷道断面形状及尺寸、支护材料及结构、巷道穿过岩层的地质及水文条件、施工的速度要求和技术装备、工人的技术水平等，随时进行比较和综合分析，从而选择出合理的施工作业方式。

一次成巷施工中应注意以下几个问题：

（1）平行作业的掘、砌间距在20~40m之间，在具体确定该距离时，要在满足掘砌设备合理布置的原则下取其最短距离。

（2）在一次成巷施工中，掘进和支护是两项主要工序，如能正确处理好二者之间的关系，则能保证快速、安全地进行施工，也能降低掘进成本。

（3）巷道竣工后验收的主要内容有巷道的标高、坡度、方向、起点、终点和连接点的坐标位置，中线和腰线及其偏差值，水沟的坡度、断面、永久支护的规格质量。

复习思考题

3-1　水平岩石巷道施工的基本方案有哪几种？

3-2　掏槽方式有哪几类，常用的有哪几种布置方式？

3-3　爆破参数有哪几个，如何确定各个参数？

3-4　掘进工作面的炮眼分哪几类，如何布置？

3-5　光面爆破的标准是什么，如何搞好光面爆破？

3-6　爆破图表包括哪些内容？

3-7　棚式支护有哪几种形式？

3-8　锚杆的作用原理有哪些？

3-9　锚杆支护技术参数有哪些？

3-10　什么是一次成巷，具体有哪几种作业方式？

4 水平岩石隧（巷）道的掘进机施工

4.1 非爆破破岩法概述

现代工程建设中，破岩方法多采用爆破法。爆破法破岩效率高、成本相对较低，但其震动大、抛掷飞石、产生有毒气体，并且生产运输炸药的过程中危险系数大，所以从20世纪70年代开始，西方发达国家就已经开始对非爆破破岩试验进行研究。20世纪80年代，我国也开始了这方面研究，虽然取得的进步较大，但因起步较晚总体技术相对落后。非炸药爆破破岩具有震动小、无飞石、不产生有毒气体、安全性高等优点而受到人们的青睐，广泛用于市政工程、道路开挖、高危矿采矿、开山采石及复杂环境下破岩工程。

目前，常用的非爆破破岩法主要有机械破岩法、物化做功法和电气设备法三类，如图4-1所示。

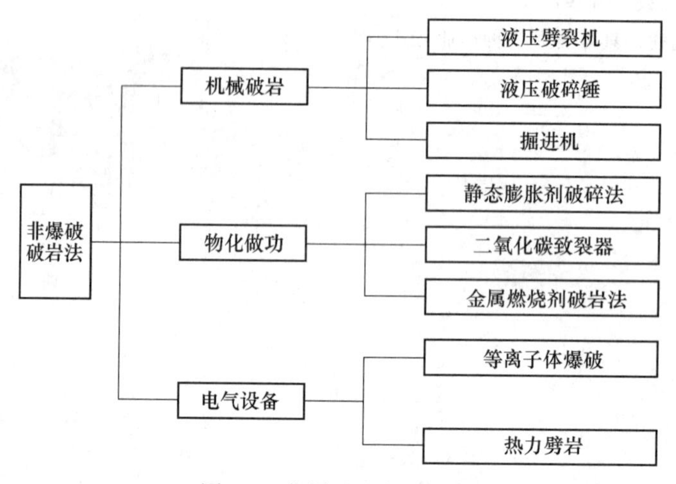

图4-1　非爆破破岩法分类

4.1.1 机械类破岩

4.1.1.1　液压劈裂机

液压劈裂机（见图4-2）在国内广泛应用于石材开采，其具有操作简单、安全性高、环保经济等优点。液压劈裂机由动力站与分裂器两个部分组成，动力站包括泵站、液压缸、液压管路、控制元件等；分裂器是一个楔块组件，具有机械放大作用，可以将泵站产生的纵向推力转化为横向推力，破碎岩石。液压劈裂机破岩时，先根据岩石硬度、自由面、破岩块度及要求破岩方向等条件，用钻机进行打孔，然后将楔形压头侵入岩石，加压破碎岩石。液压劈裂机主要是利用了岩石的抗拉强度要比抗压强度小得多这一原理进行设计制造。

劈裂机在美国采石场应用的较多，其技术发展较高。虽然我国起步较晚，但经过几十年的发展，我国在劈裂机制造水平上已到国际领先水平。劈裂机应用于一些贵重石材、稀有矿石的开采及少数其他工程，具有良好的经济效益。

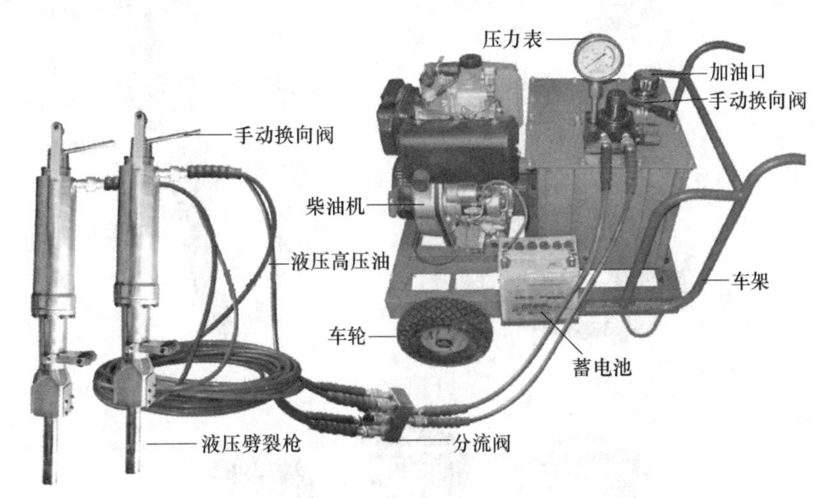

图 4-2 典型液压劈裂机

4.1.1.2 液压破碎锤

液压破碎锤（见图 4-3）主要应用于二次岩石破碎、市政工程改造、房屋拆建、破冰、开山等工程中。尤其是在市政工程中，液压破碎锤噪声小、安全性高且具有灵活性，是一种较好的破岩方式。

液压破碎锤的动力来源可以是挖掘机、装载机或泵站，其主要是利用动力源带动锤体进行往复运动破碎岩石。以往的破碎锤是以活塞式的反复打击方式破碎岩石。现在国外采用液压能带动偏心齿轮转动产生离心力，进而带动破碎锤运动，破碎岩石，其冲击频率可以达到每分钟 1600~2100 次，这种高频液压破碎锤的效率更高，节能环保，它的出现对液压破碎锤是一个有效补充，可以更加细化破碎施工。

目前，液压破碎锤已经在我国应用了几十年，经过实践与研究，其生产工艺、产品质量得到了较大的发展，但在设备研发、产品制造方面与国际先进水平相比还存在一定的差距。

4.1.1.3 掘进机

掘进机（见图 4-4）是一种主要用于隧道开挖和煤矿开采的机械设备，其噪声小、粉尘少、安全、高效并且成巷质量好，在我国掘进市场前景良好。尤其是近年来交通道路建设、水利工程的修建等对掘进机需求量很大，我国已经成为世界上最大的掘进机制造与应用市场。

掘进机是一个复杂的机械结构，包括行走机构、工作机构、装运机构、转载机构。行走机构用来向前推进，工作机构的钻头不断切割岩石，其他结构将岩石运走。其掘进的效率与岩石性质及工作面自稳能力有着极大的关系，而且相对损耗较为严重，对于大型掘进机也只有国家级重点工程才会使用。虽然其造价高、构造复杂，但其以特有的优势在煤矿

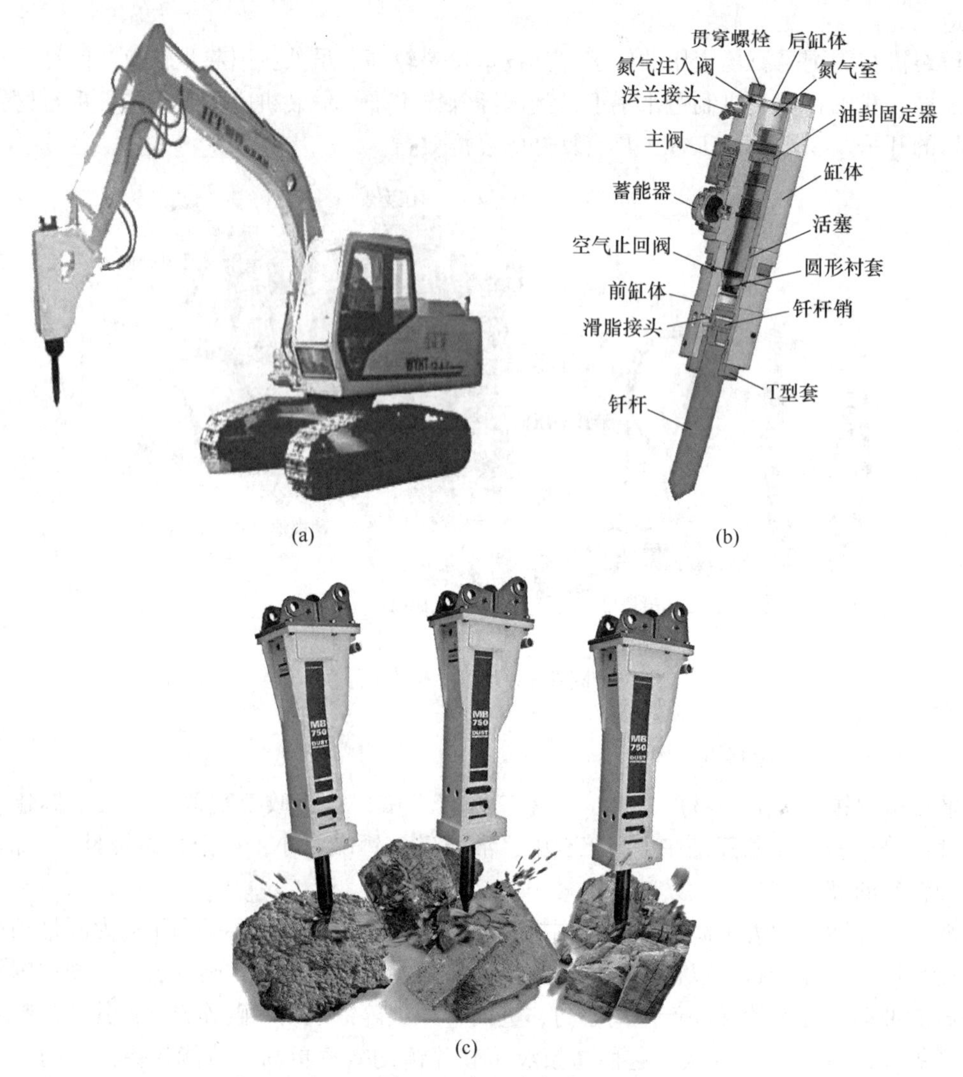

图 4-3　液压破碎锤

（a）液压破碎车；（b）液压破碎锤结构；（c）液压破碎锤工作示意图

开采、隧道掘进中还是具有较高的应用价值。

国外在掘进机制造方面处于较高的发展水平，国内的制造水平虽然基本上可以满足国内需求，但与国外相比，存在一定的差距，尤其对于优质的大型掘进机我国依然需要进口。如何不断的改进、不断的创新对于国内掘进机制造来说是一个重要的课题。

4.1.2　物化做功类

4.1.2.1　静态膨胀剂破碎法

静态膨胀剂主要用于开采岩石、混凝土剂钢筋混凝土的破裂等。此种方法无飞石、无震动、无噪声、无粉尘及有毒气体，并且操作简单、携带运输安全。但其受气候影响较大，破岩效率较低。静态膨胀剂一般采用生石灰为主要成分，利用水合反应放出热量，生成物为氢氧化钙，体积发生膨胀，依靠孔内产生膨胀压力来破碎岩石或混凝土。据实验表

(a)

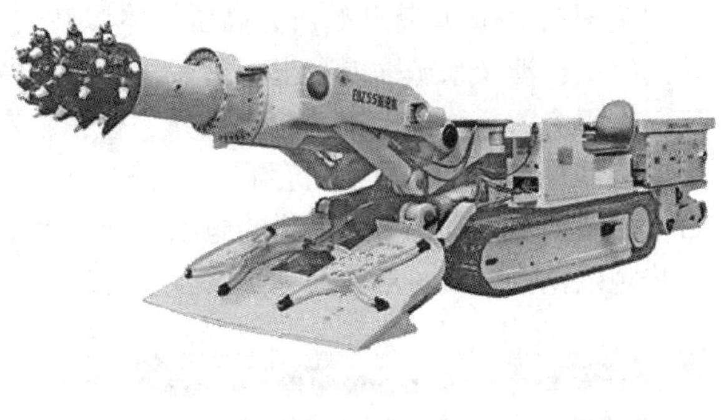

(b)

图 4-4 典型硬岩掘进机

（a）全断面硬岩掘进机；（b）悬臂式掘进机

明膨胀剂产生的压力在 30~40MPa，对于一般软岩及混凝土破裂所需的 10~20MPa 完全可以达到要求。

静态膨胀剂是一种非爆炸性的无公害破碎剂（见图 4-5），其破碎是一个物理过程，不属于易燃易爆危险品，安全性相对较高。但由于膨胀剂的破碎效力低，开裂发生时间较长（一般在 10h 以上），工作效率低下，因此应用范围有限。

图 4-5 典型静态膨胀破碎剂

4.1.2.2 二氧化碳致裂器

二氧化碳致裂器是一种低温爆破器材，在爆破过程中无明火产生，安全性相对较高，可广泛用于煤矿开采、采石场等工程项目。它主要是利用液态二氧化碳吸热气化时体积急剧膨胀产生高压，使煤层、岩石或混凝土破裂。

据试验表明，二氧化碳致裂器在使用时体积膨胀可以变为原体积的 600 倍，扩散半径可达 10m 以上。在煤矿中，因为二氧化碳具有抑制爆破和阻燃的作用且在低温条件下，所以不会引起瓦斯爆炸。

普通岩石致裂时，产生震动小，无抛掷，能量可控，安全性高。在爆破使用过后，除发热装置、密封垫、定压剪切片外，其他组成部分均可重复使用，这大大节省了成本。

美国在1938年就开始研究高压气体爆破装置，如今这一技术在国外已经达到相当成熟的水平，涉及采矿、混凝土、钢铁、水泥等多个行业。国内目前生产二氧化碳致裂器的厂家有很多，总体技术相对比较成熟，但依然存在一些问题（见图4-6）。首先，二氧化碳致裂器操作简单，但依然存在安全隐患，缺乏专业人员操作；其次，对于不同性质岩石、爆破要求没有统一规范化的施工准则；第三，业内技术规范、行业标准不统一，需进一步规范化；第四，对于大范围破岩缺乏理论支持与实践。

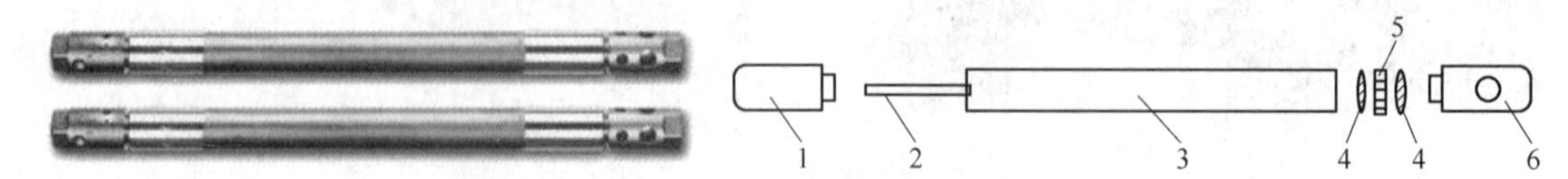

图4-6　典型二氧化碳致裂器及其结构

1—充装阀；2—发热管；3—主管；4—密封垫；5—剪切片；6—泄能头

4.1.2.3　金属燃烧剂破岩法

金属燃烧剂一般采用金属氧化物（如二氧化锰、氧化铜、三氧化二铁等）或强氧化剂（如氯酸钾、高氯酸钾等）和金属还原剂（如铝粉、镁粉等）按照一定比例配合而成。

金属燃烧剂爆破法主要是利用反应物在迅速的爆燃条件下，放出大量的热来不及向外扩散，全部用来加热周围气体介质和反应产物，形成高温高压，从而达到使岩石破碎的目的。从反应速率来看，其反应速率要比炸药低，而且几乎不生成气体，所以，不产生强烈冲击波、无抛掷、相对于使用炸药安全性较高。但经常用活泼金属较易发生危险，而且成本很高，所以此方法只适用于贵重石材的开采。

4.1.3　电气设备类

4.1.3.1　等离子体爆破

等离子体爆破是一种利用电能来激发电解质溶液变成等离子体，使物质激烈振荡产生高温高压，形成离子的集群运动，迅速形成冲击波，进而使岩石破裂的方法。此种方法具有不产生有毒气体、无粉尘、无抛掷、噪声低、安全性高等优点。

等离子体爆破操作简单，具体操作就是将已装有电极的电解质溶液放到孔内，接通电路，供应电能，电解质溶液迅速膨胀将岩石破碎。等离子体爆破需要解决电源、专用开关、电极三个部分的关键技术。电源一般采用高效电容器，要求存储电量大，释放电能快。专用开关要能在高压高电流的情况下正常工作，工作电压至少在千伏以上，要求电能释放速率大于200MV/ms。因为只有在高电压高电流的情况下，电解质溶液才可能变为等离子体。电极一般采用复合材料，普通材料易损毁，释放电能的速率可能不够。

加拿大诺兰达矿物公司首次提出等离子体爆破，并且进行了相关破岩试验。1997年，国内一些学者也曾进行了相关试验研究，其采用的是NaCl溶液，电压值高达10kV，试验结果证明了此种方法的可行性。但经过多年的发展，国内并未成功研发出相关成熟的产品。在2000年，韩国成功研发出了一整套完整的设备并申请了相关的专利。

等离子体爆破具有良好的应用前景，但依然存在设备不够简化、一次爆破量有限、电源供应烦琐等问题，这也是无法在国内广泛应用的主要原因。不过随着电子电路的发展及相关超级电容器的开发，此种方法可能会成为非爆破破岩的主流方式（见图 4-7）。

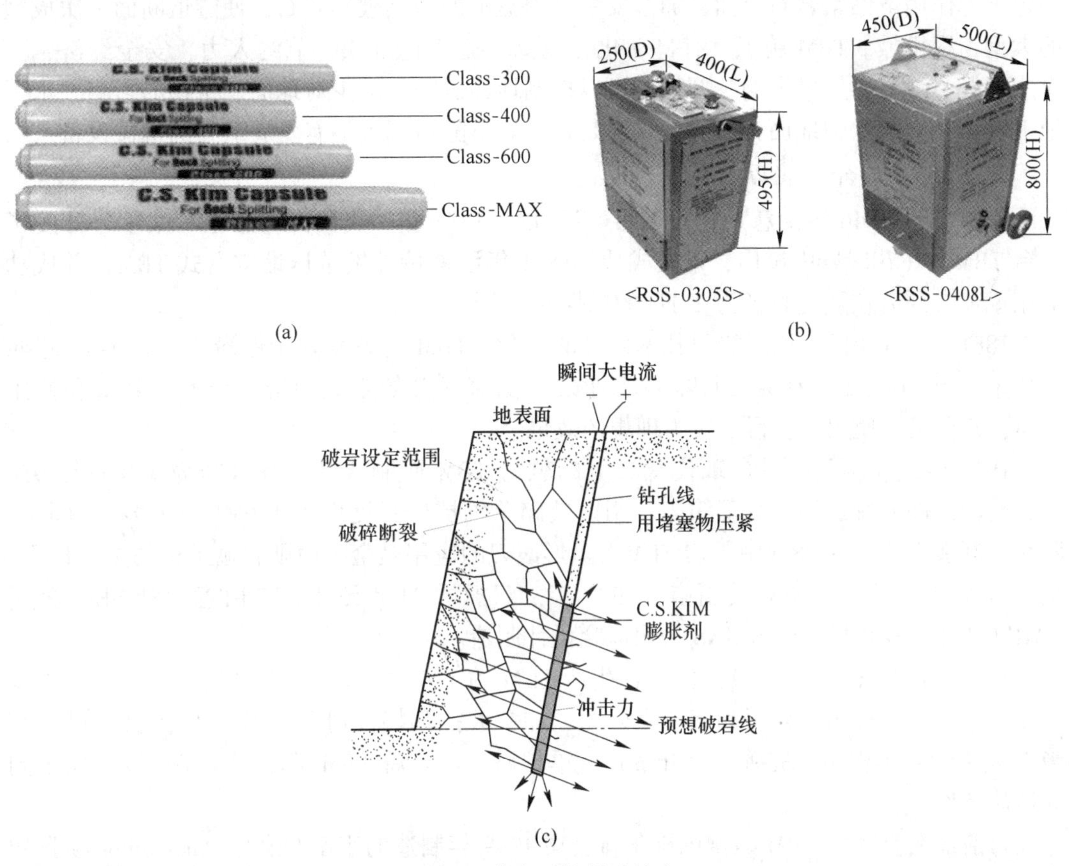

图 4-7　等离子体爆破技术
（a）等离子膨胀体；（b）电能激发设备；（c）等离子体爆破原理

4.1.3.2　*热力劈岩*

热力劈岩是一种辅助劈岩方法。对于硬度较大的岩石，有时用炸药爆破效果可能不太理想，用其他非炸药爆破破岩就更难有成效。因此，国外开发了热力劈岩方法。该法先对岩石进行加热，使其硬度下降，再用其他破岩方法进行破碎作业。

热力劈岩加热方式一般有电流加热和微波加热两种。研究表明，微波加热可以使岩石达到 1800℃，这时岩石的硬度将急剧下降。这种辅助破岩的方法在国内并不常见，主要是因为应用范围有限，而且可代替的方法也比较多。但其提供了一种对硬岩破岩的有效方法，原理的应用对于以后开发新方法具有深远的借鉴意义。

4.2　全断面硬岩掘进机

4.2.1　全断面硬岩掘进机发展历史

全断面硬岩掘进机（Full Face Rock Tunnel Boring Machine，以下简称 TBM）是集机

械、电子、液压、激光、控制等技术于一体的高度机械化和自动化的大型隧道开挖衬砌成套设备，是一种由电动机（或电动机-液压马达）驱动刀盘旋转、液压缸推进，使刀盘在一定推力作用下贴紧岩石壁面，通过安装在刀盘上的刀具破碎岩石，使隧道断面一次成型的大型工程机械。TBM 施工具有自动化程度高、施工速度快、节约人力、安全经济、一次成型，不受外界气候影响，开挖时可以控制地面沉陷，减少对地面建筑物的影响，水下地下施工不影响水中地面交通等优点，是目前岩石隧道掘进最有发展潜力的机械设备。

4.2.1.1　国外发展历史

TBM 是在 1846 年由意大利人 Maus 发明的。1851 年，美国人查理士・威尔逊开发了一台 TBM，在花岗岩中试用，未获成功。1881 年波蒙特开发了压缩空气式 TBM，并成功应用于英吉利海峡隧道直径为 2.1m 的勘探导坑。

1881~1926 年间，因受当时技术条件的限制，TBM 的开发处于停滞状态。20 世纪 40 年代末至 50 年代初，欧美及日本各工业发达国家又开始继续研究、设计、制造和使用 TBM，并在实际使用中获得了较为理想的效果。

1952 年，世界上第一台现代意义上的软岩 TBM 研制成功，其直径为 7.85m。1956 年，研制出硬岩掘进用的盘形滚刀，用以破碎单轴抗压强度低于 140MPa 的岩石。同年，罗宾斯制造出直径 3.28m 中硬岩 TBM。盘形滚刀的应用是全断面硬岩掘进机的重要标志，是 TBM 发展中的一个重要转折点。1973 年，双护盾 TBM 诞生，它由意大利 SELI 公司 CARLO GRANDORI 与 ROBBINS 公司联合设计制造。

目前，TBM 生产商有 30 余家，已生产 TBM 约 1000 多台，其中最具实力的是美国罗宾斯公司、德国维尔特公司和海瑞克公司、加拿大拉瓦特公司等。国外 TBM 技术已经相当成熟，TBM 结构不断完善，有开敞式、单护盾、双护盾 TBM 等不同类型，以适应不同的地质条件。

目前最大直径的 TBM 是德国维尔特公司 1999 年制造的用于西班牙 Paracuellos 项目的 TBE450/1140H 型 TBM，直径为 14.8m。国外使用 TBM 掘进隧洞已很普遍，尤其是 3km 以上的长隧洞。

4.2.1.2　国内发展历史

1965 年至 1966 年，我国生产出第一台直径 3.4m 的 SJ34 型 TBM，荣获 1978 年国家重大科技成果奖，最高月进尺为 48.5m。

1969 年，广州市机电工业局制造了一台直径 4m 的掘进机。在广西桂林进行试验性施工实践，最高月进尺为 20m，掘进总长 245m。

1977 年 4 月至 1978 年 4 月，SJ-58 型 TBM 在云南西洱河水电站的水工隧道施工中进行工业性试验，这是我国第一条用掘进机施工完成的中型断面隧道。

20 世纪 80 年代 TBM 进入实用性阶段，当时，我国掘进机与国外掘进机相比较，在技术性能和可靠性等方面还有相当大的差距。

1978 年以后，我国引进国外大型 TBM 进行隧道施工取得了成功。2003 年由中国二重集团和美国 Robbins 公司合作的新一代 3.65m 双护盾掘进机在四川德阳制造完工。

2007 年，沈阳重型机械集团、德国维尔特以及法国 NFM 公司三方共同投资创建了沈阳维尔特重型隧道工程机械成套设备公司。沈重投资 52%控股，维尔特公司和 NFM 技术公司投资各占 24%，合资年限为 30 年。这对我国重大装备制造将起到良好的促进作用。

2011 年下半年，铁建重工与浙江大学、中南大学、天津大学以及施工方中铁十八局携手研发国产 TBM，突破了大功率、变载荷、高精度电液控制系统设计与集成技术、关键部件状态监测等核心技术。此外，还根据引松供水工程隧洞“长距离、大埋深、高应力、高水压、高地温、大涌水、易岩爆”等地质特点和技术难点，针对性地研发出了这台价值 1.8 亿元的“长春号”TBM。

2014 年 12 月 27 日，拥有自主知识产权的国产首台大直径全断面硬岩隧道掘进机(敞开式 TBM)，在湖南长沙中国铁建重工集团总装车间顺利下线。它的成功研制打破了国外的长期垄断，填补了我国大直径全断面硬岩隧道掘进机的空白。

2017 年 8 月 20 日，采用我国自主研制的首台 TBM 硬岩掘进机施工的国家“十三五”水利建设重点项目——吉林省中部城市引松供水工程总干线 22.6km 引水隧洞贯通，为该项目按期在 2019 年年底建成通水奠定了基础。

4.2.2 TBM 的特点与类型

4.2.2.1 TBM 的特点

全断面岩石隧道掘进机利用圆形的刀盘破碎岩石，故又称为刀盘式掘进机。刀盘的直径多为 3~10m，3~5m 的较适用于小型水利水电隧道工程和矿山巷道工程，5m 以上适应于大型的隧道工程。国外生产的岩石掘进机直径较大，目前最大可达 14.8m。全断面岩石隧道掘进机的基本功能是掘进、出渣、导向和支护，并配置有完成这些功能的机构，另外，还配备有后配套系统，如运渣运料、支护、供电、供水、排水、通风等系统设备，故总长度较大，一般为 150~300m。

掘进机的基本施工工艺是刀盘旋转破碎岩石，岩渣由刀盘上的铲斗运至掘进机的上方，靠自重下落至溜渣槽，进入机头内的运渣胶带机，然后由带式输送机转载到矿车内，利用电机车拉到洞外卸载。掘进机在推力的作用下向前推进，每掘够一个行程便根据情况对围岩进行支护。整个掘进工艺如图 4-8 所示。

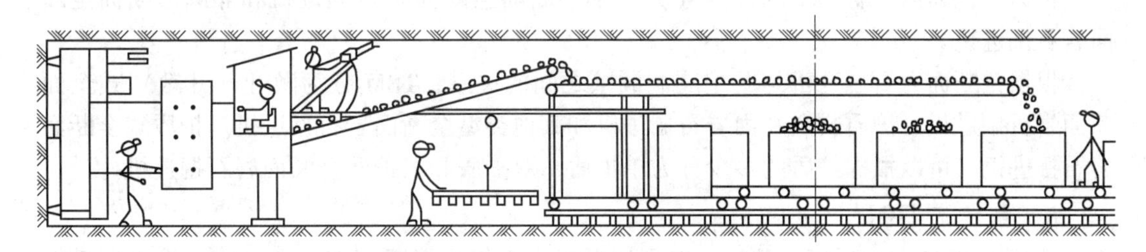
图 4-8 全断面岩石掘进机工作示意图

4.2.2.2 TBM 破岩机理

TBM 破岩方式主要有挤压式和切削式。

挤压式主要是通过水平推进油缸使刀盘上的滚刀强行压入岩体，并在刀盘旋转推进过程中联合挤压与剪切作用破碎岩体。滚刀类型包括圆盘形、楔齿形、球齿形。

切削式主要利用岩石抗弯、抗剪强度低（仅为抗压强度的 5%~10%）的特点，靠铣削（即剪切）与弯断破碎岩体。

这两种破岩方式总的破岩体积中，大部分并不是由刀具直接切割下来的，而是由后进刀具剪切破碎的，先形成破碎沟或切削槽是先决条件。

在推力作用下，安装在刀盘上的盘形滚刀紧压岩面，随着刀盘的旋转，盘形滚刀绕刀盘中心轴公转的同时绕自身轴线自转，在刀盘强大的推力、扭矩作用下，滚刀在掌子面固定的同心圆切缝上滚动，当推力超过岩石的抗压强度时，盘形滚刀下的岩石直接破碎，盘形滚刀贯入岩石，掌子面被盘形滚刀挤压碎裂而形成多道同心圆沟槽，随着沟槽深度的增加，岩体表面裂纹加深扩大，当超过岩石的剪切和拉伸强度时，相邻同心圆沟槽间的岩石成片剥落。刀具破岩原理如图 4-9 所示。

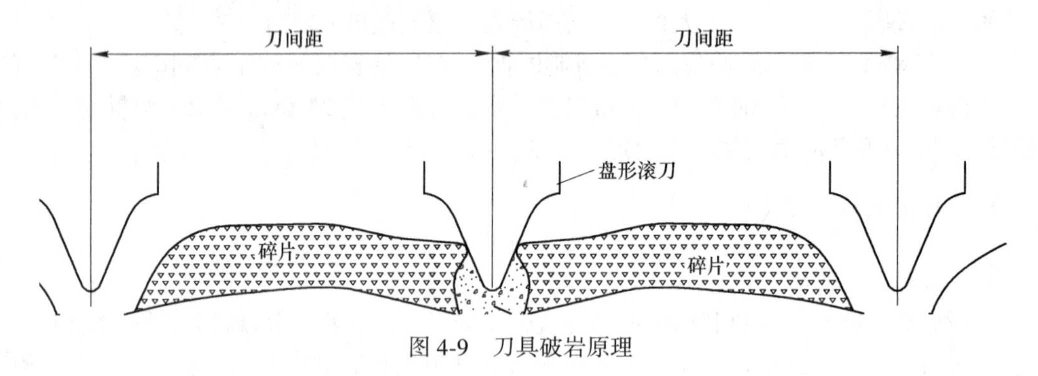

图 4-9　刀具破岩原理

4.2.2.3　TBM 分类

TBM 按不同的标准有不同的分类。

根据刀盘形状的不同，TBM 分为平面刀盘 TBM、球面刀盘 TBM、锥面刀盘 TBM。其中，平面刀盘 TBM 最为常用。

根据作业岩石硬度的不同，TBM 分为软岩全断面掘进机（作业岩石单轴抗压强度低于 100MPa）、中硬岩全断面岩石掘进机（作业岩石单轴抗压强度低于 150MPa）和硬岩全断面岩石掘进机（作业岩石单轴抗压强度可达 350MPa）。

根据开挖断面形状的不同，TBM 分为圆形断面全断面岩石掘进机和非圆形断面全断面岩石掘进机。

根据全断面岩石掘进机与开挖隧洞洞壁之间的关系，TBM 分为敞开（开敞）式全面断面岩石掘进机、护盾式全断面岩石掘进机和其他类型全断面岩石掘进机。护盾式全断面岩石掘进机又可以根据护盾的多少分为单护盾、双护盾和三护盾全断面岩石掘进机。

A　敞开式 TBM

敞开式 TBM 主要适用于硬岩，能利用自身支撑机构撑紧洞壁以承受向前推进的反作用力与反扭矩。在施工对应较完整、有一定自稳性的围岩时，敞开式 TBM 能充分发挥出优势，特别是在硬岩、中硬岩掘进中，强大的支撑系统为刀盘提供了足够的推力。

如图 4-10 所示，敞开式 TBM 主要由三大部分组成：切削机构、支撑与推进机构、后配套机构。

敞开式 TBM 的核心部分是主机系统。主机系统主要由带刀具的刀盘、刀盘驱动和推进系统组成，主机系统主要结构如图 4-11 所示。

掘进机主机根据岩性不同可选择配置临时支护设备如钢架安装器、锚杆钻机、钢筋网安装机、超前钻、管棚钻机、喷混凝土机及注浆机等。如遇有局部破碎带及松软夹层岩

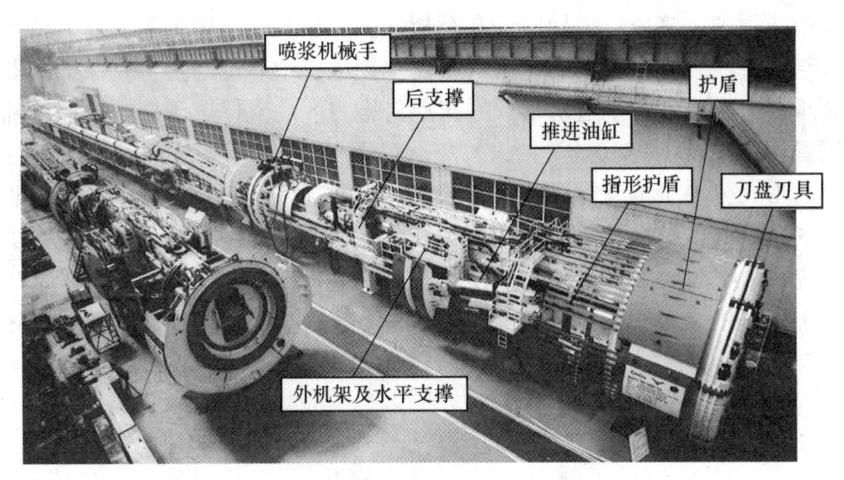

图 4-10 敞开式 TBM 实拍图

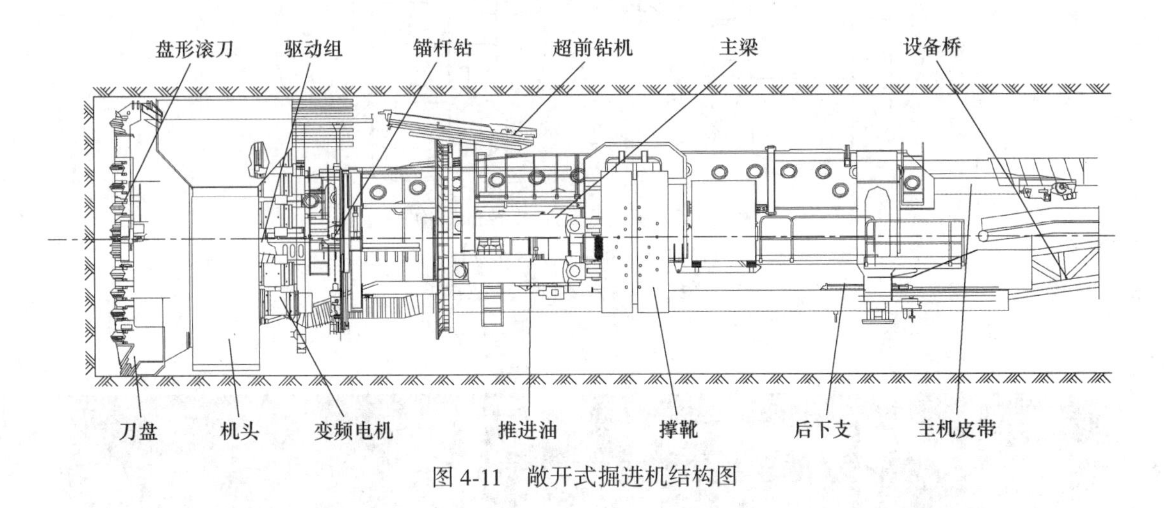

图 4-11 敞开式掘进机结构图

石，掘进机可由所附带的超前钻及注浆设备，预先固结周边岩石，然后再开挖。

敞开式掘进机适合洞径在 $\phi2\sim9$m 之间，最优选择 $\phi3\sim8$m。

a 支撑与推进系统

支撑与推进系统主要包括主支撑、后支撑和推进油缸，如图 4-12 所示。

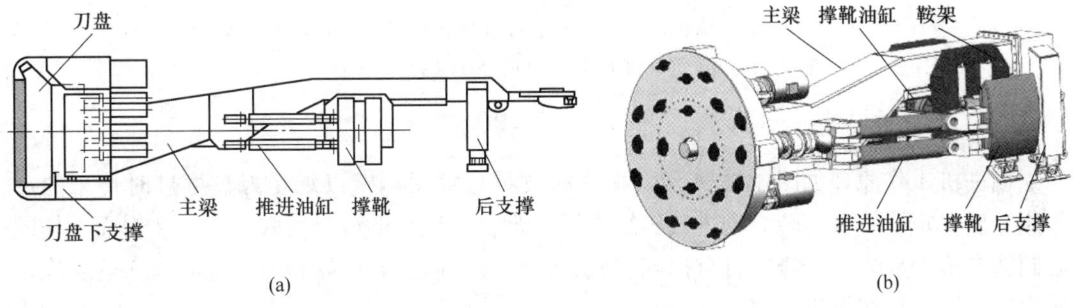

图 4-12 敞开式 TBM 支撑与推进系统
(a) 平面图；(b) 三视图

主支撑由支撑架、液压缸、导向杆和靴板组成，靴板在洞壁上的支撑力由液压油缸产生，并直接与洞壁贴合。主支撑的作用一是支撑掘进机中后部的重量，保证机器工作时的稳定；二是承受刀盘旋转和推进所形成的扭矩与推力。后支撑位于掘进机的尾部，用于支撑掘进机尾部的机构。

主支撑的形式分单T形支撑和双X形支撑。单T形采用一组水平支撑见图4-13(a)，位于主机架的中后部，结构简单，调向时人机容易统一。双X形采用前、后两组X形结构的支撑（见图4-13b)，支撑位置在掘进机的中部，支撑油缸较多，支撑稳定，对洞壁比压小，其不足是主梁太长，整机重量大，不利于施工小拐弯半径的隧道。实际机型如图4-14所示。

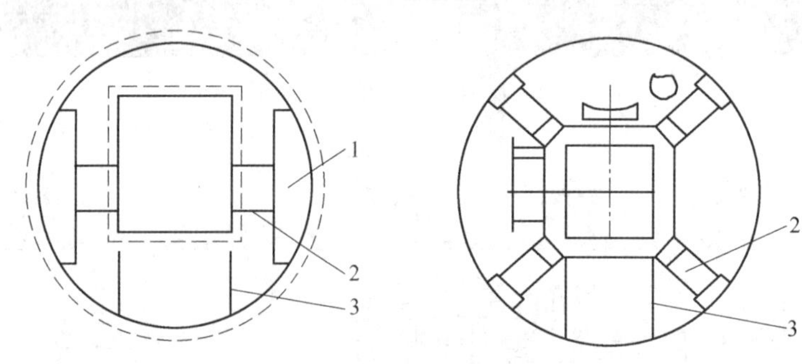

图4-13　敞开式TBM支撑的结构

（a）T形支撑；（b）X形支撑

1—靴板；2—液压油缸；3—支撑架

(a)

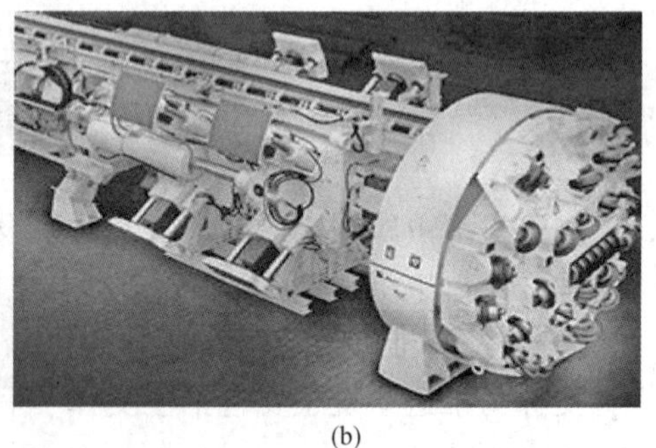

(b)

图4-14　敞开式TBM支撑形式

（a）T形支撑；（b）X形支撑

b　推进工作过程

掘进机工作原理如图4-15所示。掘进机支撑板撑紧洞壁以承受刀盘掘进时传来的反作用、反扭矩；刀盘旋转，推进液压缸推压刀盘，一组盘形滚刀切入岩石，在岩面上作同心圆轨迹滚动破岩，岩渣靠自重掉入洞底，由铲斗铲起，岩渣靠岩渣自重经溜槽落入皮带机出渣，这样连续掘进成洞。

敞开式掘进机的工作循环如图4-16所示。

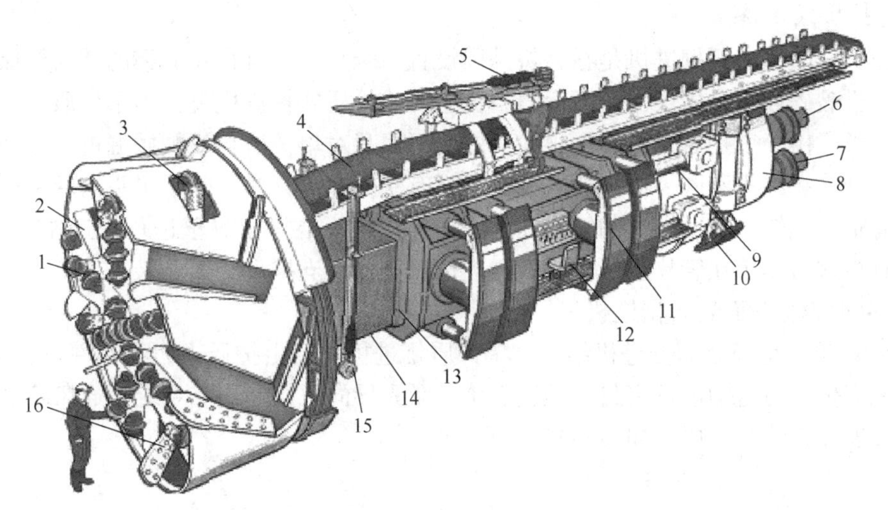

图 4-15　掘进机（Jarva27）工作原理示意图

1—盘形滚刀；2—刀盘；3—扩刀孔；4—出渣皮带机；5—超前钻机；6—电动机；
7—行星齿轮减速器；8—末级传动；9—推进液压缸；10—后下支撑；11—撑靴；12—操纵室；
13—外机架；14—内机架；15—锚杆钻机；16—铲斗

（1）撑靴撑紧在洞壁上，前、后支撑缩回，开始掘进。

（2）刀盘向前掘进一个循环后，掘进停止。

（3）前支撑、后支撑伸出，撑紧在洞壁上，撑靴缩回，外铠向前滑移一个行程长度。

（4）利用前、后支撑进行方向调整。

（5）前后外铠撑靴重新撑紧在洞壁上，前支撑和后支撑缩回，开始新的掘进循环。

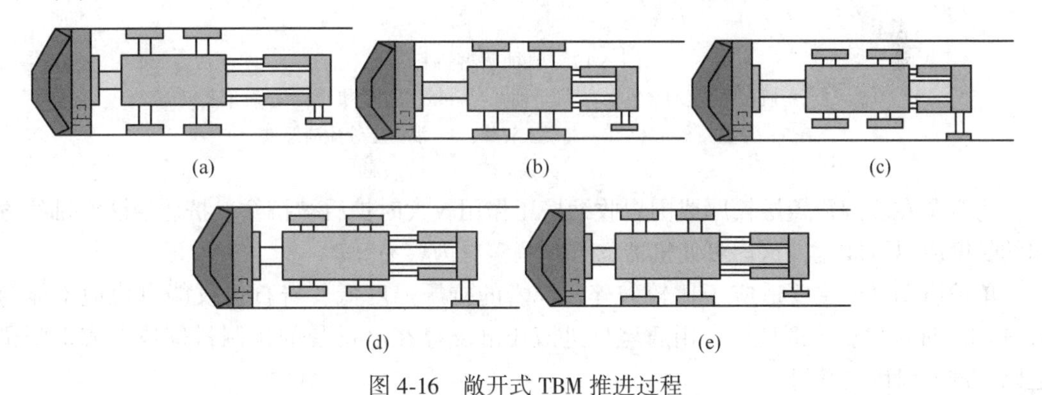

图 4-16　敞开式 TBM 推进过程

掘进机掘进时由切削头切削下来的岩渣，经机器上部的输送带运送到掘进机后部，卸入其后配套运输设备中。掘进机上装备有打顶部锚杆孔和超前探测（注浆）孔的凿岩机，探测孔可超前工作面 25～40m。

敞开式掘进机掘进时，支护在顶护盾后进行，所以在顶护盾后设有锚杆安装机、混凝土喷射机、灌浆机和钢环梁安装机以及支护作业平台。锚杆机安设在主梁两侧，每侧一台。钢环梁安装机带有机械手，用以夹持工字钢或槽钢环形支架。喷射机、灌浆机等安设在后配套拖车上。

B 护盾式 TBM

护盾式全断面岩石掘进机是在整机外围设置一个与机器直径相一致的圆筒形保护结构以利于掘进破碎或复杂岩层的全断面岩石掘进机。护盾式掘进机可分为单护盾、双护盾和三护盾三类。由于三护盾掘进应用很少，因此下面只对单护盾与双护盾掘进进行介绍。

与敞开式掘进机不同，双护盾式掘进机没有主梁和后支撑，除了机头内的主推进油缸外，还有辅助油缸。辅助推进油缸只在水平支撑油缸不能撑紧洞壁进行掘进作业时使用，辅助油缸推进时作用在管片上。护盾式掘进机只有水平支撑没有 X 形支撑。

a 单护盾全断面岩石掘进机

（1）单护盾全面断面掘进机结构。单护盾掘进机主要由护盾、刀盘部件及驱动机构、刀盘支承壳体、刀盘轴承及密封、推进系统、激光导向机构、出渣系统、通风除尘系统和衬砌管片安装系统等组成，如图 4-17 所示。

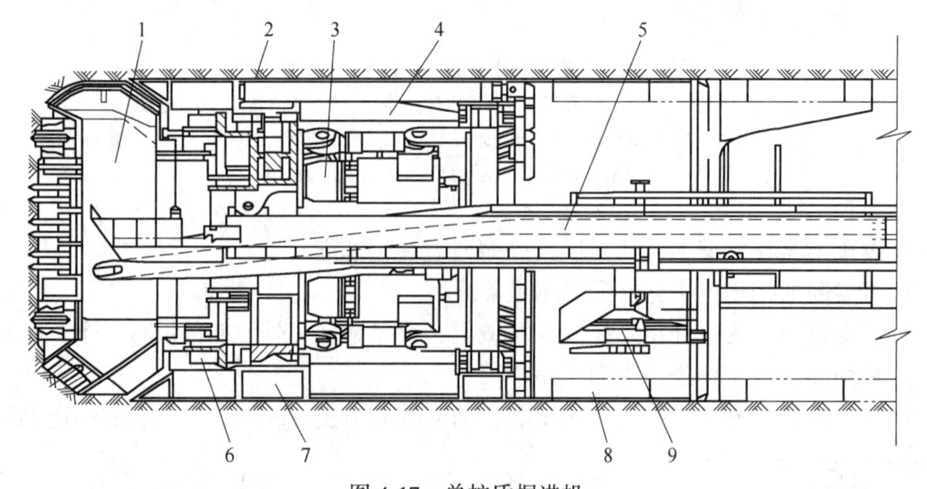

图 4-17 单护盾掘进机

1—刀盘；2—护盾；3—驱动装置；4—推进油缸；5—皮带运输机；6—主轴承及大齿圈；7—刀盘支承壳体；8—混凝土管片；9—混凝土管片铺架机

为避免在隧洞覆盖层较厚或围岩收缩挤压作用较大时护盾被挤住，护盾沿隧洞轴线方向的长度应尽可能短，这样可使机器的方向调整更为容易。

单护盾掘进机主要适应于比较破碎、围岩的抗压强度低、岩石仅仅能自稳但不能为 TBM 的掘进提供反力的地层，由盾尾推进液压缸支撑在已拼装的预制衬砌块上或钢圈梁上以推进刀盘破岩前进。

（2）单护盾掘进机的工作原理（见图 4-18）。单护盾掘进机只有一个护盾，大多用于软岩和破碎地层。由于没有撑靴支撑，掘进时掘进机的前推力靠护盾尾部的推进油缸支撑在管片上获得，即掘进机的前进要靠管片作为“后座”以获得前进的推力。机器的作业和管片的安装是在护盾的保护下进行的。

由于单护盾的掘进需靠衬砌管片来承受后坐力，因此在安装管片时必须停止掘进。掘进和管片安装不能同步进行，因而掘进速度受到了限制。单护盾掘进机工作原理如图 4-18 所示。

1）掘进作业：回转刀盘→伸出辅助推进缸，撑在管片上掘进，将整个掘进机向前推进一个行程。

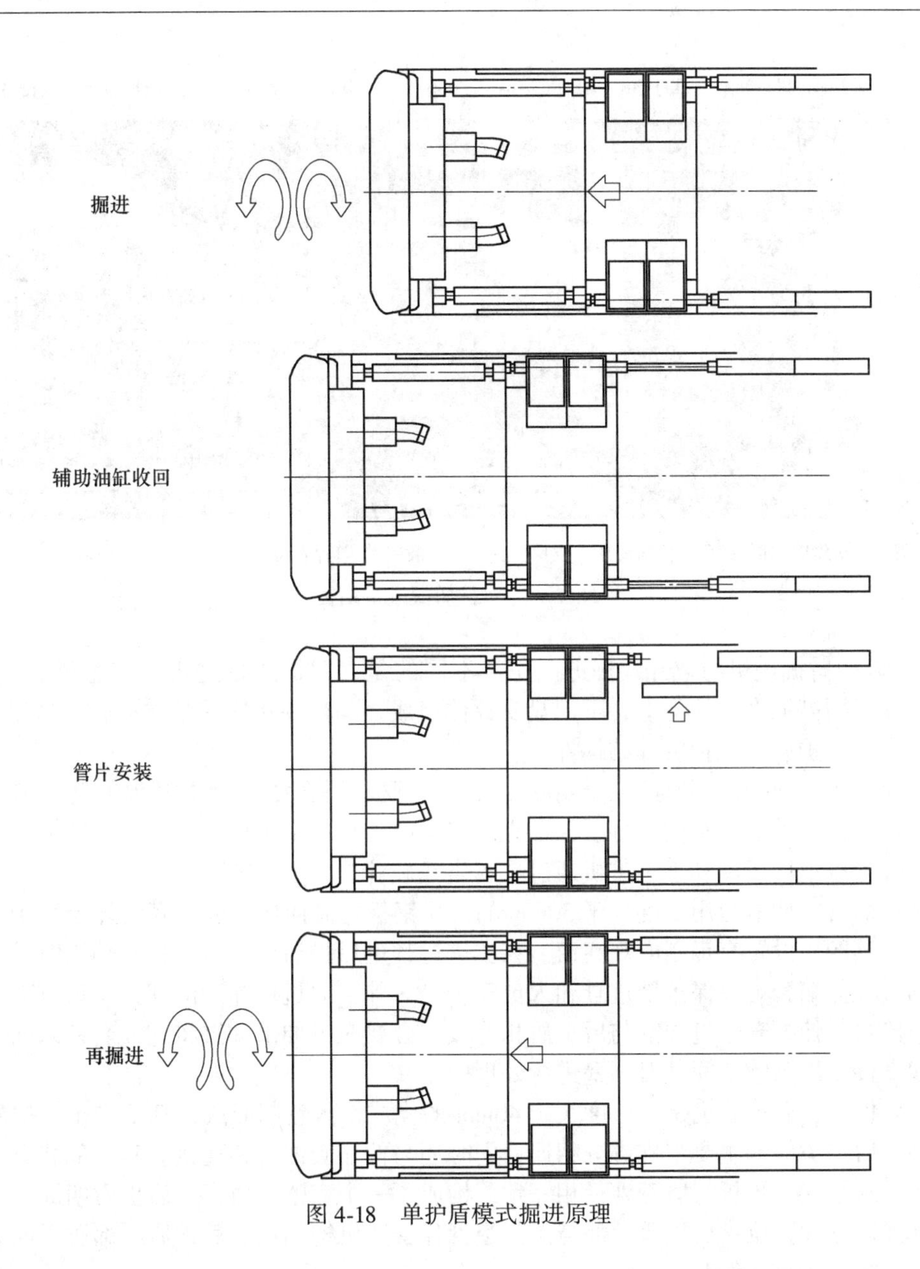

图 4-18 单护盾模式掘进原理

2）换步作业：刀盘停止回转→收缩辅助推进缸→安装混凝土管片。

b 双护盾全断面掘进机

（1）双护盾全断面掘进机结构。双护盾掘进机的一般结构（见图 4-19）主要由装有刀盘及刀盘驱动装置的前护盾，装有支撑装置的后护盾（支撑护盾），连接前、后护盾的伸缩部分和安装预制混凝土管片的尾盾组成。

双护盾掘进机是在整机外围设置与机器直径相一致的圆筒形护盾结构，以利于掘进松软破碎或复杂岩层的全断面岩石掘进机。双护盾掘进机在遇到软岩时，由于软岩不能承受支撑板的压应力，由盾尾推进液压缸支撑在已拼装的预制衬砌块上或钢圈梁上以推进刀盘破岩前进；遇到硬岩时，与敞开式掘进机的工作原理一样，靠支撑板撑紧洞壁，由主推进液压缸推进刀盘破岩前进。

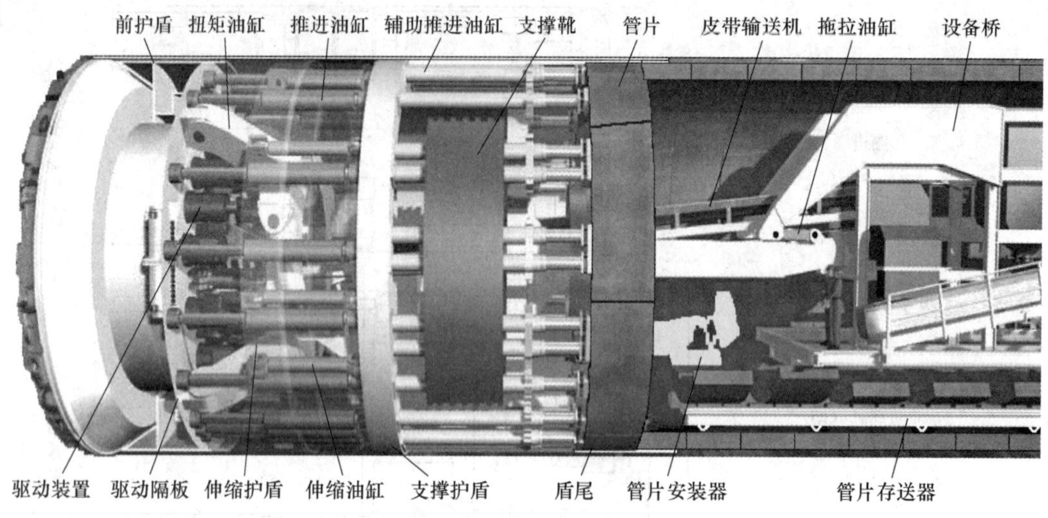

图 4-19 双护盾掘进机结构

1）双护盾掘进机与敞开式掘进机完全不同的是，双护盾掘进机没有主梁和后支撑。其刀盘支承用高强度螺栓与上、下刀盘支撑体组成。与机头相连的是前护盾，紧随其后的是伸缩套、后护盾、尾护盾等结构件。

①前护盾：前护盾用厚度大于40mm的优质钢板卷制而成。前护盾既有防止隧洞岩渣掉落保护刀盘驱动系统和推进缸、保证人身安全的作用，又可以增大机头与隧洞底部接触面积而降低接地比压以利于掘进机通过软弱岩或破碎岩。

②伸缩套：伸缩套用厚度大于30mm的优质钢板卷制而成。伸缩套的外径小于前护盾的内径，其四周设置有钢制的观察窗。在掘进过程中后护盾固定、前护盾伸出时，前后护盾之间有一伸缩套可以保护推进缸和人员安全。另外，通过伸缩套的观察窗口可对局部洞壁进行监察。伸缩套通过油缸与后护盾相连接，必要时可伸出油缸将伸缩套移入前护盾内腔以便直接露出洞壁空间，对洞壁进行处理。

③后护盾：后护盾也是用厚度大于40mm的优质钢板卷制而成，其结构比前护盾要复杂得多。后护盾前端主要与推进缸相连，同时还与伸缩套油缸相连接。其中部装有水平支撑机构，水平支撑靴板与盾壳外径相一致，构成了一个完整的盾壳。后护盾四周有成对布置辅助推进缸的孔位；后护盾后部与混凝土管片安装机构相接。后护盾后部盾壳四周留有斜孔，以配合超前钻作业。

2）双护盾掘进与敞开式掘进机一样，在能够自稳的岩石中，双护盾掘进机使用的还是推进缸和水平支撑。

①V形推进缸：双护盾掘进机的推进缸按V形成对布置，V形夹角一般为60°。V形布置除有轴向推力外，还有垂直轴向的分力，此分力起抗扭纠偏的作用。同时对不同位置的V形油缸输入不同压力、流量的油流，可起到左右、仰头低头调向的作用，这样双护盾掘进机不单独设置调向、纠偏油缸和系统，而通过控制调节V形油缸来实现推进、调向、纠偏功能。V形推进缸通过球铰与机头及后护盾连接，传递机头的推力和扭矩。V形推进缸必须配置防转机构。

②水平支撑：根据空间布置的可能，双护盾掘进机只有水平形式的支撑，没有X形支撑。水平支撑机构由上下各两只水平缸和左右各一块水平支撑靴板组成，而不设置敞开式掘进机的

水平支撑架。水平支撑靴板侧板上有导向孔，两侧辅助油缸体从导向孔中通过，将水平支撑与后护盾连成一体，并将后护盾的推力、扭矩传递给水平支撑，最后传递给洞壁。

③辅助推进缸：辅助推进缸只有在水平支撑不能撑紧洞壁进行作业时使用。此时，水平支撑缸缩回至水平支撑靴板外圆，与后护盾外圆一致。V 形推进缸全部收缩到位，前后盾连成一体，完全处于单护盾掘进机工作状态。

辅助推进缸均是成对布置，每两个缸配一块尼龙靴板，这样可以防止油缸回转。

尼龙靴板压在混凝土管片上实施软接触而避免管片的损坏。

（2）双护盾掘进机的工作原理。双护盾掘进机在良好地层和不良地层的工作方式是不同的。

1）在良好地层中掘进机典型工作原理，如图 4-20 所示。

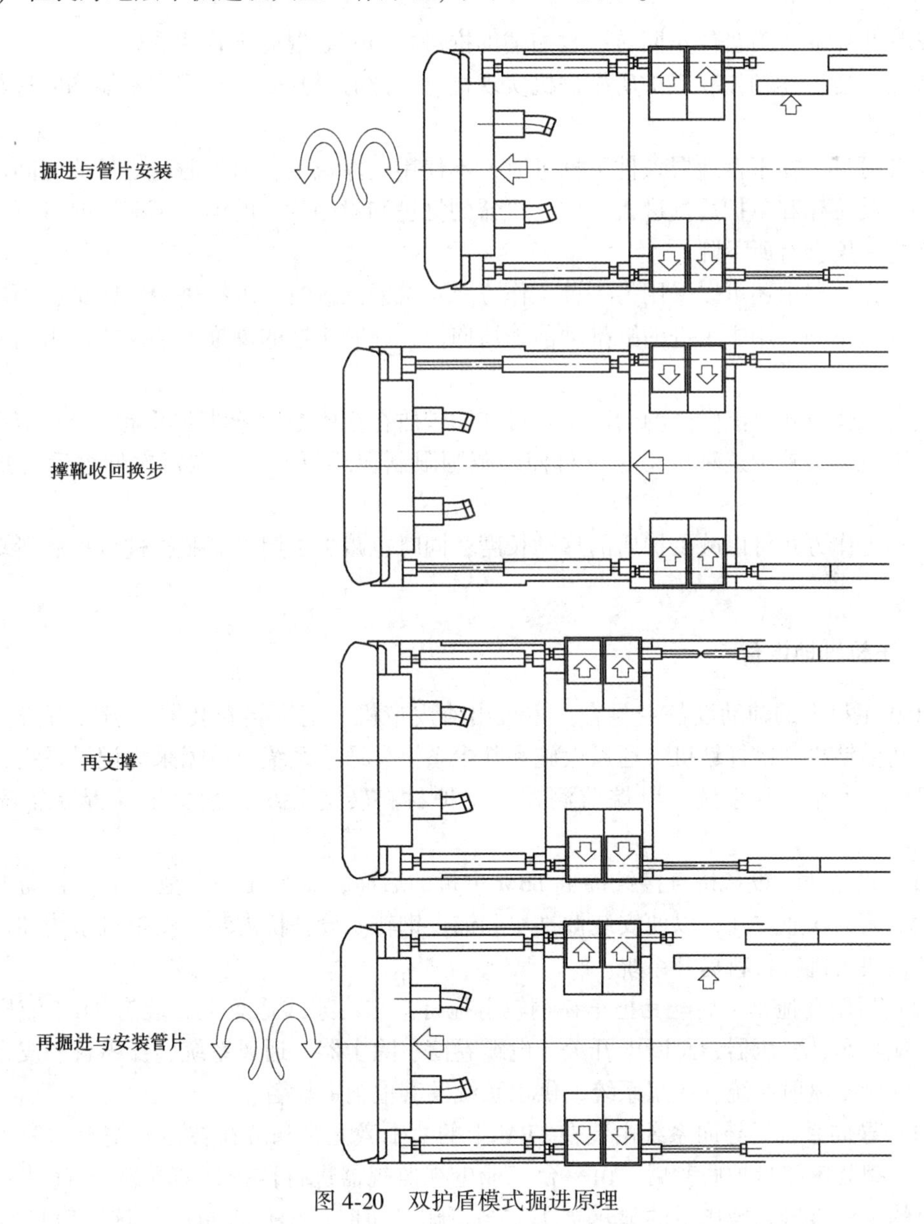

图 4-20 双护盾模式掘进原理

①推进作业：伸出水平支撑缸，撑紧洞壁→起动胶带机→回转刀盘→伸出 V 形推进缸，将刀头及护盾向前推进一个行程实现掘进作业。

②换步作业：当 V 形推进缸推满一行程后，就进行换步作业。刀盘停止回转→收缩水平支撑离开洞壁→收缩 V 形推进缸，将掘进机后护盾前移一个行程。

不断重复上述动作，双护盾掘进机实现不断掘进。在此工况下，混凝土管片安装与掘进可同步进行，成洞速度很快。

2）能自稳不能支撑岩石中掘进的工作原理。此时，V 形缸处于全收缩状态，并将支撑靴板收缩到与后护盾外圆一致，前后护盾联成一体，就如单护盾掘进机一样掘进。

①掘进作业：回转刀盘→伸出辅助推进缸，撑在管片上掘进，将整个掘进机向前推进一个行程。

②换步作业：刀盘停止回转→收缩辅助推进缸→安装混凝土管片。

不断重复上述动作，双护盾掘进机实现掘进。此时管片安装与掘进不能同时进行，成洞速度变慢。

由此可见，在不良地层条件下掘进时，不使用支撑靴板，前护盾与后护盾之间没有相对运动，其工作和单护盾掘进机一样。机器的掘进和衬砌管片的铺设不能同时进行，因而总的掘进速度会有所下降。

在不良地层中还可以采用另一种工作方式：机器掘进时，副推进油缸闭锁，即后护盾的位置相对不动，用主推进油缸推动前护盾向前，此时机器的反推力和反扭矩由副推进油缸承受。

这种工作方式可能发生的问题是：可伸缩护盾在松散地层条件下可能因渣石卡在接缝处而被卡死。为减少这种危险，可将伸缩范围限制在几厘米，并在每次伸缩后将护盾向前移。

这种工作方式可以减少护盾的移动长度，同时也减少了用以克服掘进机护盾滑动摩擦的推力。

4.2.3 主机辅助设备

TBM 主机上的辅助设备主要有：主机出渣皮带机、钢拱架安装器、洞底石渣清理皮带机、超前钻机、锚杆钻机、通风设施和除尘系统、通信系统、数据采集记录系统、激光导向系统、安全控制系统、甲烷监测器、支护材料转运系统、紧急手动混凝土喷射系统等。

（1）设备桥。设备桥直接铰接于 TBM 主机的后面，支承在平台拖车上，它向上搭桥以加大下面的作业空间，以便安装仰拱块和铺设钢轨。设备桥内装有皮带机系统和通风系统、仰拱块吊机、材料提升系统。

（2）后配套拖车。后配套拖车在钢轨上拖行。在门架式拖车上，装有 TBM 液压动力系统、配电盘、变压器、总断电开关、电缆卷筒、除尘器、通风系统、操纵台、皮带输送系统、混凝土喷射系统、注浆系统、供水系统及其他辅助设备。

（3）导向系统。导向系统由装在 TBM 上的两个激光靶和装在隧道洞壁上的激光器组成。激光靶装于刀盘护盾背后，由一台工业电视监视器进行监视，监视器将 TBM 相对于激光束的位置传送到操作室的显示器上。当机械换步时，操作人员根据这些信息对 TBM

的支撑系统进行调整。

(4) 数据处理系统。数据处理系统监视和记录以下数据：日期与时间、掘进长度、推进速度、每一循环的行程长度与持续时间、驱动电动机的电流、驱动电动机的接合次数、推进油缸压力、支撑油缸压力。

上述数据可用来监测与存储并在任何时候都能打印进行检索。随着 TBM 的推进被记录存储的数据可制成不同的表格或制成柱状图、饼状图。发生故障时，警告灯会提醒操作人员从不同的屏幕上查找故障种类与原因。

(5) 除尘系统。除尘系统装于后配套拖车的前端，吸尘管与内铠及刀盘护盾相连，在刀盘与掌子面之间形成负压，使得 TBM 前约 40%的新鲜空气进入刀盘与掌子面之间，防止含有粉尘的空气逸入隧道。除尘器的轴流风机吸入的含尘空气穿过一有若干喷水嘴的空间，湿尘吹向除尘器的集水叶片后，灰尘高度分离，流向装有循环水泵的集尘箱沉淀。

(6) 锚杆钻机。在刀盘护盾后面的内铠式机架旁边及后支撑靴后面的内铠式机架旁边安装有锚杆钻机。锚杆钻机在机器掘进时能进行锚杆的安装。

(7) 超前探测钻机。超前探测钻机用在 TBM 前面打探测孔。打探测孔时，TBM 必须停止掘进。超前钻机装于外铠式机架上、前后支撑靴之间，钻孔时，移动至 TBM 护盾的外边，以微小的仰角在 TBM 前方钻孔。锥形引导能适应整个刀盘护盾导向和稳定钻杆。超前钻机的动力由锚杆钻机的动力站之一提供。

(8) 钢拱架安装器。钢拱架安装器可在 TBM 掘进过程中进行作业，在刀盘后面进行钢拱架的预组装和安装。钢拱架安装器由以下部分组成：在刀盘护盾后面的预组装槽、液压驱动的牵引链、在内铠上纵向移动的平台、钢拱架提升与伸展用的液压油缸。钢拱架安装器由装在刀盘护盾后面的控制台直接操作，由 TBM 的液压系统提供动力。

(9) 仰拱块吊机。仰拱块吊机沿皮带桥下的双轨移动，它吊起仰拱块运向安装位置。仰拱块吊机可以沿水平、垂直方向移动。移动方式是链传动。

(10) 注浆系统。注浆系统装于 TBM 后配套上，注浆系统把搅拌的砂浆用于仰拱块的灌浆、混凝土黏结、岩石的压力注浆及断层的稳固。

(11) 混凝土喷射系统。混凝土喷射系统装于 TBM 后配套上，由湿式喷射机、液体计量泵、混凝土喷射机械手组成。

4.2.4 TBM 的后配套系统

掘进机主要由主机和相应的后配套组成，形成一条移动式的隧道机械化施工作业线。其中主机承担开挖与装渣作业，负担最重，余下的全部作业，所需的配套设备，包括主机的辅助设备以及相应的维修保养，全靠后配套系统来完成。因而，它需要具备出渣运输、喷锚支护、通风除尘、输电供气、紧急供电、给水排水、润滑保养、简易的生活设施以及混凝土仰拱预制块铺设等功能，这样才能确保掘进机安全、持续地正常作业。由此可见后配套系统是实现掘进机快速掘进的重要组成部分，也是掘进机实现机械化和程序化的一个整体。维尔特 TE880E 掘进机后配套系统总长达 203m。

掘进机施工，自国外引进以来，其后配套系统的含义有不同的提法。国内工程界通常认为，掘进机整套设备（系统）除主机以外，其余统属后配套系统，其内容包括三大部分：

（1）为掘进机主机正常掘进所需的配套设备和轨行门架台车；
（2）洞内出渣运输和运料设备；
（3）辅助设施（含临时支护和施工通风系统）。

目前在世界上正式运行的后配套系统大致包括三种类型，主要按照出渣运输的不同方式分类，分为轨形门架型（有平台车和无平台车式）、连续带式输送机型和无轨轮胎型。

4.2.5 TBM 选型

4.2.5.1 选择原则

TBM 施工与钻爆法相比，施工过程是连续的，具有机械化程度高、快速、安全、劳动强度小、对地层扰动小、通风条件好、衬砌支护质量好、减少隧道开挖中辅助工程等优点。但它也有对地质条件的依赖性大、设备的型号一经确定后开挖断面尺寸较难更改、一次性投资较大等劣势。在单位成本上，TBM 施工随掘进速度的提高而降低，近期国内一些工程的单价已接近或低于钻爆法。因围岩条件影响到 TBM 的正确选型及施工造价，因此应特别关注。目前国内的隧道开挖中，采用掘进机施工的比重仍然很小，除客观原因外，还存在使用掘进机掘进技术和管理上的差距。

掘进机设备选型应遵循下列原则：

（1）安全性、可靠性、实用性、先进性、经济性相统一。一般应按照安全性、可靠性、适用性第一，兼顾技术先进性和经济性的原则进行。经济性从两方面考虑，一是完成隧道开挖、衬砌的成洞总费用；二是一次性采购掘进机设备的费用。

（2）满足隧道外径、长度，埋深和地质条件，沿线地形以及洞口条件等环境条件。

（3）满足安全、质量、工期、造价及环保要求。

（4）考虑工程进度、生产能力对机器的要求，以及配件供应、维修能力等因素。

掘进机对掘进通过的岩石地层最为敏感，一般的软岩、硬岩、断层破碎带，可采用不同类型的掘进机辅以必要的预加固和支护设备进行掘进，但对于大型的岩溶暗河发育的隧道、高或极高地应力隧道、软岩大变形隧道、可能发生较大规模突水涌泥的隧道等特殊不良地质隧道，不适合采用掘进机施工。在这些情况下，采用钻爆法更能发挥其机动灵活的优越性。从围岩分级的角度来说，一般情况下，Ⅱ、Ⅲ级围岩为主的隧道较适合敞开式掘进机施工，Ⅲ、Ⅳ级围岩为主隧道较适合护盾式掘进机施工，Ⅴ级围岩为主和地下水位较高的城市浅埋隧道或越江隧道较适合盾构法施工。根据我国区域工程地质和水文地质的大致情况，我国北方、西北和东南沿海等地比较适宜掘进机的施工，而南方、西南等地区受区域地质构造和岩性、地下水活动的影响，应慎用掘进机施工。

掘进机设备选型时首先根据地质条件确定掘进机的类型；然后根据隧道设计参数及地质条件确定主机的主要技术参数；最后根据生产能力与主机掘进速度相匹配的原则，确定配套设备的技术参数与功能配置。

4.2.5.2 主机选型分析

直径在 1.5~14m 的圆形隧道，都适合采用掘进机施工，特别是水工隧道、铁路隧道等，它们在断面积上得到充分利用。圆形断面也非常适用输水隧洞，特别是掘进机掘进成型的光滑岩面，可以使输水隧洞在输水中减少水头损失，同样原因也有利于铁路隧道的通风要求。掘进机可以开挖较大坡度变化范围的隧道，以满足工程合计需要，但施工中坡度受到所选择运输方式的限制，隧道运输时坡度不能大于1∶6，采用无轨运输时坡度受牵引车辆能力的限制，近年来国外广泛使用的连续皮带输送机可完成较大坡度条件下的渣料运输。

A　敞开式TBM选用条件

敞开式TBM是为隧道地质条件好、地层稳定、岩质坚硬而设计的掘进设备，具有设备坚固、掘进速度快、隧道成本低和TBM售价较低的优点。

特长隧道都存在不良地质地段，为了使其能顺利通过不良地质地段，敞开式TBM必须具备如下功能：

（1）刀盘部位设有几块长2~3m的伸缩护盾，支撑刀盘沿着正确方向稳定地旋转破岩。

（2）伸缩护盾之后，跟近应设置锚杆钻孔及安装设备、钢拱架安装设备等，以便进行系统锚喷混凝土支护，确保洞室初期稳定。

（3）TBM主机上设有管棚钻孔和安装设备，提前向上部150°范围钻凿多排管棚孔并进行注浆，超前加固地层处后再掘进通过。

（4）在配套拖车后，另增设独立的钢纤维混凝土搅拌喷射设备，采用湿喷混凝土技术，补充喷射钢纤维混凝土，确保隧道变形后的再次支护，使洞室长期保持稳定。

B　护盾式TBM选用条件

如果隧道围岩大部分破碎或风化严重，导致开挖时出现不稳定现象，宜采用硬岩护盾式TBM较为有利。

双护盾TBM对隧道快速收敛十分敏感，有可能被收敛的地层卡住。为了克服此问题，对大多数TBM来说可以适当超挖，把盾壳与开挖轮廓之间的间隙从通常的60~80mm调整到140~200mm。

双护盾TBM机器价格高，施工的隧道一般需用钢筋混凝土管片衬砌，因此隧道的成洞成本高，但它们掘进速度快又有利于降低隧道成本。

双护盾TBM在高地应力区段掘进，当盾构停机时间较长时，盾壳往往被洞室变形卡死，使盾构脱离困境十分困难。

王梦恕院士认为：

（1）机型方案。敞开式TBM优于双护盾构式、单护盾式。

敞开式TBM有五个优点：

1）长度与直径之比小于1，调整方向灵活，可确保±30mm调整误差。

2）能及时支护，有利于洞室稳定，护盾式不利于及时支护、易塌方；

3）不易被地压力卡死护盾；

4）造价比双护盾便宜10%~30%；

5）衬砌支护比管片便宜1/2以上。

（2）支护结构。

1）敞开式TBM用复合式衬砌，最易适应不同地层和水量，支护寿命长，可确保100年，出事故维护方便。

2）双护盾式TBM必须采用软弱地层管片衬砌厚度，不适应变化多端的山岭隧道（土压、水压），管片厚度不能调整，管片寿命不可靠，且造价高于复合初砌数倍以上，因此不宜采用。

4.2.5.3 后配套设备的选择

后配套设备选型时应遵循的原则：后配套设备的技术参数、功能、形式应与主机配套。应满足连续出渣、生产能力与主机掘进速度相匹配的要求；结构简单、体积小、布置合理；能耗小、效率高、造价相对较低；安全可靠；易于维修和保养。

匹配设备的生产能力，要考虑留有适当余地。对敞开式掘进机应配置及时支护围岩的所需设备，如超前钻机、锚杆机、喷混凝土机、注浆机和钢架机械手等，进入隧道的机械，其动力宜优先选择电力机械。

具体选择时应根据隧道所处的位置、走向、隧道直径、开挖长度、衬砌方式等因素综合分析确定。配备的各种辅助设备必须与掘进机的类型及施工技术要求相适应，并配置备用设备。

确定 TBM 主体的规格后就要选择主体后配套、通风和出渣等临时设备。作为后配套设备要考虑开挖能力、支护方法和衬砌方法，不但必须确定锚喷支护能力、运料能力、液压系统、变压器、控制室、集尘器等的能力和配置，而且还要确定出渣系统，以及通风、排水、动力、照明用电、给水等设备。洞内轨道线路应能保证岩渣的及时运出和仰拱、混凝土料及其他材料的运入。胶带输送机的能力要大于掘进速度产渣量的两倍，而且应安全可靠，检修方便。

出渣运输设备选型首先要与掘进机的生产能力相匹配，其次须从技术经济角度分析，选用技术上可靠、经济上合理的方案。出渣运输及供料设备有两种方式：轨道出渣及供料；皮带机出渣、轨道供料。

（1）有轨出渣及供料。根据隧道掘进长度、开挖断面、隧道坡度、每个掘进循环进尺、岩石的松散系数，在安全的牵引速度下计算每列出渣车的矿车斗容和辆数。机车选型要满足不仅可以牵行一列重载矿车，还可带动所需辆数的材料车和载人车，同时考虑坡度，最终确定机车台数和规格。根据掘进长度、列车平均运行速度确定所需出渣列车的列数。首先确定每列出渣列车所含矿车、机车的数量和规格，要求一个掘进循环出渣量由一列出渣列车一次运走。根据掘进长度、列车平均运行速度，按掘进机连续出渣的要求，确定所需出渣列车的列数。掘进初期，距离较短，所需出渣列车数较少，随着掘进距离的加长，逐渐增加出渣列车数。每列列车应包含机车、矿车、材料车等。如双护盾掘进机的编组列车应包含机车、矿车、管片平台车、豆砾石罐车、散装水泥车。根据隧道长度和施工组织要求，在轨道上铺设道岔。

（2）皮带输送机出渣和有轨供料。皮带输送机结构简单、运输效率高，便于维护管理，可减少洞内运输车辆，减少空气污染，有利于形成快速连续出渣系统。皮带机随掘进机移动，从掘进机一直连接到洞门口出渣。使用皮带输送机连续出渣的关键是皮带输送可随掘进机每次步进得到延长。皮带输送机尾部安装在后配套上。当后配套前进时，胶带逐段从储存仓中被拉出，使皮带输送机不间断地完成石渣输送。随着掘进机每次掘进完成一个循环行程步进时，后配套系统被向前拉动一个行程，此时皮带输送机也随之延伸，为此需要在皮带输送机尾部的前方，安装皮带机架、托辊、槽形托辊，为胶带运输提供条件。为了满足掘进机在一定距离内不断向前延伸而不用随时延长胶带，设置了一个储存装置。由后配套皮带机运来的石渣卸到出渣皮带输送机上。当储存仓中的胶带用尽时，出渣皮带输送机需停止工作，进行接长胶带的硫化处理工作。轨道仅承担隧道支护材料和掘进机维修人员和器材等的运输，采用轻型钢轨。

4.2.6 TBM 施工技术

采用 TBM 进行隧道开挖施工时，主要流程包括施工准备、全断面开挖与出渣、外层管片式衬砌或初期支护、TBM 前推、管片外灌浆或二次衬砌等。

4.2.6.1 施工准备

(1) TBM 组装前的技术准备。

1) 根据 TBM 参数、施工要求制订详细的、可行的组装、调试方案，详细制订组装要求、人员分工及职责、安全保障措施、相应预案等。

2) 根据设备大小，对组装场地进行碾压平整，达到设计要求，准备水电等。

3) 做好技术交底，进行必要的技术检测和考核。

4) 熟悉和复核设计文件和施工图，熟悉有关技术标准、技术条件、设计原则和设计规范。

5) 施工前必须制定工艺实施细则，编制作业指导书。

(2) 组装前应收集的资料。

1) 隧道现场组装场地条件和气候条件。

2) 掘进机结构尺寸、重量、位置等技术数据。

3) 掘进机结构到场进展情况，根据组装顺序决定大件运输进场顺序，卸车时应按地面图示吊放。

4) 随机技术资料及以往其他项目成功的掘进机组装方案和经验。

5) 根据随机资料编制组装进行，落实组装人员、组装设备、机具、材料等各种资源准备情况。

6) 隧道实施性施工组织设计。

7) 国家、交通运输部及本企业的安全施工相关规定等。

(3) TBM 运输进场。

1) 应提前做好掘进机部件运输的技术方案。

2) 大件运输应由符合相应资质的运输公司承担。

3) 做好掘进机调运场地周围安全措施，对所有进场的起吊设备进行认真检查和验收。

4) 设备在运输时，必须做好道路疏导工作，设专人全程监护。

(4) 设备组装，刀盘焊接与吊装。

(5) 材料准备。掘进机施工前，施工所需要的各种材料，应当结合进度、地质制订合理的材料供应计划。做好钢材、木材、水泥、砂石料和混凝土等材料的试验工作。所有原材料必须有产品合格证，且经过检验合格后方能使用。隧道施工前应结合工程特点积极进行新材料、新技术、新工艺的推广应用工作，积极推进材料本地化。

(6) 预备洞、出发洞。隧道洞口一定长度内围岩一般不太好，掘进机的长度比较大，它在正式工作前需要用钻爆法开挖一定深度的预备洞和出发洞。预备洞是指自洞口挖掘到围岩条件较好的洞段，用于机器撑靴的撑紧；出发洞是由预备洞再向里按刀盘直径掘出用以 TBM 主机进入的洞段。

4.2.6.2　掘进作业

掘进机在进入预备洞和出发洞后即可开始掘进作业。掘进作业分开挖洞口、正常掘进作业和到达出洞三个阶段。

（1）开挖洞口。首先采用钻爆法在洞口掘进一段距离，长度应大于掘进机机身全长，并完成模筑混凝土支护。同时将施工用电、水、压气及道路、激光定向点等引入洞内，准备掘进。

（2）掘进作业。掘进一个循序作业，可分为掘进与后盾和尾部设施延伸两个阶段。

掘进为第一阶段，先通过紧固装置将隧道掘进机的后盾紧固在岩壁上，再驱动电动机并在推进液压缸的作用下，带动刀头旋转破岩，切削进一个进尺深度。此时配套辅助设备均停留在洞内，出渣列车在皮带机底部接渣。在掘进过程中，可控制推进液压缸的油量来完成掘进机的转向。

第二阶段为后盾和尾部设施延伸阶段。当刀头与前盾向前推进一个进尺深度完成掘进、暂停工作后，借助紧固装置，通过推力液压缸的反作用力，向前推进一个进尺深度。后续列车由固定在刀头支架的一组特别牵引液压缸向前推进。同时，通过操纵相应的装置，自动延伸风筒、水管、电缆和轨道，至此完成一个掘进循环。

（3）洞内混凝土管片安装。当围岩条件较差时，需要进行支护，通常采用安装预制混凝土管片的形式进行支护。根据围岩级别选择相应的管片型号。在专用弓形车上装管片，分组装侧帮、顶部和底部的管片，并根据每组管片数量按规定顺序装车，管片运到工作面后，由安装人员用机械手在工作面吊运、安装管片。管片安装完毕后，在管片与围岩间填充豆砾石，进行回填注浆。

（4）洞内运输与出渣。隧道掘进机存料斗内的渣石通过皮带机、汽车、矿车等将石渣运出洞外。由于掘进机速度快，出渣量大，一般只有卸车方便的矿车才能与掘进机相匹配。

（5）通风与除尘。掘进机施工的隧道通风，其作用主要是排出人员呼出的气体、掘进机的热量、破碎岩石的粉尘和内燃机等产生的有害气体等。

TBM 通风方式有压入式、抽出式、混合式、巷道式、主风机局扇并用式等，施工时要根据所施工隧道的规格、施工方式、周围环境等选择。一般多采用风管压入式通风，其最大的优点是新鲜空气经过管道直接送到开挖面，空气质量好，且通风机不要经常移动，只需接长通风管。压入式通风可采用由化纤增强塑胶布制成的软风管。

4.2.7　TBM 评价与发展趋势

4.2.7.1　施工特点

全断面岩石掘进机施工具有以下几个特点：

（1）快速。掘进机可以实现连续掘进，能同时完成破岩、出渣、支护等作业，并一次成洞，掘进速度快、效率高；而采用钻爆法，则钻孔、装药、放炮、通风、照明、排水、出渣等作业是间断进行，大截面隧道又要分块开挖，不能一次成洞，掘进速度慢，效率低。

根据现有效果看，在均质同岩层中，TBM 掘进速度一般可达：软岩 2m/h、中硬岩

1m/h、硬岩0.5m/h。在一般的中硬岩中，掘进每月600m以上。一般认为，掘进机的掘进速度较钻爆法可提高2~2.5倍。

(2) 优质。掘进机实行机械破岩，避免了爆破作业，成洞周围岩层不会受爆破震动而破坏，洞壁完整光滑，超挖量少，一般小于开挖隧道断面面积的5%，减少了衬砌量。而钻爆法是爆破成洞，围岩震裂，洞壁粗糙且凹凸不平，超挖量大于开挖隧道面积的20%，衬砌厚。

(3) 经济。掘进机施工速度快，缩短了工期，大大提高了经济效益与社会效益，由于超挖量少，节省了大量衬砌费用。

TBM施工超挖量能控制在几厘米之内，能减少清理作业和混凝土用量（混凝土用量约节约50%），适合于喷射混凝土衬砌。因此，国外有人认为在作业条件适宜时，总成本可降低20%~30%。

一般掘进机施工需总人数40~50人即能达到月成洞200m，更为重要的是用掘进机施工可大大减轻劳动强度。

(4) 安全。用掘进机施工，改善了作业人员的洞内劳动条件，减轻了体力劳动量，避免了爆破施工可能造成的人员伤亡，事故大大减少。

(5) 环保。掘进机施工不用炸药爆破，施工现场环境不被污染，有利于环境保护。因此，全断面岩石掘进机特别适用于城市地下工程、河海地下隧道及山区隧道的开挖。对深埋长隧道，如采用钻爆法开挖时，必须开挖若干支洞以供主洞施工时出渣、通风等之用，当地形条件不允许开挖支洞时，则掘进机法施工是更好的选择。

目前，对1km以下短洞或地质特别复杂，如大规模岩溶、涌水、断层兼有，则全断面岩石掘进机难以发挥其优势。

4.2.7.2 掘进机施工存在的问题

(1) 一次投资大（但对于岩层适宜的长隧道，由于掘进机掘进速度高，总的工程成本并不高），尺寸大，重量大，机器较为复杂，制造周期长，装运费时、费钱，刀具的消耗和维修费用也很高。但随着冶金技术的发展，刀具消耗的问题正在逐渐加以解决。

(2) 对岩层变化的适应性差。就目前使用情况看，TBM对中硬岩使用较为有效，对软岩和硬岩仍存在较多困难。

(3) 开挖的隧道断面局限于圆形，对于其他形状的断面，则需要二次开挖，如用机器本身，则构造更为复杂。

4.2.7.3 发展趋势

(1) 提高TBM基本性能。提高刀具负载能力、刀盘推力、转速与力矩、有效掘进比率及掘进速度。

(2) 实现TBM设计制造的系列化、标准化。缩短TBM设计和制造的周期，使设备的售后服务及维护更加方便，有利于大大提高TBM施工的施工效率。

(3) 形式多样化。增大TBM的断面直径范围，能适应各种断面隧道掘进，发展椭圆形、矩形、马蹄形、双圆和三圆形等异形断面，扩大其使用范围。

(4) 提高施工技术。在衬砌技术方面，现在的TBM管片衬砌存在接缝多、错台大等问题，虽然通过增加导向杆、连接销等辅助件在很大程度上限制了错台，但接缝问题很难从根本上得到解决。

TBM 挤压混凝土与钢纤维技术可能是未来 TBM 衬砌技术的发展方向，TBM 掘进技术与现浇混凝土技术的结合，最终会从根本上解决管片接缝问题。

（5）自功化程度提高。目前人们已经能够在办公室控制掘进机操作。可以预测，未来的 TBM 在施工中能真正做到“运筹于帷幄之中，决胜于千里之外”，及无纸化操作。

（6）适用范围增大，地质适应能力增强。TBM 结构形式从初期的敞开式发展为单护盾、双护盾甚至三护盾等形式；从初期的仅适应在均质的岩石中作业，发展到适应复杂地质（穿越破碎带、断层）的隧洞掘进作业；从单纯的掘进机发展为集超前钻探、超前灌浆、超前支护等技术为一体的综合装备，极大地增强了适应复杂地质情况的能力。

4.3 悬臂式掘进机

4.3.1 悬臂式掘进机概述

4.3.1.1 悬臂式掘进机的概念与特点

悬臂式掘进机又称为部分（自由）断面掘进机，具有切割、装载、转运煤岩、自行、喷雾降尘等功能，有的还具有支护功能，它是以机械方式破落煤岩的掘进设备，是矿山综掘机械化系统中的主力设备。图 4-21 所示为两种类型的悬臂式掘进机。

(a) (b)

图 4-21 典型悬臂式掘进机外貌

（a）纵轴式；（b）横轴式

与 TBM 相比，悬臂式掘进机作业具有机动性强、适应性强以及费用相对较低等优点，可以适应任意形状的断面，且对地质条件的要求较低，适合软岩及中硬岩隧道的掘进；基本投资费用少，约为全断面掘进机的 15%；对中短隧道施工更为适用。悬臂式掘进机主要构造如图 4-22 所示。

4.3.1.2 悬臂式掘进机发展历史

A 国外掘进机发展概况及技术水平

自世界上第一台悬臂式掘进机于 1947 年在匈牙利诞生以来，已经历了半个多世纪。经过不断研究、试验、改进的掘进机，现已成为煤矿巷道掘进的主要设备。目前世界上生产掘进机的主要国家有奥地利、英国、德国、日本，所生产的掘进机累计近 5000 台，机型达 100 余种。

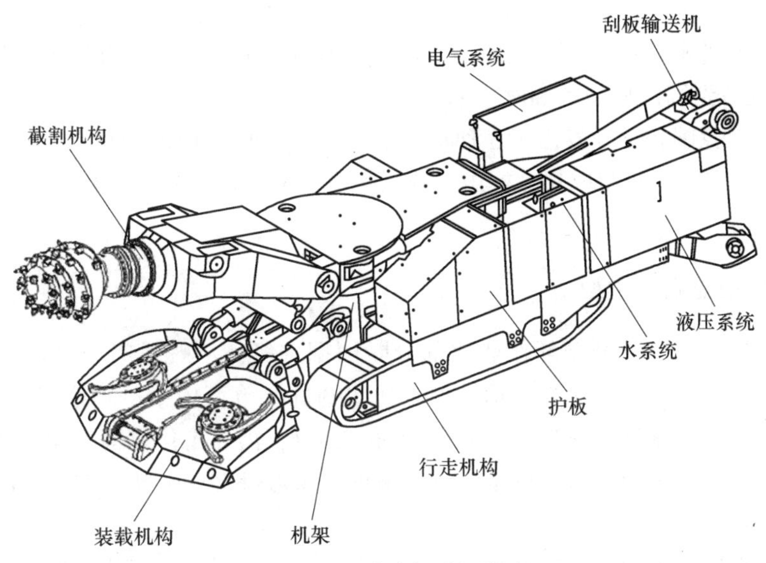

图 4-22 悬臂式掘进机构造

第一阶段：20 世纪 40 年代末期~60 年代中期。这个阶段，掘进机从无到有，形成了集切割、装运和行走为一体的结构雏形，主要用于软煤巷道掘进，机重 15t 左右。代表机型有匈牙利全国矿山机械研究所的 F5、乌克兰的 ДK-3 等。

第二阶段：20 世纪 60 年代中期~70 年代末期。这一阶段是煤巷掘进机蓬勃发展时期，煤巷掘进机机重 20~40t。代表机型有英国安德森公司的 RH25、奥地利阿尔卑尼公司的 AM50 和日本三井三池公司的 MRH-100 等。

第三阶段：20 世纪 70 年代末期~80 年代末期。这一阶段，半煤岩掘进机开始成熟，重型机大批涌现，煤巷掘进功能齐全，可靠性大幅度提高，机重 50t 左右。代表机型有英国多斯克公司的 MK Ⅱ B、LH1300，奥地利阿尔卑尼公司的 AM75 和德国保拉特公司的 E169 等。

第四阶段：20 世纪 80 年代后期至 20 世纪末。这一阶段重型机机重进一步增大，一般在 70t 以上，切割硬度 100MPa 以上；掘进机采用了新技术，功能更加完善；计算机自控装置较成熟，掘进机正向岩巷进军。

目前掘进机已进入了机电一体化的自动控制截割的时代。

国外中型掘进机已日趋完善，其代表机型有英国多斯克公司的 LH1300 型、德国保拉特公司的 E200 型、奥地利阿尔卑尼公司的 AM75 型、日本三井三池公司的 S220 型等。其切割功率在 132~220kW 之间，机重 50~70t，经济切割的岩石硬度 80MPa。

B 国内掘进机发展概况及技术水平

我国悬臂式掘进机的应用始于 20 世纪 70 年代末，虽然起步较晚，发展相对缓慢，技术性、配套性较差，但综掘机械化在我国煤矿煤及半煤岩巷道的开拓中已得到了广泛的应用。

经过 20 多年的努力，至 90 年代，我国已经具有一定水平研究开发、生产制造掘进机的能力，已经开发出了 20 多种型号的掘进机机型，截割功率在 30~200kW 之间，并已初步形成系列产品，基本满足了国内市场的需求，结束了我国煤矿掘进机一直依靠进口的局面。

目前我国掘进机的主要代表机型是 AM50、S100、ELMB-75 型掘进机，其中 AM50 和 S100 型掘进机占到国产机型的 80%左右。

八五期间，我国相继开发出了 3 种重型掘进机。它们是 EBJ-160、EBJ-160H 和 EBJ-132 型掘进机。它们的研制成功，标志着我国掘进机研究制造水平和综掘机械化水平均迈上了新台阶。

4.3.2 悬臂式掘进机的类型

悬臂式掘进机属于一种循环作业式部分断面掘进机，一般适用于单轴抗压强度小于 60MPa 的煤、半煤岩、软岩水平巷道。但大功率掘进机也可用于单轴抗压强度达 200MPa 的硬岩巷道。悬臂式掘进机一次仅能截割断面一部分，需要工作机构多次摆动，逐次截割才能掘出所需断面，断面形状可以是矩形、梯形、拱形等多种形状。悬臂式部分断面掘进机在煤矿使用普遍。

悬臂式掘进机按重量分为特轻型、轻型、中型和重型四种；按截割头布置方式分为纵轴式和横轴式两种；按掘进对象分为煤巷、煤岩巷和全岩巷三种；按机器的驱动形式分为电力驱动（各机构均为电动机驱动）和电液驱动两种。

4.3.3 悬臂式掘进机的主要结构

悬臂式掘进机一般由截割臂、回转台、装载机构、转载机构、行走机构、电控箱、运输机构、液压系统共 8 部分构成，如图 4-23 所示。

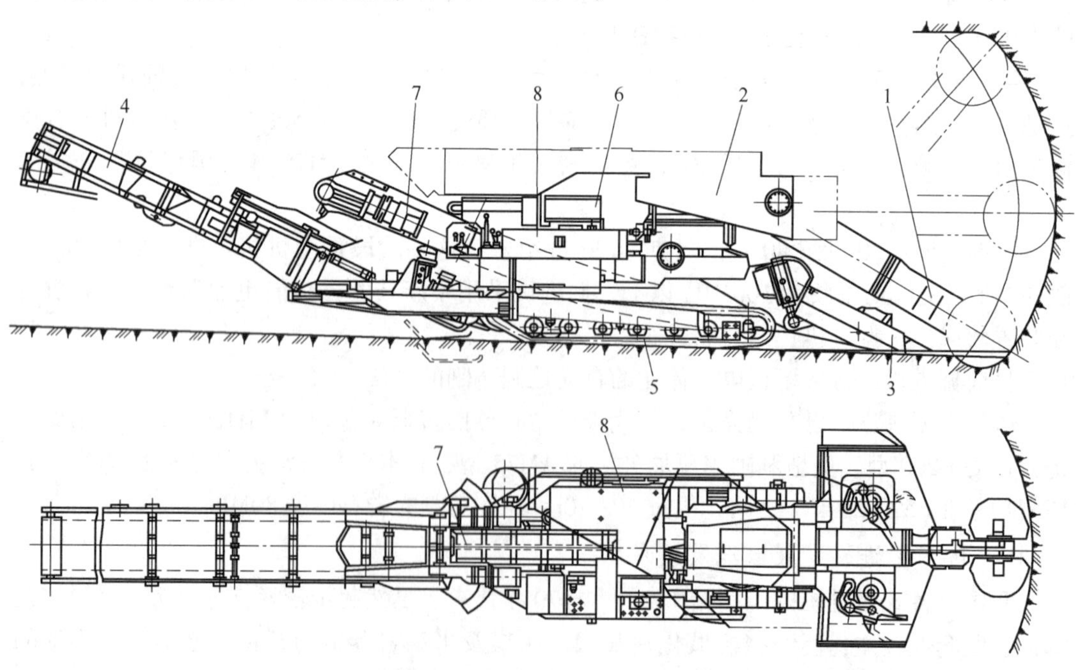

图 4-23 悬臂式掘进机构造

1—截割臂；2—回转台；3—装载机构；4—转载机构；5—行走机构；
6—电控箱；7—运输机构；8—液压系统

（1）截割机构。这是由截割头、悬臂和回转座组成的破煤（岩）机构。电动机通过减速器驱动截割头旋转，利用装在截割头上的截齿破碎煤岩。截割头纵向推进力由行走履带（或伸缩悬臂的推进液压缸）提供。升降和回转液压缸使悬臂在垂直和水平方向摆动，以截割不同部位的煤岩，掘出所需形状和尺寸的断面。

截割部的最主要功能是直接对煤岩进行破碎。第二是可以辅助支护，在架棚子支护时挖柱窝，用托梁器托起横梁；锚杆支护时，截割部处于水平状态，工人可以站在上面作业，也可以用托梁器托起钢带。第三是可以协助装货。第四是在特殊情况下可以参与自救。第五是有伸缩功能的掘进机在坡度较大的下山巷道后退时可以用伸缩来协助。

截割头为圆锥台形，在其圆周螺旋分布镐形截齿，截割头通过花键套和高强度螺栓与截割头轴相连。伸缩部位于截割头和截割减速机中间，通过伸缩油缸使截割头具有伸缩功能。

截割减速机是两级行星齿轮传动，它和伸缩部用高强度螺栓相连。截割电动机为双速水冷电动机，使截割头获得两种转数，它与截割减速机通过定位销及高强度螺栓相连。另外，为方便井下临时支护，一些掘进机还提供托梁器装置。

（2）装运机构。装运机构由装载机构和中间输送机两部分组成。电动机经减速后驱动刮板链和扒爪或星轮，将截割破碎下来的矿岩集中装载、转运到机器后面的转载机或其他运输设备中，运出工作面。

装载机构主要构件为铲板部，具有三个功能。第一是装料。第二是在截割头钻进后即将进行摆动之前，铲板与支承器落地，有利于机组的稳定。截割臂左右摆动时机组不摆尾。第三是与支承器配合可以进行自救。铲板采用成熟的低速大扭矩马达驱动装置，两侧分别驱动，取消了铲板减速机和中间轴装置，降低故障率。

（3）行走机构。行走机构驱动悬臂式掘进机前进、后退和转弯，并能在掘进作业时使机器向前推进。

行走部是用两台液压马达驱动，通过行星减速机构驱动链轮及履带实现行走。马达采用马达、制动刹车阀、减速机集成结构，二档行走速度，有效提高工作效率，降低故障率。履带架与本体的连接采用先进机型成熟的键、螺栓连接方式，强度与可靠性有了保证。

（4）液压系统。液压系统由液压泵、液压马达、液压缸、控制阀组及辅助液压元件等组成，用以提供压力油，控制悬臂上下左右移动，驱动装运机构中间输送机、集料装置及行走机构的驱动轮，并进行液压保护。

液压系统在掘进机上非常重要，大多数机型除截割头旋转单独由一个全液截割电动机驱动外，其余动作都是靠液压来实现的。这种掘进机定义为液压掘进机。

液压系统由泵站、操纵台、油缸、液压马达、油箱以及相互连接的配管所组成，主要实现以下功能：机器行走，截割头的上、下、左、右移动及伸缩，星轮的转动，第一运输机的驱动，铲板的升降，后支承部的升降，提高锚杆钻机接口等。

（5）电气系统。电气系统向机器提供动力，驱动掘进机上的所有电动机，同时也对照明、故障显示、瓦斯报警等进行控制，并可实现电气保护。电气系统相当于人的神经，它同液压系统一起使掘进机各机械部分联动，完成掘进工作。它主要由操作箱、电控箱、截割电动机、油泵电动机、锚杆电动机、矿用隔爆型压扣控制按钮、防爆电铃、照明灯、防爆电缆等组成。

（6）降尘系统。该系统是为降低掘进机在作业中产生的粉尘而装备的设施，有喷雾降尘系统和除尘器降尘系统两种形式。喷雾降尘系统由内、外喷雾装置组成，用以向工作面喷射水雾，达到降尘的目的。

4.3.4　悬臂式掘进机的选择

合理选择悬臂式掘进机机型是为了满足综合掘进速度的需要，同时也是取得良好的经济效益的基本条件。机型包括机器的尺寸、切割功率和重量等许多因素。

正确选择机型是非常重要的，过去我国从国外引进过许多机型，有的机型不适应我国巷道情况，造成机器提前损坏，影响施工，或者使巷道成本大大增高。

选择机型的决定因素有煤岩的种类与特性、巷道断面大小和形状、巷道支护形式、巷道底板和倾角、巷道水平弯曲。

（1）煤岩的种类与特性。考虑煤岩的可切割性，必须掌握以下几项岩石特性：

1）煤岩的抗压强度。通常，根据岩石的抗压强度可以将煤岩分成若干等级。

2）煤岩的抗拉强度。某些矿物具有较低的抗压强度，而有高的抗拉强度。

3）煤岩的比能耗。比能耗为开采单位体积岩石所做的功，它代表切割效率。小的比能耗意味着高的切割效率，即在给定的输入功率下，具有高的掘进速度。同时，在给定的切割深度和切割间距下，比能耗与切割成正比。

4）煤岩的抗磨蚀性。石英含量、颗粒大小及结晶体等决定煤岩的抗磨蚀性，它直接影响刀具的消耗和岩尘的多少。岩石抗磨蚀性强，其结果是比能耗增高。

5）煤岩的坚硬度系数（普氏系数 f）。它主要也是反映岩石的抗压强度，但测量方法、分类方法不同。

其他如煤岩的层理、断层、岩层厚度等都是影响切割速度的因素。如果岩石成薄层状、层理发达，则容易切割；反之，如岩石呈不均匀团状则影响并降低切割速度。

当切割硬岩时，要选择机器重量较大的机型，因为机重对切割时振动和工作稳定性起重要作用。

（2）巷道断面大小及形状。煤巷掘进断面通常为梯形或矩形，各种掘进设备均适宜应用。但因矿井深部开采或围岩较弱，从支护角度需要较大的支护强度，则巷道布置为拱形断面，因此有必要选用能切割出大小不同的拱形断面巷道的机型。

（3）巷道支护系统。巷道需要支护，因此掘进机必须具有装备适合支护系统的结构和与支护系统相适应的切割工艺过程。如巷道支护为锚杆支护系统，那么掘进机应当装备有供锚杆钻机作业的动力源，如果是金属支架，掘进机必须切割出正确的巷道断面形状，以利于支护支架的安装，除此之外，掘进机应该配备有助于支护金属梁的机构（如在切割臂上附加托梁器等）。

（4）巷道底板和倾角。掘进机非作业状态的履带接地比压称为公称比压，即计算平均比压，但机器在作业时的真实比压常常是公称比压的3~5倍。所以，在设计中应按机器作业情况校验其真实比压，使它小于或等于工作巷道底板允许的最大比压值。一般接地比压量不大于0.14MPa。否则，遇到松软底板，应选择加宽履带板的机型。

（5）巷道水平弯曲。巷道的拐弯半径必须与所选机型能达到的拐弯半径相吻合。由于初始掘进的80m巷道长度内，机后的物料输送不可能配用伸缩带式输送机，因为伸缩带式输送机的最小铺设长度为80m，所以在初始80m巷道中只能采用矿车或其他简易的输送方式。只有巷道长度超过80m时，才能安装伸缩带式输送机。

4.3.5 悬臂式掘进机的切割工艺

4.3.5.1 切割原理

纵轴式和横轴式掘进机的主切割运动都是切割头的旋转和切割臂的水平摆动或垂直摆动的合成运动。当切割臂水平摆动时，两类掘进机的截齿都做复合运动，但运动轨迹不同，纵轴切割头截齿运动轨迹近似平面摆线，横轴式切割头截齿运动轨迹为空间螺旋线，如图4-24所示。

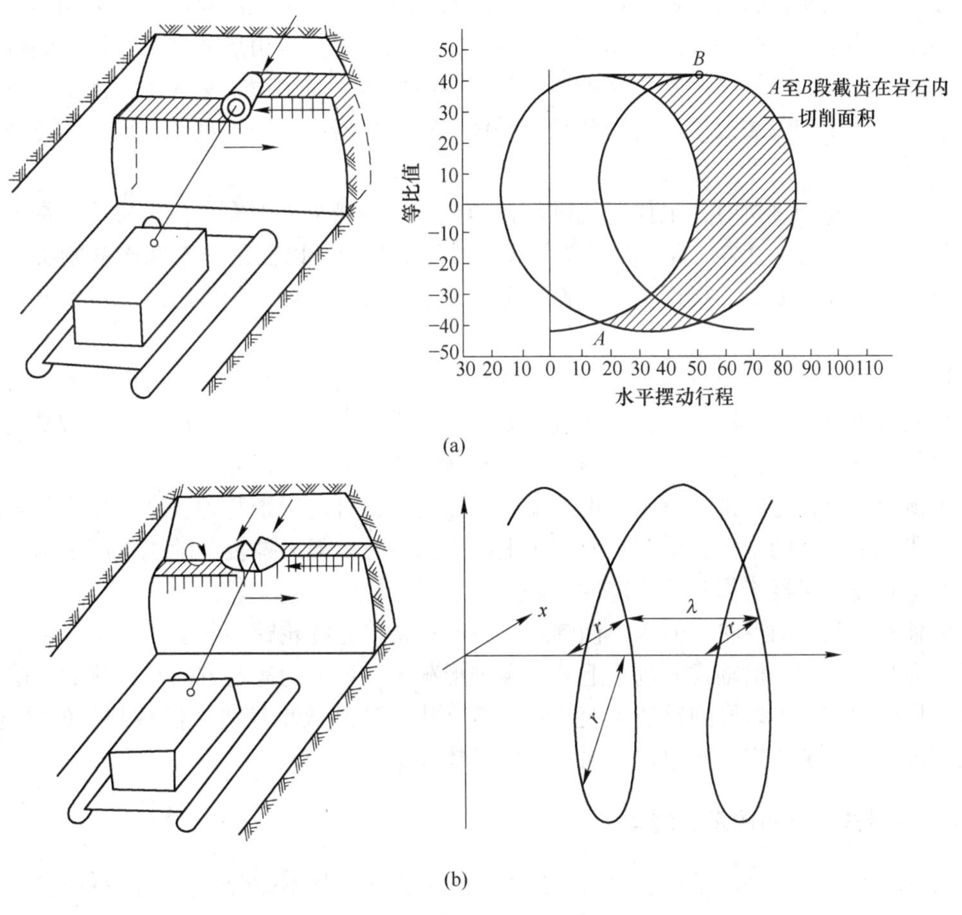

图4-24 悬臂式掘进机切割原理

（a）纵轴式；（b）横轴式

4.3.5.2 切割方式

采用悬臂式掘进机进行工作面切割时，可分为3个步骤：掏槽切割、工作面切割和巷道轮廓切割。

对于纵轴式掘进机，掏槽可在巷道断面的任意位置进行，但在悬臂与巷道底板平行时，受力状态最好。最大掏槽深度为截割头长度。当巷道断面岩石硬度不同时，应先选择软岩截割，有了自由面后再截割硬岩。截割层状岩石时，应沿层理方向截割，以降低截割比能耗。一般采取自上而下或自下而上的顺切方式较为省力。

工作时，截割头受截割反力和用来使截齿保持截割状态的进给力（包括掏槽时，行走机构或推进液压缸产生沿悬臂轴线方向的进给力；横摆截割时，回转液压缸产生与摆动方向相同的进给力），两者近乎保持垂直关系。当悬臂摆动力过大时，进给力大，截齿摩擦增大，若截割力不足，截割头会被卡住；当悬臂摆动力过小时，截齿无法切入煤岩壁足够深度，只能在煤壁表面上切削而产生粉尘，并使截齿磨损加剧。

截割反力的方向和悬臂轴线相垂直，对掘进机产生绕其纵轴线的扭转力矩（倾覆力矩），不利于机器的稳定工作。

纵轴式掘进机多采用截锥体截割头，其结构简单，容易实现内喷雾，较易切出光滑轮廓的巷道，便于用截割头开水沟和挖柱窝。截割头上既可安装扁形截齿，也可安装锥形截齿。一般情况下，纵轴式截割头破碎的煤岩向两侧堆积，需用截割头在工作面下部进行辅助装载作业，影响装载效果。由于截割头是埋在被切煤岩中工作，且转速低，因此产尘量较少。

采用横轴式掘进机时，工作时先进行掏槽截割，掏槽进给力来自行走机构，最大掏槽深度为截割头直径的2/3。掏槽时，截割头需做短幅摆动，以截割位于两半截割头中间部分的煤岩，操作较复杂。掏槽可在工作面上部或下部进行，但截割硬岩时应尽可能在工作面上部掏槽。

横摆截割时，截割力方向近乎沿着悬臂轴线，进给力方向和截割力方向近乎一致，与摆动方向近乎垂直，摆动力不作用在进给方向上，进给力主要取决于截割力。掏槽截割时所需要的进给力（推进力）较大，横摆截割时所需要的摆动力较小。

进给力来自行走履带，行走机构需要较大驱动力，且需频繁开动，磨损加剧。截割反力使机器产生向后的推力和作用在截割头上向上的分力，但可被较大的机重所平衡，因而不会产生倾覆，机器工作时的稳定性较好。

横轴式截割头的形状近似为半椭圆球体，不易切出光滑轮廓的巷道，也不能利用截割头开水沟和挖柱窝。横轴式截割头上多安装锥形截齿，齿尖的运动方向和矿体的下落方向相同，易将切下的煤岩推到铲装板上及时装载运走，装载效率较高。但截割头的转速高、齿数较多，且不被煤岩体所包埋，因而产尘量较多。

4.3.6　悬臂式掘进机的发展趋势

掘进机的发展，经历了从小到大、从单一到多样化、从不完善到完善的过程，已形成了轻型、中型和重型系列。随着高产高效日产万吨综采工作面的出现，掘进机的掘进速度必须加快，掘进机的性能更加完善。当前悬臂式部分断面掘进机技术发展有下述特征，并面临连续采煤机的挑战。

（1）增大截割能力，向重型发展。为了实现较强的截割能力，采用较大的截割功率和较低的截割速度。现代中重型部分断面掘进机的截割功率为132~200kW，超重型为200kW以上。截割头转速一般为20~50r/min，截割速度为1~2m/s，截割力为100~200kN，经济截割强度达100~124MPa，最大到206MPa。现代全断面掘进机则采用大直径盘形滚刀，加大推力和刀盘驱动功率，截割强度达300MPa。

（2）提高可靠性。由于地质条件复杂多变，掘进机工作时承受交变的冲击负荷，且磨损和腐蚀严重。而井下环境恶劣，检修不便，因此要求通过完善的设计、制造，正确的使用和良好的维护，实现掘进机较长的无故障工作时间及较高的可靠性。

（3）掘进机的自动控制及远程遥控。掘进机的自动控制及远程遥控的最终目标是实现不经常有人的自动化采掘工作面。实现掘进机的自动控制及远程遥控在国外已有先例。德国艾柯夫公司早在20世纪80年代就已经研制出了微机控制巷道轮廓、导向及机器运行状况监视系统。

（4）研究新型刀具和新的截割技术。为增强截割能力，提高刀具的使用寿命，应采用新材料，改进刀具结构，研究新的截割技术。利用高压水射流撞击、侵蚀、液压楔等作用，作为辅助截割。研究冲击转矩截割技术，使掘进机截割头正常截割的同时，冲击转矩通过截齿作用到煤岩上，达到破碎硬岩的目的。

（5）发展掘锚机组，实现巷道快速掘进。传统形式的悬臂式部分断面掘进机不能实现支护工作的机械化，制约了巷道掘进速度，降低了掘进效率。装有较长的横滚筒和锚杆钻机的掘锚机组，既能快速掘进，又能同时支护顶板和侧帮，实现掘、装、运、支平行作业，一次成巷，可提高掘进速度和工效，并能离机自动操作。掘锚机组是一种高效、快速的掘进设备，具有良好的发展前景。

复习思考题

4-1 简述水平岩石巷道施工中常用的非爆破施工法。

4-2 全断面掘进机分哪些类型？各自的适用条件是什么？

4-3 敞开式TBM由哪些主要部分组成？

4-4 如何正确选择全断面掘进机种类及其各项参数？

4-5 悬臂式掘进机有哪几种类型？

4-6 悬臂式掘进机有哪些结构？

4-7 选择悬臂式掘进机要考虑哪些因素？

5 盾构法施工技术

5.1 盾构法施工技术概述

盾构是盾构机的简称，是 TBM 的一种，是针对软弱围岩或土层施工的一种综合性挖掘机械，因此，通常也称为软岩 TBM。它是一个横断面外形与隧道横断面外形相同、尺寸稍大，内藏挖土、排土机具，自身设有保护外壳的暗挖隧道的机械。以盾构为核心的一整套完整的隧道施工方法称为盾构施工法。目前盾构施工法在城市隧道施工技术中已确立了稳固的统治地位，成为一种必不可少的通用隧道施工技术。

5.1.1 盾构法基本原理

盾构法是在地面下暗挖隧道的一种施工方法，如图 5-1 所示。构成盾构法施工的主要内容是：先在隧道某段的一端建造竖井或基坑，以供盾构安装就位。盾构从竖井或基坑的墙壁开孔处出发，在地层中沿着设计轴线，向另一竖井或基坑的设计孔洞推进。盾构推进中所受到的地层阻力，通过盾构千斤顶传至盾构尾部已拼装的预制隧道衬砌结构，再传到竖井或基坑的后靠壁上。盾构是这种施工方法中最主要的独特的施工机具。它是一个能支承地层压力且又能在地层中推进的圆形、矩形或马蹄形等特殊形状的钢筒结构，在钢筒的前面设置各种类型的支撑和开挖土体的装置，在钢筒中段周圈内面安装顶进所需的千斤顶，钢筒尾部是具有一定空间的壳体，在盾尾内可以拼装一至二环预制的隧道衬砌环。盾构每推进一环距离，就在盾尾支护下拼装一环衬砌，并及时向紧靠盾尾后面的开挖坑道周边与衬砌环外周之间的空隙中压注足够的浆体，以防止隧道及地面下沉。盾构在推进过程

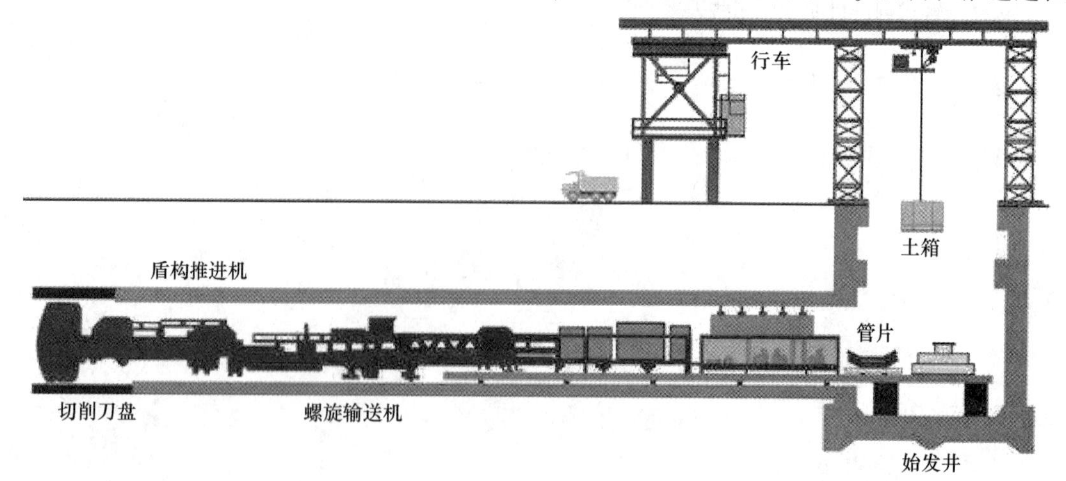

图 5-1　盾构施工概貌

中不断从开挖面排出适量的土方。

盾构法是一项综合性的施工技术，它除土方开挖、正面支护和隧道衬砌结构安装等主要作业外，还需要其他施工技术密切配合才能顺利施工，主要有地下水的降低、防止隧道及地面沉陷的土壤加固措施、隧道衬砌结构的制造、隧道内的运输、衬砌与地层间的充填、衬砌的防水与堵漏、开挖土方的运输及处理方法、施工测量、变形监测、合理的施工布置等。

5.1.2 盾构法的主要优缺点

盾构法是隧道暗挖施工法的一种，其优点主要有：

(1) 除竖井施工外，施工作业均在地下进行，噪声、振动引起的公害小，既不影响地面交通，又可减少对附近居民的噪声和振动影响。

(2) 盾构推进、出土、拼装衬砌等主要工序循环进行，施工易于管理，施工人员也较少，劳动强度低，生产效率高。

(3) 土方量外运较少。

(4) 穿越河道时不影响航运和施工。

(5) 施工不受风雨等气候条件影响。

(6) 隧道的施工费用不受覆土量多少影响，适宜于建造覆土较深的隧道。在土质差、水位高的地方建设埋深较大的隧道，盾构法有较好的技术经济优越性。

(7) 只要设法使盾构的开挖面稳定，则隧道越深、地基越差、土中影响施工的埋设物等越多，与明挖法相比，经济上、施工进度上越有利。

盾构法尽管具有很多优点，但也存在一定的不足：

(1) 当隧道曲线半径过小时，施工较为困难。

(2) 在陆地建造隧道时，如隧道覆土太浅，开挖面稳定甚为困难，甚至不能施工，而在水下时，如覆土太浅，则盾构法施工不够安全，要确保一定厚度的覆土。

(3) 竖井中长期有噪声和振动，要有解决的措施。

(4) 盾构施工中采用全气压方法疏干和稳定地层时，对劳动保护要求较高，施工条件差。

(5) 盾构法隧道上方一定范围内的地表沉陷尚难完全防止，特别在饱和含水松软的土层中，要采取严密的技术措施才能把沉陷限制在很小的限度内，目前还不能完全防止以盾构正上方为中心土层的地表沉降。

(6) 在饱和含水地层中，盾构法施工所用的拼装衬砌，对达到整体结构防水性的技术要求较高。

(7) 用气压施工时，在周围有发生缺氧和枯井的危险，必须采取相应的办法。

5.1.3 盾构技术发展简介

1818 年 Brunel 观察小虫腐蚀木船底板成洞的经过，从而得到启示，在此基础上提出了盾构工法，并取得了专利。这就是所谓的开放型手掘盾构的原型，Brunel 将该技术应用到泰晤士河底隧道的施工中。矩形盾构断面尺寸为 11.3m×6.7m。泰晤士河下的隧道工程始于 1825 年，施工期间遇到了许多困难，在经历了五次以上特大洪水后，直到 1843 年才全部完工，成功地贯通了横断泰晤士河的隧道。

自 Brunel 的方形盾构以后，盾构技术又经过了 23 年的改进，到 1869 年建造横贯泰晤士河上的第二条隧道，首次采用圆形断面，外径 2.18m，长 402m，这项工程由 Burlow 和 Great 两人负责。Great 采用了新开发的圆形盾构，使用铸铁扇形管片直到隧道掘削结束未出任何事故。随后 Great 在 1887 年南伦敦铁道隧道施工中使用了盾构和气压组合工法获得成功，这为现在的盾构工法奠定了基础，圆形盾构机原型见图 5-2。

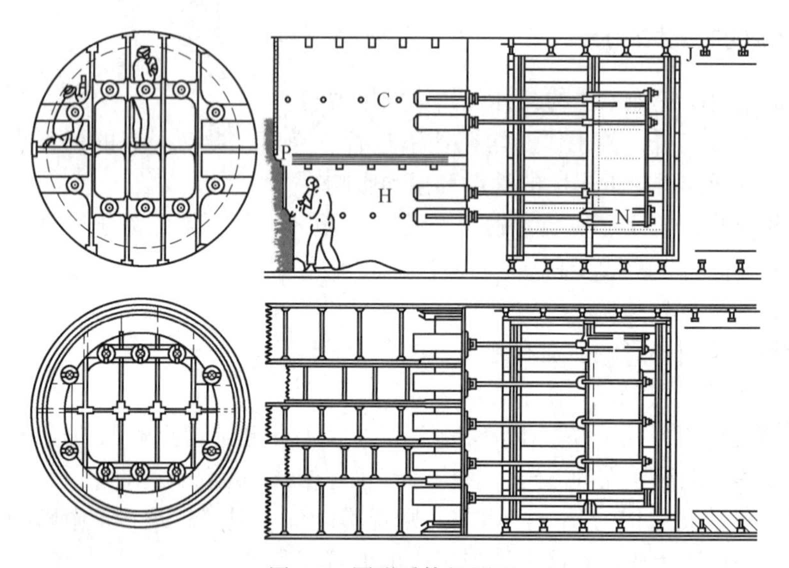

图 5-2　圆形盾构机原型

19 世纪末到 20 世纪中叶盾构工法相继传入美国、法国、德国、日本、苏联等国，并得以不同程度的发展。美国于 1892 年最先开发了封闭式盾构；同年法国巴黎使用混凝土管片建造了下水道隧道；1896~1899 年德国使用钢管片建造了柏林隧道；1913 年德国建造了断面为马蹄形的易北河隧道；1917 年日本采用盾构工法建造国铁羽越线，后因地质条件差而停止使用；1931 年苏联用英制盾构建造了莫斯科地铁隧道，施工中使用了化学注浆和冻结工法；1939 年日本采用手掘圆形盾构建造了直径 7m 的关门隧道；1948 年苏联建造了列宁格勒地铁隧道；1954 年中国阜新建造 ϕ2.6m 的圆形盾构疏水隧道；1957 年中国北京建造了 ϕ2m 和 ϕ2.6m 的盾构下水道隧道；1957 年日本采用封闭式盾构建造东京地铁隧道。总之在这 50~60 年的时间里盾构工法虽然也有进步，但这一时期的特点是盾构工法在世界各国得以推广普及。

20 世纪 60~80 年代盾构工法继续发展完善，成绩显著。1960 年英国伦敦开始使用滚筒式挖掘机；同年美国纽约最先使用油压千斤顶盾构；1964 年日本埼玉隧道中最先使用泥水盾构；1969 年日本在东京首次实施泥水加压盾构施工；1972 年日本开发土压盾构成功；1975 年日本推出泥土加压盾构成功；1978 年日本开发高浓度泥水盾构成功；1981 年日本开发气泡盾构成功；1982 年日本开发 ECL 工法成功；1988 年日本开发泥水式双圆搭接盾构工法成功；1989 年日本开发 HV 工法、注浆盾构工法成功。总之这一时期的特点是开发了多种新型盾构工法，以泥水式、土压式盾构工法为主。

1990 年之后，盾构技术的发展出现了新的发展趋势，盾构向大直径、大推力、大扭矩以及高智能化和多样化方向发展，研制出了具有深度感知、智慧决策、自动执行功能的盾构机及其控制系统。

相比于国外，我国的盾构起步较晚，但发展迅速。

5.1.3.1 我国早期的隧道掘进机

20 世纪 50 年代初，东北阜新煤矿用直径 2.6m 的手掘式盾构及小混凝土预制块修建疏水巷道，这是我国首条用盾构掘进机施工的隧道。1957 年，北京市下水道工程采用直径 2.0m 和 2.6m 的盾构进行施工。

1963 年，上海隧道股份结合上海软土地层对盾构掘进机、预制钢混凝土衬砌、隧道掘进施工参数、隧道接缝防水进行了系统的试验研究。研制了一台直径 4.2m 的手掘式盾构，并进行浅埋和深埋隧道掘进试验，隧道掘进长度 68m。

5.1.3.2 20 世纪 60、70 年代掘进技术的发展与应用

1965 年，由上海隧道工程设计院设计、江南造船厂制造的两台直径 5.8m 的网格挤压型盾构掘进机，掘进了两条地铁区间隧道，掘进总长度 1200m。

1966 年，上海打浦路越江公路隧道工程主隧道采用由上海隧道工程设计院设计、江南造船厂制造的我国第一台直径 10.2m 超大型网格挤压盾构掘进机施工，辅以气压稳定开挖面，在黄浦江底顺利掘进隧道，掘进总长 1322m。

20 世纪 70 年代，采用一台 ϕ3.6m 和两台 ϕ4.3m 的网格挤压型盾构，在上海金山石化总厂建设一条污水排放隧道和两条引水隧道，掘进了 3926m 海底隧道，并首创了垂直顶升法建筑取排水口的新技术。

5.1.3.3 20 世纪 80 年代我国隧道掘进技术的进步和发展

1980 年，上海市进行了地铁 1 号线试验段施工，研制了一台直径 6.41m 的刀盘式盾构掘进机，后改为网格挤压型盾构掘进机，在淤泥质黏土地层中掘进隧道 1230m。

1985 年，上海延安东路越江隧道工程 1476m 圆形主隧道采用上海隧道股份设计、江南造船厂制造的 ϕ11.3m 网格型水力机械出土盾构掘进机。

1985 年，上海芙蓉江路排水隧道工程引进一台日本川崎重工制造的 ϕ4.33m 小刀盘土压盾构，掘进 1500m。该盾构具有机械化切削和螺旋机出土功能，施工效率高，对地面影响小的特点。1987 年上海隧道股份研制成功了我国第一台 ϕ4.35m 加泥式土压平衡盾构掘进机，用于市南站过江电缆隧道工程，穿越黄浦江底粉砂层、掘进长度 583m，技术成果达到 20 世纪 80 年代国际先进水平，并获得 1990 年国家科技进步奖一等奖。

5.1.3.4 20 世纪 90 年代我国隧道掘进技术的发展和现状

1990 年，上海地铁 1 号线工程全线开工，18km 区间隧道采用 7 台由法国 FCB 公司、上海隧道股份、上海隧道工程设计院、上海船厂联合制造的 ϕ6.34m 土压平衡盾构掘进机。每台盾构月掘进 200m 以上，地表沉降控制达+1～-3cm。1996 年，上海地铁 2 号线再次使用原 7 台土压盾构，并又从法国 FMT 公司引进 2 台土压平衡盾构，掘进 24km 区间隧道，上海地铁 2 号线的 10 号盾构为上海隧道股份自行设计制造。

20 世纪 90 年代，上海隧道工程股份有限公司自行设计制造了 6 台 ϕ3.8～6.34m 土压平衡盾构，用于地铁隧道、取排水隧道、电缆隧道等，掘进总长度约 10km。在 20 世纪 90 年代中，ϕ1.5～3.0m 的顶管工程也采用了小刀盘和大刀盘的土压平衡顶管机，在上海地

区使用了10余台，掘进管道约20km。1998年，上海黄浦江观光隧道工程购买国外二手ϕ7.65m中折式土压平衡盾构，经修复后掘进机性能良好，顺利掘进隧道644m。

2001年以来，广州地铁2号线、南京地铁2号线、深圳地铁1号线、北京地铁5号线、天津地铁1号线先后从德国、日本引进14台ϕ6.14~6.34m的土压盾构和复合型土压盾构，掘进地铁隧道50km。盾构法已经成为我国城市地铁隧道的主要施工方法。

2002年国产盾构机列入“863”计划，开启了盾构国产化的序幕，第一台国产盾构机于2008年正式下线。我国的盾构机市场在2011年之前，基本上由以德国和日本品牌为主的外资品牌主导。在2010年，我国的盾构机保有量只有300台，而大概80%的设备是德国和日本的产品。到2017年为止，我国在造的和在施工的盾构机保有量已经接近2000台，其中接近80%是国产设备，德国和日本产品的总份额已经不到20%了。

目前我国国产盾构年产约500台套，每年可实现产值约300亿元，实现净利润约50亿元，出口到日本、新加坡、土耳其、以色列、马来西亚等国家。我国产的盾构机占到全球市场份额的65%，国内市场的90%以上。

5.1.4 盾构技术的进展方向

随着盾构技术日趋完善，通过对我国盾构技术最新进展的分析，可以预见我国盾构技术将朝着以下几个方向发展：

（1）挑战极限。盾构断面将挑战更大的尺寸极限。我国幅员辽阔，大江大河纵横，随着经济的飞速发展，城市交通、轨道交通、铁路、综合管廊跨江越海的需求急剧增多，与此同时，城市里越来越难以找出适合建设桥梁的空间。铁路方面，随着行车速度越来越高，为减少占地，单洞双线大断面隧道成为发展方向；公路方面，随着公路等级越来越高，车流量越来越大，公路车道必然增多而隧道断面必然越来越大。在此形势下，跨江越海的大直径盾构隧道工程越来越多。目前世界上最大的盾构设备为德国海瑞克生产的直径17.6m的泥水平衡盾构，用于香港屯门—赤蜡角海底公路隧道工程。

隧道埋深方面，要求盾构能适应越来越大的埋深。由于上软下硬地层施工难度大，隧道线路最忌选在交界面处，应尽可能使盾构掘进断面位于全土层或全岩层中；其次覆土厚度太浅，往往影响地面交通，因此隧道选线具有埋深越来越大的发展趋势。

穿江越海隧道越来越多，要求盾构密封性能挑战更高的水压极限；长距离隧道越来越多，要求盾构连续掘进长度越来越长；施工工期要求越来越紧，要求盾构掘进速度越来越快。

（2）性能优越化。盾构适应性方面，要求盾构具有更高的地层适应性，在复杂地层中，盾构穿越地层既有岩石，又有软土和砂砾层，地层变化频繁，要求盾构设计特别是刀盘刀具必须能够适应各种不同地层。技术先进、质量可靠的长寿命盾构是保证工期的关键因素之一，也是盾构工程成功的关键因素之一，因此，要求盾构有更长的使用寿命。随着盾构施工水平的提高，劳动强度越来越低，操作人员的素质越来越高，要求盾构具有更复杂的功能、更简单的操作和更人性化的设计；随着隧道施工越来越注重安全和环保，则要求盾构具有更安全、更绿色环保的性能。

（3）设计数字化、制造模块化、控制智能化和管理网络化。我国盾构技术的愿景是实现数字化设计、模块化制造、智能化掘进、远程化管理，即输入地质参数和隧道结构参数，就能设计出适应工程地质和水文地质的盾构；盾构的施工则是要实现无人化智能掘进，实现在办公室远程控制盾构操作，在办公室直接从计算机屏幕上获取远程施工的盾构施工图像和参数，并发出指令进行盾构的控制和操作；技术人员只需在办公室就能管理好分布在全世界所有的在用盾构。

5.2 盾构机类型及选型

5.2.1 盾构机的分类

(1) 按断面形状分类。盾构根据其断面形状可分为单圆盾构、复圆盾构（多圆盾构）和非圆盾构。其中复圆盾构可分为双圆盾构和三圆盾构；非圆盾构可分为椭圆形盾构、矩形盾构、马蹄形盾构、半圆形盾构。复圆盾构和非圆盾构统称为“异形盾构”。

(2) 按支护地层的形式分类。按支护地层的形式分类，盾构主要分为自然支护式、机械支护式、压缩空气支护式、泥浆支护式、土压平衡支护式五种类型。

(3) 按开挖面与作业室之间隔板的构造分类。按开挖面与作业室之间隔板的构造，盾构可分为全敞开式、部分敞开式和闭胸式三种。

盾构机的分类如图 5-3 所示。

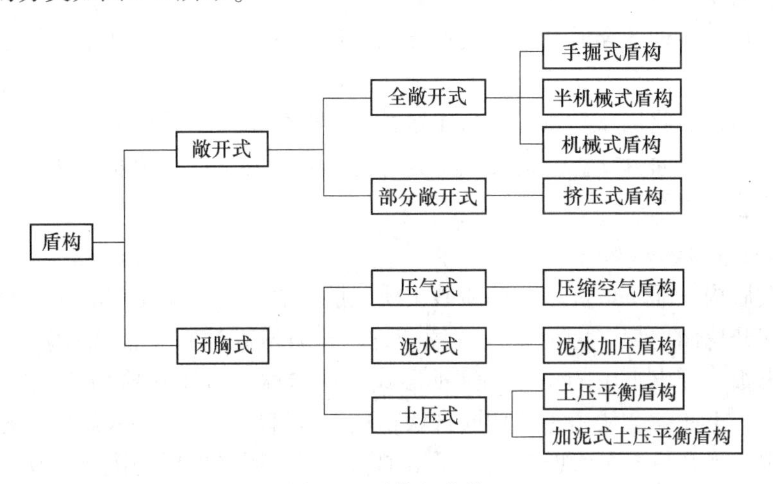

图 5-3 盾构机分类

5.2.2 主要类型盾构介绍

5.2.2.1 手掘式盾构

手掘式盾构是盾构的基本形式，如图 5-4 所示，世界上仍有工程采用手掘式盾构。按不同的地质条件，开挖面既可全部敞开人工开挖，也可用全部或部分的正面支撑，根据开挖面土体自立性适当分层开挖，随挖土随支撑。开挖土方量为全部隧道排土量。这种盾构便于观察地层和清除障碍，易于纠偏，简易价廉，但劳动强度大，效率低，如遇正面塌方，易危及人身及工程安全，在含水地层中需辅以降水、气压或土壤加固。

这种盾构由上而下进行开挖，开挖时按顺序调换正面支撑千斤顶，开挖出来的土从下

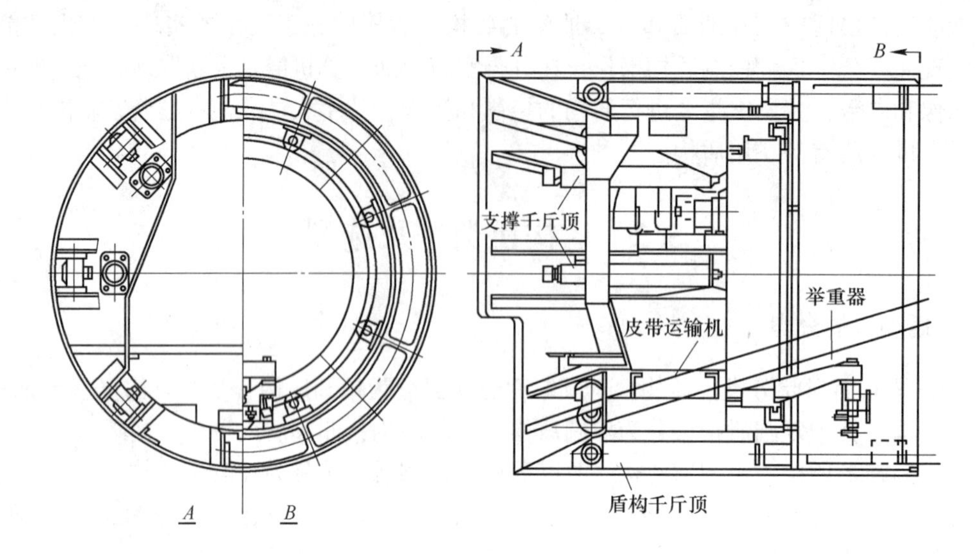

图 5-4 手掘式盾构

半部用皮带运输机装入出土车。采用这种盾构的基本条件是：开挖面至少要在挖掘阶段无坍塌现象，因为挖掘地层时盾构前方是敞开的。

手掘式盾构有各种各样的开挖面支撑方法，从砂性土到黏性土地层均能适用，因此较适用于复杂的地层，迄今为止施工实例也最多。该形式的盾构在开挖面出现障碍物时，由于正面是敞开的，因此也较易排除。由于这种盾构造价低廉，发生故障也少，因此是最为经济的盾构。在开挖面自立性差的地层中施工时，它可与气压、降水、化学注浆等稳定地层的辅助施工法同时使用。

5.2.2.2 挤压式盾构

当敞开式盾构在地质条件很差的粉砂土质地层、黏土层中施工时，土就会从开挖面流入盾构，引起开挖面坍塌，因而不能继续开挖。这时应在盾构的前面设置胸板来密闭前方，同时在脚板上开出土用的小孔，这种形式的盾构称为挤压式盾构（见图 5-5）。在盾构挤压推进时，土体就会从出土孔如同膏状物从管口挤出那样，挤入盾构。开口率根据推进速度来确定。当开口率过大时，出土量增加，会引起周围地层的沉降；反之，会增大盾构的切入阻力，使地面隆起。采用挤压盾构时，对一定的地质条件设置一定的开口率、控制出土量是非常重要的。

挤压盾构是将手掘式盾构胸板封闭，以挡住正面土体。这种盾构分为全挤压式或局部挤压式两种，它适用于软弱黏性土层。盾构全挤压向前推进时，封闭全部胸板，不需出土，但要引起相当大的地表变形。当采用局部挤压式盾构，要部分打开胸板，将需要排出的土体从开口处挤入盾构内，然后装车外运，这种盾构施工，地表变形也较大。

挤压式盾构的适用范围取决于地层的物理力学性能。它是按含砂率-内聚力、液性指数-内聚力的关系来确定其适用范围。根据施工经验，内聚力即使超出该范围，在含砂率小的地层中也可能适用。根据迄今为止的施工经验，当土体含砂率在 20%以下、液性指数在 60%以上、内聚力在 $0.5kg/cm^2$ 以下时，盾构的开口率一般为 0.8%~2%，在极软弱的地层中，开口率也有小到 0.3%的。在挤压式盾构的施工区间内如遇有为了建筑物或地层加固而进行过化学注浆的地基时，则挤压盾构的推进将受影响，因此应预先考虑把盾构胸板做成可拆卸的形式。

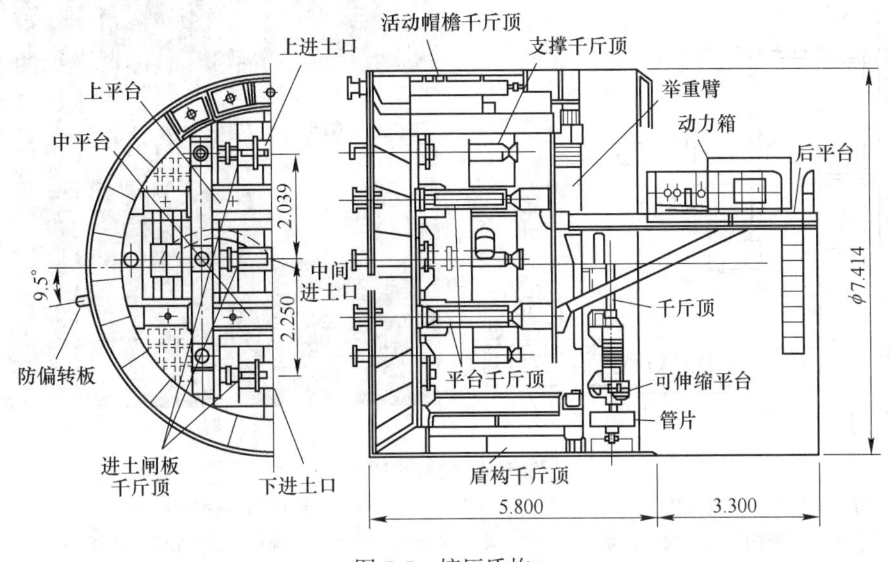

图 5-5　挤压盾构

5.2.2.3　网格式盾构

此类型盾构在上海软土层中常常被采用。它的特点是，进土量接近或等于全部隧道的出土量，且往往带有局部挤压性质，盾构正面装钢板网格，在推进中可以切土，在停止推进时可起稳定开挖面的作用。切入的土体可用转盘、皮带运输机、矿车或水力机械运出，如图 5-6 所示。这种盾构如在土质较适当的地层中精心施工，地表沉降可控制到中等或较小的程度；在含水地层中施工，需要辅以疏干地层的措施。

5.2.2.4　半机械式盾构

半机械式盾构如图 5-7 所示。半机械式盾构是介于手掘式和机械式盾构之间的一种形式，它更接近于手掘式盾构。它是在敞开式盾构的基础上安装机械挖土和出土装置，以代替人工劳动，因而具有省力而高效等特点。

机械挖土装置前后、左右、上下均能活动。它有铲斗式、切削头式和两者兼有等三种形式。它的顶部与手掘式盾构相同，装有活动前檐、正面支撑千斤顶等。

5.2.2.5　机械切削盾构

当地层能够自立，或采用辅助措施后能够自立时，在盾构的切口部分，安装与盾构直径相适应的大刀盘，以进行全断面开胸机械切削开挖，如图 5-8 所示。机械式盾构是一种采用紧贴着开挖面的旋转刀盘进行全断面开挖的盾构。它具有可连续不断地挖掘土层的功能，能一边出土、一边推进，连续不断地进行作业。

机械式盾构的切削机构采用最多的是大刀盘形式，它有单轴式、双重转动式、多轴式数种，其中单轴式使用最为广泛。多根辐条状槽口的切削头绕中心轴转动，由刀头切削下来的土从槽口进入设在外圈的转盘中，再由转盘提升到漏土斗中，然后由传送带把土送入出土车。机械式盾构的优点是除了能改善作业环境、省力外，还能显著提高推进速度，缩

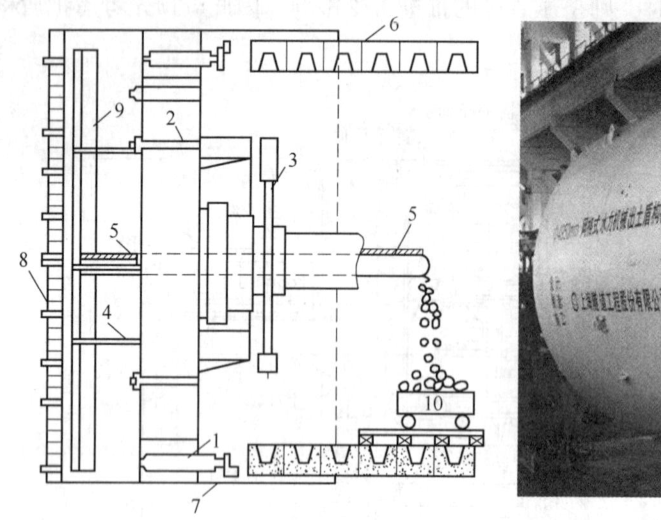

图 5-6 网格式盾构

1—盾构千斤顶（推进盾构用）；2—开挖面支撑千斤顶；3—举重臂（拼装装配式钢筋混凝土衬砌用）；
4—堆土平台（盾构下部土块由转盘提升后落入堆土平台）；5—刮板运输机，土块由堆土平台进入后输出；
6—装配式钢筋混凝土衬砌；7—盾构钢壳；8—开挖面钢网格；9—转盘；10—装土车

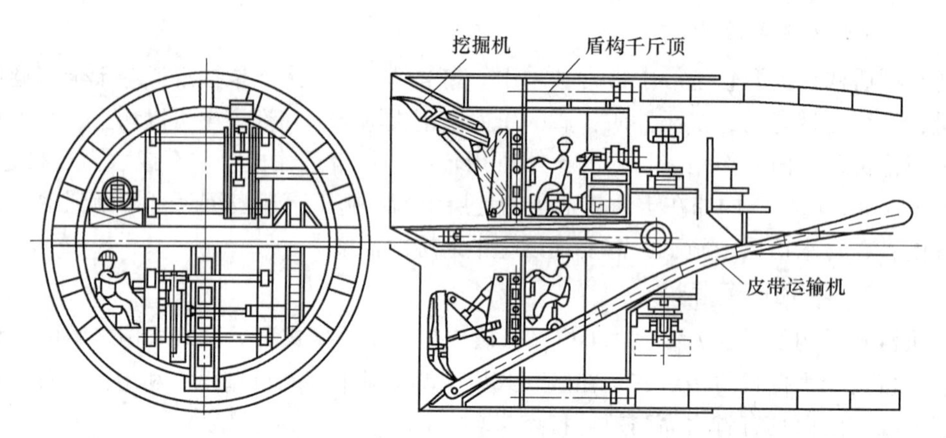

图 5-7 半机械式盾构

短工期。缺点是盾构的造价高，为了提高工作效率而带来的后续设备多，基地面积大等。因此若隧道长度短时，就不够经济。与手掘式盾构相比，在曲率半径小的情况下施工以及盾构纠偏都比较困难。

机械式盾构可在极易坍塌的地层中施工，因为盾构的大刀盘本身就有防止开挖面坍塌的作用。但是，在黏性土地层中施工时，切削下来的土易黏附在转盘内，压密后会造成出土困难。因此机械式盾构大多适用于地质变化少的砂性土地层。

5.2.2.6 局部气压盾构

局部气压盾构如图 5-9 所示。在机械盾构的支承环前边装上隔板，使切口与此隔板之间形成一个密封舱。密封舱内充满压缩空气，达到稳定开挖面土体的作用。这样隧道施工

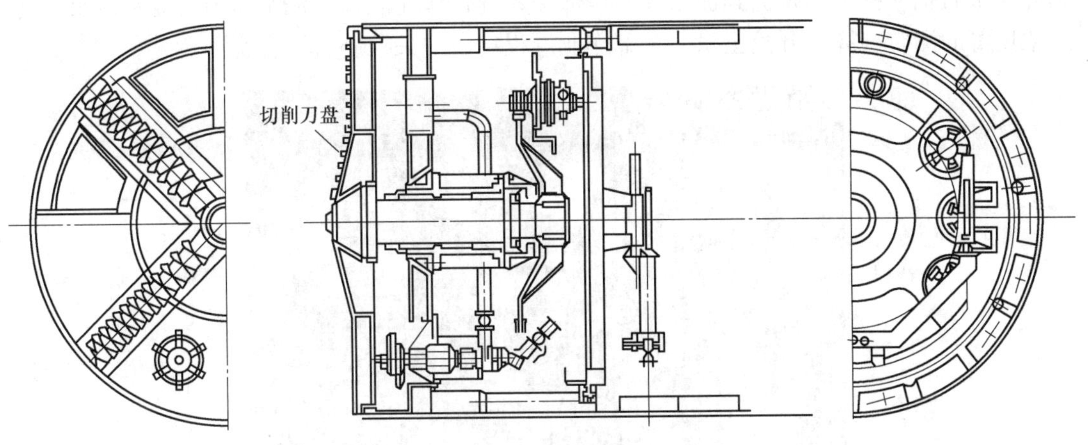

图 5-8 开胸式机械切削式盾构

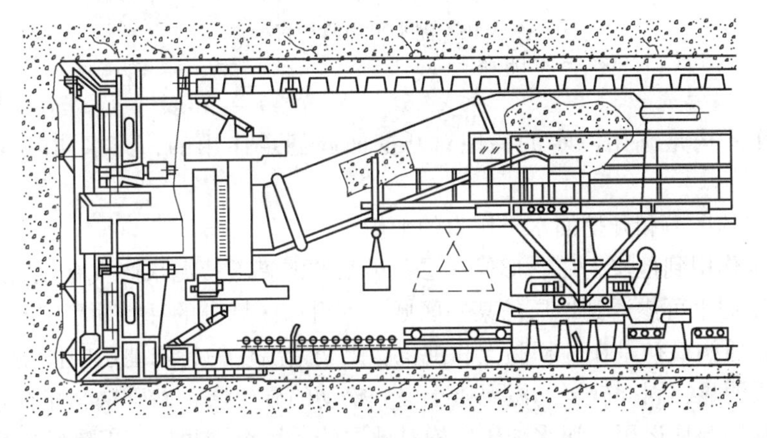

图 5-9 局部气压式盾构

人员就不处在气压内工作。在适当地质条件下，对比全气压盾构，局部气压盾构无疑有较大优越性。但这种盾构在密封舱、盾尾及管片接缝处易产生漏气问题。

5.2.2.7 泥水加压式盾构

泥水加压式盾构（见图 5-10）是在盾构正面与支承环前面装置隔板的密封舱中，注入适当压力的泥浆来支撑开挖面，并以安装在正面的大刀盘切削土体，进土与泥水混合后，用排泥泵及管道输送至地面处理。日本的泥水平衡盾构的泥水仓全是泥水，为直接控制型泥水盾构，调节控制阀的开度来进行泥浆压力控制。德国的泥水平衡盾构的泥水仓中设置了气压仓，为间接控制型泥水盾构，气压复合模式，调节空气压力来进行泥浆压力控制，液位传感器根据液位的高低来调整液位。

具体地讲，泥水加压盾构就是在机械式盾构大刀盘的后方设置一道隔板，隔板与大刀盘之间作为泥水室，在开挖面和泥水室中充满加压的泥水，通过加压作用和压力保持机构，保证开挖面土体的稳定。盾构推进时开挖下来的土就进入泥水室，由搅拌装置进行搅拌，搅拌后的高浓度泥水用流体输送法送出地面，把送出的泥水进行水土分离，然后再把分离后的泥水送入泥水室，不断地循环。泥水加压盾构在其内部不能直接观察到开挖面，因此要求盾构从推进、排泥到泥水处理全部按系统化作业。通过泥水压力、泥水流量、泥水浓度等的测定，算出开挖土量，全部作业过程均由中央控制台综合管理。

图 5-10 泥水平衡盾构机构造

1—沉浸墙；2—开挖舱；3—调节舱；4—压缩空气泡；5—压力舱壁

泥水加压盾构是利用泥水的特性对开挖面起稳定作用的，泥水同时具有下列三个作用。

（1）泥水的压力和开挖面水土压力的平衡。

（2）泥水作用到地层上后，形成一层不透水的泥膜，使泥水产生有效的压力。

（3）加压泥水可渗透到地层的某一区域，使得该区域内的开挖面稳定。

泥水加压盾构最初是在冲积黏土和洪积砂土交错出现的特殊地层中使用，由于泥水对开挖面的作用明显，因此软弱的淤泥质土层、松动的砂土层、砂砾层、卵石砂砾层、砂砾和坚硬土的互层等均运用。泥水加压盾构对地层的适用范围很广。但是在松动的卵石层和坚硬土层中采用泥水加压盾构施工，会产生溢水现象，因此在泥水中应加入一些胶合剂来堵塞漏缝。在非常松散的卵石层中开挖时，也有可能失败。还有在坚硬的土层中开挖时，不仅土的微粒会使泥水质量降低，而且黏土还常会黏附在刀盘和槽口上，给开挖带来困难，因此应该予以注意。

5.2.2.8 土压平衡式盾构

土压平衡式盾构又称削土密闭式或泥土加压式盾构。它的前端有一个全断面切削刀盘，切削刀盘的后面有一个贮留切削土体的密封舱，在密封舱中心线下部装置长筒形螺旋输送机，输送机一头设有出入口，如图 5-11 所示。所谓土压平衡就是密封舱中切削下来的土体和泥水充满密封舱，并可具有适当压力与开挖面土压平衡，以减少对土体的扰动，控制地表沉降。这种盾构可节省泥水盾构中所必需的泥水平衡及泥水处理装置的大量费用，主要适用于黏性土或有一定黏性的粉砂土。现已有加水或加泥水的新型土压平衡盾构，可适用于多种土层。

土压平衡式盾构的基本原理，由刀盘切削土层，切削后的泥土进入土腔（工作室），土腔内的泥土与开挖面压力取得平衡的同时，由土腔内的螺旋输送机出土，装于排土口的排土装置在出土量与推进量取得平衡的状态下，进行连续出土。土压平衡式盾构的产品名

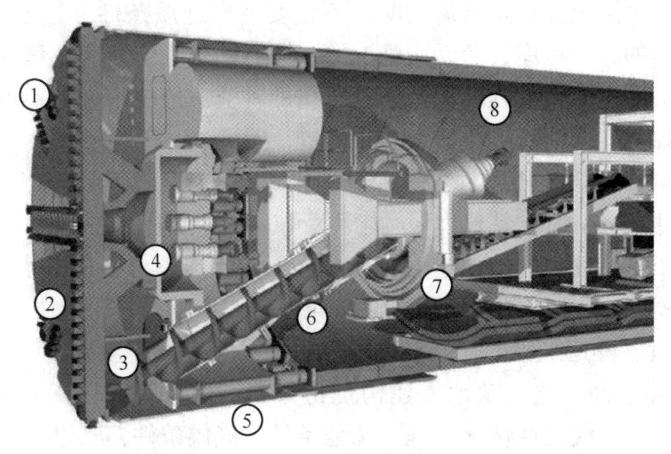

图 5-11 土压平衡盾构机结构

1—开挖面；2—刀盘；3—土舱；4—土仓隔板；
5—推进油缸；6—螺旋机；7—拼装机；8—管片

称是各不相同的，即使是相类似的盾构，其名称也因开挖面稳定的方法和各公司对排土机构开发过程的不同而各异。土压平衡式盾构又分为：削土加压式，土压平衡加水式，高浓度泥水加压式，加泥式等 4 类。

5.2.3 盾构机选型

5.2.3.1 盾构选型原则

盾构选型应从安全适应性、技术先进性、经济性等方面综合考虑，所选择的盾构形式要能尽量减少辅助施工法并确保开挖面稳定和适应围岩条件。盾构选型时主要遵循以下原则：

（1）应对工程地质、水文地质有较强的适应性，首先要满足施工安全的要求。

（2）安全适应性、技术先进性与经济性相统一，在安全可靠的情况下，考虑技术先进性与经济合理性。

（3）满足隧道外径、长度、埋深、施工场地、周围环境等条件。

（4）满足安全、质量、工期、造价及环保要求。

（5）后配套设备的能力与主机配套，满足生产能力与主机掘进速度相匹配，同时具有施工安全、结构简单、布置合理和易于维护保养的特点。

（6）盾构制造商的知名度、业绩、信誉和技术服务，应尽量选择优质的盾构机供应商，确保施工过程中可得到及时的后期服务。

盾构选型时，应根据以上原则，对盾构的形式和主要技术参数进行研究分析，以确保盾构法施工的安全和可靠，选择最佳的盾构施工方法和最适宜的盾构。盾构选型是盾构法施工的关键环节，直接影响盾构隧道的施工安全、施工质量、施工工艺及施工成本，为保证工程的顺利完成，对盾构的选型工作应非常慎重。

5.2.3.2 盾构的选型的依据

一般地讲，采用盾构施工的地层大都是复杂多变的，目前还没有一种万能的盾构适合于各种地质条件。实际上，在选定盾构时，不仅要考虑地质条件，还要考虑盾构的外径、隧道的长度、工程的施工程序、劳动力情况等，同时还要综合研究工程的施工环境、基地面积、施工引起对环境的影响程度等。选择盾构的种类一般要求掌握不同盾构的特征，同时还要逐个研究如下几个项目：

（1）工程地质、水文地质条件：颗粒分析及粒度分布，单轴抗压强度，含水率，砾石直径，液限和塑限，N值，黏聚力c，内摩擦角φ，土粒子相对密度，孔隙率和孔隙比，地层反力系数，压密特性，弹性波速度，孔隙水压，渗透系数，地下水位（最高、最低、平均），地下水的流速、流向，河床变迁情况等。

（2）隧道长度、隧道平纵断面及横断面形状和尺寸等设计参数。

（3）周围环境条件：地上及地下建构筑物分布，地下管线埋深及分布，沿线河流、湖泊、海洋的分布，沿线交通情况，施工场地条件，气候条件，水电供应情况等。

（4）隧道施工工程筹划及节点工期要求。

（5）宜用的辅助工法。

（6）技术经济比较。

盾构的选型一定要综合考虑各种因素，不仅有技术方面的，而且还有经济和社会方面的因素，只有考虑全面了，才能最后确定采用何种盾构施工。

5.2.3.3　泥水平衡盾构机和土压平衡盾构机的选择

从国内外施工实例来看，盾构主要从土压平衡盾构和泥水盾构中选择。表5-1所示为两种盾构机的主要特点和区别。

表5-1　土压平衡盾构机和泥水平衡盾构机区别

比较项目	土压平衡式盾构机	泥水加压式盾构机
设备费用	6.3m直径0.3亿~0.5亿元	6.3m直径0.45亿~0.65亿元
施工场地	施工场地较小	需泥浆处理场，施工场地较大
对周围环境影响	渣土运输对环境产生一定影响	泥浆处理设备噪声、振动及渣土运输对环境产生影响较大
开挖面稳定能力	通过排（进）土量控制，较好	通过泥浆压力及流通控制，好
开挖效率	加入合适的添加剂后增加流动性和止水性，可提高掘进效率；添加剂管理容易	泥浆循环分离费时，泥浆管理难
泥土输送方式	螺旋机出土，皮带机、轨道车辆运输，输送间断不连续，相较泥水式速度慢	泥水管道输送，可连续输送，输送速度快而均匀；占用隧道空间小，但设备故障影响很大

通常根据地层的渗透系数和颗粒级配对两种盾构机进行选择，当地层的渗透系数小于10^{-7}m/s时，可以选用土压平衡盾构；当地层的渗透系数在10^{-7}~10^{-4}m/s之间时，既可以选用土压平衡盾构也可以选用泥水式盾构；当地层的渗水系数大于10^{-4}m/s时，宜选用泥水盾构。根据地层渗透系数与盾构类型的关系，若地层以各种级配富水的砂层、砂砾层为主时，宜选用泥水盾构；其他地层宜选用土压平衡盾构，如图5-12所示。

土压平衡盾构主要是用于粉土、粉质黏土、淤泥质粉土、粉砂层等黏稠土壤的施工，在黏性土层中掘进时，由刀盘切削下来的土体进入土仓后由螺旋机输出，在螺旋机内形成压力梯降，保持土仓压力稳定，使开挖面土层处于稳定。一般来说，细颗粒含量多，渣土

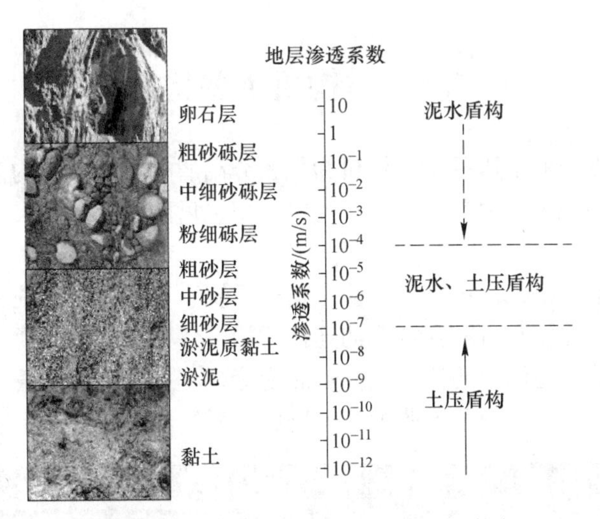

图 5-12 地下透水性对盾构机选型的影响

易形成不透水的流塑体，容易充满土仓的每个部位，在土仓中可以建立压力来平衡开挖面的土体。

一般来说，当岩土中的粉粒和黏粒的总量达到 40%以上时，宜选用土压平衡盾构，相反的情况选择泥水盾构比较合适。粉粒的绝对大小通常以 0.075mm 为准。盾构类型与颗粒级配的关系详见图 5-13。

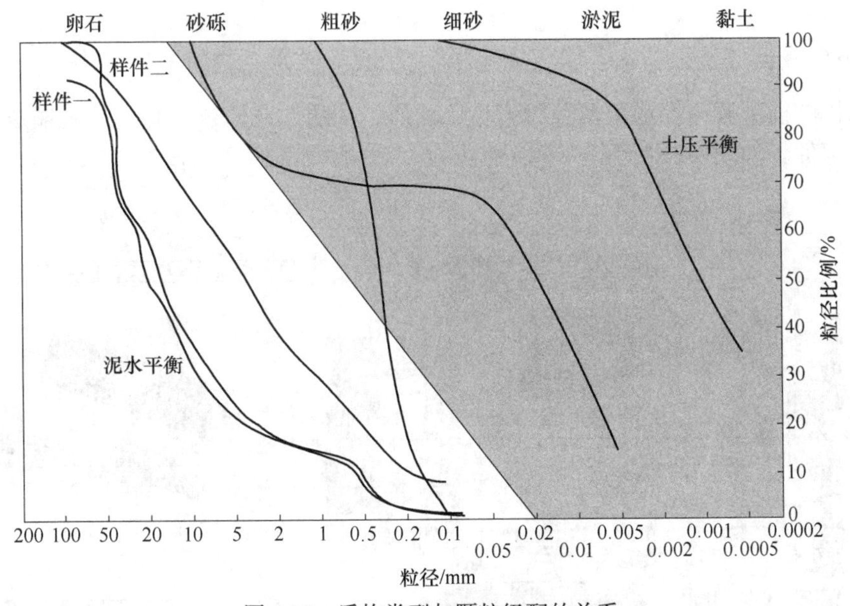

图 5-13 盾构类型与颗粒级配的关系

另外，进行选择时，也要考虑地层当中的水压。当水压大于 0.3MPa 时，适宜采用泥水盾构。如果采用土压平衡盾构，螺旋输送机难以形成有效的土塞效应，在螺旋输送机排土闸门处易发生渣土喷涌现象引起土仓中土压力下降，导致开挖面坍塌。

当水压大于 0.3MPa 时，如因地质原因需采用土压平衡盾构，则需增大螺旋输送机的长度或采用二级螺旋输送机，或采用保压泵。

5.3 盾构机主要构造

本节以目前最常用的土压平衡盾构机为例，介绍盾构机的主要构造。

总体来说，盾构机主要由前部盾体、连接桥架、后配套系统三大部分组成，如图 5-14 所示。

前部盾体由切削系统、推进系统、渣土输送系统、管片拼装系统、壁后注浆等系统组成；连接桥架是前部盾体和后配套台车的连接桥梁，各系统的动力通过桥架上的管线路从后配套台车提供给前部盾体内的执行元件；后配套台车主要为前部盾体内各系统配置动力源以及水、电、气、浆液、测量与监测等辅助施工系统和人工操作系统。

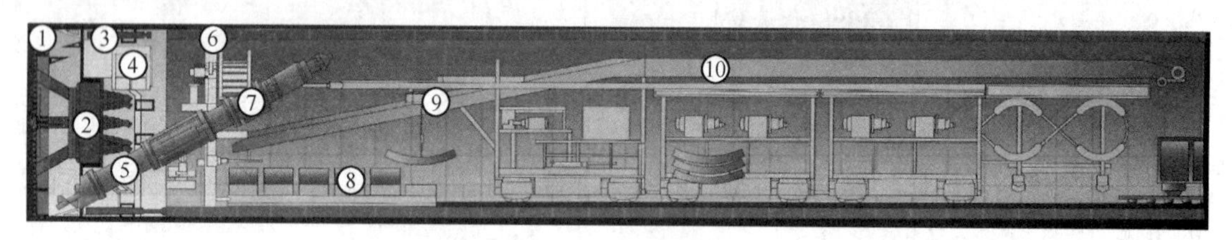

图 5-14　土压平衡盾构机构造

1—刀盘；2—主轴承；3—推进油缸；4—压力仓；5—螺旋输送机；6—管片安装机；7—闸门；8—管片小车；9—管片吊机；10—皮带输送机

5.3.1　前部盾体

盾构机的前部盾体结构主要分为刀盘、前盾、中盾、尾盾、人仓、螺旋输送机及管片拼装机等部件，如图 5-15 所示。

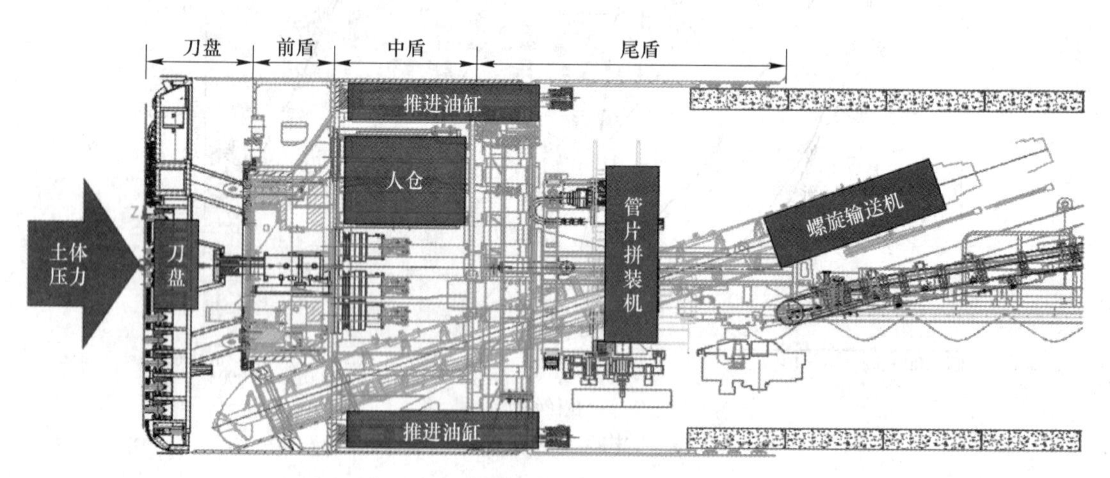

图 5-15　盾构机前部盾体

刀盘切削系统位于切口环内，由盘体、切削刀、仿形刀、传动箱、集中润滑系统组成。推进系统由若干组推进千斤顶组成。螺旋输送机系统将切削下来的土体输送到皮带机或编组列车内，是控制密封舱内保持一定土压与开挖面土压和水压平衡的关键。管片拼装系统用于隧道管片拼装，由回转盘体、悬臂梁、提升横梁、举重钳以及千斤顶等组成。

5.3.1.1 刀盘

盾构机的刀盘是安装在盾构机前面的旋转部分。它是用于开挖岩土、切削土层的主要部件。通过在刀盘上安装不同的刀具，就可分别完成软土和硬岩的开挖，以适应不同地质施工的要求。刀盘具有以下三个功能：

（1）开挖功能。刀盘旋转时，刀具切削隧道掌子面的土体，对掌子面的地层进行开挖，开挖后的渣土通过刀盘的开口进入土仓。

（2）稳定功能。支撑掌子面，具有稳定掌子面的功能。

（3）搅拌功能。对土仓内的渣土进行搅拌，使渣土具有一定的塑性，然后通过螺旋机将渣土排出。

盾构的刀盘结构形式与工程地质情况有着密切的联系，不同的地层采用不同的刀盘结构形式。土压平衡盾构的刀盘有面板式和辐条式两种模式，如图 5-16 所示。

(a)

(b)

图 5-16 刀盘形式

（a）面板式；（b）辐条式

辐条式刀盘由辐条及辐条上的刀具构成，特点为：开口率大，辐条后没有搅拌叶片，土砂流动顺畅，刀盘扭矩小，排土容易，土仓压力可有效地作用在掘削面上，多用于砂、土等单一地层，中途换刀安全性差，需加固土体。

面板式刀盘由面板、刀具、槽口组成，特点为：面板直接支撑掘削面，即具有挡土功能，有利于掘削面稳定，适用于复合地层，但黏土易黏附在面板表面，易堵塞，在刀盘面板上形成泥饼，进而影响掘削质量。

5.3.1.2 盾壳

盾壳（见图 5-17）一般是一个用厚不锈钢板焊接成的圆柱筒体，是承受地下水、土压力、盾构千斤顶的推力及各种施工载荷的承力钢结构，同时也保护操作人员安全。盾构机所有系统都安装在盾壳内。盾壳沿长度方向分为前盾、中盾和尾盾三部分。尾盾后部安装有盾尾密封装置。

盾尾密封装置由三排焊接形成的线刷式密封圈及油脂润滑的密封装置组成，用以防止

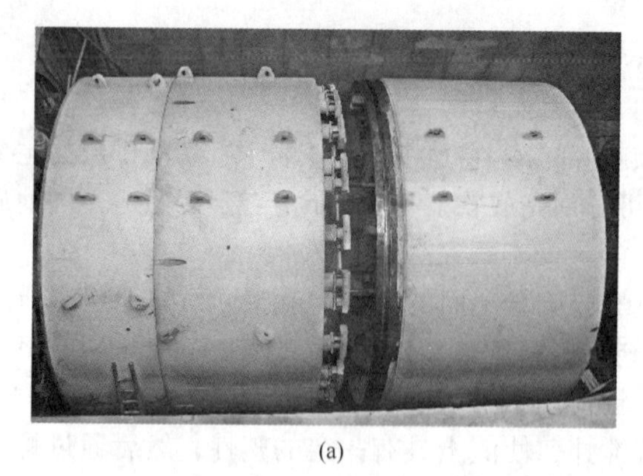
(a)

(b)

图 5-17　盾壳
（a）外观图；（b）盾壳内部

地层中的泥土、地下水和衬砌外围注浆材料从盾尾间隙漏入盾构中，最大可承受 50m 的水柱压力。在每道密封之间，均注有高压油脂，作为防高压水措施，并可提高密封效果，减少钢丝刷密封件与隧道管片外表面之间的摩擦，延长密封件的寿命。

5.3.1.3　*刀盘驱动系统*

刀盘驱动系统是盾构机的主要系统之一，有液压驱动方式和电动机驱动方式两种，如图 5-18 所示。

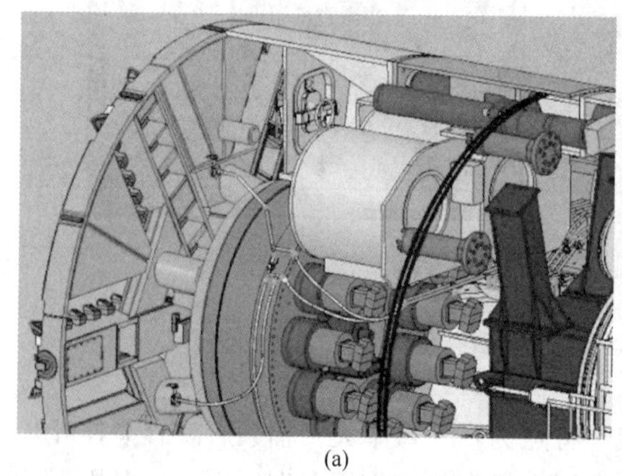
(a)

(b)

图 5-18　刀盘驱动系统
（a）电动机驱动；（b）液压驱动

电动机驱动能源使用效率高，噪声小，价格上比液压驱动具有优势，但是在前盾中占用空间比较大。液压驱动起动力矩大，容易同步控制，效率低，噪声大，前盾内空间宽敞，但后续台车配套设备所占空间比较大。

虽然液压控制在控制精度以及起动转矩方面有一定的优势，但是随着异步电动机变频控制技术的发展和完善，在刀盘驱动中使用电动机驱动技术更加符合生产和设备使用和维护实际情况。刀盘采用电动机驱动将会越来越普遍。

5.3.1.4　*推进系统*

盾构掘进的推进系统（见图 5-19）由液压系统带动若干个推进油缸工作所组成，它是盾构重要的基本构造之一。其作用是：

（1）为盾构前进提供足够的动力。

（2）控制盾构的前进速度，与出渣速度相配合，实现土压平衡状态。

（3）控制盾构的姿态，实现盾构的纠偏及转向要求。

盾构千斤顶被分为若干个扇区，每个扇区由一个电磁比例减压阀控制，以调节扇区千斤顶的工作压力，从而达到纠正或控制盾构推进的方向。推力油缸系统设有相应压力传感器、行程传感器。通过比例控制，调节推力油缸的速度及工作压力，从而达到纠正或控制盾构推进的方向。

盾构推进时，包含以下步骤，如图 5-20 所示。

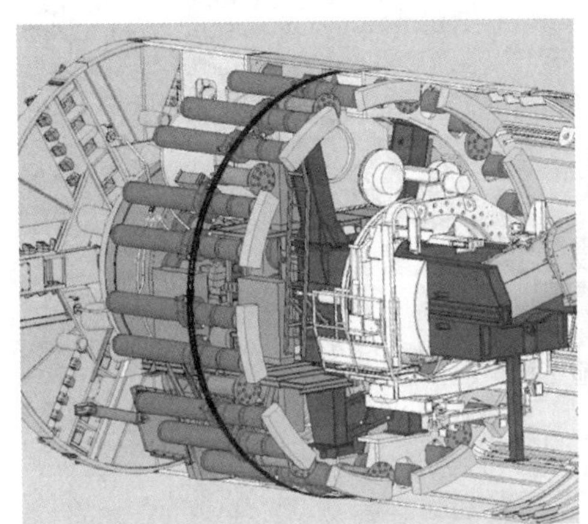

图 5-19 盾构推进系统

(a)
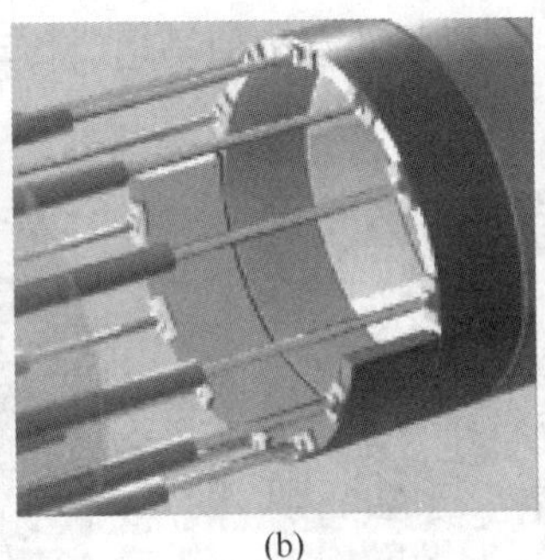
(b)
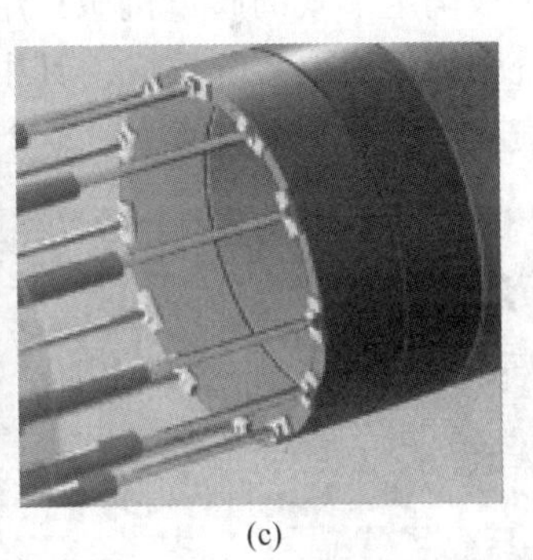
(c)

图 5-20 盾构推进系统工作示意图

（a）安装第一个管片；（b）安装 3 个管片；（c）管片安装完毕

（1）完成掘进一环后，一部分推进油缸回缩，为拼装第一片管片留出足够的空间。其余推进油缸和已经装好的管片仍保持接触，以防止盾构机由于土压而后退（图 5-20a）。

（2）管片拼装机抓起管片将其拼装到位，并与上一环管片用螺栓连接起来。在管片拼装机夹紧头放开管片之前，一定要保证已回缩的推进油缸再次顶紧管片，以防意外移动（图 5-20b）。

（3）其余管片的安装方法与此相同，直至拼完整环管片（图 5-20c）。

5.3.1.5 螺旋输送机及出渣系统

螺旋输送机是由驱动马达、筒壁、螺旋轴、减速箱及闸门所组成的出土机构，它是盾构重要的基本构造之一。其作用是控制盾构的出渣速度，与掘进速度和泡沫参数相配合，实现土压平衡状态螺旋输送机按照螺旋轴结构分为两种，如图5-21所示。

（1）带式螺旋轴：在相同的筒体直径下，可输送更大粒径的卵石或石块，但止水密封效果较差。

（2）轴式螺旋轴：在相同的筒体直径下，输送的粒径小于带式轴，但止水密封效果好。

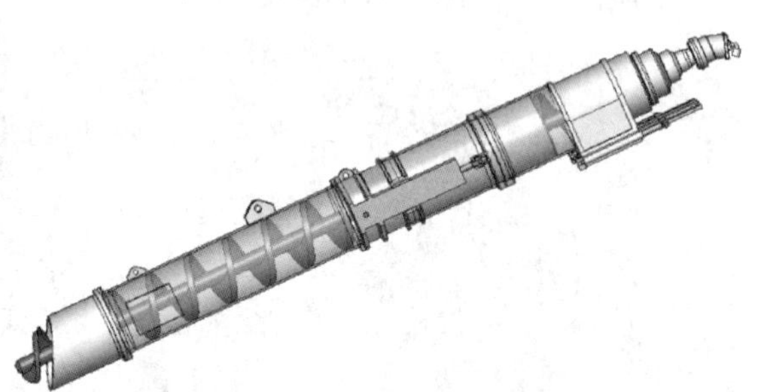

图5-21 螺旋输送机

盾构采用皮带输送机将渣土从螺旋输送机的出渣口运到渣车内。

5.3.1.6 管片拼装系统

管片拼装系统（见图5-22）又称举重臂，是一种设置在盾尾部位，并可迅速把管片拼装成确定形式的起重机械，用于单块衬砌管片的就位。它由回转系统、提升系统、平移系统和管片夹取系统构成，其中主要部件有驱动马达、传动齿轮、回转盘体、悬臂梁、提升横梁、管片夹取装置。

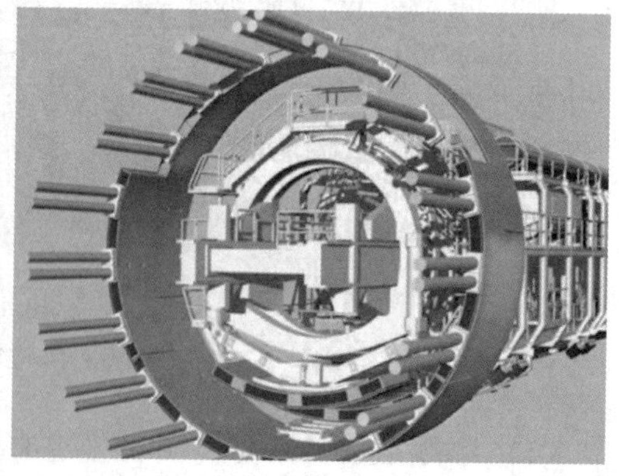

图5-22 管片拼装系统

管片安装器以液压为动力，具有六个自由度。它是一套带有径向夹持装置的旋转环，包括衬砌块夹持器、衬砌拼装臂，设有安全制动装置、管片拼装防过反转装置及报警装置，通过机构的协同动作把管片安装到准确的位置。操作台位于盾构内螺旋输送机的一侧，通过液压阀的操作能够精密控制衬砌块的动作和定位。一旦液压系统出现故障，衬砌块拼装环的液压回路设计能锁住衬砌块在最后的工作位置。

5.3.2 连接桥架

盾构机的连接桥架（见图5-23）结构一般分为：1号桥架与及2号桥架，主要用于盾体与后配套台车之间的管线路连接。

1号桥架主要结构为顶部渣土运输装置（皮带输送机）、下部管片二次吊运装置（双轨梁）；

2号桥架主要结构为顶部渣土运输装置（皮带输送机）、下部管片一次吊运装置（单轨梁）以及侧面盾构耗材泵送装置（盾尾油脂、EP2、HBW）。

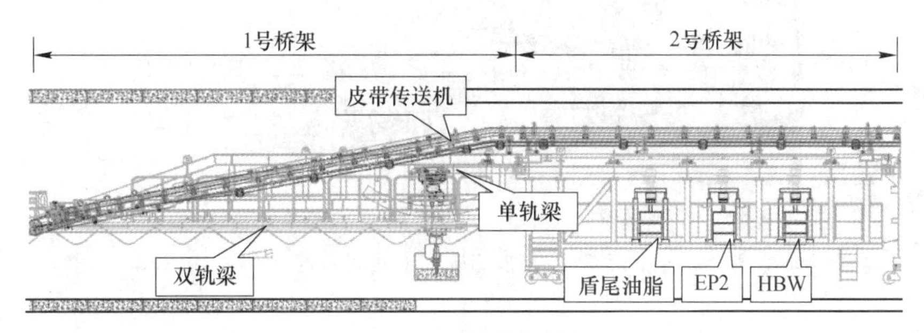

图5-23 连接桥架结构

5.3.3 后配套系统

后配套辅助系统包括后配套台车和电瓶车。

盾构机的后配套台车结构为：5节及以上台车之间的连接，且每节台车分别配备相关装置，以提供前部盾体动力源，如图5-24所示。

1号台车主要结构为：注浆系统、人工操作系统；

2号台车主要结构为：泡沫系统、刀盘、螺旋机及闸门等动力泵装置；

3号台车主要结构为：动力主油箱及管片拼装机泵装置；

4号台车主要结构为：变压器及电柜装置；

5号台车主要结构为：膨润土系统、出渣口装置；

6号台车主要结构为：内、外循环水系统。

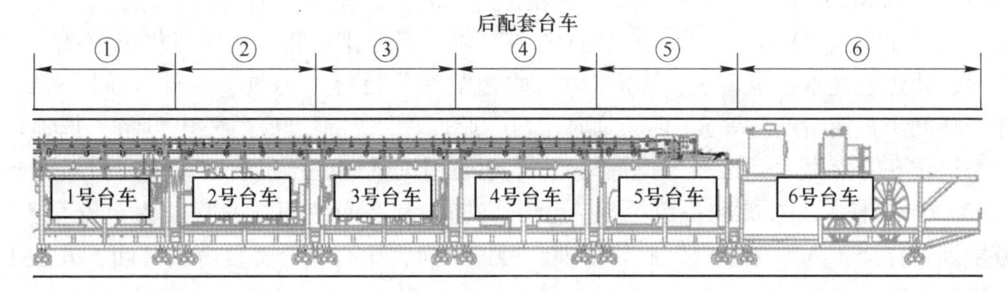

图5-24 后配套台车分布图

泥水加压平衡式盾构的总体构造与土压平衡式盾构相似，仅支护开挖面方法和排渣方式有所不同。在泥水加压式盾构的密封舱内充满特殊配制的压力泥浆，刀盘（花板型）浸没在泥浆中工作。对开挖面支护，通常是由泥浆压力和刀盘面板共同承担，前者主要是在掘进中起支护作用，后者主要是在停止掘进时起支护作用。图 5-25 所示为典型泥水加压平衡式盾构。

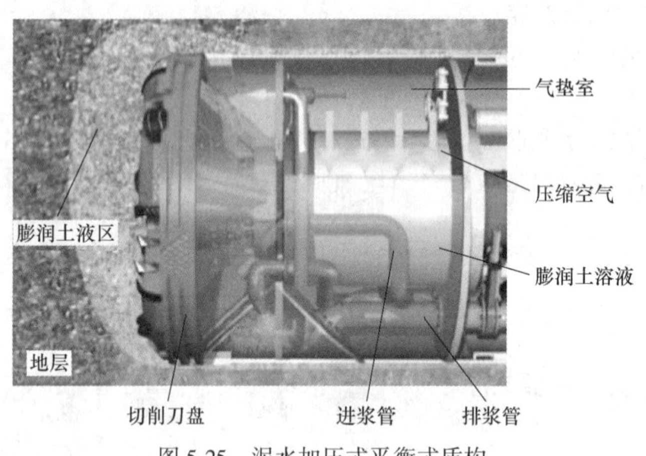

图 5-25 泥水加压式平衡式盾构

5.4 盾构施工方法

5.4.1 施工准备

盾构是一种复杂的工程设备，因此进行盾构工法施工前，必须做好必要的准备。盾构施工准备主要包括技术准备、物资准备、人员准备及场地布置。

（1）技术准备。技术准备包括了解工程条件、编制施工组织设计、地面建筑物与地下管线调查、风险源识别与分析、编制专项方案、编制项目进度计划、制定盾构施工过程管理与控制目标、编制盾构施工辅助工程（包括进出洞、联络通道和其他附属工程、盾构防水等）专项施工方案、建立质量保证体系与绿色及环保和文明施工体系。

（2）物料准备。物料准备包括盾构机及大型运输、吊装设备，盾构施工配套垂直运输设备、水平运输设备（龙门吊、电瓶车、管片车、渣土车等），浆液制备与泵送设备（搅拌站、浆液输送泵、浆液车），盾构始发、过站、接收用钢结构（反力架、反力环、基座、过站小车），盾构服务管线与运输通道（供水管、排水管、盾构机供电电缆、隧道内照明、轨道、枕木、走道板、管钩等），盾构配件及耗材（刀具、配件、盾尾密封脂、泡沫、膨润土、润滑油脂等），现场临时用电、临时用水材料，应急发电设备，场地内装载、搬运设备（装载机、叉车、挖掘机），工地通用机械（空压机、电焊机、切割机等）。

（3）人员准备。人员准备包括建立组织机构，制定岗位职责，管理人员安全教育、业务培训，作业工人安全教育、业务培训、持证上岗，所有人员签订劳动合同、办理工伤等各项保险等。

（4）场地布置。盾构施工场地布置应统筹考虑，协调合理，绿色施工，主要内容包括：垂直运输系统、拌浆系统、临时水电系统、冷却系统、排水系统、消防系统、弃土坑、管片堆场及其他设施等。图 5-26 所示为某工程的场地布置图。

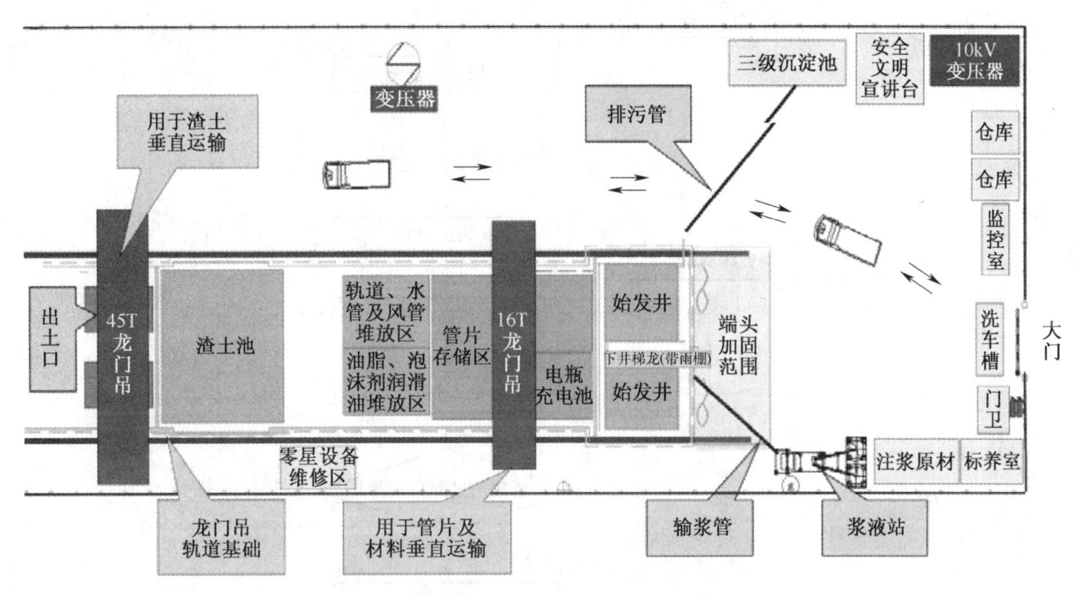

图 5-26　某工程盾构施工场地布置

5.4.2　盾构始发技术

5.4.2.1　始发洞门的端头加固和降水

盾构始发是盾构施工的关键环节之一，其主要内容包括：端头地层加固、安装盾构机始发基座、盾构机组装就位和调试、安装洞门密封圈、安装反力架、安装洞门密封帘布橡胶板、拼装负环管片（含钢环、钢支撑）、拆除洞门围护结构、盾构机贯入作业面加压和掘进等。盾构始发流程如图 5-27 所示。

在盾构始发之前，一般要根据洞口地层的稳定情况评价地层，并采取有针对性的处理措施。加固后土体强度需要达到以下指标：无侧限抗压强度 $Q_u = 1.0 \sim 1.2\text{MPa}$，渗透系数 $K \leqslant 1 \times 10^{-7}\text{m/s}$。盾构始发加固长度为 11m，加固宽度为盾构外径两侧和底部各 3m。始发前对端头进行持续降水，直到水位到达盾构机底部以下并达到稳定。

土体的加固方法很多，常用的有深层搅拌桩法、降水法、冻结法和注浆法等。搅拌桩法是软土地基加固和深基坑围护中的常用方法，是一种施工机具简单、操作方便、造价低的隧道洞门加固方法，尤其在施工场地较小的地方采用更为合理。注浆法是将水泥浆液或化学浆液注入地层进行加固的方法，对含水丰富的砂土层较为有效。降水法也是一种比较有效的、经常采用的加固方法，比较适用于含水丰富的流沙质土体。采用降水法一般为地面向下打井法，故其使用范围和地区受到一定限制。降水对地面沉降影响较大，故在地面建筑密集的地方不宜采用。冻结法是煤炭矿井通过第四纪松散表土地层时常用的一种特殊施工技术，近十几年来已逐步引进到城市地铁、建筑基坑等市政建设工程中。用冻结法加固盾构进出洞洞口时，一般采用垂直冻结法，即在盾构进出洞口上部的土体内布置一定数量的冻结孔，经冻结后在洞门处形成板墙状冻土帷幕来抵御盾构进出洞破壁时的水土压力，防止土层塌落和泥水涌入工作井内。

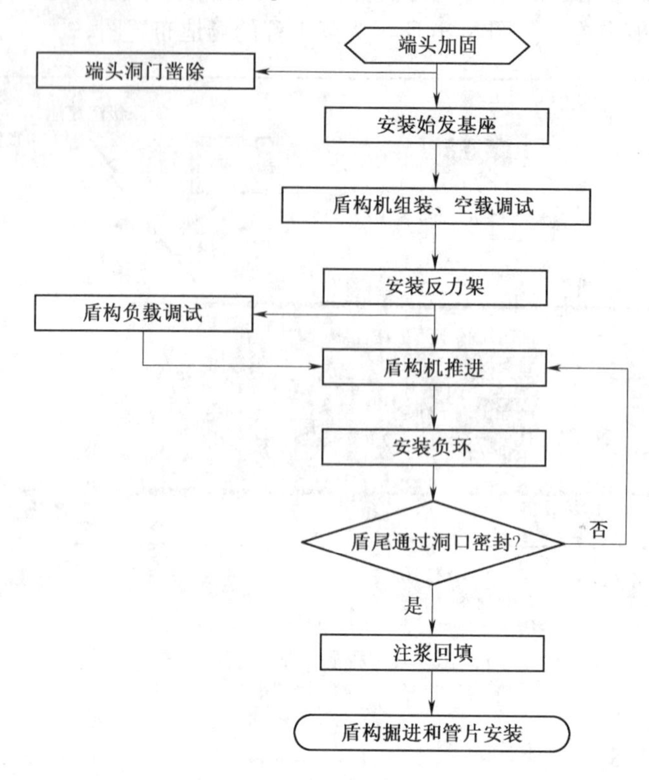

图 5-27 盾构始发工艺流程

5.4.2.2 反力架安装

在盾构主体与后配套连接之前，先进行反力架的安装。由于反力架为盾构始发时提供反推力，因此在安装反力架时，反力架端面应与始发台轴线垂直，以便盾构轴线与隧道设计轴线保持平行。安装时反力架与车站结构连接部位的间隙要垫实，以保证反力架脚板有足够的抗压强度，其结构如图 5-28 所示。

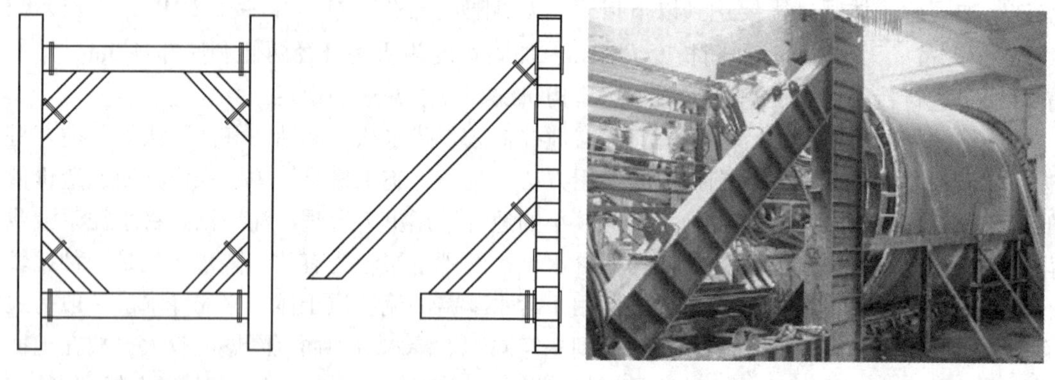

图 5-28 反力架结构

5.4.2.3 始发基座安装

盾构机组装前，依据隧道设计轴线与洞口定出盾构出洞姿态的空间位置，然后反推出始发基座的空间位置。始发基座的安装注意始发、到达段所处的线路平、纵面条件。由于始发基座在盾构始发时要承受纵向、横向的推力以及约束盾构旋转的扭矩，因此在盾构始发前，必须对始发基座两侧与盾构井预埋件及钢支撑进行连接固定，加固的方式见图5-29。考虑到盾构机可能叩头的影响，始发基座的安装高程可根据端头地质情况进行适当抬高10~20mm。盾构始发基座具有足够的刚度和强度，导轨必须顺直。

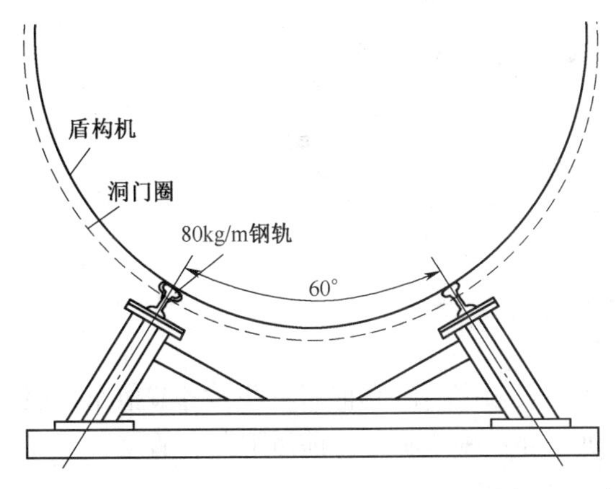

图5-29　始发基座安装

然后进行负环管片的安装，包括负环钢管片和负环混凝土管片。负环钢管片起到连接负环混凝土管片和反力架的作用。在拼装第一环负环管片时，在盾尾管片拼装区180°范围内用木条填垫盾尾内侧与管片间的间隙。第二环负环以后管片按照正常的安装方式进行安装。随着负环管片的拼装负环钢管片将靠在反力架上，负环钢管片同反力架采用焊接的形式连接牢固。随着负环的进一步拼装，盾构机快速地通过洞门进行始发掘进施工。始发基座、导轨和管片安装后的示意图见图5-30。

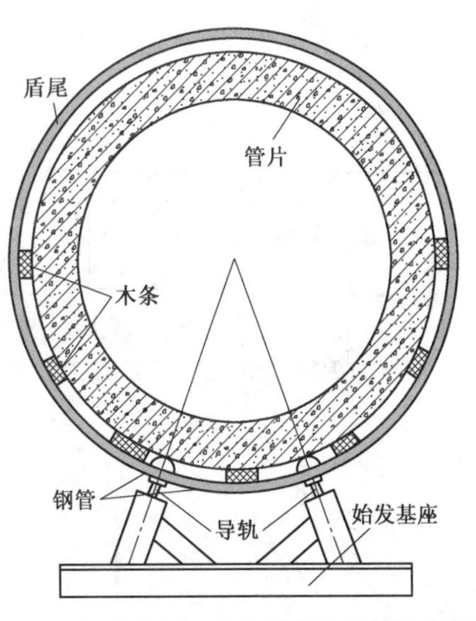

图5-30　始发基座、导轨和管片安装后示意图

5.4.2.4　始发洞门凿除

盾构始发前先打探孔检查洞口处加固体稳定情况，确认稳定时开始进行洞门端头围护结构凿除。为避免洞门凿除对车站结构产生扰动，洞门凿除时分九块进行，洞门钢筋混凝土凿除分块见图5-31。露出内外钢筋，割除内排钢筋，保留外排钢筋，在每块混凝土中间开凿一个吊装孔，清理干净洞门圈底部的混凝土块后按先下后上顺序逐块割除外排钢筋（外排钢筋割除时要注意将侵入开挖轮廓线的钢筋割除干净），吊出所有的混凝土块。

5.4.2.5　盾构机下井吊装与组装

按顺序吊装，构件临时支顶牢固后方能脱钩；在吊件时多方位观察防止碰撞等。吊车

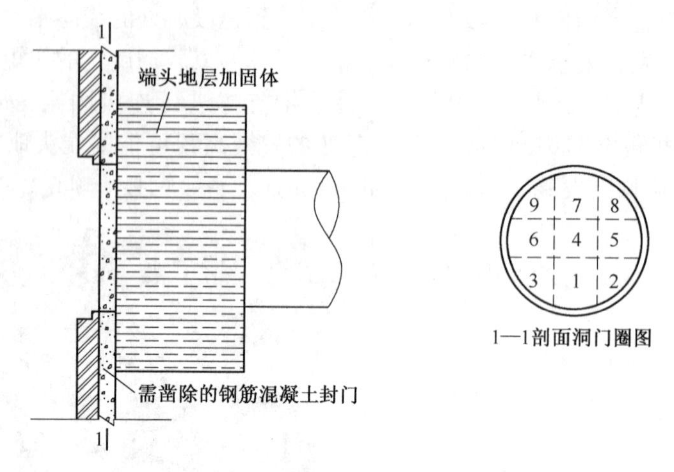

图 5-31 洞门凿除示意图

作业时密切监测基坑周边挡土墙安全。下井吊装一般顺序后配套拖车下井，各节拖车按照从后到前的顺序下井；设备桥下井；螺旋输送机下井；中盾下井；前盾下井；盾尾、刀盘下井（见图 5-32）。

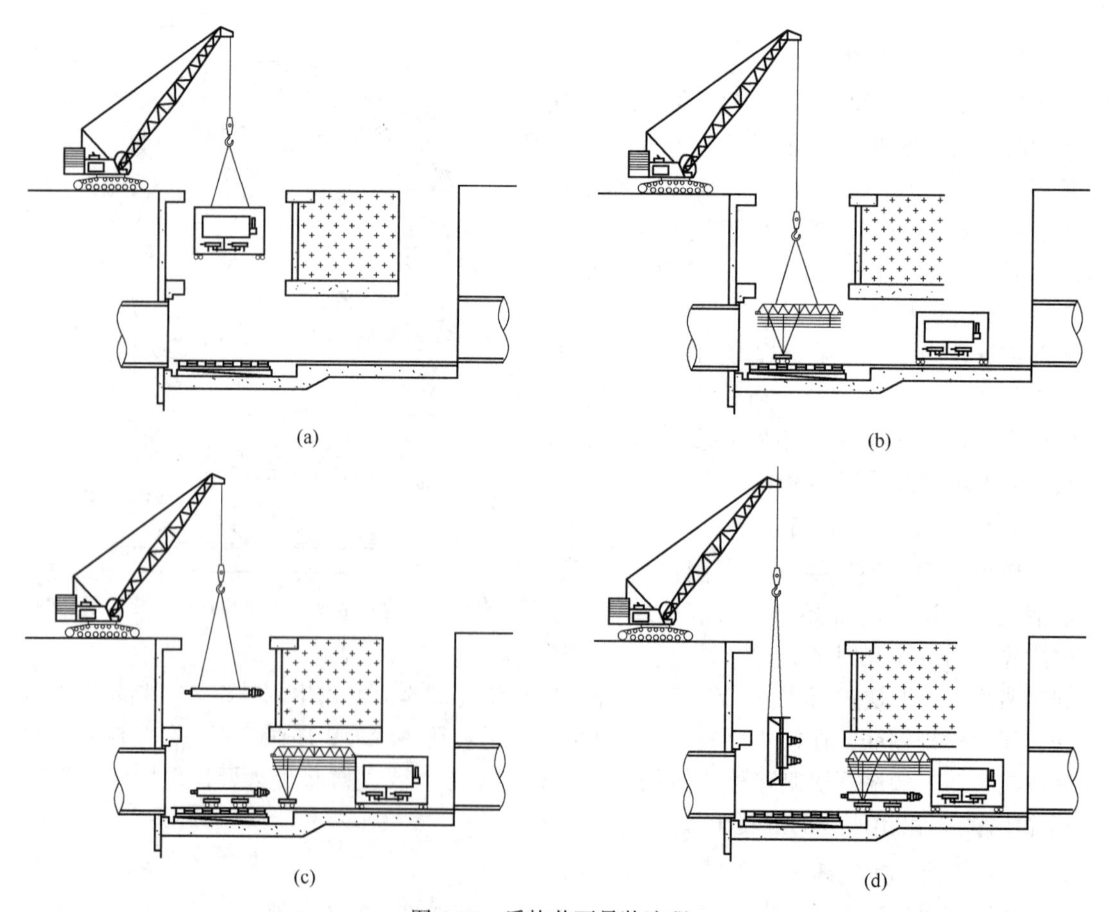

图 5-32 盾构井下吊装流程

（a）分体始发吊台车；（b）分体始发吊台架；（c）分体始发吊螺旋输送机；（d）分体始发吊前盾

盾构机组装顺序按照图 5-33 所示序号来进行。

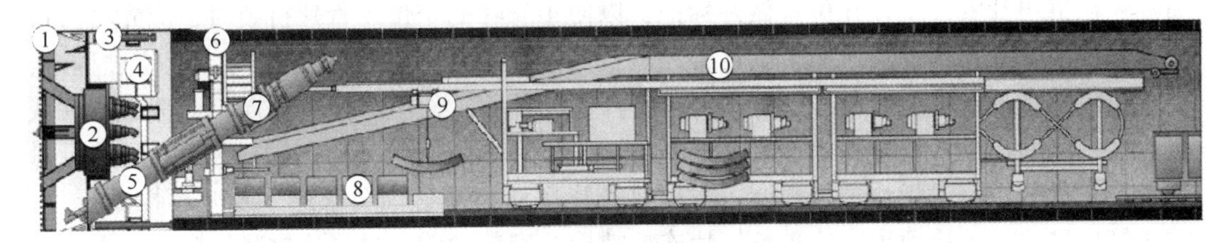

图 5-33 盾构组装顺序

1—刀盘；2—刀盘驱动；3—盾壳；4—人仓；5—螺旋输送机；6—管片安装机；
7—舱门；8—管片运输机；9—设备桥；10—皮带输送机

5.4.2.6 始发掘进

在盾构始发时，盾构机的后配套台车全部布置在车站结构内，始发阶段后配套台车将与盾构本体同步前进，在此阶段的施工过程中，需侧重对渣土、管片运输以及管片吊装、浆液运输进行合理的组织安排。

（1）刀盘转动。刀盘起动时，须先低速转动，待油压、油温及刀盘扭矩正常，且土仓内土压变化稳定后，再逐步提高刀盘转速到设定值。盾构机出加固区前，为克服地层土体强度的突变，防止地面沉降过大，必须将土压力的设定值逐渐提高到 0.11MPa，并根据反馈的信息对土压力设定值及时做出调整。

（2）千斤顶顶进。在掘进过程中，各组千斤顶应保持均匀施力，严禁松动千斤顶。考虑到盾构机自重，掘进过程中盾构机下部千斤顶推力应略大于上部千斤顶推力。初始段刀盘通过土层加固区时，千斤顶的推力设定为正常推力的 1/5（约 600t），尽量不超过 1000t，以低速切削的原则前进。待刀盘通过土层加固区后千斤顶的推力逐步调为正常推力值。在掘进施工中，千斤顶行程差应控制在 50mm 内，且单侧推力不宜过大，以防挤裂管片。

（3）推进控制。在初始阶段时，推进速度要慢，一般转速小于 1r/min，速度应控制在 5mm/min 以内。待刀盘通过土层加固区后速度逐渐调为 10～20mm/min。在盾构机掘进的同时，可向舱内注入土体添加剂，以改良土体，降低刀盘扭矩。盾构机在导轨上推进时，对脱出盾尾的管片，应及时用木楔垫实其与导轨之间的空隙，并用钢丝绳环向捆扎负环管片，钢丝绳两端固定在始发基座上。

（4）盾尾同步注浆。必须采用与地质条件完全相适应的注浆材料与注浆方法，在盾构推进的同时进行注浆，将盾尾空隙充填密实，防止地层松弛和下沉。另外，盾尾同步注浆能增强衬砌防水性能，保持衬砌环早期稳定，防止隧道发生蛇形变形，使用同步注浆系统更有利于地表沉降的控制。

（5）管片拼装。通用环管片在使用时必须预先根据盾构机的位置与盾尾间隙大小选定管片的拼装位置。管片的拼装依据主要有以下两条，在管片拼装分析时要综合分析确定，缺一不可。

管片拼装的总原则是拼装的管片与盾尾的构造方向应尽量保持一致。对有铰接的盾构而言，管片拼装后千斤顶的行程差最好为铰接千斤顶的行程差。

应按管片拼装方案确定的顺序进行拼装。一般先拼装底部管片，然后自下而上左右交叉安装，最后拼装锁定块。拼装中每环管片应均布摆匀并严格控制环面高差。管片拼装前，先在每块片管片螺栓孔位置做好标记，以便于管片的定位。管片拼装时，应先将待拼管片区域内的千斤顶油缸回缩，满足管片就位的空间要求。在进行管片初步就位过程中，应平稳控制管片拼装机的动作，避免待拼管片与相邻管片发生摩擦、碰撞，而造成管片或橡胶密封垫的损坏。管片初步就位后，通过塞尺与靠尺对相邻管片相邻环面高差进行量测，根据量测数值对管片进行微调，当相邻管片环面高差达到要求后，及时靠拢千斤顶，防止管片移位。千斤顶顶紧后进行管片连接螺栓的安装。前一块管片拼装结束后，重复上一步骤，继续进行其他管片的拼装。

为加快拼装施工速度，必须保证管片在掘进施工完成前10min进入拼装区，以便为下一步施工做好准备；另外，为保证管片在掘进过程中不被泥土污染，也不宜提前将管片备好；同时必须注意管片定位的正确，尤其是第一块管片的定位会影响整环管片拼装质量及与盾构的相对位置，尽量做到对称。管片拼装要严格控制好环面的平整度及拼装环的椭圆度。每块管片拼装完后，要及时靠拢千斤顶，以防盾构后退及管片移位，在每环衬砌拼装结束后及时拧紧连接衬砌的纵、环向螺栓，拧紧时要注意检查螺栓孔密封圈是否已全部穿入，不得出现遗漏。在该衬砌脱出盾尾后，应再次拧紧纵、环向螺栓。在进入下一环管片拼装作业前，应对相邻已拼装成型的3环范围内的隧道的管片连接螺栓进行全面检查并复紧。

封顶块防水密封垫应在拼装前涂润滑剂，以减少插入时密封垫间的摩阻力，必要时设置尼龙绳或帆布衬里，以限制插入时橡胶条的延伸。在管片拼装的过程中如果需要调整管片之间的位置，不能在管片轴向受力时进行调整，以防止损坏防水橡胶条。

5.4.2.7　反力架、负环管片及基座的拆除

反力架、负环管片的拆除时间根据背衬注浆的砂浆性能参数和盾构的始发掘进推力决定。始发掘进100m以上（或前80m完成掘进7日以上），可以根据工序情况和工作整体安排，开始进行反力架、负环管片拆除。拆除顺序如图5-34所示。

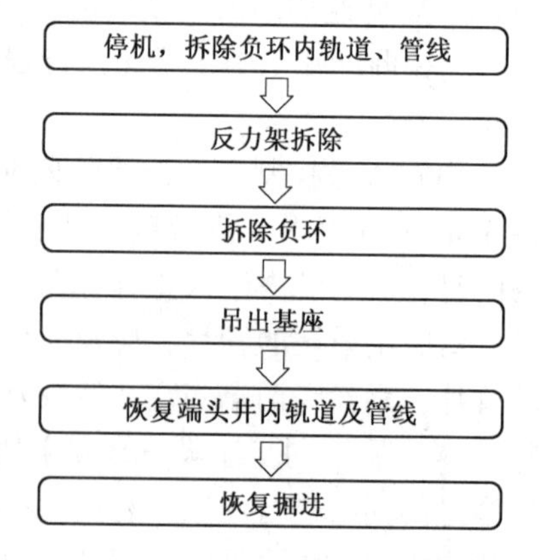

图5-34　拆除顺序

5.4.3　盾构掘进技术

盾构出洞后即开始正常的推进作业。推进作业包括工作面掘削、盾构掘进管理、盾构姿态控制、壁后注浆充填等工作。掘进流程如图5-35所示。

5.4.3.1　土压平衡盾构掘进施工主要模式

（1）敞开模拟掘进。在埋深合适、地层能够自稳、地层无地下水、地面无建筑物或地表下无地下各类管线的条件下，可以采用敞开模式掘进。例如在弱风化岩微风化岩地层中，岩体整体性良好，岩体能够形成承力环，开挖面在一定时间内保持自稳不发生坍塌等（见图5-36）。

敞开式模式掘进时，土仓渣土处于半仓甚至小半仓状态，刀具的二次磨损大为减少；刀盘的搅拌力矩减小，驱动扭矩可降低到满仓掘进时的50%以下；泡沫注入基本停止；

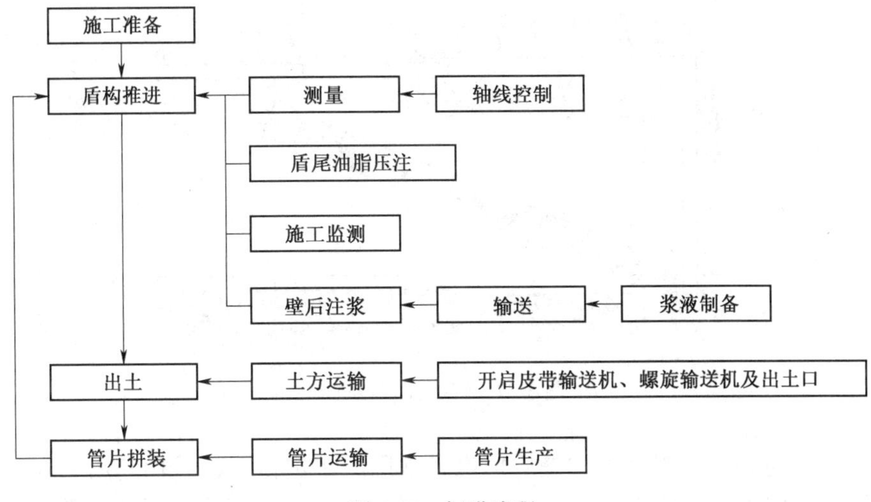

图 5-35　掘进流程

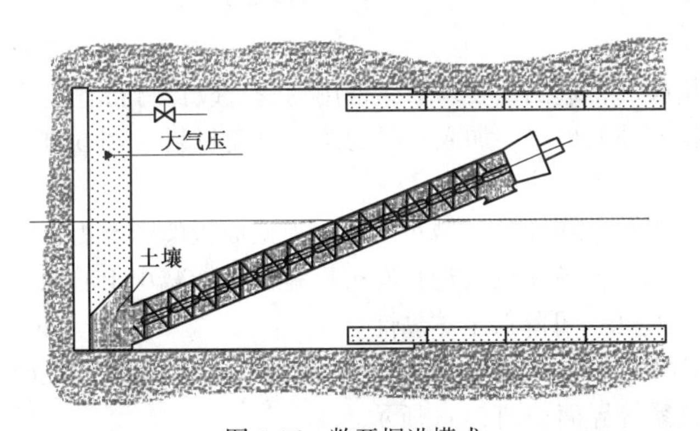

图 5-36　敞开掘进模式

由于土仓在常压下工作，主轴承油脂的用量可以减少、推力荷载将减少 300~900t（0.1~0.3MPa 时）。因此在地质条件允许时采用敞开模式掘进比较有利。

（2）气压掘进模式。在埋深合适，地层渗透系数小，或隧道顶板上部存在较厚的不透气隔离层、地面上没有重要建筑物和重要危险管线时，可采用气压模式，通过向土仓进行气体加压保压方式来掘进。此时土仓渣土至少是半仓以上，同时必须向土仓加水及泡沫，保持渣土流塑状态以便在螺旋机内形成土塞止水保压作用。采用气体保压模式掘进时，工程师必须确保或证实地层的渗透性弱，气体向地层的渗透较少，空压机的排量有足够的能力补偿气体向地层的泄漏量。同时空压机需要连续工作的时间在有效掘进时间的 50%以下。

气压式模式掘进时，土仓渣土可处于半仓状态，刀具的二次磨损减少；刀盘的搅拌力矩减小，驱动扭矩可降低；由于气体对传感器压力作用比较均衡，传感器反映的土仓压力比较准确，有利于掘进沉降的控制；由于气体的可压缩性大，当出土过快或过慢时，气体的压缩和膨胀可容让或弥补土仓渣土容积的变化保持土仓压力的恒定，有利于掘进沉降的控制（见图 5-37）。

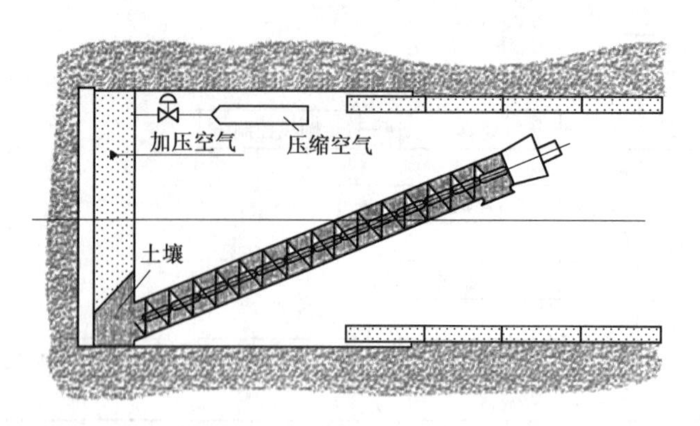

图 5-37　气压模式掘进

（3）平衡掘进模式。平衡模式是盾构机最常用的掘进模式，盾构利用土仓渣土压力平衡开挖面的地层压力，使盾构周围的土体基本保持在原始的原状土状态，确保地表的沉降在规定的误差范围内以保证地面建筑物和地下管线的安全。

5.4.3.2　渣土改良

渣土改良是盾构顺利掘进的重要环节，常用的渣土改良材料有泡沫、膨润土、高分子材料等，施工中根据不同的地层，加入不同的渣土改良材料（图 5-38）。渣土改良的作用主要包括：

（1）润滑作用。气泡包围土体，减小土体与土藏面板的摩擦力，降低刀盘扭矩。

（2）稳定土舱压力。泡沫中的气泡具有可压缩性，能减小土舱压力的波动性。

（3）改善土体流塑性，可降低土体黏性。

（4）提高土体阻水性。因气泡填充土体颗粒间隙，使土体渗透性减小，止水性增强。

常见的渣土改良系统界面如图 5-38 所示。

图 5-38　渣土改良系统

泡沫发生系统有三种操作模式：手动、半自动和全自动。空气和液体的剂量是通过 SPC 操作单元和流量计来计量的。是否进行调整主要是根据掘进速度、支持压力和所给的配方来决定。

5.4.3.3 泥水加压平衡盾构的掘进速度管理

泥水加压平衡盾构掘进中速度控制的好坏直接影响开挖面水压稳定。掘削量管理和送排泥泵控制，也影响同步注浆状态的好坏。正常情况下，掘进速度应设定为2~3cm/min。如遇到障碍物，掘进速度应低于1cm/min。掘进速度控制过程中应注意以下几点：

（1）盾构启动时，必须检查千斤顶是否靠足，开始推进和结束推进之前速度不宜过快。每环掘进开始时，应逐步提高掘进速度，防止启动速度过大。掘进中千斤顶推进的推力应控制在装备推力的50%以下。

（2）一环掘进过程中，掘进速度值应尽量保持恒定，减少波动，以保证切口水压稳定和送排泥管的通畅。如发现排泥不畅，应及时转换至“旁路”，进入逆洗状态。逆洗中应提高排泥流量，但不能降低切口水压。

（3）推进速度的快慢必须满足每环掘进注浆量的要求，保证同步注浆系统始终处于良好工作状态。注浆的最低需要量为空隙量的150%，一般为150%~200%。

（4）正常掘进时的扭矩应小于装备扭矩的50%~60%。若出现扭矩大增时，应降低掘进速度或使刀盘逆转。

（5）调整掘进速度的过程中，应保持开挖面稳定。

泥水加压平衡式盾构一面要保持泥水压力来平衡作用于开挖面的外部压力，一面又要向前推进，所以要保证开挖面的稳定，控制好掘进速度，必须对开挖面泥水压力、密封舱内的土压力以及同掘土量平衡的出土量等进行必要的检测和管理。

开挖面泥水压力的管理是通过设定泥水压力和控制推进时开挖面的泥水压力等环节实现的。

设定的泥水压力为保证开挖面的稳定所必需的泥水压力，包括开挖面水压力、开挖面静止土压力和变动压力。变动压力为施工因素的附加压力，在一般的泥水加压平衡盾构中，作用于开挖面的变动压力换算成泥水压力，大多设定为20kPa左右，如果将开挖面泥水压力设定得过大，则它同地下水压力之间的压差就会增大，有出现漏泥和地面冒浆的危险。

盾构推进时开挖面的泥水压力控制是通过设于挡土板上的开挖面水压力检测装置测出泥水压力，并通过自动控制回路将其控制为设定泥水压力。

5.4.3.4 土压平衡盾构的掘进管理

土压平衡盾构的掘进管理是通过排土机构的机械控制方式进行的。这种排土机构可以调整排土量，便于与挖土量保持平衡，以避免地面沉降或对附近建（构）筑物造成影响。为了确保掘削面的稳定，必须保持舱内压力适当。一般来说，压力不足易使掘削面坍塌；压力过大易出现地层隆起和发生地下水喷射。土压平衡盾构掘进管理方法主要有以下两种：

（1）先设定盾构的推进速度，然后根据容积计算来控制螺旋输送机的转速。这种方法在松软黏土中使用得比较多。此时，还要将切削扭矩和盾构的推力值等作为管理数据。

（2）先设定盾构的推进速度，再根据切削密封舱内所设的土压计的数值和切削扭矩的数值来调整螺旋输送机的转速和螺旋式排土机的转速。这种管理方法是将切削密封舱内的设定土压 p 和设定切削扭矩 T 作为基准值，同盾构推进时发生的土压 p' 和切削扭矩 T' 的数值做比较，如果 $p>p'$、$T>T'$，则降低螺旋输送机和螺旋式排土机的转速，减少排土量；

若 $p>p'$、$T<T'$，则提高螺旋输送机和螺旋式排土机转速，增加排土量。

掘削土压靠设置在隔板上下部土压计的测定结果间接估算舱内土压。土压要根据掘削面的掘削状况调节，掘削面的状况需根据排土量的多少和实际探查掘削面周围地层的状况来判定。排土量可通过多种计量方法统计，如超声法、测力计法和土箱容积法等；掘削面周围地层的探查方法有机械法、电磁波法、超声波法等。地层的实际探查结果与掘削土量的测最结果可相互校核。

5.4.3.5 同步注浆

当盾构机掘进后，在管片与地层之间、管片与盾尾壳体之间将存在一定的空隙。为控制地层变形，减少沉降，并有利于提高隧道抗渗性以及管片衬砌的早期稳定，需要在管片壁后环向间隙采用同步注浆方式填充浆液，即为同步注浆，如图 5-39 所示。

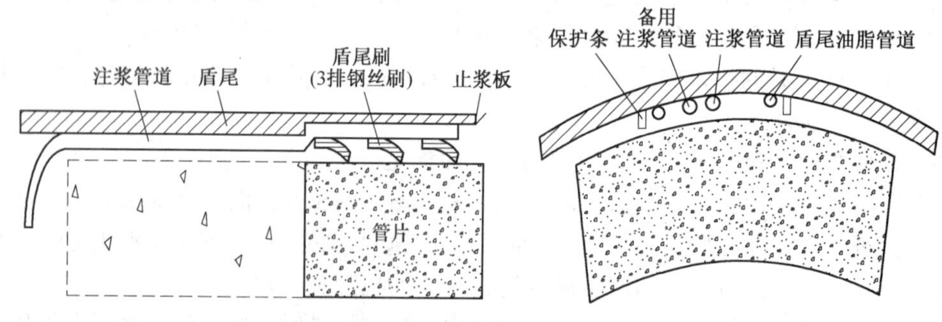

图 5-39 同步注浆示意图

同步注浆的作用包括防止盾尾空隙坍塌、土体松散和地表沉降，尽快稳定管片环的形状、保持隧道衬砌的早期稳定，防止隧道出现蛇形、摆动，抑制管片漏水，提高衬砌接缝防水性能。

同步注浆系统主要由两个带控制阀的活塞泵、同步注浆管组成。活塞泵（图 5-40）和砂浆罐安装在后配套的拖车上，砂浆由施工用的砂浆车通过输送泵送至砂浆罐。同步注浆管安装在盾尾壳板内，避免了磨损；沿圆周配置 4 个注浆点，每点有两个管子，其中一个备用。注浆管处的壳板可以拆卸，以便于清洗注浆管。

图 5-40 活塞式注浆泵

同步注浆流量可通过电磁流量阀设定，并可被连续监视。系统还在每个注浆口备有两个可调整的限值开关。

注浆有手动或者自动两种控制方式。在盾尾注浆管路的出口处装压力传感器，在盾构操作室和注浆控制箱上都可以看到注浆时管路出口处的压力。设置为自动控制时，应预先通过可编程控制器（PLC）设置注浆最大压力值和最小压力值，当注浆压力达到设定最大注浆压力时，注浆管路所连接的液压油缸立即自动停止工作；当注浆压力减小到 PLC 所设定的最小压力时，液压油缸自动启动重新开始注浆。手动控制方式则需要人工根据掘进情况随时调整注浆量。

注浆量和注浆压力的控制：

（1）壁后注浆的注入量受浆液向土体中的渗透、泄漏损失（浆液流到注入区域之外）、小曲率半径施工、超挖、壁后注浆所用浆液的种类等多种因素的影响。虽然这些因素的影响程度目前尚在探索，但控制注入量多少的基本原则是不变的，就是要保证有足够的浆液能很好地填充管片与地层之间的空隙。

（2）一般每环浆液注入率为 130%~180%，施工中如果发现注入量持续增多时，必须检查超挖、漏失等因素。而注入量低于预定注入量时，可以考虑是注入浆液的配比、注入时期、盾构推进速度过快或出现故障所致，必须认真检查采取相应的措施。

（3）注入压力要考虑不同地层的多种情况，注入压力一般是 0.2~0.4MPa，考虑在砂质或砂卵石地层中浆液的扩散，注入压力要比在黏土中的注入压力小一些。

（4）在壁后注浆施工中，为控制注浆效果和质量，应对注入压力和注入量这两个参数进行严格控制，应采取的是以设定注入压力为主，兼顾注入量的方法。

（5）可以单独控制，也可以在搅拌站控制室进行联动控制。

5.4.3.6 管片拼装

管片（见图 5-41）作为盾构开挖后的一次衬砌，它支撑作用于隧道上的土压、水压，防止隧道土体坍塌、变形和渗漏水，是隧道永久性结构，并且为盾构推进提供反力。

管片是隧道预制衬砌环的基本单元，其类型主要有钢筋混凝土管片、钢纤维混凝土管片、钢管片、铸铁管片、复合管片等。

管片按拼装成环后的隧道线型分为直线段管片（Z）、曲线段管片（Q）及既能用于直线段又能用于曲线段的通用管片（T）三类。曲线段管片又分为左曲管片（ZQ）、右曲管片（YQ）和竖曲管片（SQ）。

管片材料主要包括：

（1）水泥。宜采用强度等级不低于 42.5 的硅酸盐水泥、普通硅酸盐水泥。

（2）集料。细集料宜采用中砂，细度模数为 2.3~3.0，含泥量不应大于 2%；粗集料宜采用碎石或卵石，其最大粒径不宜大于 30mm。

（3）混凝土外加剂。混凝土外加剂的质量应符合 GB 8076—2008 的规定，严禁使用氯盐类外加剂或其他对钢筋有腐蚀作用的外加剂。混凝土外加剂的应用应符合 GB 50119—2013的规定。

（4）钢筋。钢筋直径大于 10mm 时应采用热轧螺纹钢筋，其性能应符合 GB 1499.2—2018 的规定；直径小于或等于 10mm 时应采用低碳钢热轧圆盘条，其性能应符合 GB/T 701—2008 的规定。

在一个盾构工程开工之前，要根据设计线路对管片作一个统筹安排，通常把这一步骤称为管片排版。通过管片排版，就基本了解了这段线路需要多少转弯环（包括左转弯、右转弯），多少标准环；曲线段上标准环与转弯环布置方式，如图5-42所示。

图5-41　盾构管片

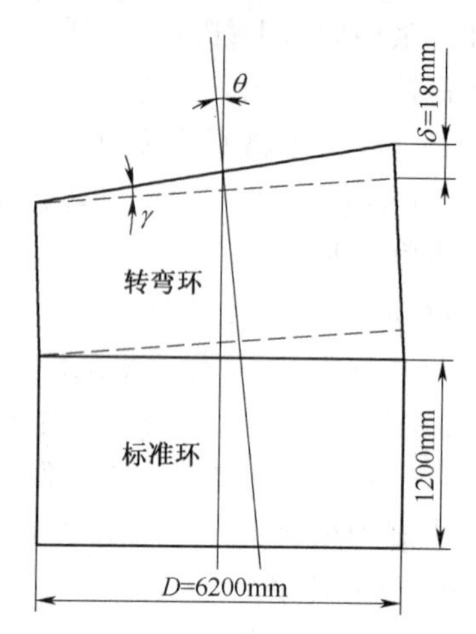

图5-42　管片排版示意图

采用管片拼装机进行隧道衬砌的安装。管片安装头必须拧紧，为避免管片旋转过程中安装头单独承受管片重量，应将四条压板均匀地接触管片，避免拼装过程中吊装头被拔出，破坏管片引起安全隐患。

管片拼装过程中，第一块管片的位置尤为重要，它决定本环其他管片的位置及缝的宽窄。管片若高于前一环相邻管片，则封顶块的位置不够，若低于相邻块，则造成纵缝过大，防水性能降低。因此，第一块应平整好，防止形成喇叭口。

连接螺栓应先初步拧紧，脱出盾尾后再次拧紧。当后续盾构掘进至每环管片拼装之前，应对相邻已成环的3环范围内管片螺栓进行全面检查并复紧，拧紧力矩达到300N·m。

管片封顶块安装方法为先纵向搭接1/3，然后安装器环向将封顶块推顶到预定位置再纵向插平。

安装时注意小心轻放，避免损坏管片和止水条；其他非操作人员不得进入安装区；吊运管片时，吊运范围内不得站人。

5.4.3.7　盾构纠偏

盾构的姿态偏差主要是方向偏差和滚动偏差。方向偏差是指盾构在水平和竖直方向偏离了线路的方向；滚动偏差则指盾构的机身沿其轴线发生了旋转。由于隧道通过的岩层软硬不均、岩层界线变化较大且盾构在掘进过程中还需要适应线路在平面方向和竖直方向的变化，盾构掘进参数的设置不可能随时都能完全适应掌子面的岩石情况，因此盾构容易发生方向偏差，即上下和左右方向的偏差。另外，由于盾构在掘进过程中是依靠力盘的旋转来挤压和切削岩体而工作的，因此盾构机身有向刀盘旋转方向相反的滚动趋势。如果这种滚动趋势得不到有效的控制，盾构就会发生滚动，即发生滚动偏差。方向偏差和滚动偏差都会对盾构的掘进带来不利的影响，因此有必要对其进行控制和纠正。

（1）方向偏差。盾构产生方向偏差的主要原因有以下几个方面：

1）盾构推进过程中不同部位的推进千斤顶参数设置不能与实际需要完全吻合，致使推进千斤顶在不同部位的推进量不一致而产生方向偏差。

2）开挖掌子面的土层软硬不均，刀盘在洞室不同部位的阻力不一致，致使刀盘向阻力较小的方向移动而产生方向偏差。

3）刀盘自重的影响，使盾构有向下低头的趋势。

（2）滚动偏差。产生滚动偏差的主要原因是盾构壳体与洞壁之间的摩擦力矩不能平衡刀盘旋转的扭矩。这种情况在盾构通过稳定性较好的地段尤为明显，因为此时盾构壳体与洞壁之间只有中下部才产生摩擦力，同时其摩擦系数也相对较小。盾构产生过大的滚动，不仅会影响管片的拼装，而且也会引起隧道轴线的偏斜。

盾构在竖直方向和水平方向偏差通过电子经纬仪测量盾构的竖直角和水平角的变化来确定。自动监测则采用盾构自带的激光导向系统。

（3）姿态的监测。与方向偏差的监测类似，盾构的姿态也采用人工监测和机器自动监测相结合的手段进行监测。人工监测的主要仪器是精密水准仪，通过测量监测点的高程差来计算滚动角。自动监测则采用盾构自带的滚动角测量系统进行监测。

（4）盾构姿态调整。

1）方向偏差的纠正。方向偏差的纠正通过调整油缸来实现。将每个区域的油缸编为一组，每组油缸设有一个电磁比例减压阀，调节该组油缸的工作压力。另外，每组推进油缸中都有一个油缸装有位移传感器，以显示该分区的行程。通过控制各分区的工作压力，进而控制各分区的推进量，便可以控制盾构的方向，同时也可以通过调整各区域的推进量来纠正方向偏差。当盾构出现左偏时，则升高左侧的油缸压力，同时降低右侧的油缸压力，这样左侧的推进量相对于右侧的推进量就会变大，从而实现了纠偏。与此类似，当出现右偏时，则加大右侧千斤顶的推进量；当出现上仰时，则加大上侧千斤顶的推进量；当出现下俯时，则加大下侧千斤顶的推进量。

盾构在通过水平曲线和竖向曲线时，应对盾构推进千斤顶的油缸进行分区控制，以便使盾构按预定的方向偏转。

2）滚动偏差的纠正。当盾构的实际滚动偏差超过允许值时，盾构会自动报警，此时应将盾构刀盘进行反转，以实现纠偏。在围岩较硬的地段，盾构与地层的摩擦力较小，盾构容易发生滚动，为了防止盾构反复出现偏差和进行纠偏，应及时使用盾构上的稳定器。

3）纠偏要点。

①盾构出现蛇行时，应在长距离范围内慢慢修正，不可修正过急，以免出现更多蛇行或更大的蛇行量。

②根据掌子面地层情况及时调整掘进参数，避免出现更大的偏差。

③在纠正滚动偏差而转换刀盘转动方向时，宜保留适当的时间间隔，不宜速度太快。

5.4.3.8 盾构掘进的控制要点

（1）高度重视渣土改良。砂卵石地层必须注意卵石和砂子一起排出土仓，膨润土添加量不宜过大，防止刀盘“结泥饼”；黏土层中注意适当提高泡沫中空气的含量，防止刀盘“结泥饼”。

（2）减小刀盘扭矩，降低刀盘磨损，可通过调整添加剂注入量、降低推进速度、选取合理的土压值来控制。一般刀盘扭矩控制在盾构机设计额定扭矩的60%以内。

（3）推力控制在盾构设计范围内，一般在设计总推力的80%以内。控制盾构的转动角，及时纠偏，保持良好的盾构掘进姿态。

（4）加强管片等物资进场检查和管片拼装质量控制，做好管片选型。

（5）加强出土管理与注浆管理，严格控制地面沉降。

（6）如需进仓作业，严格按程序进行开仓作业。

（7）做好盾构机及配套的龙门吊、砂浆站、电瓶车等设备的维修保养，确保连续快速施工。

（8）加强对电瓶车驾驶人员的安全责任心教育，严格按照操作规程操作，严禁超速、超载运行，确保施工安全。

（9）加强安全用电管理，尤其是对盾构机 10kV 高压电的管理。

5.4.4 盾构的到达与接收

盾构机的到达，是指在稳定地层的同时，将盾构机沿所定路线推进到竖井边，然后从预先准备好的大开口处将盾构机拉进竖井内，或推进到到达墙的预定位置后停下等待一系列的作业。施工方法有两种，一种是盾构机到达后拆除到达竖井的挡土墙再推进，另一种是事先拆除挡土墙，再推进到指定位置。到达掘进一般为进洞前 15~30m 的掘进。到达接收工艺如图 5-43 所示。

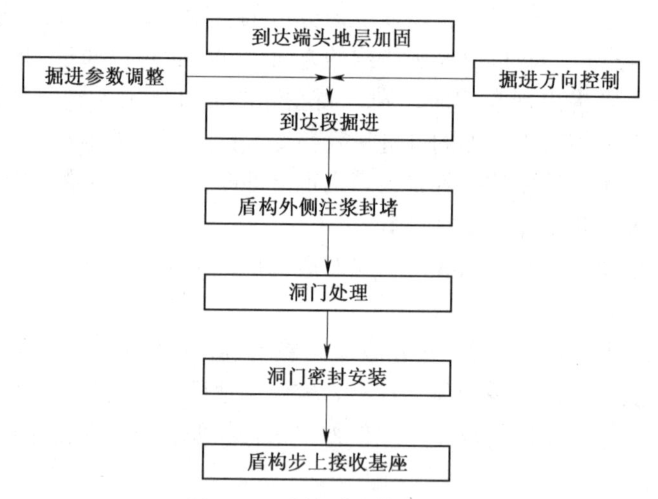

图 5-43 盾构到达接收工艺

5.4.4.1 盾构接收前准备工作

在盾构机距离洞门端墙 100m 时进入到达段掘进，盾构机接收是隧道贯通的关键。应在此段的推进中严格控制盾构机的水平、垂直偏差，并结合盾尾间隙使盾构接收段管片偏差控制在最小，此时掘进速度逐渐放慢（减为 5~6 环/天），推力逐渐降低。

（1）增加测量以及监测次数，不断校准盾构机掘进方向。

（2）盾构机刀盘距离贯通里程小于 10m 时，在掘进过程中，专人负责观测洞门的变化情况，始终保持与盾构机司机联系，及时调整掘进参数。

（3）在拼装的管片进入加固范围后，浆液改为快凝硬性浆液，提前在加固范围内将泥水封堵在加固区外。

（4）当管片最后一环管片拼装完成后，通过管片的二次注浆孔，再次注入双液浆进行封堵。注浆的过程中要密切关注洞门的情况，发现漏浆及时用棉纱封堵。

（5）当盾构前盾盾壳被推出洞门时，通过折页压板卡环上的钢丝绳调整折页压板使其尽量压紧帘布橡胶板，以防止洞门泥土及浆液漏出。

（6）由于盾构到站时推力较小，致使洞门附近的管片环与环之间连接不够紧密，因此必须作好后 10 环管片的螺栓紧固和复紧工作。

5.4.4.2　接收洞门钢环复测

盾构机进站前 100m 时，要对接收洞门钢环进行再次复测，主要包括钢环中心的平面坐标、标高以及钢环净空以及变形收敛情况。测量完成后要出详细的数据。在盾构机进站时根据钢环的测量情况来调整盾构机的姿态，使盾构机可以顺利进站。

盾构机驶入到达接收段时要对隧道基线进行测量，确认盾构机的位置，把握好洞口段的线形，并根据盾构机的实际姿态测量以及洞门钢环的坐标定出盾构机进站的姿态数据。

测量盾构机与设计轴线之间的方位角误差，及时纠正偏差，调整盾构机姿态，确保盾构机顺利进站。盾构机必须在洞门钢环范围内贯入，所以要对洞门的直径进行多次检查，采取措施保证其净空，防止因施工误差将盾构机卡在洞门内。

（1）在盾构推进至距洞门 100m 时，组织对隧道导线网和接收洞门位置等进行测量，把握好隧道线形，并最终确定盾构机的贯通姿态。确保盾构机轴线与线路中线误差满足设计要求，确保盾构机顺利出洞。测量成果及时上报监理和第三方测量进行复核。

（2）根据纠偏计划，对盾构机姿态进行逐步调整，确保破洞门前，盾构机姿态允许偏差不大于 50mm，仰俯角允许偏差控制在 2mm/m 内，且避免出现俯角姿态。同时做好铰接千斤顶的行程控制，避免千斤顶出现最大和最小行程的极限状态。严格注意盾尾间隙的控制，保持盾尾间隙均等。

5.4.4.3　接收段掘进控制

（1）盾构推进过程中严格控制轴线与设计轴线的偏差值，保持盾构机平稳前进。接收段有一定纵坡，所以每环推进结束后，必须拧紧当前环管片的连接螺栓，并在下环推进时进行复紧，克服作用于管片推力产生的垂直分力，减少成环隧道浮动。调整好土压力设定值，以切口土体不隆起或少隆起为主，并且要严格控制注浆量和注浆部位。

（2）推进过程中要严格控制盾构推进速度，掘进速度应控制在 1~2cm/min，以较为平缓的速度推进。

（3）盾构机刀盘距离车站端头墙 10 环时，逐步降低盾构机正面土压力设定值，距端头墙 3 环时土压力降至 0.05MPa，直至 0MPa。减少因盾构机推进而对前部土体产生的压力，避免压力过高将穿墙洞圈混凝土破坏。

（4）推进时在接收井内进行同步监控，及时调整正面土压力设定值和掘进速度。在盾构机靠近连续墙后，将切口正面土压力降至 0，盾构机停止推进，刀盘在尽可能将土体出空后停止转动。待确认门洞破除完毕后，继续推进至接收架。盾构机司机在此过程应密切注意刀盘马达的动力变化，如出现异常应放慢推进速度或停止推进。

（5）盾构机接收时，宜保持盾构机高程符合洞口中心标高，误差不得大于 10mm，俯仰基本与轴线平行；左右偏差保持在偏离轴线 20mm 之内，且盾构中心线保持与设计轴线平行。盾构机接收后，宜快速推进和快速安装管片，不间断施工直至管片安装至洞圈内壁。在拼装衬砌时，必须确保环向、纵向螺栓全部穿入、拧紧，并有专人复拧，若跟不上，须放慢推进速度，以免管片环缝间隙增大，引起环缝漏水。接收环管片安装好后，迅速将盾构机推离洞口，盾尾脱离洞口后，立即用 8mm 圆弧钢板将穿墙洞圈与接收环管片端面上的预埋件焊接以封堵洞圈与管片外壁的间隙。

（6）盾构接收环拼装后，需再作数环推进，方能使盾构到达接收架上。盾构机上接收架之前和上架过程中需根据测量所得盾构机姿态，及时调整接收架的位置和高低，以使盾构机能够平稳上接收架。当盾构机的前半段全部上接收架后，将铰接千斤顶回缩，保持盾构机前后段成一直线。

5.4.4.4 同步注浆及二次注浆

A 管片背后注浆目的

（1）控制地表沉降。衬背注浆的最重要目的就是及时填充施工间隙，防止因间隙的存在导致地层发生较大变形或坍塌。

（2）控制管片的稳定性，提高管片与围岩的共同作用力。用具备一定早期强度的浆液及时填充施工间隙，可以确保管片衬砌早期和后期的稳定。

（3）提高隧道抗渗能力。盾尾注浆液凝固后，一般有一定抗渗性能，可作为隧道的第一道止水防线，提高隧道抗渗性能。

（4）在到达段施工时，调整浆液的配比加快初凝时间可适当提高管片与土体的摩擦力，增强对管片姿态的控制。

B 二次注浆

盾构机穿越后考虑到环境保护和隧道稳定因素，通过监测地面沉降及隧道变形情况，如沉降和变形接近控制预警值时，则说明同步注浆有不足的地方，需通过管片中部的注浆孔进行二次注浆，补充同步注浆未填充部分和体积减少部分，从而减少盾构机穿越后土体的后期沉降，减轻隧道的防水压力，提高止水效果。待盾尾离开洞门钢环后，迅速重新调整洞门扇形压板，采用快凝砂浆进行注浆，保证洞门的管片壁后注浆迅速凝结。为加强管片防水和防止管片背后的砂浆突然从洞门冒出，需在倒数第三环开始补充二次注浆来对洞门进行封堵，浆液采用水泥浆与水玻璃体积比为 1∶1 的双液浆，注浆压力保持在 0.2~0.5MPa。

5.4.4.5 管片拼装及加固

盾构机进站后还要安装 5~6 环管片才能完成区间隧道。同时，随着隧道的贯通，盾构机前面没有了反推力，这将造成管片之间的环缝连结不紧密，容易发生错台和漏水。所以在随后管片安装时，根据现场实际情况，应采取以下措施：

（1）洞门凿除后，盾构机前面没有了反力，为了提供足够的反力以压紧管片环缝，在盾构机前方设置 2 个 100t 千斤顶，给盾构机提供反力，提高管片环缝压紧程度。同时在靠近洞门段 10 环管片，用 5mm 厚扁钢通过管片螺栓把环和环之间的环缝连结在一起，将管片拉成一个整体，且螺栓紧固必须牢靠，保证止水条压缩到位。

（2）管片安装好后要反复拧紧管片螺栓，且在下一环掘进完成后再次拧紧螺栓，保证管片在拖出盾尾后，紧固次数不少于 3 次（即：初次拧紧、推进油缸加力后拧紧、脱出盾尾后拧紧）。连接扁铁施工时，先分两节（中间断开）套在螺栓两头，待推进油缸加力后拧紧螺栓并将断开的扁铁焊接起来，保证下一环拼装时收回油缸后管片接缝不松动。

(3) 提高管片拼装质量，特别注意 k 型块的安装质量，尽量避免封顶块挤伤和错台等现象。

(4) 管片安装前应保证止水条不损坏、不预膨胀，并及时清理管片上的混凝土残渣和泥土等。

(5) 最后一环安装完毕后，由于油缸行程的限制，盾尾无法顺利脱出管片，根据以往施工经验将采用 200mm×200mm H 型钢做临时支撑将盾尾推出管片范围内。

5.4.4.6 托架安装与洞门凿除

A 托架安装

盾构接收基座的安装应注意洞口所处的线路平纵曲线条件，盾构机仰俯角及隧道设计轴线坡度保持一致。接收井内洞门凿除及洞门封堵工作准备就绪。在托架安装时，安装高度应低于盾构机刀盘 20~30mm，防止盾构机出洞因托架安装过高而推移托架，另外在盾构机后 100m 进站段掘进中，严格控制盾构机姿态，确保盾构机安全、平稳进入接收托架。

B 洞门凿除

到达端洞门凿除方法和始发端基本相同。到达端洞门凿除应注意：

(1) 洞门凿除前 20 天对端头加固区范围进行降水。

(2) 洞门凿除前在洞门范围内打水平探孔检测土体加固的渗水性，探孔深度 2m，直径为 80mm 左右。每孔的流水不大于 30L/h（通过观测流水不成线），则加固效果良好。如果端头加固效果差、有较大水流时，需采取措施对洞门进行重新加固。采用从检测孔回注水泥水玻璃双液浆进行水平加固。

(3) 在盾构切口距封门 0.5~1m 时，停止盾构推进，尽可能出空平衡仓内的泥土使切口正面的平衡压力降到最低值，以确保混凝土封门凿除的施工安全。

5.4.4.7 洞门防水装置

接收洞门防水装置和始发洞门防水装置相同，在盾构接收过程中，机头要尽量保持与洞门同心，同时盾构外壳表面不得有突出物，以免撕裂帘布橡胶板，机头外壳表面宜涂黄油，以利顶入。

5.5 盾构施工测量与监测

测量是盾构推进轴线与设计轴线一致的保证，是确保工程质量的前提和基础。

5.5.1 地面测量控制网

地面控制测量的主要任务是建立合适的测量控制系统，提供可靠的平面控制点。施工前，对与本工程有关的地面主控网（GPS 网、精密导线网、精密水准网）进行局部检测，检测范围应包括本隧道工程及贯通工程采用的控制点。在地表应进行中线及纵断面测量，必须设置可作为此类测量基准的基准点。建立本工程所需控制点与贯通工程所需控制点之间的直接联系。根据隧道长度及地形条件等建立基准点，基准点应设在方便使用且不受变形影响的地点并充分加以保护，且易于检测和复原，并进行定期检查。中心线测量宜采用直线视准方式。由于构造物等的制约，不能采用直线视准时，应从导线网来设定中心线。为地面隆陷观测、地面建筑物及地下管线保护等目的，在地面按设计图根据精度要求，放样线路中线，测定线路纵断面。

5.5.2 竖井联系测量

联系测量包括方向传递、坐标传递及高程传递等内容。对于盾构法隧道工程，联系测量是通过施工竖井将方位、坐标及高程由地面上的控制点传递至地下控制导线点及地下水准点，从而组成地下控制测量的起算点。

5.5.2.1 坐标及方位导入

联系测量由于受竖井长度、深度等因素影响，是测量误差的主要来源。联系测量的方法主要有一井定向、陀螺定向及直接导入。为提高联系测量精度，可以采取以下两项措施：

(1) 在近井点及地下导线点建立强制对中点，即在竖井圈梁及隧道内固定的位置安置强制对中设备。强制对中设备为一中间有螺孔的圆形铁盘，将铁盘直接焊接到预埋的钢管上，并使其基本保持水平。测量时，将测量仪器直接置于铁盘上，用螺栓紧固，不必对中，只进行精平，即可进行测量工作。地下导线起点的强制对中与近井点强制对中设备基本相似，不同之处是制作特殊的铁盘架，使铁盘能够方便地紧固于隧道砌块上。

(2) 适当增加后视边长度，减小对中误差。联系测量还可采用几何定向法（一井定向）或陀螺定向法。几何定向法操作起来比较烦琐，定向精度也受到很大的限制；陀螺经纬仪定向技术虽然是一种可靠且又有发展前途的定向测量手段，但在使用陀螺经纬仪定向测量时，盾构法隧道施工环境可能会由于电磁等因素对陀螺定向精度产生影响。故在联系测量时，如具备直接导入坐标的条件，则宜采用直接导入坐标。每次定向测量至少应观测两次以上独立成果并结合实际情况综合分析与处理，减少测站和目标的偏心误差；每条隧道的贯通，应在盾构始发前、初始掘进 50~100m 途中及距贯通面约 100m 时各进行一次定向测量；采用几何定向手段传递方位，可将地面控制点的坐标联测到地面测点上，然后用方向传递的观测成果计算井下控制点坐标。

5.5.2.2 高程传递

高程传递一般采用悬挂卷尺法，即将铜卷尺悬挂于竖井内，配备标准拉力，地面、地下两台水准仪同时观测。导入时，改变仪器高或适当错动钢卷尺，独立观测 2~3 次，并对观测成果进行尺长改正和温度改正。高程传递方法在盾构始发前、初始 50~100m 途中及距贯通面约 100m 时各传递一次高程。

5.5.3 地下导线测量

5.5.3.1 井下导线测量

地下导线测量的目的是以必要的精度按照与地面控制测量统一的坐标系统，建立地下的控制系统。根据地下导线的坐标，即可放样出隧道轴线，指导盾构掘进方向，确保盾构沿理论轴线跟踪。地下导线的起始点通常设在隧道衬砌的上弦位置，这些点的坐标是由地面控制测量测定的。隧道施工过程中所进行的地下导线测量与一般地面上的导线测量相比较，具有以下特点：

（1）地下导线系随着盾构掘进而向前延伸，因此，只能敷设支导线，而不是将整条导线一次测定完毕。根据支导线敷设规定只能支两至三个支点，否则，支导线终点的自由度太大，点位误差大，为此，支导线只能用重复观测的方法进行检核。此外，导线是在隧道施工过程中进行，测量工作时断时续，所隔时间的长短，取决于盾构掘进速度。

（2）地下导线是在隧道内敷设，其形状直伸或曲折完全取决于隧道的形状，没有选择的余地。隧道内光线暗淡，通视困难，加上气流和旁折光等因素影响，对测角和量边精度影响甚大。当我们采用直伸等边导线测角时，照准目标不调焦，通过减少调焦来提高测角精度。

（3）地下导线是先敷设精度较低的施工导线，然后再敷设精度较高的基本导线。布设地下导线时，为确保盾构在土层中掘进姿态的正确性，导线点应满足必要的精度与一定的密度，为了减少两者在敷设时的矛盾，通常采用分级布设的方法，即施工导线、基本导线和主要导线。

5.5.3.2 水准测量

地下水准测量的目的是为了在地下建立一个与地面统一的高程系统，以作为隧道施工放样的依据，保证隧道在竖向的正确贯通。

地下水准测量应以竖井地面水准点的高程作为起始依据，通过竖井将高程传递到井下，然后测定隧道内各水准点的高程，作为测定盾构在土层中的高程姿态依据。根据隧道施工的情况，地下水准测量具有以下特点：

（1）水准路线一般与地下导线测量的线路相同，在隧道贯通之前，地下水准路线均为支水准路线，因而需要用往返观测及多次观测进行检核。

（2）通常利用地下导线点作为水准点，也可将水准点设定在上弦右侧螺丝孔位上。

（3）隧道施工中，地下水准线路是随盾构掘进的进展而增长的。为满足施工放样要求，一般先测设精度较低的临时水准点，然后再测设较高精度的永久水准点。永久水准点间距一般以 200~350m 为宜。地下水准测量作业方法常采用中间法进行测定。由于隧道内光线暗淡，通视条件差，仪器到水准尺的距离不宜选大，并用目估法使其相等（前距等于后距），每个测站应在水准尺黑红面上进行读数，若使用单面水准尺，则应用两个仪器高进行观测。由水准尺两个面或两个仪器高所求得的高差不应超过±3mm。由于隧道内受施工影响，地下水准路线可采用空中水准路线法进行，即用挂钩将水准尺吊在上弦右侧上自成垂直，不需要测量人员扶尺。为检查地下水准点标志稳定性，应定期地根据地面水准点进行重复的水准测量，将所测得的高差成果进行分析比较。根据分析的结果，若水准标志无变，则取所有高差的平均值作为高差成果，若出现水准标志变动，则应取最近一次测量成果。

5.5.4 导向系统

现在的盾构机都装备有先进的自动导向系统，有英国 ZED 系统、日本演算工房、德国的 PPS 测量系统和 VMT 公司的 SLS-T 系统以及上海力信 RMS-D 导向系统。

以德国 VMT 公司的 SLS-T 系统为例，导向系统主要由以下四部分组成（见图 5-44）：

(1) 具有自动照准目标的全站仪。它主要用于测量（水平和垂直的）角度和距离、发射激光束。

(2) ELS（电子激光系统），亦称为标板或激光靶板。这是一台智能型传感器，ELS接受全站仪发出的激光束，测定水平方向和垂直方向的入射点。坡度和旋转也由该系统内的倾斜仪测量，偏角由ELS上激光器的入射角确认。ELS固定在盾构机的机身内，在安装时其位置就确定了，它相对于盾构机轴线的关系和参数就可以知道。

(3) 计算机及隧道掘进软件。SLS-T软件是自动导向系统的核心，它从全站仪和ELS等通信设备接收数据，盾构机的位置在该软件中计算，并以数字和图形的形式显示在计算机的屏幕上，操作系统采用Windows系统，确保用户操作简便。

(4) 黄色箱子。它主要给全站仪供电，保证计算机和全站仪之间的通信和数据传输。

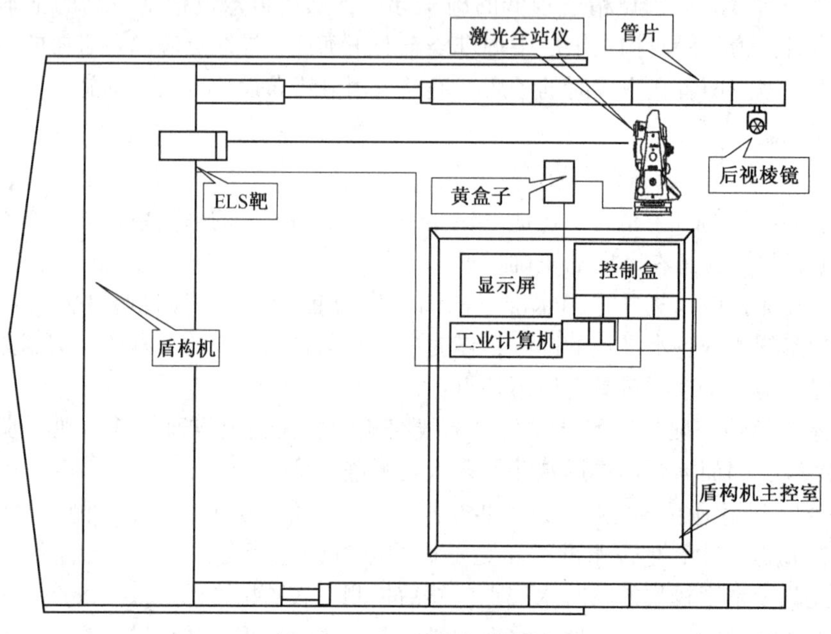

图5-44 SLS-T导向系统图

5.5.5 地表沉降的监测与控制

盾构施工期间，为保护周围的地表建筑、地下设施的安全，必须进行施工沉降监测，根据监测结果提出控制地表沉降的措施和保护周围环境的方法。

5.5.5.1 监测的作用

沉降监测的作用主要是诊断各种施工因素对地表变形的影响，提供改进施工、减少沉降的依据；根据观测结果预测下一步地表沉降和对周围建筑及其他设施的影响，进一步确定保护措施；检验施工结果是否达到控制地面沉降和隧道沉降的要求；研究土壤特性、地下水条件、施工方法与地表沉降的关系，以作为改进设计的依据。

5.5.5.2 监测内容和方法

盾构施工沉降监测的项目有地表沉降、土体沉降、土体变形、土压力、孔隙水压力，建筑物沉降、倾斜、裂缝，隧道衬砌土压力、应力、变形等。所用监测仪器和方法见表5-2。

表 5-2 盾构施工监测项目和方法

监测项目	监测仪器		监测方法
	名称	结构	
地表沉降	地表桩	钢筋混凝土桩	水准仪测量
土体沉降	分层沉降计	磁环	分层沉降仪测定
土体变形	测斜管	塑料、铝管	倾斜仪测定
土压力	土压计	钢弦式、电阻应变式	频率仪、应变仪测定
孔隙水压力	水压计	钢弦式、电阻应变式	频率仪测定
衬砌压力	钢筋计	钢弦式、电阻应变式	频率仪、应变仪测定
隧道变形	收敛计		仪器测定
建筑物沉降	沉降桩	钢制	水准仪测量
建筑物倾斜			经纬仪测量
建筑物裂缝	百分表、裂缝观察计	电子式、光学式	仪器测定

(1) 地表变形测量。用于监测地表沉降的标准地表桩为预制的混凝土地表桩，中心埋钢制测点。地表桩底埋入原状土，在桩的四周用砖砌成保护井，加井圈和井盖，井盖应与地表持平。采用精密水准仪测量地表桩的高程变化。

(2) 土体沉降测量。采用分层沉降仪量测地层不同深度的隆沉。钻孔埋设塑料测管，钻孔深度应大于隧道拱底标高 2~5m，而位于隧道顶部的测管应高于隧道拱顶 0.5m 以上。塑料测管上埋设磁性沉降标或在测管外放置磁环作为测点，测点间距为 1~3m。

(3) 土体水平位移量测。采用倾斜仪放入埋设在土体中的倾斜管测量。测斜管的材质应满足与土体共同变形的要求。测斜管采用钻孔埋设，管底用砂浆固定。量测时将倾斜仪沿测斜管十字槽缓缓放入管底，然后缓缓拉上，每隔 50cm 读数一次，拉出管口后将倾斜仪旋转 180°，再次放入，读数，取两次读数平均值计算，完成一个方向的量测。再把倾斜仪旋转 90°，测另一个方向的位移。

(4) 土压力和孔隙水压力量测。土压计和孔隙水压计采用钻孔埋设。钢弦式采用频率仪测定，电阻应变式采用电阻应变仪测定。

隧道衬砌的土压力量测一般采用在管片背面埋设土压计的方法。在预制管片时预留埋设孔，在管片拼装前将土压计埋设在预留孔内，土压计外膜必须与管片背面保持在一个平面上。

(5) 隧道衬砌内力量测。一般通过量测管片中的钢筋应力后计算出隧道衬砌测点处的弯矩 M 和轴力 N。钢筋应力一般采用钢弦式钢筋应力计进行量测。钢筋应力计的埋设，是在管片钢筋笼制作时把钢筋应力计焊接在内、外缘的主钢筋上。

(6) 隧道圆环变形量测。主要监测隧道横径和纵径的变化。在测点处的拱顶、拱底、拱腰处共埋设 4 个金属钩，将收敛仪的两头固定在小钩上，读出收敛仪上的读数。圆环变形以椭圆度来表示，实测椭圆度=横径-竖径。

（7）地面建筑物监测。建筑物沉降通过对承重墙、承重柱、基础的沉降观测得到，采用水准仪量测其高程的变化。对高耸的建筑物必须进行倾斜监测，一般采用经纬仪进行量测。

对重要建筑物可采用连通管测量仪进行沉降连续监测，采用倾角仪对建筑物倾斜进行连续监测。

5.5.5.3 盾构施工地表沉降的控制

施工中采用灵活合理的正面支撑或适当的气压位来防止土体坍塌，保持开挖面土体的稳定。条件许可时，尽可能采用泥水加压盾构、土压平衡盾构等先进的施工方法。

盾构掘进时，严格控制开挖面的出土量，防止超挖，即使是对地层扰动较大的局部挤压盾构，只要严格控制其出土量，仍有可能控制地表变形。

要控制盾构推进每一环时的纠偏量，以减少盾构在地层中的摆动和对地层的扰动，同时尽可能减少纠偏需要的开挖面局部超挖。

提高施工速度和连续性。实践表明，盾构停止推进时，会因正面土压力的作用而产生后退。因此，提高隧道施工速度和连续性，避免盾构停搁，对减小地表变形有利。若盾构要中途检修或其他原因必须暂停推进时，务必做好防止后退的措施，正面及盾尾要严格封闭，以尽量减少搁置期间对地表沉降的影响。

要做好盾尾建筑空隙的充填压浆。确保压注工作的及时性，尽可能缩短衬砌脱出盾尾的暴露时间。确保合理的压浆数量，控制适当的注浆压力，但过量的压注会引起地表隆起及局部跑浆现象，对管片受力状态有影响。改进压浆材料的性能，施工时严格掌握压浆材料的配合比，对其凝结时间、强度、收缩量要通过试验不断改进，提高注浆材料的抗渗性。

隧道选线时要充分考虑地表沉降可能对建筑群的影响，尽可能避开建筑群或使建筑物处于地表均匀沉陷区内。对双线盾构隧道还应预计到先后掘进产生的二次沉降，最好在盾构出洞后的适当距离内，对地表沉降和隆起进行量测，作为后掘进盾构控制地表变形的依据。

复习思考题

5-1 简述盾构法施工地下工程的特点和基本原理。

5-2 盾构机可分为哪些类型？

5-3 泥水平衡盾构机和土压平衡盾构机的主要区别是什么，如何选型？

5-4 盾构的基本构造有哪些，各组成部分的主要功能是什么？

5-5 盾构始发包括哪些步骤？

5-6 盾构机掘进模式包括哪些，如何选择掘进模式？

5-7 盾构机到达掘进包括哪些步骤？

5-8 盾构施工主要监测项目及使用仪器有哪些？

6 井筒工程

井筒是指在井工采矿或地下工程建设，从地面向施工区域开凿的垂直或倾斜一类工程，垂直的工程称为立井，倾斜的工程称为斜井。图 6-1 所示为某煤矿的井筒类型。

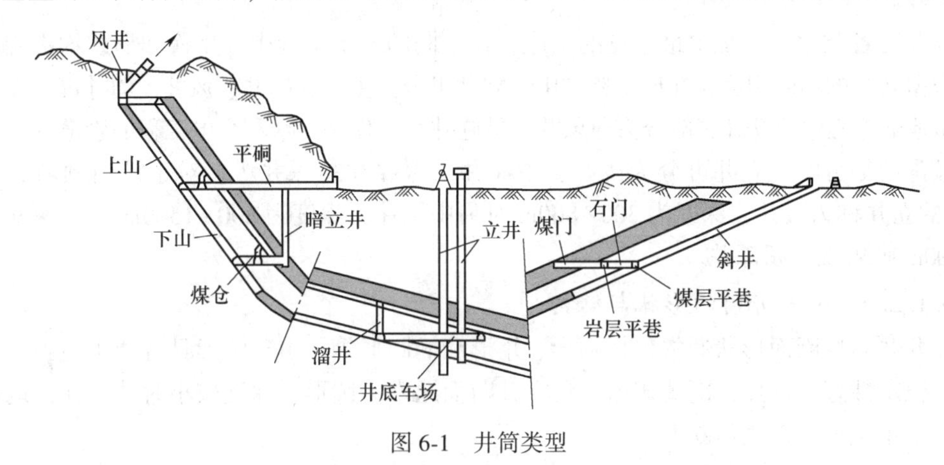

图 6-1 井筒类型

井筒是地下工程或矿井通达地面的主要进出口，是矿井生产期间运送人员、材料和设备以及通风和排水的咽喉工程。在矿山工程中，井筒工程量一般占全矿井井巷工程量的15%左右，而施工工期却占矿井施工总工期的 30%~50%，因此，井筒工程直接关系到整个地下工程施工的成败和正常使用。

6.1 立井工程

6.1.1 立井含义与特征

立井又称竖井，是指井筒垂直于地面的垂直构筑物，服务于地下开采，是在地层中开凿的直通地面的竖直通道。

立井是地下工程施工中的常见工程，地下矿山、山岭隧道、水利水电、城市地下工程以及军事国防工程等都离不开立井的使用和施工。相比于水平巷道的施工，立井施工更加复杂，难度更大，具体表现在以下方面：

(1) 工程量不大，但工期长。在矿山地下工程施工过程中，立井井筒施工是关键工程。虽然立井井筒掘进工程量仅占全矿井工程量的 15%，但工期却占 30%~50%。因此，加快立井掘砌速度，是缩短矿井建设工期的关键。而立井作业方式、施工技术及装备水平又影响着立井的掘砌速度。经过广大建设者的努力，目前我国立井机械化装备水平与施工速度已达到当代国际先进水平。

(2) 施工复杂。立井井筒一般要穿过表土与基岩两个部分，其施工技术由于围岩条件不同各有特点。表土施工方案选择主要考虑工程的安全，而基岩施工主要考虑施工速度。

由于表土松软，稳定性较差，经常含水，并直接承受井口结构物的荷载。所以，表土施工比较复杂，往往成为立井施工的关键工程。正确选择表土施工方案和施工方法，避开雨季施工，预先考虑片帮等突发事故的防范措施，对确保立井井筒安全快速地通过表土层，并顺利转入基岩施工具有重要的意义。

6.1.2 立井的类型与结构

6.1.2.1 立井的类型

立井是各类地下工程中最常见的工序，在不同的地下工程中，用途和形式均不相同。

根据立井的不同用途，在矿山领域中，立井可分为主井、副井、风井、溜井等；在隧道和城市地下工程中，立井一般分为通风井、措施井、工作井、水利水电工程的管道井等。

按深度划分时，立井可分为浅井、中深井、深井和超深井等。对于矿山领域，小于300m的立井称为浅井，深度为300~800m时为中深井；深度为800~1500m时为深井，大于1500m则可视为超深井。

6.1.2.2 立井井筒的形状与结构

立井井筒横断面形状通常包括圆形、矩形和椭圆形等。由于圆形具有便于施工、易于维护、稳定性好等优点，因此矿山工程立井断面通常为圆形。深度较小时的立井，地压较小，可采用矩形或多边形断面。

一般情况下，立井井筒自上而下可分为井颈、井身和井底三部分。矿山主井和副井结构如图6-2所示。

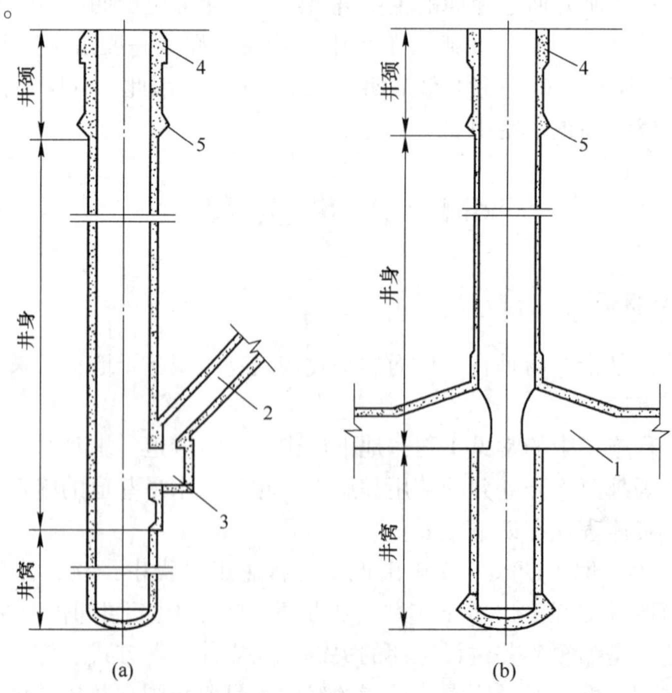

图6-2 井筒纵断面图

(a) 主井；(b) 副井

1—马头门；2—料仓；3—箕斗装载洞室；4—井壁；5—壁座

井颈的深度可为浅表土的全厚，也可为厚表土深度的一部分。一般要求井颈的深度为15~20m。井颈部分的井壁不但需要加厚，而且通常需要配有钢筋。井颈以下至井底车场水平的井筒部分称为井身。井身是井筒的主要组成部分。井底车场水平以下部分的井筒称为井底。罐笼井的井底深度一般为10m左右；箕斗井井底深度一般为35~75m，风井井底深度4~5m。

6.1.3 立井施工的基本工艺

与水平岩石巷道施工工艺相似，立井井筒的施工工艺也包括掘进、砌壁和安装三大工序。但是由于立井的特殊性，其具体的施工工艺与水平岩石巷道具有明显的差别。立井在垂直方向上进行施工，各种工序需要在专门的工作平台上进行，立井整体施工工艺如图6-3所示。

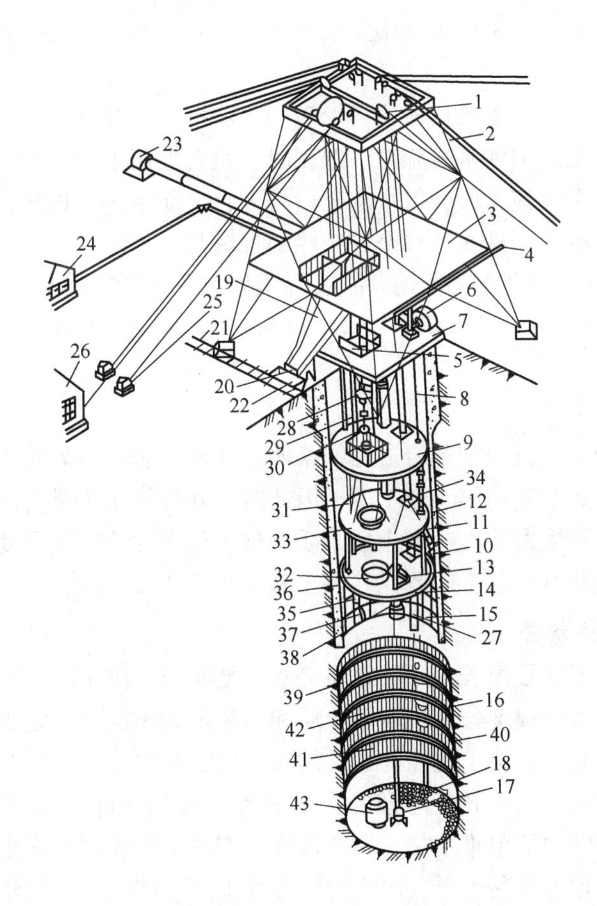

图6-3 立井施工工艺立面图

1—天轮；2—凿井井架；3—卸矸台；4—排水管；5—井盖门；6—混凝土搅拌机；7—封口盘；8—混凝土输料管；9—固定盘；10—吊泵通过口；11—吊盘上层盘；12—壁座；13—气动绞车；14—吊盘下层盘；15—金属模板；16—吊泵；17—抓岩机；18—吸水笼头；19—卸矸溜槽；20—溜槽闸门；21—轻便轨道；22—矿车；23—局部通风机；24—空气压缩机房；25—凿井稳车；26—提升机房；27—风筒；28—滑架与保护伞；29—稳绳；30—提升钩头；31—吊盘叉绳；32—喇叭口；33—吊盘定位丝杠；34—输送混凝土的活节管；35—压气管；36—吊盘折页；37—分气器；38—风筒卡子；39—挂钩；40—井圈；41—背板；42—撑柱；43—吊桶

井筒正式掘进之前，先在井口上方设置井架，在井架顶部安装天轮平台，在井架第一平台标高处安设卸矸平台。与此同时，掘进井筒上口一段井筒，安设临时锁口、封口盘、固定盘和吊盘；在井口四周安装凿井提升机、凿井绞车、悬吊凿井用的各种施工设备及管线，建筑凿井用的压风机房、通风机房和混凝土搅拌站等辅助生产车间。待一切准备工作完成后，即可进行井筒的正式掘进工作。

立井施工过程中，为了满足提升、卸矸、砌壁、悬吊及安全的需要，必须设置一系列的结构物，包括井架、天轮平台、卸矸台、封口盘、固定盘和吊盘，简称“一架、两台、三盘”。

根据井筒穿过岩层的地质和水文地质的不同，竖井施工分为表土段和基岩段的普通法施工和特殊法施工两大类。井筒穿过的表土和基岩层稳固、含水量小时，可采用普通法施工。井筒穿过的表土层不稳固、含水量较大，或穿过的基岩层虽稳固但含水量很大，需要采取特殊的施工措施时，宜采用特殊施工法。此外，竖井施工还有一种全面机械化施工的钻井法。

竖井普通施工法是用人工或机械凿岩爆破的方法进行竖井掘进。掘进程序是先进行锁口施工，然后进行表土施工和基岩施工。施工时，是自上而下的进行，将立井在垂直方向上自上而下划分为若干个施工段，每个施工段首先自上而下进行掘进，然后再自下而上进行支护作业，施工结束后，进入下一个施工段的掘进与支护。

竖井特殊施工法包括板桩法、沉井法、冻结法、预注浆法、混凝土帷幕法、反井法等。

6.1.4 表土段施工

在立井施工过程中，覆盖于基岩之上的第四系冲积层和岩石风化带统称为表土层。表土施工是立井井筒正式掘进的第一道工序，因此对立井整体施工具有重要的影响。由于表土层接近于地表，受环境影响大，表土层土质松软、稳定性差、性质变化大，且一般均有涌水，同时直接承担井口荷载，因此立井表土施工往往比较复杂。

6.1.4.1 表土层分类

井筒表土段施工方法是由表土层的地质与水文地质条件决定的。立井井筒穿过的表土层，按其掘砌施工的难易程度分为稳定表土层和不稳定表土层。稳定表土层是在施工过程中易于维护，采用普通方法施工就能够通过的表土层，其包括含非饱和水的黏土层、含少量水的砂质黏土层、无水的大孔性土层和含水量不大的砾（卵）石层等。不稳定表土层就是在井筒掘砌施工中井帮很难维护，用普通施工方法不能通过的表土层，其包括含水砂土层、淤泥层、含饱和土的黏土层、浸水的大孔性土层、膨胀土层和华东地区的红色黏土层等。

6.1.4.2 锁口砌筑和提升方法的确定

不论采用哪种施工方法，都应先砌筑锁口以及安装提升设备。

A 锁口

凿井时，在井口位置，按设计断面砌筑锁口，用以固定井筒位置、封闭井口、安装井盖和吊挂临时支架或永久井壁，有时还兼做凿井井架基础。根据使用期限，锁口分为临时锁口和永久锁口两大类。

永久锁口是指井颈上部的永久井壁和井口临时封口框架（锁口框），临时锁口的井颈上部的井壁则为临时的，又称为锁口圈，后期还需要砌筑专门的永久井壁，因此，锁口圈通常采用砖石或砌块砌筑而成。

锁口框通常采用钢梁（IN20～IN45）铺设于锁口圈上，或独立架于井口附近的基础上。梁上可安设井圈，挂上普通挂钩或钢筋用来吊挂临时支护或永久井壁，如图6-4所示。

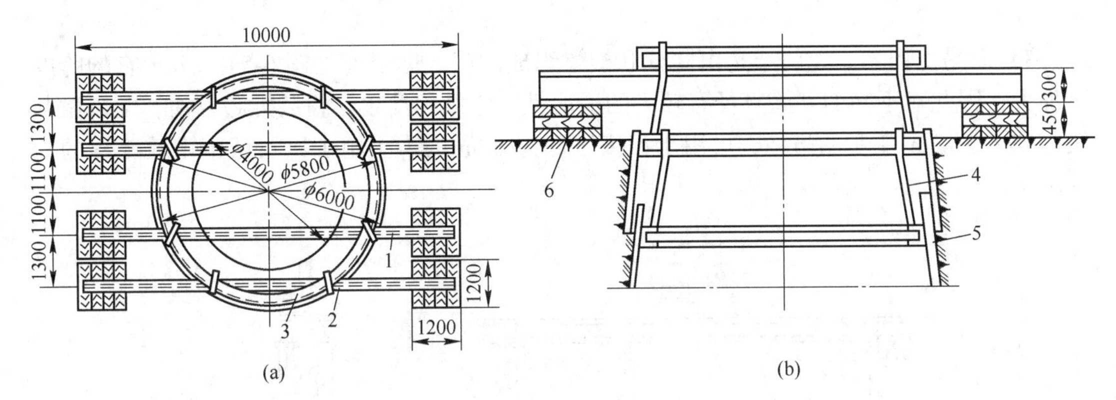

图6-4 钢结构简易锁口框
（a）俯视图；（b）剖面图
1—钢梁；2—U形卡子；3—井圈；4—挂钩；5—背板；6—垫木

临时锁口除要求有足够的强度外，还应注意下列几点：

（1）临时锁口标高尽量与永久井口标高一致，以防地表水进入井内。

（2）锁口框梁的位置，应避开井内测量中线、边线位置。

（3）锁口梁下面采用方木或砖石铺垫时，其铺设面积应与表土抗压强度相一致，必要时，可用灰土夯实。

（4）锁口应尽量避开雨季施工，为防止地表水进入井内，除要求锁口圈能防水封闭外，可在井口周围砌筑排水沟或挡水墙。

尽可能利用永久井壁或永久井壁的一部分，代替临时锁口圈，以减少锁口的拆砌工作量。

B 提升方法

根据表土性质、深度和设备条件，表土施工的提升方法有下列几种：

（1）利用标准凿井井架和凿井专用设备的提升方法。这种方式所选用的提升设备与基岩施工相同。但有时在提升机尚未安装到位的情况下，为及时施工，也可采用凿井井架配合凿井绞车和1m^{3}左右的小吊桶先行施工。

该提升方法使用的井架载荷较重，故要求土质较坚实稳定，土的承载能力应大于0.25MPa，涌水量应小于10m^3/h。这种提升方法的提升悬吊能力大、安全，有利于快速施工。虽然开始安装所需的时间较长，但后续可直接用于基岩施工，整个井筒施工期间，不必再更换提升设备，总的安装拆卸时间较少。

（2）利用临时移动式或简易设备的提升方法。常用的方法包括汽车起重机、三脚架、简易龙门架及帷幕式井架。

1）汽车起重机。它是移动式的提升设备，机动灵活，不必另立井架，井口布置简单，但它的提升能力小，只能用于浅部的表土施工，常配以0.5~1m³的小吊桶，适用于深度不超过30m的井筒施工。

2）三脚架采用三根ϕ159mm×(4.5~6.0)mm的无缝钢管，每根钢管焊上一块搭接钢板，并连接成一个整体，管子底端也焊一块10mm厚的钢板，与基础用螺栓固定。三脚架高度根据提升要求确定，一般不低于6mm。使用1m³左右的吊桶，提升高度一般不应超过20m。

3）简易龙门架。龙门架是由立柱和横梁组成的门式框架（见图6-5），由于它的跨度可加大，因此对不同的井筒直径有较大的适应性。它结构简单，组装拆卸方便，配以凿井绞车和1.5~2m³左右的吊桶，可用于深度不超过40m的表土施工以及城市市政工程的浅井施工。

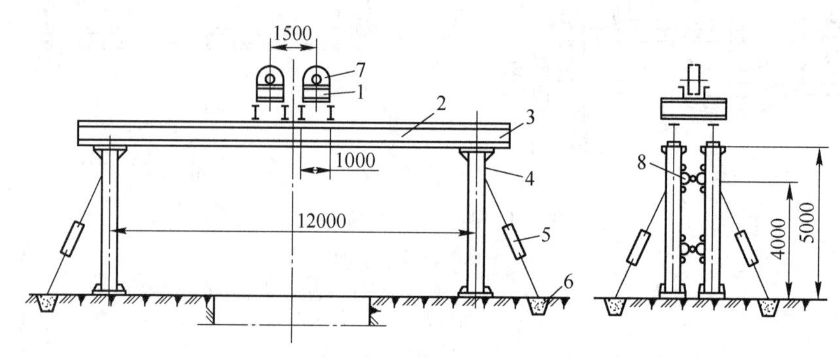

图6-5 简易龙门架提升

1—槽钢；2—工字钢横梁；3—连接钢板；4—ϕ450mm钢管立柱；5—开式索具螺丝扣；6—锚柱；7—ϕ0.6m天轮；8—连接板

4）帷幕式井架。它一般用钢管或木材制成，基本结构为四柱型，根据荷载条件，在一面或数面加上斜撑，以增加其稳定性与承载能力。它既可吊挂提升设备，也可悬吊其他施工设备与管线，适用于垂直深度为80~100m的表土施工。帷幕式井架结构如图6-6所示。

上述临时提升设备的提升能力小，施工速度慢，安全性差，但设备简单，安拆方便，适用于表土承载能力低的浅部表土施工。

（3）先用简易设备后改用凿井专用设备的提升方式。若土层抗压强度较低，稳定性差，井筒开凿时，有可能会出现地表沉陷，不宜一开始就采用大井架；或因表土层较厚，用简易设备难以进行全身表土层的施工，或虽地表土层稳定坚实，但因凿井设备到货或安装拖后，为及早开凿井筒，均可采用这种提升方法。

（4）直接利用永久井架及永久提升设备的提升方法。当井口表土层稳定性较好，地质条件允许时，可在施工前，直接建立永久井架，利用永久提升设备进行表土施工。该方法可省去凿井井架以及提升设备的改装倒换时间，缩短凿井施工期。

6.1.4.3 *表土段施工方法*

根据表土的性质及其所采用的施工措施，井筒表土施工方法可分为普通施工法和特殊

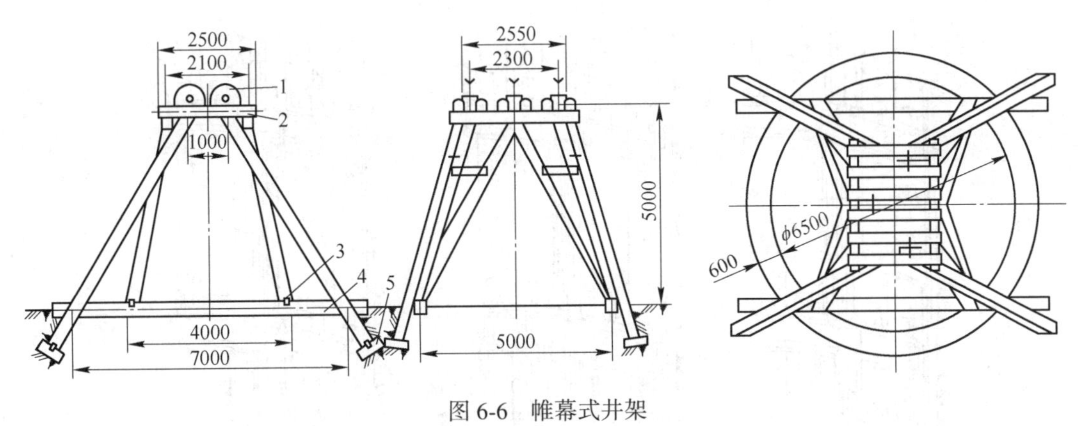

图 6-6 帷幕式井架

1—天轮；2—300mm×300mm×2000mm 方木；3—螺栓；4—木锁口梁；5—基础

施工法两大类。对于稳定表土层一般采用普通施工法，而对于不稳定表土层可采用特殊施工法或普通与特殊相结合的综合施工方法。普通施工法通常包括井圈背板普通施工法、吊挂井壁施工法及板桩法。特殊施工法包括冻结法、钻井法及沉井法等。

A 井圈背板普通施工法

井圈背板普通施工法（见图 6-7）就是采用人工或抓岩机出土，向下掘进一段距离后（一般不超过 1.2m），采用井圈、背板进行临时支护，掘进较长一段距离后（一般不超过 30m），再由下向上拆除井圈、背板，然后砌筑永久井壁。这种方法适用于较稳定的土层。

井圈背板法主要有倒鱼鳞式、对头式及花背式三种，如图 6-8 所示。

倒鱼鳞式可以防止片帮，安全可靠，同时背板可以作为绳捆模板用，适用于表土层和松软岩层、淋水较大的岩层单行作业临时支护。对头式背板封闭岩帮严密，背板也可做绳捆模板使用，适用于一般基岩掘进的临时支护。花背式背板可以节省木材，适用于稳定的岩层临时支护。

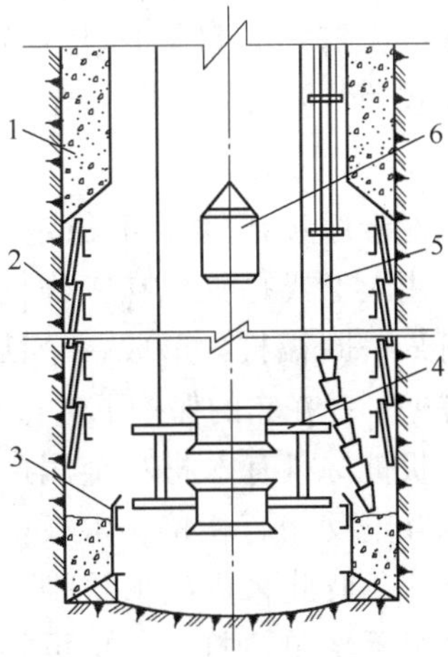

图 6-7 井圈背板普通施工法

1—井壁；2—井圈背板；3—模板；4—吊盘；5—混凝土输送管；6—吊桶

B 吊挂井壁法

吊挂井壁法是适用于稳定性较差的土层中的一种短段掘砌施工方法。为保持土的稳定性，减少土层的裸露时间，段高一般取 0.5~1.5m。按土层条件，分别采用台阶式或分段分块，并配合超前小井降低水位。吊挂井壁施工时，由于段高较小，可以不进行临时支护。但由于段高较小，每段井壁与土层的接触面积小，土对井壁的围抱力小，为了防止井壁在混凝土尚未达到设计强度前失去自承载能力，引起井壁拉裂或脱落，必须在井壁内设置钢筋，并与上段井壁吊挂，如图 6-9 所示。

这种施工方法可适用于渗透系数大于 5m/d、流动性小、水压不大于 0.2MPa 的砂层和透水性强的卵石层以及岩石风化带。吊挂井壁法使用的设备简单，施工安全。但它的工

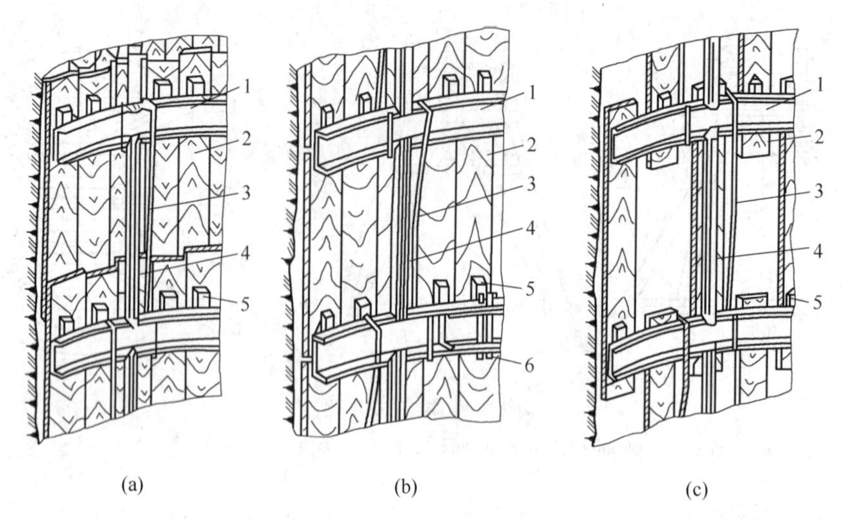

图 6-8　不同井圈背板法施工图

（a）倒鱼鳞式；（b）对头式；（c）花背式

1—井圈；2—背板；3—挂钩；4—撑柱；5—木楔；6—插销

序转换频繁，井壁接茬多，封闭性差。故常在通过整个表土层后，自下向上复砌第二层井壁。为此，需要按照井筒设计规格，适当扩大掘进断面。

C　板桩法

对于厚度不大的不稳定表土层，在开挖之前，可先用人工或打桩机在工作面或地面沿井筒荒径依次打入一圈板桩，形成一个四周密封圆筒，用以支承井壁，并在它的保护下进行井筒掘进。

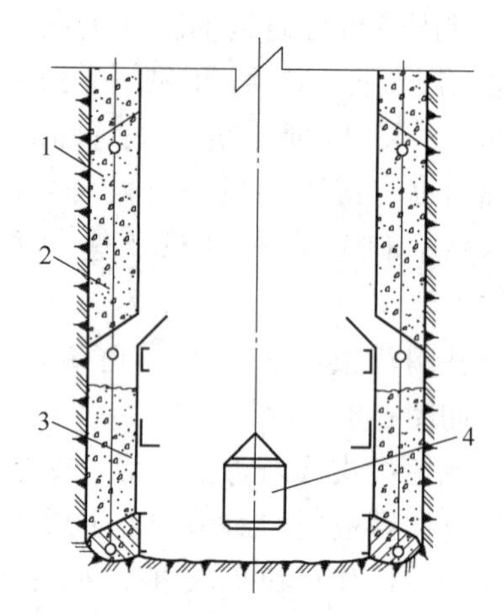

图 6-9　吊挂井壁施工法

1—井壁；2—吊挂钢筋；3—模板；4—吊桶

板桩材料有木材和金属两种。金属板桩常用槽钢相互正反扣合相接，木板桩是用坚韧的松木或柞木制成，彼此采用尖形接榫。板桩根据入土的难易程度可逐次单块打入，也可多块并成一组，分组打入。板桩的桩尖做成一边带圆弧的尖形，这样既易于插入土中，又使其互相紧密靠拢。为防止劈裂，桩尖与桩顶可包铁皮保护，木板桩比金属板桩取材容易，制作简单，但刚度小，入土困难，板桩间连接紧密性差，故用于厚度为 3~6m 的不稳定土层。

根据板桩插入土层的方向不同，板桩法又分直板桩和斜板桩两种，如图 6-10 和图 6-11 所示。

直板桩常采用厚 50~120mm、宽 150~200mm、长 3~6m 的矩形木板或长 12~15m 的金属板。为防止插入土中时偏斜，直板桩工作面应设置导向圈。施工时，先在距不稳定土层上部 0.5~1.0m 处，挖环形地槽，放置导向圈，并撑紧固定，然后将板桩沿内外导向圈依次压入。每次打入深度以不超过 300mm 为宜。为减小板桩入土阻力，可边打边在井内

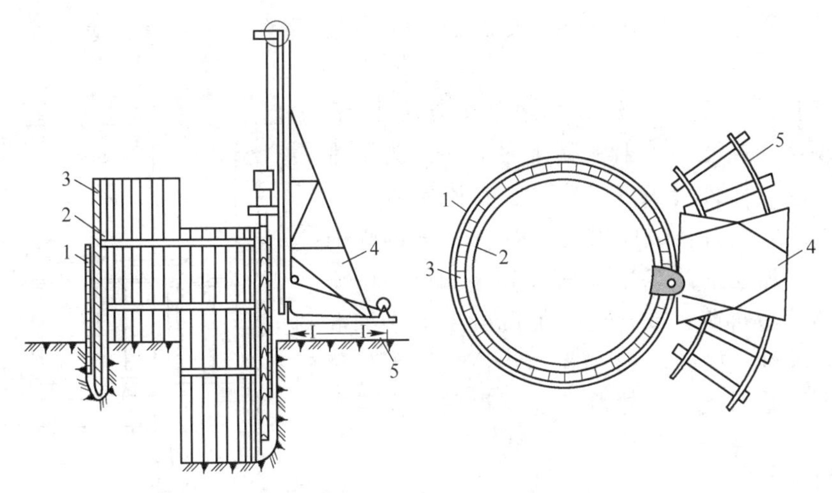

图 6-10 地面直板桩

1—外导圈；2—内导圈；3—板桩；4—打桩机；5—轨道

挖土，但必须保持桩尖埋入土中 0.5~1m 以上，且每隔 0.8~1m 增设一圈导向圈。如板桩长度不够穿过不稳定层全厚时，待打完第一段板桩后，再在工作面架圈，缩小圈径，打入第二段板桩。如此直至插入不透水层 1.0mm 左右、封好底为止。

由于斜板桩所围成的形状是截头锥体，因此所用的板桩应为梯形和矩形交替相间，长度为 1.2~1.6m。板桩应成 70°~75°的倾角插入土中，以使掘进的井筒断面上下保持一致。由于板桩间紧密程度差，为防止壁后砂土涌入井内，常在板桩间密封差的地方填入草袋之类的滤水物。

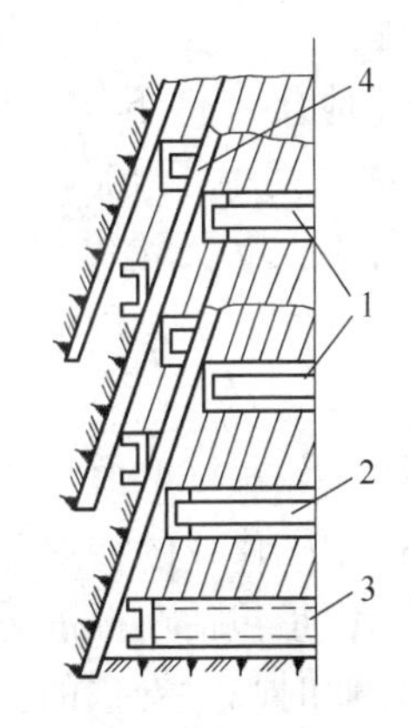

图 6-11 斜板桩

1—导向圈；2—中间导向圈；3—副导向圈；4—斜板桩

6.1.5 基岩段施工

立井基岩施工是指在表土层或风化岩层以下的井筒施工。基岩段施工以钻眼爆破法为主，但随着立井施工技术的发展和机械化配套生产能力的提高，机械破岩法在立井施工中所占的比例不断增加。

6.1.5.1 基岩段施工工艺

大多数情况下，基岩段施工通常采用钻眼爆破法（钻爆法）。钻爆法包括三项主要作业：

(1) 开挖，包括凿岩爆破、通风、临时支护、装岩和提升岩石等作业。

(2) 永久支护，包括架设木材支架或砌筑石材、混凝土支护及喷射混凝土井壁等。

(3) 安装，包括安装井筒永久装备，如罐梁、罐道、管缆等格间及格子等。

根据掘进、砌壁和安装三大工序在时间和空间的不同安排方式，立井井筒施工方式可分为单行作业、平行作业、混合作业和掘砌安一次成井等几种。

A 长段掘砌单行作业

该作业方式是将井筒全深划分为 30~40m 高的若干个井段，在各个井段内，先掘进后进行砌壁，完成后再开始下一个井段的掘进和砌壁，直至井筒全深，最后进行井筒安装工作。

永久支护的砌筑，根据施工材料和方法不同，分别采用现浇混凝土、喷射混凝土等方式。为了维护井帮的稳定，保证施工人员安全，在砌筑永久支护之前可采用井圈背板或厚度为50~100mm的喷射混凝土，破碎岩层需适当增加锚杆和金属网。砌壁时先将井圈背板拆除，或在已喷的混凝土上再加混凝土至设计厚度，如图6-12所示。当围岩坚硬且稳定时，可不用临时支护。井段高度应根据围岩稳定程度而定，但对井帮必须要严格检查，清理井帮浮渣，以确保安全。

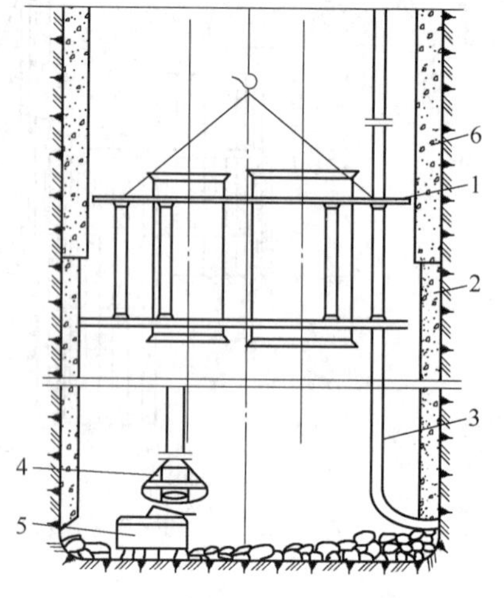

图6-12 喷锚临时支护掘砌单行作业

1—吊盘；2—临时支护；3—喷射混凝土管；4—抓岩机；5—吊桶；6—混凝土井壁

掘砌单行作业的最大优点是工序单一，占用施工设备少，施工组织和管理工作简单，便于按月成井组织施工，安全可靠。当井筒涌水量小于40m³/h，任何工程地质条件下均可使用掘砌单行作业。特别是当井筒深度小于400m，施工管理技术水平薄弱，凿井设备不足，无论井筒直径大小，应首先考虑采用掘砌单行作业。长段单行作业，由于段高大，掘砌工序交替次数少，井壁接茬少，井壁质量高。

B 短段掘砌单行作业和短段掘砌混合作业

短段掘砌作业的特点是，每次掘砌段高仅2~4m，掘进和砌壁工作按先后顺序完成，且砌壁工作是包括在掘进循环之中。由于掘砌段高小，无需临时支护，从而省去了长段掘砌单行作业时临时支护的挂圈、背板和砌壁后清理井底等工作。如果砌壁材料不是混凝土，而是采用喷射混凝土，就成为短段掘喷作业。

掘进时，由于采用的炮眼深度不同，井筒每次爆破的进度也不同。根据作业方式及劳动力组织不同，短段掘砌作业可分为一掘一砌、二掘一砌或三掘一砌等，如图6-13所示。

如果掘进与砌壁工作，在一定程度上互相混合进行，例如在抓岩工作的后期，暂时停止抓岩工作，组装混凝土模板后，再同时进行抓岩及浇灌永久支护，则称为混合作业。实质上它属于短段掘砌作业而又有所发展。

C 长段掘砌反向平行作业

该施工方案将井筒同样划分为若干个井段，段高根据岩层稳定性分为30~40m。在同一时间内，下一井段由上而下进行掘进工作，而在上一井段中由下向上进行砌壁工作。这样在相邻的不同井段内，掘进和砌壁工作同时进行，但方向相反。当整个井筒掘砌到底后，再进行井筒安装。

这种作业方式需两套独立的吊盘悬吊系统，工艺落后、施工复杂、安全性差、矸石提升吊桶在井内两次过吊盘低速运行，使提升能力受到较大影响，故已趋淘汰。

D 短段掘砌同向平行作业

该施工方式是随着井筒掘进工作面的向下推进，浇灌混凝土井壁的工作也由上向下在多层吊盘上同时进行，每次砌壁的段高与掘进的每循环进度相适应。此时下层吊盘与掘进工作面始终保持一定距离，由挂在下层吊盘下面的柔性或刚性掩护筒做临时支护，它随吊盘的下降而紧随掘进工作面前进，从而节省临时支护时间，如图 6-14 所示。

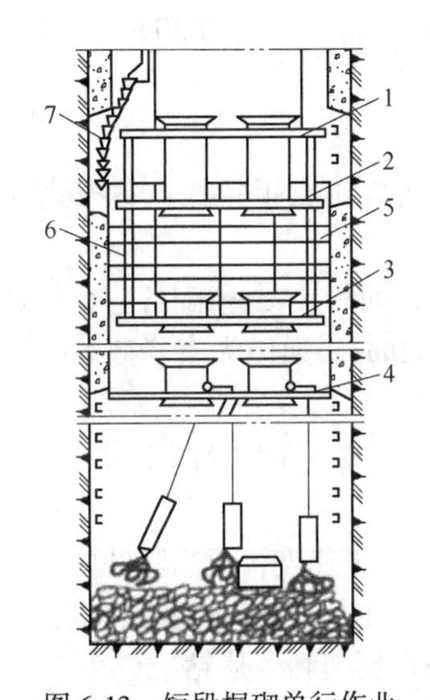

图 6-13 短段掘砌单行作业

1—第一层吊盘；2—第二层吊盘；3—第三层吊盘；4—稳绳盘；5—普通模板；6—悬吊第三层吊盘的钢丝绳；7—活节溜子

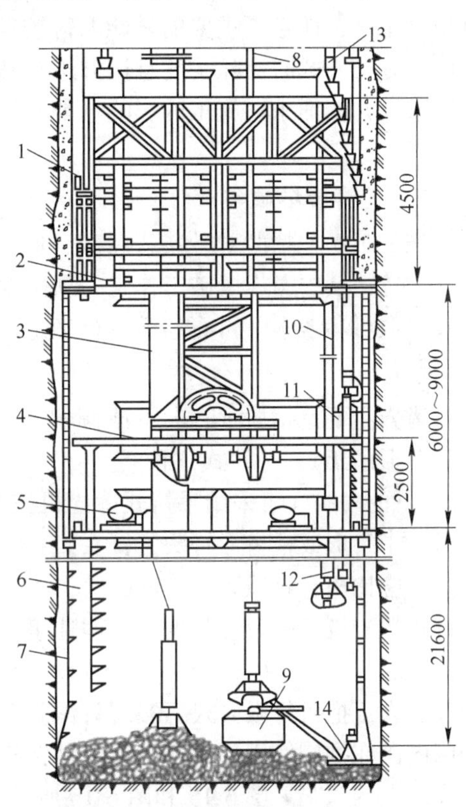

图 6-14 短段同向平行作业

1—门扉式模板；2—砌壁托盘；3—风筒；4—挂掩护支架盘；5—风动绞车；6—安全梯；7—柔性掩护网；8—吊盘悬吊钢丝绳；9—吊桶；10—压风管；11—吊泵；12—分风器；13—混凝土输送管；14—压气泵

该方式从根本上改善了提升条件，使掘进工作面增加装备不受妨碍，从而有效地实现了快速施工。

掘砌平行作业在有限的井筒空间内，上下立体交叉同时进行掘砌作业，空间、时间利用率高，成井速度快。但不论哪种平行方式，均存在井下施工人员多、施工管理复杂、凿井设备布置难度大、上部的永久支护作业对下面的掘进工作有影响、安全性比较差等缺点，故已较少采用。

E 立井施工方式的选择

立井施工方式的选择不仅对井内、井上所需凿井设备的数量、劳动力的多少有影响，而且对合理地利用立井井筒的有效作业空间和作业时间，充分发挥各种凿井设备的潜力，获得最优的凿井效果有影响。各种施工方式受多方面因素影响，都有一定的使用范围和条件。选择施工方案时，应综合分析井筒穿过岩层性质、涌水量的大小、井筒直径和深度

（基岩部分）、可能采用的施工工艺及技术装备条件、施工队伍的操作技术水平和施工管理水平等。

选择施工方式，首先要求技术先进，安全可行，有利于采用新型凿井装备，不仅能获得单月报高纪录，而且更重要的是能取得较高的平均成井速度，并应有明显的经济效益。

在确定施工方式时，除了注意凿井工艺和机械化配套要与井筒直径、深度相适应外，还要特别重视井筒涌水对施工的影响。如井筒淋水较大，多数达不到施工方式要求的预期效果。

6.1.5.2　凿岩爆破作业

立井施工工序包括凿岩、装药爆破、通风、清扫吊盘和临时井圈、排水、装岩清底、提升、支护等；其中凿岩爆破工作是一项主要工作，占整个循环时间的20%~30%。立井凿岩爆破参数可参考水平岩石巷道进行确定。

A　凿岩

立井凿岩主要是钻凿垂直向下或倾斜向下的炮眼。凿岩机有手持式、钻架式（有环形吊架和伞形吊架）、导轨式几种类型。

2m以下的浅眼，可采用手持式凿岩机施工，一般工作面每2~3m^{2}配备一台。钎头可用一字形、十字形或柱齿形钎头，钎头直径一般为38~42mm。如用大直径药卷，则凿出的炮眼直径应比药卷直径大6~8mm。

手持式凿岩机打眼劳动强度大、凿速慢，不能打深眼，多用在井筒深度浅、断面小的竖井中打眼。

为改变人工抱机打眼方式，实现打深眼、大眼，加快凿岩速度，提高竖井施工机械化水平，国内已在推广使用环形和伞形两种钻架，配合高效率的中型或重型凿岩机，可以钻凿4~5m以上的深眼。图6-15和图6-16所示为典型的环形钻架和伞形钻架。

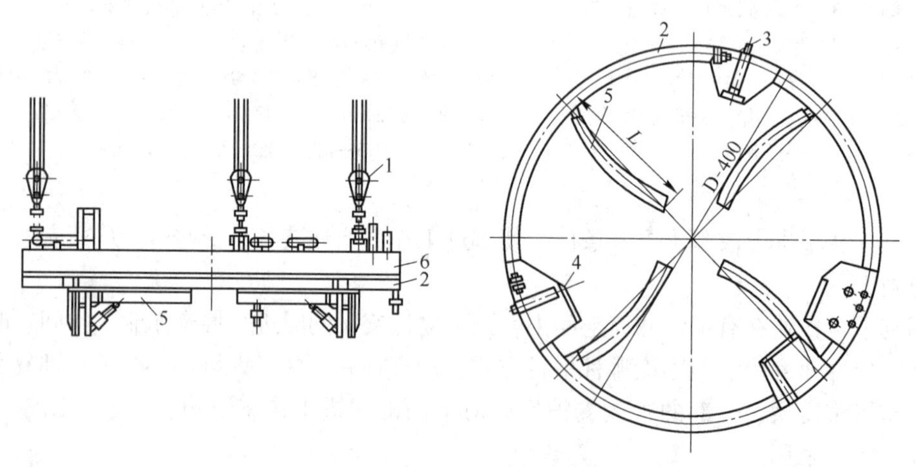

图6-15　FJH型环形钻架

1—悬吊装置；2—环形滑道；3—套筒千斤顶；
4—撑紧气缸；5—外伸滑道；6—分风分水环管

环形钻架结构简单，制作容易，维修方便，造价低廉。不足之处是它仍用气腿推进的轻型凿岩机，钻速和眼深都受到一定限制。伞形钻架机械化程度高，钻速快，在坚硬岩层

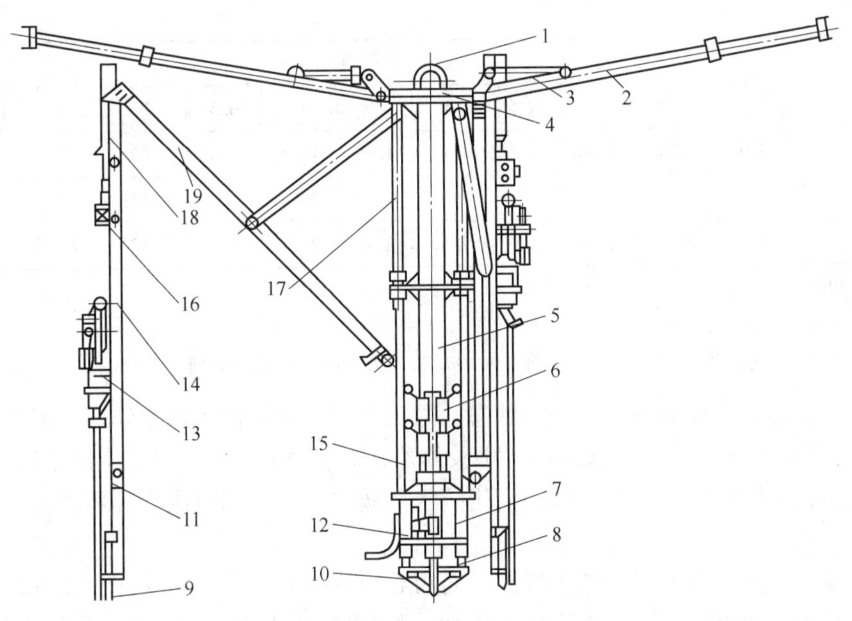

图 6-16 FJD 型伞形钻架

1—吊环；2—支撑臂油缸；3—升降油缸；4—顶盘；5—立柱铜管；6—液压阀；7—调高器；8—调高器油缸；9—活顶尖；10—底座；11—操纵阀组；12—风马达和丝杠；13—YGZ-70 型凿岩机；14—滑轨；15—滑道；16—推进风马达；17—动臂油缸；18—升降油缸；19—动臂

中打深眼尤为适宜。其不足之处是使用中提升、下放、撑开、收拢等工序占用工时，井架翻矸台的高度需满足伞钻提放的要求，井口还需另设伞钻改挂移位装置等。

B 供风、供水

立井施工时，压风和水是通过并列吊挂在井内的压风管（ϕ150mm 钢管）和供水管（ϕ50mm 钢管）由地面送至吊盘上方，然后经三通、高压软管、分风（水）器和胶皮软管引入各风动机具。工作面的软管与分风（水）器均用钢丝绳悬吊于吊盘上的气动绞车上，放炮时提至安全高度。

C 爆破

立井爆破一般要求采用光面或预裂爆破，其爆破参数可参照平巷的爆破参数进行设计。但立井的炸药消耗量比水平巷道略高，矿山常用定额见表 6-1。

表 6-1 矿山立井基岩掘进炸药消耗量定额 （kg/m^3）

项目		井筒净直径/m											
		3	3.5	4	4.5	5	5.5	6	6.5	7	7.5	8	8.5
f≤1.5		0.24	0.24	0.24	0.24	0.23	0.23	0.23	0.23	0.22	0.22	0.22	0.22
f≤3		0.93	0.89	0.81	0.77	0.73	0.70	0.67	0.65	0.64	0.63	0.61	0.60
f≤6	浅孔	1.52	1.43	1.32	1.24	1.21	1.14	1.12	1.08	1.06	1.04	1.00	0.98
	中深孔					2.10	2.05	2.01	1.94	1.89	1.85	1.78	1.72

续表 6-1

项目		井筒净直径/m											
		3	3.5	4	4.5	5	5.5	6	6.5	7	7.5	8	8.5
$f\leqslant10$	浅孔	2.47	2.26	2.05	1.90	1.84	1.79	1.75	1.68	1.62	1.57	1.56	1.53
	中深孔					2.83	2.74	2.64	2.55	2.53	2.47	2.40	2.32
$f>10$		3.32	3.20	2.68	2.59	2.53	2.43	2.37	2.28	2.17	2.09	2.06	2.00

注：1. 根据《煤炭建设井巷基础定额》整理。
2. 炸药为水胶炸药。
3. 涌水量调整系数：≤$5m^3/h$ 时不调整，≤$10m^3/h$ 时为 1.05，≤$20m^3/h$ 时为 1.14。

立井施工时，工作面总处在积水状态，因此立井爆破要使用抗水炸药。国产抗水炸药包括 2 号、3 号和 4 号岩石硝铵炸药，水胶炸药，乳化炸药等。另外，周边用的光面爆破炸药一般不宜采用水胶和乳化炸药，而用抗水硝铵炸药，否则对围岩破坏太大，影响光面爆破效果。

立井施工中，一般不用火雷管爆破，而用导爆管或电雷管，不允许在井下起爆。立井掏槽方式和炮孔布置与水平岩石巷道类似，炮眼直径为 38~42mm，药包直径为 32~35mm。立井主要掏槽方式如图 6-17 所示。

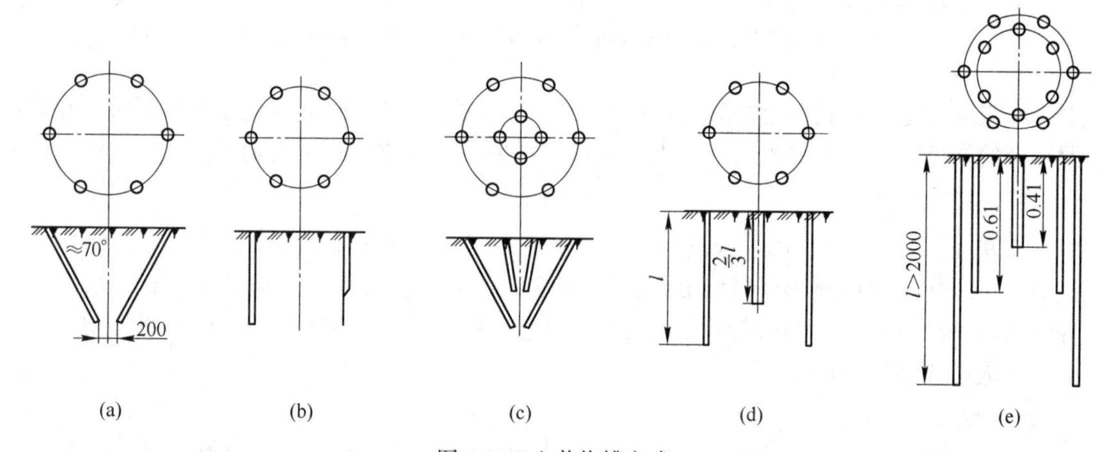

图 6-17　立井掏槽方式
（a）斜眼掏槽；（b）直眼掏槽；（c）复锥掏槽；
（d）带中心空眼的直眼掏槽；（e）二阶直眼掏槽

辅助眼圈数视岩石性质和掏槽眼至周边眼间距而定，一般控制各圈圈距为 600~1000mm，硬岩取小值，软岩取大值，眼距为 800~1000mm。

炮眼装药前，应使用压风将眼内岩粉吹净。药卷可逐个装入，也可在地面提前将几个药卷装入长塑料套中或防水蜡纸筒中，一次装入眼内，这样可加快装药速度。装药结束后炮眼上部需采用黄泥或沙子充填密实。

竖井爆破通常采用并联、串并联网路，无论采用何种连线方式，均应使每个雷管至少获得准爆电流。采用串并联时，还应使分组串联的雷管数要大致相等，如图 6-18 所示。

爆破实施过程中，与水平岩石巷道相似，也需要绘制爆破图表。爆破图表是立井基岩

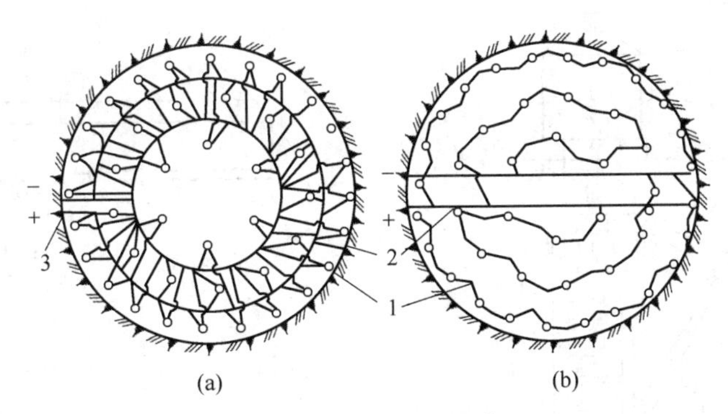

图 6-18 立井爆破网络

（a）并联；（b）串并联

1—雷管脚线；2—爆破母线；3—爆破干线

掘进时指导和检查凿岩爆破工作的技术文件，它包括炮眼深度、炮眼数目、掏槽形式、炮眼布置、每眼装药量、电爆网络连线方式、起爆顺序等，然后归纳成爆破原始条件表、炮眼布置图及其说明表、预期爆破效果三部分。岩石性质与井筒断面尺寸不同，爆破图表也不同。

编制爆破图表前，应取得下列原始资料：井筒所穿过岩层的地质柱状图、井筒掘进规格尺寸、炸药种类、药卷直径、雷管种类。

6.1.5.3 立井装岩与提升

A 装岩

装岩是立井施工过程中最繁重、最占用工时的工序，通常占循环时间的60%，对立井掘进速度有决定性影响。人工装岩是落后的装岩方法，设计时尽可能采用机械装岩。

抓岩机是一种常用的立井装岩机械，一般由抓斗、提升、回转、操作等机构组成，其工作原理是通过人工操控，控制抓斗叶片张开与闭合，抓住岩石，提升并回转，将岩石卸到吊桶中。最常用的抓岩机有中心回转式抓岩机（HZ 型，见图 6-19）、环形轨道抓岩机（HH 型，见图 6-20）与钢丝绳悬吊式抓岩机（HS 型）。其中，中心回转式抓岩机应用较多。

中心回转式抓岩机机械化程度高、生产能力大、动力单一、操作灵便、结构合理、运转可靠，一般适用于井径为4~6m，与2~3m^3 吊桶配套使用较为适宜。环形轨道抓岩机一般适用于大型井筒，当井筒净直径为5~6.5m时，可选用单斗 HH-6 型抓岩机，井筒净直径大于7m时，宜选用双斗 2HH-6 型抓岩机，与3~4m^3 吊桶配套。悬吊式抓岩机需要人工在工作面牵制抓斗的运行，故劳动强度较大。

B 提升

立井提升包括提升岩石、运送设备和材料、升降人员等。凿井提升包括选择合理的提升方式、提升设备与装置（包括提升容器、提升钢丝绳、提升机和天轮等）以及验算提升能力三个内容。立井提升方式有单钩提升和双钩提升，掘进和支护为单行作业时，常用一套单钩提升；二者平行作业时，用双钩提升，其中一套为开挖，一套为支护。最常用的是两套单钩提升和一套单钩及一套双钩提升方式。

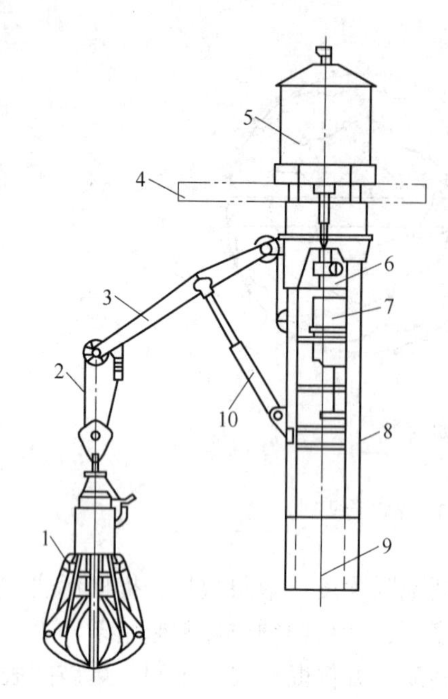

图 6-19 中心回转式抓岩机

1—抓斗；2—钢丝绳；3—臂杆；4—吊盘；
5—提升机构；6—回转机构；7—变幅机构；8—机架；
9—司机室；10—变幅推力油缸

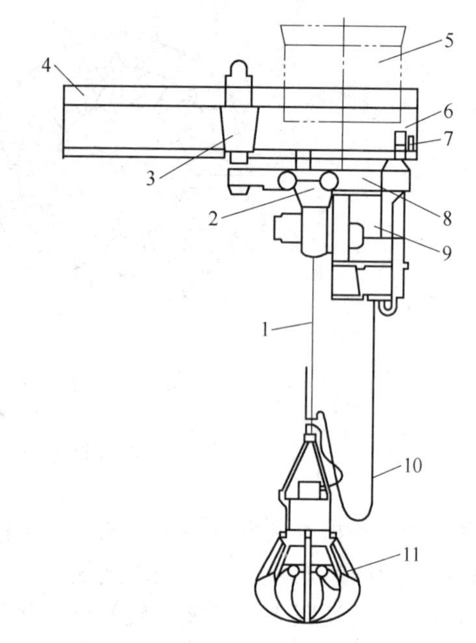

图 6-20 环行轨道式抓岩机

1—钢丝绳；2—行走小车；3—中心回转机构；
4—下层吊盘；5—吊桶通过孔；6—环行轨道行走机构；
7—环形小车；8—行走横梁；9—司机室；
10—供压气胶管；11—抓斗

(1) 提升机。提升机主要用于施工时提升人员、设备和材料等。用于立井施工的提升机为缠绕式滚筒提升绞车。选择提升机时，首先要确定最大提升力，然后据此确定提升机电动机功率。选择机型时，必须校核提升机主轴和卷筒所能承受的最大静拉力和提升机减速器所能承受的最大静拉力差。一般选用 JKZ、JZ 型电动卷扬机，如图 6-21 所示。

(2) 钢丝绳。钢丝绳是凿井提升的主要组成部分，由若干股绳股围绕绳芯捻制而成，绳股又由一定数量的细钢丝捻成。应根据计算单位长度重量值选择相应钢丝绳。提升钢丝绳、悬吊绳一般用 6 钢丝绳×19 钢丝绳；导向绳、稳绳一般用 6 钢丝绳×7 钢丝绳，且直径小于 20. 5mm。

(3) 提升容器。提升容器常用吊桶，有时也用箕斗。吊桶容积一般为 0. 5~3. 0m^3，国外已有 4~8m^3。吊桶容积的选择受井筒断面积的限制，因为在井筒有限的空间内，除放置吊桶外，还放置吊泵、风筒、压气管、安全梯、抓岩机等。在井筒断面许可的条件下，吊桶容积要按抓岩机生产率和提升一次的循环时间确定。至于材料吊桶的容积则取决于井筒断面大小和需要运送材料的数量，其容积一般比渣石吊桶容积小。

6. 1. 5. 4 排矸

立井掘进时，矸石吊桶提升至翻矸平台后，通过翻矸装置将矸石卸出，矸石经过溜矸槽或矸石仓卸入自卸汽车或矿车上，然后运往排矸场。

翻矸方式有人工翻矸和自动翻矸两种。其中，自动翻矸装置包括翻笼式、链球式和座钩式三种，其中座钩式翻矸应用较多，如图 6-22 所示。

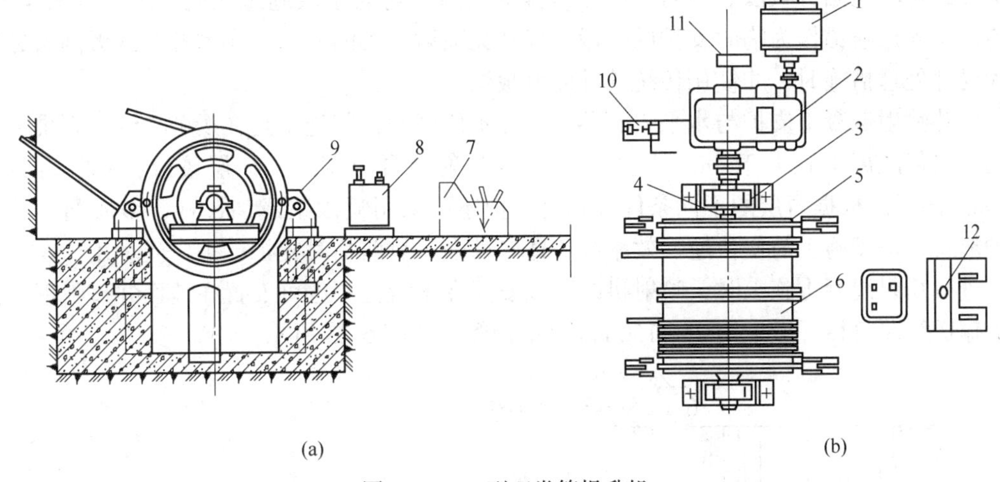

图 6-21 JK 型双卷筒提升机

（a）立面图；（b）平面图

1—电动机；2—减速器；3—主轴轴承；4—主轴；5—固定卷筒；6—活动卷筒；7—操纵台；8—液压站；9—盘式闸；10—润滑油站；11—深度指示器传动装置；12—深度指示盘

座钩式翻矸方式的工作原理是矸石吊桶提过卸矸平台后，关上卸矸门，此时由于钩子和托梁系统的重力作用，钩尖保持铅锤状态，并处在提升中心线上，钩身向上翘起与水平呈 20°角；吊桶下落时，首先碰到尾架并将尾架下压，使钩尖进入桶底中心孔内。由于托梁的转轴中心偏离提升中心线 200mm，放松提升钢丝绳时，吊桶借偏心作用开始倾倒并稍微向前滑动，直到钩头钩住桶底中心孔边缘钢圈为止，继续松绳，吊桶翻转卸矸；提起吊桶，钩子在自重的作用下复位。

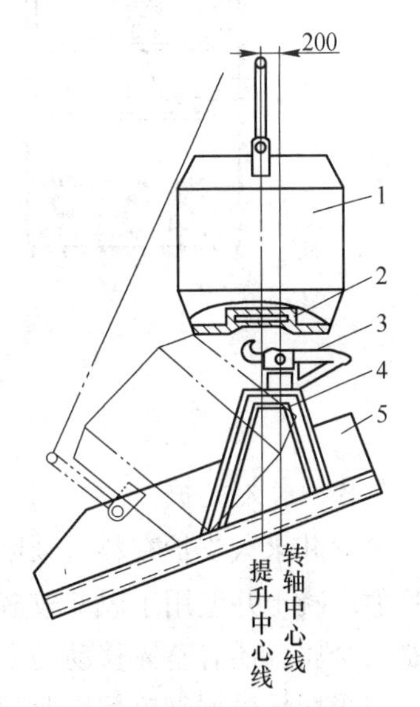

图 6-22 座钩式自动翻矸装置

1—吊桶；2—座钩；3—托梁；4—支架；5—卸矸门

6.1.5.5 井筒支护

井筒向下掘进一定深度后，便应进行永久支护工作，以封堵涌水，防止岩石风化破坏，同时也起支承地压及固定井筒装备等作用。

根据岩层条件、井壁材料、掘砌作业方式以及施工机械化程度的不同，可先掘进 1~2 个循环后，然后在掘进工作面砌筑永久井壁。有时为了减少掘砌两大工序的转换次数和增强井壁的整体性，往往向下掘进一长段后，再进行砌壁，但应及时进行临时支护，确保安全。

A 临时支护

采用普通法凿井时，一般临时支护与掘进工作面的空帮高度不超过 2~4m。由于它是一种临时性的防护措施，除要求结构牢固和稳定外，还应力求卸装迅速简便。常用的临时支护方式包括挂圈背板法和喷射混凝土。挂圈背板法与表土层施工相同，参见 4.1.4 节。目前广泛采用喷锚作为临时支护的手段，仅在无喷射设备的井筒、小型井筒或者围岩破碎作为局部处理措施时，才使用传统的井圈背板法。

立井喷射混凝土支护与水平岩石巷道并无本质区别，其施工是在爆破后的岩石堆上进行的，空帮距离不宜大于 4m，与永久支护的喷射混凝土相比，喷层较薄，一般为 50~70mm。同时，根据岩层的不同条件，临时支护还可采用喷砂浆或加锚杆、金属网等综合支护形式。由于施工简便快速、效率高、适应性强，目前临时支护已被广泛利用。

进行喷射混凝土施工时，喷射机既可以安置在吊盘上，也可安置在地面井口附近。混凝土输送管路直径一般采用 75~150mm 厚壁钢管，如图 6-23 所示。

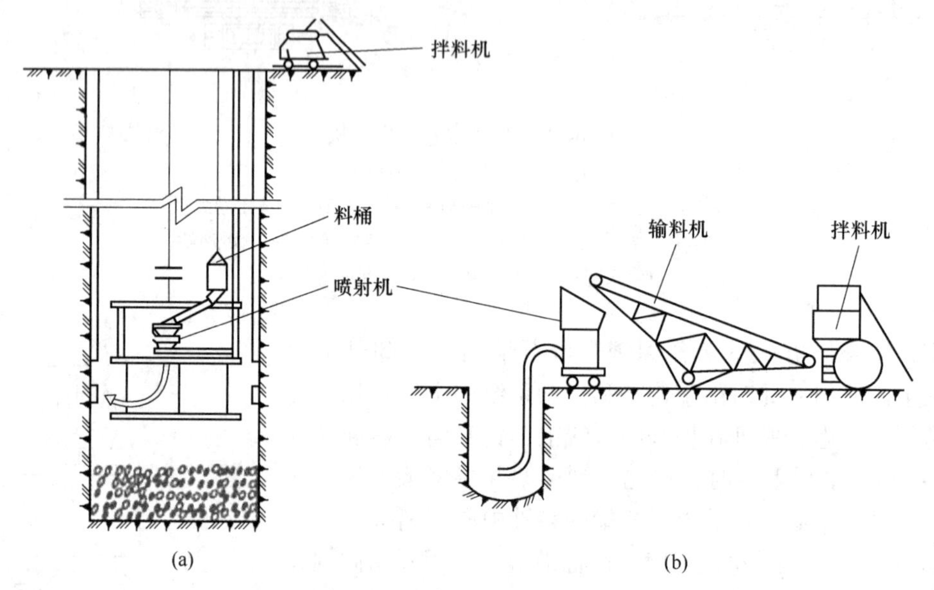

图 6-23 喷射混凝土临时支护
（a）喷射机在井内；（b）喷射机在井口

B 永久支护

立井永久支护有料石砌壁、整体混凝土井壁和喷射混凝土井壁。料石砌壁已被淘汰，喷射混凝土井壁用于风井较多，整体混凝土井壁应用较多。整体混凝土井壁用的模板有木制、金属，还有整体移动的金属模板、液压滑升模板等。

采用长段掘砌单行作业和平行作业时，多采用液压滑升模板或装配式金属模板。采用掘砌混合作业时，多采用金属整体移动式模板。由于掘砌混合作业方式在施工时被广泛应用，金属整体移动式模板的研制也得到了相应的发展。

金属整体移动式模板有门轴式、门扉式和伸缩式三种。实践表明伸缩式金属整体移动式模板具有受力合理、结构刚度大、立模速度快、脱模方便、易于实现机械化等系列优点，目前已在立井井筒施工中得到了广泛的应用。根据伸缩缝的数量，伸缩式金属整体移动式模板又可分为单缝式、双缝式和三缝式模板，目前最常用的是 YJM 型金属伸缩式模板，结构如图 6-24 所示。

为增加模板刚度，弧形模板环向用槽钢做骨架，纵向焊接加强肋。为改善井壁接茬质量，每块模板下部做成高200~300mm的刃角，使上下相邻两段井壁间形成斜面接茬。上部设若干个浇灌门，间距2m左右，以便浇灌混凝土。利用这种模板可在工作面随掘随砌，不需要临时支护。

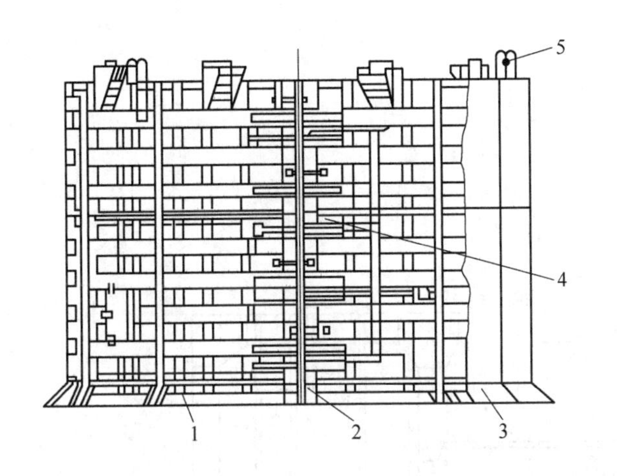

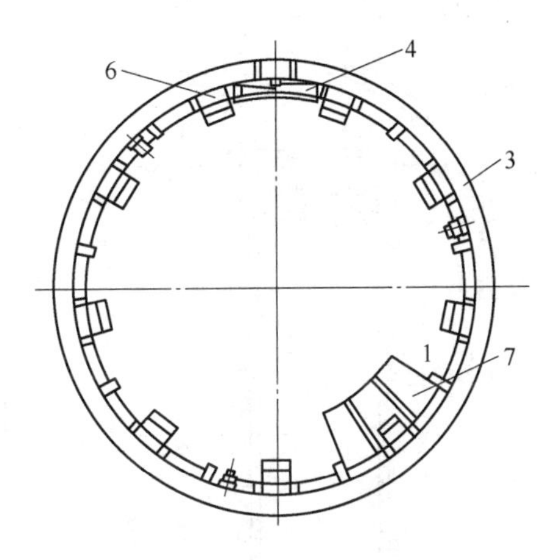

图6-24 伸缩式金属整体移动模板
1—模板主体；2—缩口模板；3—刃脚；4—液压脱模装置；5—悬吊装置；6—浇灌口；7—工作台板

6.1.5.6 立井施工设备布置

立井施工设备布置包括凿井结构物及主要设备布置和井筒内施工设备布置。

A 凿井结构物及主要设备

立井井筒施工的主要凿井结构物及设备包括凿井井架、卸矸台、封口盘、固定盘、吊盘、凿井绞车和凿井提升等。各种凿井结构物布置如图6-25所示。

(1) 凿井井架。凿井井架是专门为立井井筒施工而设计制造的装配式金属亭式井架，它由天轮房、天轮平台、主体架、卸矸台、扶梯和基础等部分组成。天轮平台是凿井井架的重要组成部分，由四根边梁和一根中梁组成。天轮平台需要全部悬吊设备荷载和提升荷载。天轮平台上设有天轮梁和天轮，为避免钢丝绳与天轮平台相互碰撞，还需要增设导向轮。天轮平台的结构和布置如图6-26所示。

有些井筒在施工前，由于永久井架已施工完毕，这时可利用永久井架代替凿井井架进行井筒的施工，有利于缩短井筒施工的准备时间，具有良好的经济效益。

(2) 卸矸平台。卸矸平台通常布置在凿井井架主体架的下部第一层水平连杆上。卸矸平台要有一定的高度，保持溜槽具有35°~40°倾角，使矸石能在自重作用下下滑到排矸车辆内。卸矸平台的高度，还必须满足伞钻出入井架的要求。

(3) 封口盘与固定盘。封口盘也称井盖，它是升降人员和材料设备以及拆装各种管路的工作平台，同时又是保护井下作业人员安全的结构物。封口盘上的各种孔口必须加盖封严。

固定盘是为了进一步保护井下人员安全而设置的，它位于封口盘下4~8m处。固定盘上通常安设有井筒测量装置，有时也作为接长风筒、压风管、供水管和排水管的工作平台。

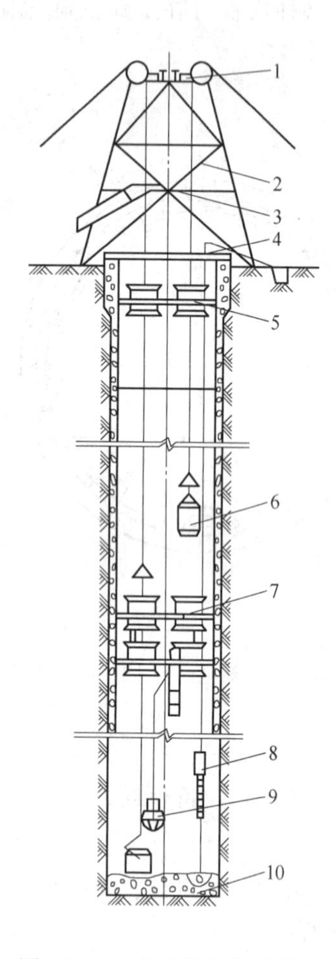

图 6-25 立井井筒施工示意图

1—天轮平台；2—凿井井架；3—卸矸台；4—封口盘；5—固定盘；6—吊桶；7—吊盘；8—吊泵；9—抓岩机；10—掘进工作面

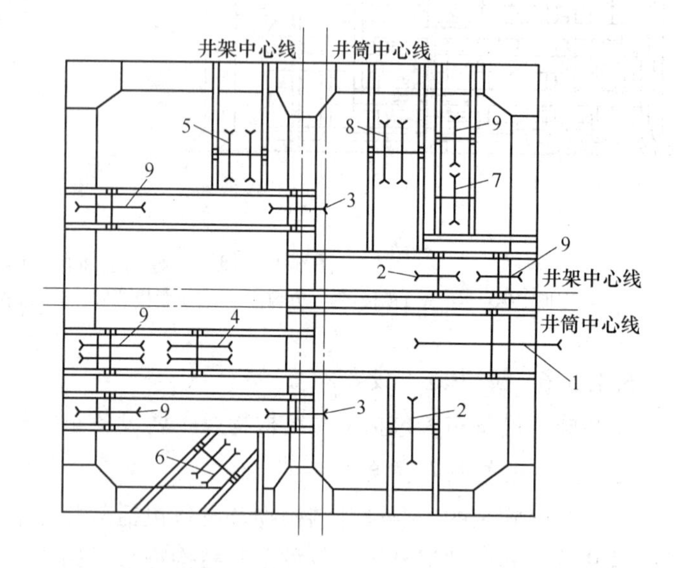

图 6-26 天轮平台的结构和布置

1—提升天轮；2—稳绳天轮；3—吊盘天轮；4—吊泵天轮；5—压风供水管天轮；6—风筒天轮；7—安全梯天轮；8—混凝土输送管天轮；9—导向轮

（4）吊盘与稳绳盘。吊盘是进行井筒永久支护的工作盘，它用 1～2 根钢丝绳悬挂在地面凿井绞车上，或采用液压装置挂在井壁上。在掘砌单行作业和混合作业中，吊盘可用于拉紧稳绳、保护工作面作业人员安全和安设抓岩机等掘进施工设备。为了避免翻滚，一般都采用双层吊盘。两层盘之间的距离应满足永久井壁施工要求，通常为 4m 左右。吊盘的外径与井筒净直径之间应有 100mm 的间隙，以便于吊盘升降，同时又不因间隙过大而向下坠物。

采用掘砌平行作业时，井筒内除设有砌壁吊盘外还设有稳绳盘。稳绳盘用来拉近稳绳、安设抓岩机等设备和保证作业安全。

（5）提升机与凿井绞车。提升机专门用于井筒施工的提升工作，凿井绞车主要用于悬吊凿井设备，包括单滚筒和双滚筒及安全梯专用凿井绞车。凿井绞车一般根据其悬吊设备的质量和要求进行选择。

提升机和凿井绞车在地面的布置应尽量不占用永久建筑物位置，同时应使凿井井架受力均衡。钢丝绳的弦长、绳偏角和出绳角均应符合规定值。凿井绞车钢丝绳之间、与附近通过的车辆之间应有足够的安全距离。

B 井筒内施工设备布置

施工历经井筒时，井筒内布置的施工设备有吊桶、吊泵、抓岩机、安全梯以及各种管路和电缆等。这些施工设备布置得是否合理，对井筒施工、提升改装和装备井筒工作有很大的影响。

(1) 吊桶的布置。在立井施工过程中，提升矸石，升降人员和材料工具都需要使用吊桶。吊桶是全部凿井设备的核心，吊桶位置一经确定，井内其他设备也将围绕吊桶分别布置。

(2) 抓岩机布置。抓岩机布置的位置，应使抓岩工作不出现死角，有利于提高抓岩生产率。中心回转式抓岩机和长绳悬吊抓岩机应尽量靠近井筒中心布置，同时又不应影响井筒中心的测量工作。

(3) 吊泵布置。吊泵的位置应靠近井帮，不影响抓岩工作。为了使吊泵出入井口和接长排水管方便，吊泵应避开溜矸槽位置。

在吊桶、抓岩机和吊泵主要设备的位置确定后，便可确定吊盘和封口盘等主梁位置及梁格结构。其他设备和管线如安全梯、风筒和压风管等，可结合井架型号、地面凿井绞车布置条件，在满足安全间隙的前提下予以适当布置，如图 6-27 所示。

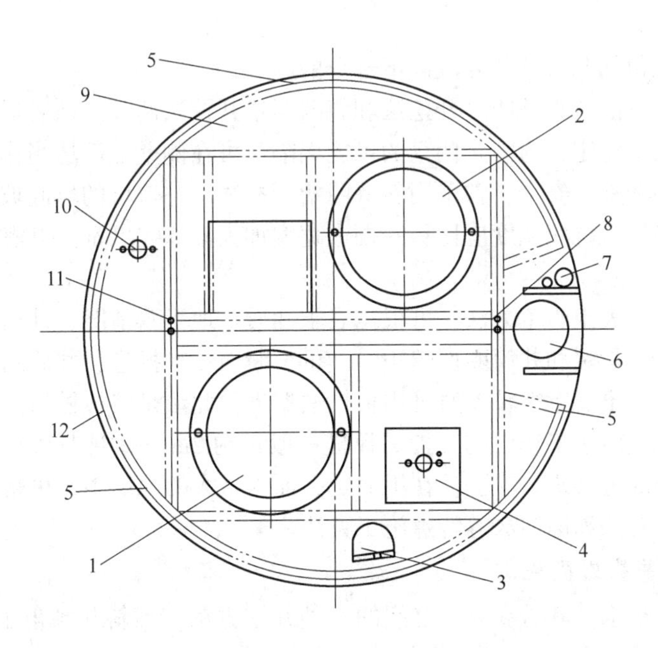

图 6-27 工作盘布置

1—主提吊桶；2—副提吊桶；3—安全梯；4—吊泵、排水管、动力电缆；5—模板悬吊绳；6—风筒；7—压风、供水管；8—通信电缆；9—放炮电缆；10—混凝土输送管；11—信号电缆；12—吊盘梁格

6.2 斜井工程

6.2.1 斜井施工特点

斜井施工既不同于立井，又不同于平巷，施工方法与设备介于立井和平巷之间。斜井井筒由于其有10°~25°甚至更大的坡度，故在施工方法及工艺、施工机械及配套等方面各有特色。与平巷施工相比，斜井施工有许多具体困难，其中以装岩、排矸和排水最为突出。

我国斜井施工逐步形成了具有自己特色的机械化作业线及设备配套。其中包括激光指向、光面爆破、机械化装岩、箕斗提升、斗型矸石仓排矸，即“两光三斗”的成熟经验。

6.2.2 斜井施工方法

6.2.2.1 斜井表土施工

斜井表土施工是指在表土段内的斜井掘进作业。斜井井口段多建在表土和风化岩层中，井口段的长度视表土层的厚度和斜井的倾角而定，通常将井口段延伸到基岩内3~5m。斜井井口段的施工方法随表土层性质、地表地形、斜井倾角、井口段形式不同而异。当井口位于山丘或丘陵地带时，可利用天然的山岗和山崖，施工比较简单，井口的露天工程量也小。当井口位于平坦地带时，表土层一般较厚，顶板不易维护。为保证施工安全和掘砌质量，在井口段施工时，先挖井口坑再进行井口段的掘进。待完成井口段永久支护后，再将表土回填夯实。

斜井表土施工包括井口坑和井段以下部分的施工。

井口坑的开挖方法有直壁明槽开挖法和斜壁明槽开挖法两种。前者适用于表土很薄或表土虽然较厚但土层稳定，为防止侧壁的可能塌陷，可在侧壁上部适当作成斜面。当表土不稳定时，为了保证施工安全，常采用斜壁明槽开挖法。井口坑的坑底坡度与斜井倾角保持一致。为便于砌筑，坑底宽度应比斜井掘进宽度加大0.6~1.0m，明槽深度应视表土的稳定程度而定。

斜井井口段以下表土施工方法，可根据表土性质、地下水情况、井筒倾角和断面大小等因素来选择。表土稳定和井筒断面较小时，可全断面一次掘进；井筒断面较大时，可采用导硐法掘进。当表土稳定性较差时可用板桩法掘进。此法是将板桩沿井筒顶板与两帮先后依次打入，形成超前于工作面的支护。板桩一般长约2m，每掘进0.5~0.8m架设临时支护，每掘进2~3m进行永久支护。在不稳定、涌水量大的地层中，可采用沉井法、降低水位法、混凝土帷幕法和冻结法等特殊施工方法。

6.2.2.2 斜井基岩段施工

斜井开挖是介于水平巷道和立井之间的一种开挖方法。当斜井倾角小于10°时，可视为水平巷道开挖；倾角大于45°时，可视为立井的开挖方法。

斜井基岩掘进与井筒支护的作业方式，可以根据围岩的特性、施工方法及施工期限等采用不同的方式，如采用掘砌单行作业或平行作业。掘砌平行作业就是在同一井筒中，使支护工作面与掘进工作面总保持一定的距离，跟随掘进工作面前进的同时进行永久支护。

这种作业方式能充分利用井筒空间，是加快成井速度、降低成本的有效措施，在岩层比较稳定、涌水量不大的斜井中被广泛采用。另外，该方法使得岩石暴露时间缩短，减轻了井巷围岩的风化程度。

斜井基岩掘进方法与水平巷道掘进施工方法大致相同，但由于斜井井筒具有一定倾角（一般小于30°），工作面容易积水，其施工方法与水平巷道相比具有自己的特点。设计时，凿岩爆破参数可参考水平巷道，但炸药单耗量及工作面单位面积的炮孔数应增加10%～15%。

斜井掘进要防止底板抬高，因此打底眼时必须排除工作面积水，使底眼与水平线夹角稍大于斜井设计角度，同时还要加密炮眼。

与水平巷道相比，斜井在施工时必须准确控制掘进方向，保证与斜井坡度一致，用激光光束高度来控制开挖面底板标高。为防止爆破等因素影响光束方向的准确性，斜井每掘进30～40m，用经纬仪测量一次坡度，并对激光光束加以矫正。

坡度尺放线法是根据斜井设计坡脚，制作两个直角边为2m长的三角尺。使用时，在坑壁或支撑立柱上，采用水平仪找平，选一个合适位置，布置钉子（或打锚杆），挂上坡度尺，当三角尺边水准气泡居中时，则斜边所示方向即为斜井坡度方向。用同样的方法向斜井下坡方向引伸5m左右，再挂另一个三角尺。两尺水准气泡全部居中后，用细麻绳紧贴两尺斜边拉紧，即可检查线下任意位置的开挖标高。

6.2.3 斜井装岩

与水平岩石巷道工程相比，斜井由于具有一定的角度，其装岩难度较大。水平巷道的移动式装运机械在斜井中无法使用，在斜井工程中，装岩机械为固定的或靠绞车移动。

目前斜井工程中常用的装岩机有耙斗装岩机、铲斗式斜井装岩机、正装侧卸式斜井装岩机。

6.2.3.1 耙斗机

耙斗机全称耙斗装岩机，又称耙装机、耙岩机。耙斗装岩机主要用于煤矿、冶金矿山、隧道等工程巷道掘进中配以矿车或箕斗进行装载作业，是提高掘进速度、实现掘进机械化的一种主要设备。

耙斗机在水平巷道和倾角小于35°的斜井内都能使用，适应性强，设备结构简单，制造容易，成本低，操作简单和易于维修。使用耙斗机容易实现装岩与凿岩平行作业，广泛应用于水平巷道和斜井施工中。

耙斗装岩机是通过绞车的两个滚筒分别牵引主绳，尾绳使耙斗做往复运动把岩石扒进料槽，至卸料槽的卸料口卸入矿车或箕斗内，从而实现装岩作业。耙斗装岩机主要由固定楔、尾轮、耙斗、台车、绞车、操纵结构、导向轮、料槽、进料槽、中间槽、卸载槽、电气部分、风动推车缸等部件组成。典型耙斗机如图6-28所示。

耙斗装岩机带有气动推车缸，矿车装满后，可用风动推车缸将重车推出，以减轻工人的劳动强度，缩短调车时间，提高掘进速度。耙斗机在斜井中的工作如图6-29所示。

耙岩机由于具有装载能力强、结构简单、使用效率高、适应性好的优点，在煤矿掘进工作面使用广泛。但在使用过程中，耙岩机由于导向轮设计结构不合理，还存在钢丝绳磨损严重、容易发生跳绳和断绳等安全隐患。通过现场实际调研，现场观察统计耙岩机使用

图 6-28 典型耙斗机

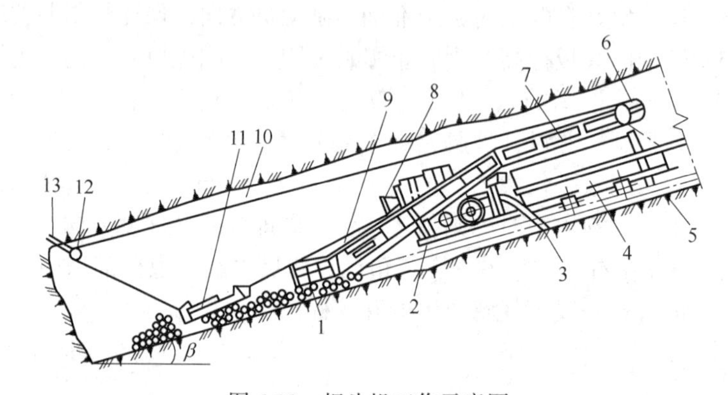

图 6-29 耙斗机工作示意图

1—挡板；2—操纵杆；3—大卡轨器；4—提升容器；5—支撑；6—导轮；7—卸料槽；
8—照明灯；9—主绳；10—尾绳；11—耙斗；12—尾绳轮；13—固定楔

情况，详细记录整个使用环节，总结耙岩机导向轮损坏程度与频率，以及钢丝绳磨损原因，同时实际测绘了耙岩机导向轮的结构，与耙岩机正规使用工艺结合，分析出导向轮在使用过程中存在的结构缺陷，最终制定出技术改造方案，对导向轮进行最大限度的改造。耙岩机导向轮结构的技术改造，提高了导向轮的使用寿命，减少了钢丝绳的磨损和导向轮的更换，缩减了成本，在使用过程中，能控制钢丝绳跳绳、断绳等现象，保证设备和人身安全。

6.2.3.2 铲斗装岩机

铲斗式装岩机由铲斗、刮板输送机和牵引绞车组成。其共有三台电动机作为动力，其中一台电动机控制铲斗的提起、放下和左右摇摆；一台带动刮板输送机工作；一台通过行星齿轮减速器完成提升、停止、下放三个动作。

铲斗装载机工作时，其后部先挂上矿车，在离岩堆 1~1.5m 处放下铲斗，开动行走电动机，操纵行走机构前进，利用机器前进的冲力，将铲斗插入岩石堆中，然后开动提升电动机，使铲斗边插入岩石堆边提升，直到装满铲斗。操纵行走电动机（或行走机构）反向运转，机器后退到岩石堆 1~1.5m 的地方停止，此时继续提升铲斗，使斗柄沿回转座两侧的导轨滚动，直至铲斗翻到铲斗装载机的末端位置碰撞缓冲弹簧，使铲斗内的岩石靠惯性抛出，装进铲斗装载机后面的矿车内。与此同时，关闭提升电动机，铲斗靠自重和反冲弹簧的反力，返回到原来的最低位置。典型铲斗式装岩机如图 6-30 所示。

图 6-30 铲斗式装岩机

6.2.4 斜井提升

斜井施工采用矿车和箕斗的提升方式。但是矿车提升有一系列缺点：每次提升的矿车数目不能太多，矿车容积不能太大，矿车的摘挂钩、调车和提升的休止时间次数多且时间长，另外易发生跑车事故。用箕斗提升可以克服这些缺点，因此使用箕斗提升越来越广泛。

现场采用的箕斗主要有前卸式和后卸式两种，箕斗斗容逐渐加大。典型前卸式箕斗结构如图 6-31 所示。

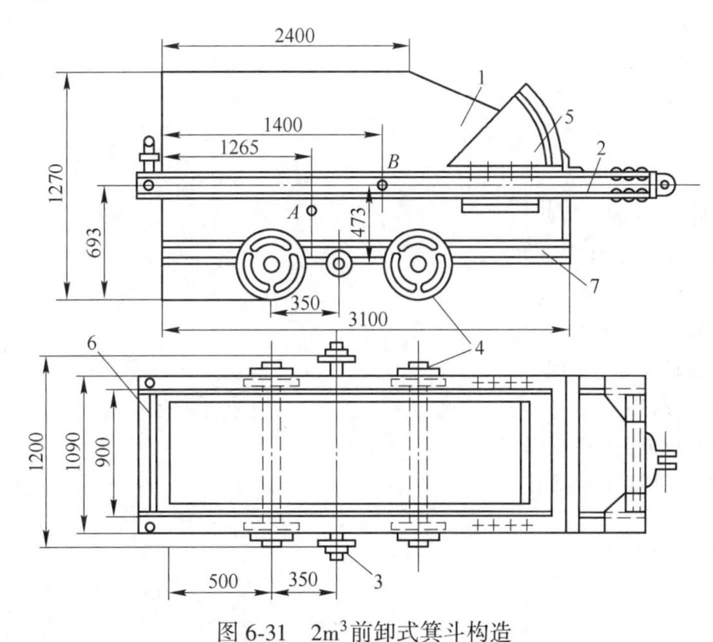

图 6-31 $2m^3$前卸式箕斗构造

1—斗箱；2—牵引框；3—卸载轮；4—行走轮；5—活动门；6—传动轴；7—斗箱底盘；
A—空箕斗重心；B—重箕斗重心

前卸式箕斗是由无上盖的斗箱 1、位于斗箱两侧由槽钢制成的长方形牵引框 2、卸载轮组 3、行走轮组 4、活动门 5 和传动轴 6 组成。牵引框 2 通过转轴与斗箱相连。活动门 5 与牵引框铆接成一个整体。

前卸式箕斗的卸载方式如图 6-32 所示。箕斗前轮沿圆轨道 1 行走，卸载轮则进入向上翘起的宽曲轨 2，箕斗后轮被抬起脱离原运行轨面，使斗箱围绕着转动轴相对于牵引框转动前倾而卸载。

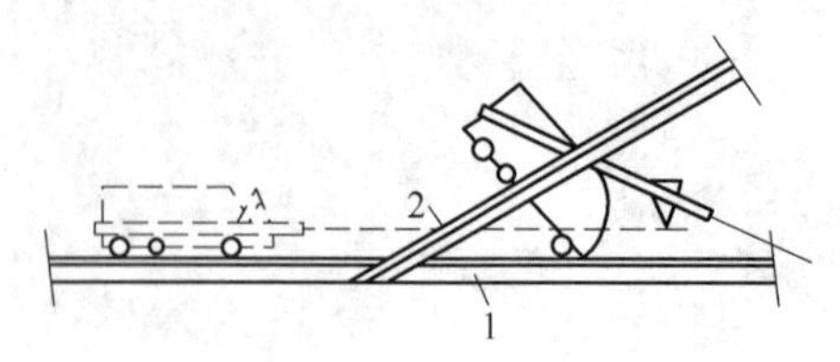

图 6-32 前卸式箕斗卸载方式

1—轨道；2—宽曲轨

斜井正常施工时，矿车或箕斗的提升运行很频繁。为了作业安全，必须装设防止非正常情况下跑车的安全挡车装置，特别是用矿车提升的情况下，安全挡车装置加倍重要，这是组织斜井施工十分重要的特殊问题。常用的安全挡车装置包括兜车安全绳、斜井井口阻车器、型钢挡车器、悬吊式自动挡车器等。

复习思考题

6-1 简述立井的定义及主要特征。

6-2 简述立井的结构、类型。

6-3 简述立井施工的基本工艺。

6-4 立井表土施工方法有哪些，如何选择？

6-5 简述锁口的类型。

6-6 表土提升方法主要有哪些？

6-7 立井基岩段施工工艺包括哪些？

6-8 如何选择立井基岩段施工工艺？

6-9 立井爆破掏槽方式如何分类？

6-10 抓岩机有哪些类型？

6-11 简述座钩式翻矸的工作原理。

6-12 立井砌壁的模板有哪几种？

6-13 立井施工设备布置包括哪些内容？

6-14 斜井施工的主要特点是什么？

7 辅助施工法

随着城市和工程规模的发展，一些地下工程不得不在复杂地质条件下修建，当围岩稳定和结构变形控制不能满足施工和环境安全时，需要对其进行处理。这种为了满足各种施工方法安全、快速施工、限制岩层沉降、防止坍塌所采取的各种方法统称为“辅助施工法”。

辅助施工法是针对饱和含水、松软、破碎等不良地层而提出的，其选择的正确与否直接关系到工程的成败和造价的高低，它是衡量施工应变能力的重要标志。辅助施工法已成为地下工程一个重要的内容。施工前需根据围岩条件、施工方法、进度要求、机械配套和工程所处环境等情况，优先选择简单的方法和同时采用几种综合辅助施工方法来加固岩层，确保不塌方、少变形。通常，辅助施工法有洞内外降低地下水位、地面加固地层、洞内加固地层（或工作面）、洞内防排水等。

本章主要介绍工艺技术性较强、工程中经常采用也是较为有效的冻结法、注浆法和混凝土帷幕法三种辅助施工法。

7.1 冻 结 法

冻结法是地下工程施工技术的重要辅助施工法之一。在开拓地下空间时，如遭遇不稳定地层或含水丰富的裂隙岩层，只要其地下水盐含量不大，且流速较小，就可以通过冻结法阻碍地下水，固结地层，从而达到便于施工的目的。

随着现代社会经济技术的发展，冻结法也逐渐变得成熟与完善，时至如今，不仅仅是英、美、日、俄等国在地下工程施工中广泛应用冻结法，我国也同样的将冻结法广泛应用到了地下工程施工当中并取得了重大的成功。自 1955 年我国首次应用冻结法至今，我国煤炭行业应用冻结法建成竖井 500 余个。而在广州市、上海市及北京市等各大城市的地下铁路及建筑的建设过程中，也广泛应用冻结法并收获了良好的效果。

7.1.1 冻结法概述

7.1.1.1 冻结法定义

冻结法是应用人工制冷的方法，将准备开挖的地下空间周围岩土中的水冻结为冰并与岩土胶结在一起，形成一个预定设计轮廓的冻结壁或密闭的冻土体，用以抵抗水土压力、隔绝地下水，并在冻结壁的保护下，进行地下工程的施工的方法。

冻结法实施后可改变岩土的性质，将含水地层（松散土层和裂隙岩层）在结冰温度下冷却，岩石裂隙或土孔隙中的水变成冰，岩土的性质发生决定性的变化。这一变化具有双重意义。

（1）材料：土体中水分冻结，提高一定范围内岩土的强度；降低一定范围岩土体渗透性——创造新工程材料。

(2) 结构：在普通结构内部构建了新的工程结构。

经过冻结后，岩土体的性质得到改良，之后可实现在施工期内提供承载（结构功能）和密封（材料功能）两种作用。

7.1.1.2　冻结法施工原理

冻结法是在地下工程开挖之前，先在准备开挖地下工程周围打一定数量的钻孔，孔内安装冻结器，然后利用人工制冷技术对地层进行冻结，使地层中的水结成冰、天然岩土变成冻结岩土，在地下工程周围形成一个封闭的不透水的帷幕——冻结壁，用以抵抗地压、水压，隔绝地下水与地下工程之间的联系，然后在其保护下进行掘砌施工。其实质是利用人工制冷临时改变岩土性质以固结地层。形成冻结壁是冻结法的中心环节，如图 7-1 所示。

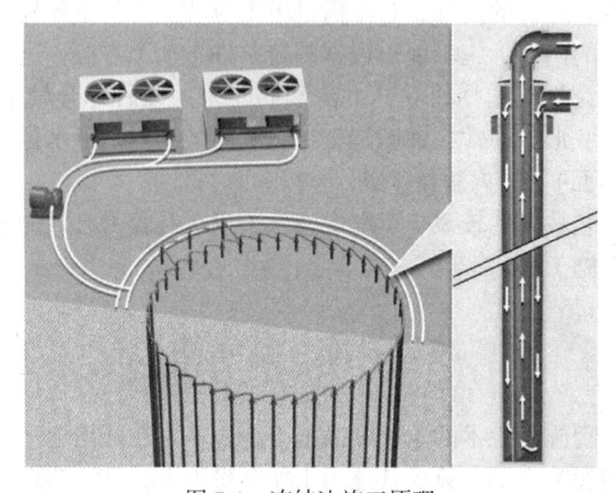

图 7-1　冻结法施工原理

7.1.1.3　冻结法优点

冻结法是一种环境友好的施工方法。冻结只是临时改变岩土的承载、密封性能，为构筑新的地下空间服务，施工完成后，根据需要可拔除冻结管，冻土将解冻融化，土将逐渐恢复到未冻结状态。冻结法不污染环境，是“绿色”施工方法，具有以下优点：

(1) 安全性好，可有效地隔绝地下水。

(2) 适应面广，适用于任何含一定水量的松散岩土层，在复杂水文地质（如软土、含水不稳定土层、流砂、高水压及高地压地层）条件下冻结技术有效、可行。

(3) 灵活性好，可以人为地控制冻结体的形状和扩展范围，必要时可以绕过地下障碍物进行冻结。

(4) 可控性较好，冻结加固土体均匀、完整。

(5) 经济上较合理。

7.1.1.4　冻结法的应用领域

根据国内外冻结法应用的现状，冻结法现如今广泛应用于以下几个领域：

(1) 煤矿井筒施工的冻结封水及临时支护。

（2）市政工程地下结构施工封水及临时支护。

（3）地铁车站及街区明挖施工的冻结临时支护和封水。

（4）地下水泵站施工的冻结临时支护和封水。

（5）水平隧道的冻结支护和封水。

（6）其他各类地下建筑基坑的冻结加固。

（7）交通建筑中水下基坑及桥梁基础施工的冻结支护等。

7.1.2 冻结法分类

可用来获得低温的方法很多，一般有以下几种：相变制冷（气-液-固）、蒸气压缩制冷、吸收制冷及热电制冷。

7.1.2.1 相变制冷

相变是指物质固态、液态、气态三者之间变化过程。在相变过程中要吸收或放出热量。相变制冷就是利用物质相变时的吸热效应，如固体物质在一定温度下的融化或升华、液体汽化。最常用的相变制冷包括液氮制冷和干冰（固态二氧化碳）制冷。

7.1.2.2 热电制冷

热电制冷又称温差电效应、电子制冷等，它是建立在珀尔帖效应原理上的。

1834 年，珀尔帖发现当一块 N 型半导体（电子型）和一块 P 型半导体（空穴型）连成电偶时，在这个电路中接上一个直流电源，电偶上有电流通过时，就发生了能量转移，在一个接头上吸收热量，而在另一个接头上放出热量，如图 7-2 所示。

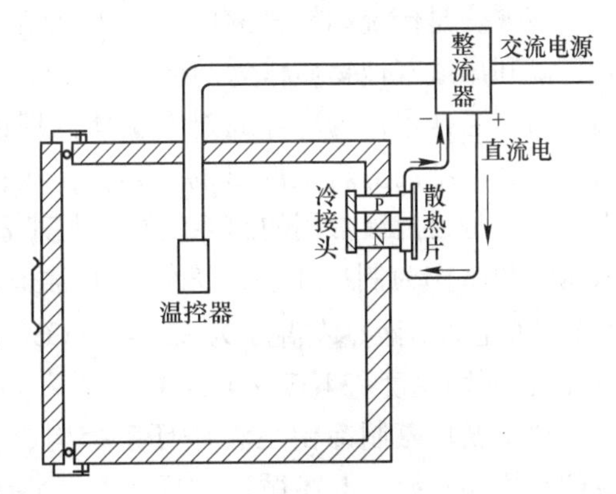

图 7-2 热电制冷原理

7.1.2.3 蒸气压缩制冷

蒸气压缩制冷和气体压缩制冷同属于压缩式制冷循环，它是以消耗一定量的机械能为代价的制冷方法。压缩制冷是最常用的制冷方式。由于气体压缩制冷过程中制冷剂不发生相态变化，无潜热利用，其单位制冷量小，要提供一定制冷量，则需相对大的设备。蒸气压缩式制冷采用在常温下及普通低温下即可液化的物质为制冷剂（如氨、氟利昂等）。制冷剂在循环过程中周期性地以蒸气和液体形式存在。

蒸发器中产生的低压制冷剂蒸气在压缩机中被压缩到冷凝压力，经冷却水、空气等介质冷却后变成液体，再经节流阀膨胀到蒸发压力成为气、液两相混合物，温度降到饱和温度，在蒸发器中蒸发，吸收热量而制冷，汽化后的蒸气被压缩机吸回，完成一个循环。

7.1.2.4 吸收式制冷

吸收式制冷是利用溶液对其低沸点组分的蒸气具有强烈的吸收作用，而在加热状态下，低沸点组分挥发出来的特点达到制冷目的。

吸收式制冷采用的工质是由低沸点物质和高沸点物质组成的工质对，其中低沸点物质为制冷剂，高沸点物质为吸收剂。

吸收式制冷不同于压缩式制冷，它是用热能替代机械能来完成冷冻循环的。吸收式制冷系统还可以使用天然气、液化石油气、蒸气或电加热器作为能源。

目前广泛使用的是溴化锂水溶液吸收式制冷机，如图 7-3 所示。水为制冷剂，溴化锂为吸收剂，用来制作 0℃以上的冷源发生器。1 个大气压下，溴化锂的沸点 1265℃，水的沸点 100℃。因此，在溴化锂水溶液上方的蒸气几乎全部为水蒸气，而溴化锂对水的吸引力很强，这使得溶液面上方水蒸气饱和压力比相同温度下水的饱和蒸气压低很多。在这样低的压力下，水就可以在比常温低的温度下蒸发，吸收热量，达到制冷的目的。

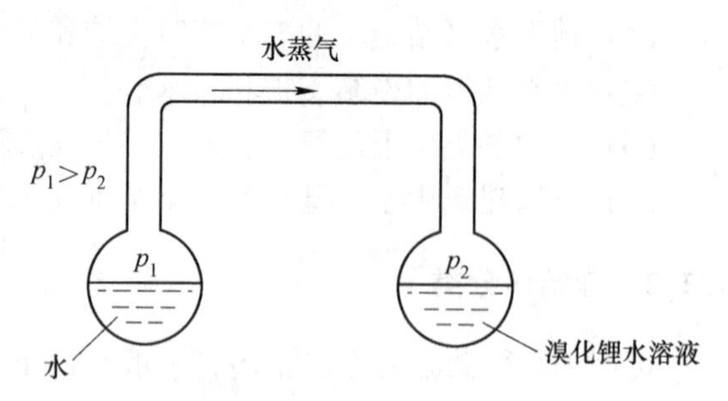

图 7-3　溴化锂水溶液吸收式制冷技术

7.1.3　主要冻结方法

7.1.3.1　盐水循环氨制冷冻结法

该方法是传统和较普遍的人工土冻结法，是典型的蒸气压缩制冷方式。其原理是以氨、氟利昂或其他物质作为制冷工质进行压缩、节流膨胀的反复循环作功，将盐水降至负温，由负温盐水作为冷媒通过在土体内埋设的管道循环，将冷量传递给需要冻结的岩土层，达到冻结局部岩土的目的。其中，氨具有容积制冷量大，价格低廉，容易获取的优点，因此是目前最常用的制冷工质，尤其适用于大中型制冷机，小型冻结制冷系统中一般采用氟利昂作为制冷工质。冻结法通常采用氯化钠（$CaCl_2$）溶液作冷媒剂（常称为盐水）。氯化钠溶液蒸发温度为-25～-35℃，溶液密度为 1.25～1.27g/cm^3，波美度为 29～31°Be，凝固温度-34.6～-42.6℃。

盐水循环氨制冷由三大循环系统构成：氨（或氟利昂）循环系统、盐水循环系统、冷却水循环系统。上述循环构成热泵，将地层热量通过制冷机排到大气中，如图 7-4 所示，图中，Q_0为地层热量，L_0为压缩作功，Q_K为冷凝热量。

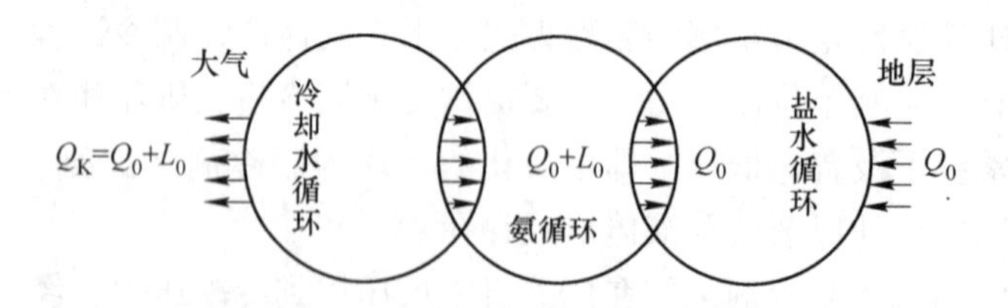

图 7-4　三大循环过程中热量流动

氨制冷原理和工艺过程如图 7-5 所示。

（1）盐水循环：盐水吸收地层热量，在盐水箱内将热量传递给蒸发器中的液氨。

（2）氨循环：液氨变为饱和蒸气氨，再被氨压缩机压缩成过热蒸气进入冷凝器冷却，高压液氨从冷凝器经储氨器，经节流阀流入蒸发器，液氨在蒸发器中气化吸收周围盐水的热量。

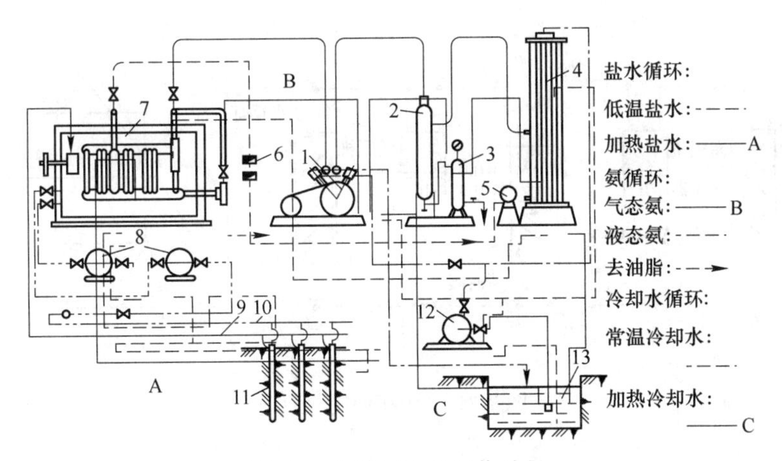

图 7-5 制冷原理和工艺过程

1—氨压缩机；2—氨油分离器；3—集油器；4—冷凝器；5—储氨器；6—调节阀；7—蒸发器；8—盐水泵；9—集液管；10—配液管；11—冻结管；12—冷却水泵；13—水池

(3) 冷却水循环：冷却水在冷却水泵、冷凝器和管路中的循环称为冷却水循环。它将地热和压缩机产生的热量传递给大气。

制冷循环是由蒸发器、氨压缩机、冷凝器和节流阀构成系统，工作过程如图 7-6 所示。

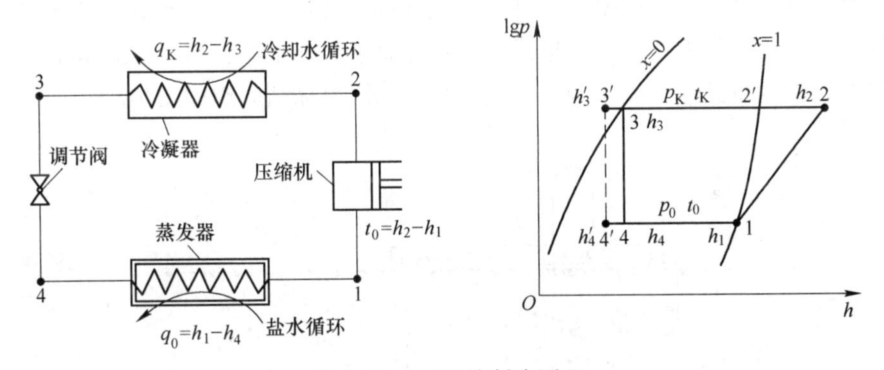

图 7-6 一级压缩制冷原理

(1) 饱和蒸气氨（1）→压缩机等熵绝热压缩→高温、高压过热蒸气氨（2）；

(2) 高温高压过热蒸气氨（2）→冷凝器等压冷却→高压常温液态氨（3）；

(3) 高压常温液态氨（3）→节流阀等焓降压→低压液态氨（4）；

(4) 低压液态氨（4）→蒸发器等压蒸发，吸盐水热量→饱和蒸气氨（1）。

上述循环为一级压缩制冷原理，通过周而复始循环，可获取-25℃左右的低温盐水。

-25℃低温盐水一般不能满足大型岩土工程的需要，若需要更低的蒸发温度，则需采用二级压缩制冷。二级压缩制冷本质就是增加中间冷却器，用一级制冷蒸发温度冷却，如图 7-7 所示。

7.1.3.2 液氮冻结法

液氮制冷属于相变制冷的典型方法，利用液氮在气化过程中吸收大量的热，达到制冷的效果。由于液氮气化温度为-195.8℃，它在冻结器内气化，冻结速度可比盐水冻结提

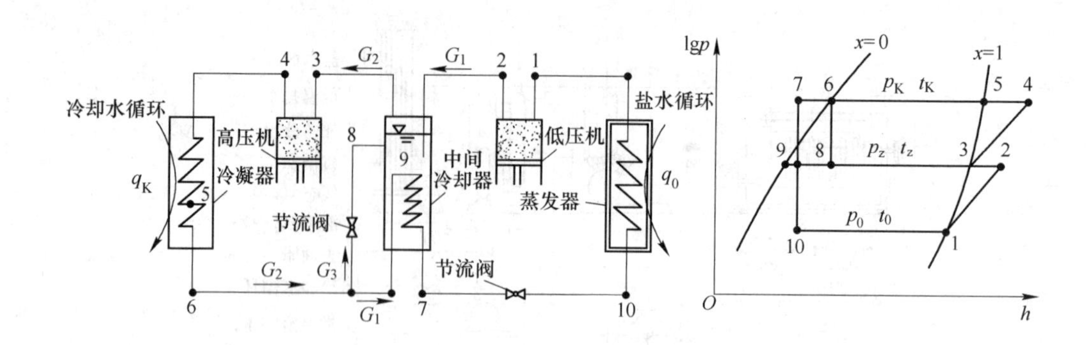

图 7-7 二级压缩制冷原理

高 9~10 倍，故得名超低温冻结。

液氮冻结取消了三大循环系统，不需冻结站，只需液氮冻结设备，即储存槽、输送槽车和管路，安装较易，组织管理工作简化，为某些工程的堵水、抢险和处理紧急事故提供了新手段。液氮冻结是冻结施工的一种新技术。

液氮冻结工艺流程十分简单。液氮由制取装置生产，经汽车（或火车）的槽车运至施工地点，注入冻结器中的液氮供液管，在冻结管空间气化，吸收周围土壤的热量，使土壤冻结。液氮气化吸热后，逸出冻结管，经氮气排出管路放空。随着液氮的气化、挥发和不断向冻结管供给新的液氮，直至形成符合设计要求的冻土墙，即可开掘施工。在掘砌过程中，继续供给少量液氮，以维护冻土墙的强度。液氮冻结原理如图 7-8 所示。

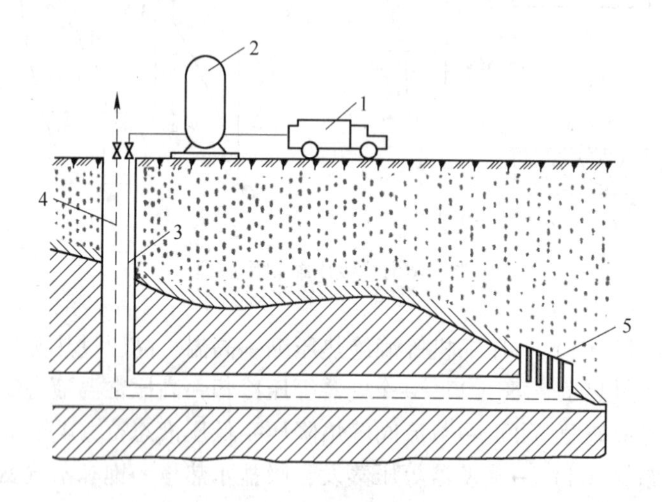

图 7-8 液氮制冷原理

1—地面槽车；2—储氮罐；3—管路；4—回气；5—冻结器

7.1.3.3 干冰冻结法

干冰冻结法的原理就是二氧化碳的凝固点非常低，常温常压状态下立即由固体变气体，升华需要吸收大量的热，导致周围气温急速下降。干冰是固态的二氧化碳（CO_2），它是一种良好的制冷剂，广泛应用于实验研究、食品工业、医疗、机械加工和焊接等方面。干冰的平均相对密度为1.56g/cm^3，它在化学上稳定，对人无害，在大气压力下升华温度为-78.5℃，升华潜热为573.6kJ/(kg·K)。

干冰可溶于难冻液体，并可使混合物温度降至-100℃，若周围温度下降、水的流速加快，可使干冰升华温度降低。干冰由于其自身的理化性质，可作为固体制冷工质。干冰升华温度低，可直接用于吸收地层热量冻结地层。干冰冻结不需制冷机、制冷循环系统、电、水等，操作简单安全，冻结时间短，可采用直接制冷、加不冻液、加压气等工艺加速制冷。

干冰制冷已得到一些国家的重视和研究，并已成功应用到一些岩土工程中，我国也开始了这一方向的研究。

7.1.3.4 混合冻结

混合系统较多采用盐水液氮混合冻结，前期用液氮快速冻结，后期用盐水维持。

7.1.4 主要冻结方法的技术指标

主要冻结方法的技术指标见表7-1。

表7-1 冻结方法的技术指标

冻结方法	盐 水	液 氮	干 冰	混合（盐水加入乙二醇）
制冷温度/℃	-10~-35	-60~-150	-20~-70	-40~-70
土层	任何含水地层	任何含水地层	任何含水地层表面	任何含水地层
地下水流速 v/m·s^{-1}	≤5.7×10^{-5}	不限	不能有动水	少量动水
冷量 Q/kg·m^{-3}	估算 Q=1.3.π.d.H.K	460	600	估算 Q=1.3.π.d.H.K
制冷效率/%	30~50	50	70	60
冻土速度/cm·d^{-1}	2	20	10	3

注：d为冻结管外直径，m；
H为冻结管深度，m；
K为冷量损失系数，一般K=1.1~1.2。

7.1.5 冻结法设计原则

7.1.5.1 先期准备工作

在进行冻结设计之前，有必要评价有关施工环境的要求以及冻结方法的适应性等，这是冻结设计的基础。

在施工环境方面，应首先确定允许沉降和水平位移的量值，允许震动的可能性，噪声的大小，控制冻胀的范围和量值，冻结钻进的可能位置，施工场地条件，施工工期和时间。

在工程条件方面，通过理论计算或试验的手段，确定冻结壁功能（密封或承载），冻结壁形状与尺寸，地层特征、分层，地层初始温度及变化，土性，粒径、密度、塑限与液限、含水量、饱和度，土的热参数的获取，经验或试验，可能产生冻胀的土层，地下水的水位变化波动范围、流速、方向，地下水的含盐量，冻土的强度和变形性质等。

在技术方法方面，应提前确定冻结制冷方式，如制冷机、液氮或其他冻结方式等。

7.1.5.2 设计工作内容

进行一项技术可行、经济合理的岩土冻结工程的前提是在冻结施工前进行冻结设计。

以蒸气压缩制冷为例，工程意义上的冻结项目的设计工作包括：冻结壁结构形式、支护方法、冻结方案、冻结壁尺寸、冻结管布置、冻结过程、冻结时间、冻结系统、冻结设备、监测等。

设计冻结壁结构形式时，需考虑如下因素：地质、水文地质条件，满足工程强度和(或）密封需求，方便施工，节省投资。

临时支护方法为纯冻结或者与其他加固方法组合。

冻结方案通常包括一次冻结、分期冻结及局部冻结等。

确定冻结壁尺寸时，需要确定外载荷、平均温度、试验冻土强度并计算冻土结构强度与稳定性。

冻结管的布置形式通常有垂直、倾斜、水平、混合四种，根据工程需要确定冻结管的深度和间距。

进行冻结系统设计时，首先要选择合适的制冷剂和冷媒剂的类型，然后根据工程实际情况计算制冷量，进而对制冷系统进行设计，选择合适的制冷设备。

进行冻结工程时，还需要进行实时的监测，监测内容包括温度、变形、压力等，应选择合适的传感器和监测系统。

7.1.6 冻结施工方案

进行冻结时，应先根据工程所处的工程地质和水文条件制定实施方案。确定冻结深度、冻结时期、冻结范围等内容，是冻结法实施前要解决的首要技术问题。

7.1.6.1 一次冻全深方案

一次冻全深方案是在一段时间内将冻结孔全深一次冻好，然后掘砌地下工程的方法。这种方案应用广泛，适应性强，能通过多层含水砂层。其不足之处是深部冻结壁和浅部冻结壁厚度相差大，要求制冷能力大。若冻结壁扩至井帮后开挖，势必延长冻结时间和下部冻结壁过多地扩入井内，增加掘进困难；若冻结壁未扩至井帮就开挖，容易引起片帮，影响井壁质量和施工安全。一般当上部含水砂性土层较多和稳定性较差时，可采用异径冻结管冻结、双供液管冻结和双圈冻结管冻结，以缩短冻土扩至井帮的时间，提前开挖以及后期减少下部冻土挖掘量和上部冷量损失，取得较好的技术经济效果。

7.1.6.2 分段冻结方案

当一次冻结深度较大时（>200m），为避免使用更多的制冷设备，将冻结段分为数段，称为分段冻结方案。一般分为上、下两段，先冻上段后冻下段，待上段转入消极冻结时再冻下段。该方案适用条件如下：

(1) 当冲积层较厚，中部有较好的黏土隔水层，可作为分段冻结的止水底垫；

(2) 冻结基岩段占冻结总深度的比例较大，且在适宜的深度有一定厚度的隔水层可作为分段冻结的止水垫。

该方案冻结需冷量小，所需设备少，冻结费用少，可以合理使用冷量，加快上部的冻结速度。上段的掘砌与下段冻结可平行进行，为下段少挖冻土提供了条件，可提高掘进速度。但该方案要估算和安排处理好上段凿砌速度和下段开冻时间的关系，否则会造成下段冻结壁的厚度和强度减少，以及分段冻结分界面的温差较大，容易引起冻结管断裂。

实施分段冻结时，应注意以下事项：

（1）在设计冻结需冷量时，应将盐水干扰区（长13~15m）的冷量损失计算在内。

（2）下段掘砌段高不宜过大，防止冻结壁变形过大引起冻结管断裂。

（3）冻结管的壁厚应大些，以防温差应力引起冻结管破裂。

（4）上段掘砌速度与下段冻结壁的形成时间要紧密配合，各冻结器的需冷量均衡，以达到最佳的技术经济效果。

7.1.6.3 差异冻结方案

如果表土上部为含水丰富的不稳定地层，而下部为厚度很大的风化岩层或厚度不大但裂隙发育、涌水量大的基岩，可以采用差异冻结方案。差异冻结也称为长短管冻结，冻结管分长短两种，间隔布置，长管进入不透水层5~10m，短管进入风化带或裂隙岩层5m以上。下部孔距比上部大一倍，因此上部地层供冷量比下部地层多一倍。上部冻结壁形成得快，利于早日进行上部掘砌工作。待上部掘砌完后，恰好下部冻好。这样可以少挖冻土，合理利用冷量，少打钻孔，加快施工速度，降低凿井成本。

差异冻结方案具有以下特点：

（1）冻结管采用长短管间隔布置，下部长管间距较上部冻结管的孔间距大一倍。为使上下段冻结壁的交圈时间和厚度相适应，可适当加大长管的供液管直径，采用正循环，而短管采用反循环。

（2）上部利用长短管共同冻结，尽快形成冻结壁，给工程提前开挖创造条件，下部由于冻结管间距大，冻结壁较薄，减少了下部的冻土挖掘量。

该方法适用条件如下：

（1）上部为含水丰富的冲积层，下部为风化带及其附近基岩，含水量较大，需要冻结，但地压、水压不大。

（2）冲积层以下的基岩厚度占井筒总深度的比例小，且与冲积层有水力联系。

（3）必须控制长管孔底间距，保证开挖到短管底段前长管部分的冻结壁强度满足施工要求。

7.1.6.4 局部冻结方案

当冻结段上部或中部有较厚的黏土层，而下部或两头需要冻结时；或者上部已掘砌，下部因冻结深度不够或其他原因，出现涌水事故时；或在采用普通法、插板法或沉井法施工而局部地段突然涌水冒沙、冻结设备不足或冷却水源不够时，均可采用局部冻结方案。实施局部冻结主要是改变冻结器的结构。常用的冻结器结构如图7-9所示。

图7-9（a）（b）均可用于下部冻结而上部不冻结的情况，交界面可设隔板，如果不设隔板可在上部充入压缩空气或灌入不流动的盐水。上下冻结、中间不冻结时可用图7-9（c）所示的冻结器。局部冻结器的结构比一次冻结器的结构稍复杂一些，但从综合冻结成本来看，它比较经济合理。

7.1.7 氨-盐水冻结法施工步骤

一般讲，用氨-盐水循环制冷系统进行冻结工程施工主要由三大部分组成，即冻结站安装、冻结孔施工及地层冻结。

7.1.7.1 冻结站安装

（1）冷冻站位置。冷冻站位置的确定以供冷、供电、供水、排水方便为原则，同时，

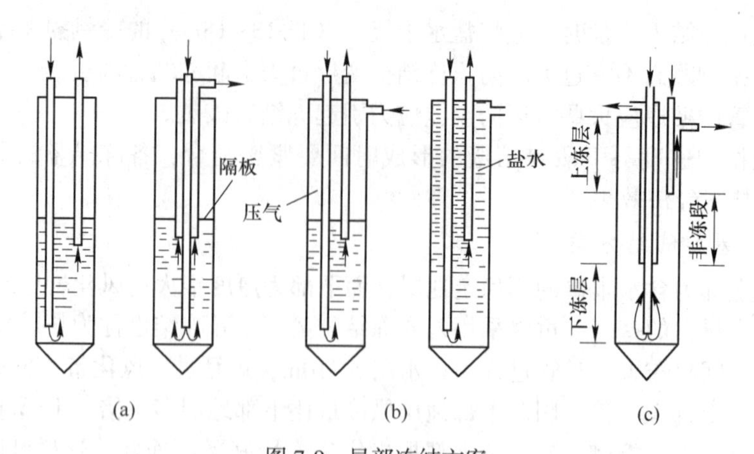

图 7-9 局部冻结方案

(a) 隔板式；(b) 压气或盐水隔离式；(c) 隔段式

应不影响井口凿井设备布置和永久建筑施工，尽量少占地。为了减小冷量损失，冷冻站应尽量靠近井口，当冷冻站仅为一个井筒冻结服务时，其距离以 30~50m 为宜。当冷冻站为两个井筒冻结服务时，冷冻站应设在两井筒的中间，距各井口 50~60m。除考虑上述因素外，冷冻站的位置还应该符合防火、通风等安全规程。

（2）冷冻站设备布置。冷冻站设备分站内、站外两大区域布置。通常，站内区布置蒸发器（盐水箱），朝向井口，接着是低压机、氨液分离器、中间冷却器和高压机。站外区布置集油器、油氨分离器、储氨器和冷凝器。冷却水池在冷凝器的外侧。

（3）冷冻站安装程序。冷冻站安装与钻冻结孔同时进行。在设备安装中应格外重视氨压缩机的安装质量，其混凝土基础要严格照规程施工。其他设备均应按各自的施工技术质量标准进行安装。冷冻站施工程序可按图 7-10 所示进行。

（4）管路耐压密封试验。冷冻站安装完毕后，应进行耐压、密封试验。试验前，压缩机空载及负荷运转累计时间不得小于 24h，合格后，可对氨循环管路压风吹洗，清除管内碎屑杂物，再进行耐压密封试验。试验分压气和真空试漏两种。压气试漏时间为 24h，起初 6h，由于压气冷却，允许压降为 0.02~0.03MPa，以后 18h 内若压力不再下降则耐压合格。一般试压的压力为正常工作压力的 1.5 倍。之后再进行真空密封性试验。其方法是将管路抽成真空度 0.0973~0.1013MPa，若 24h 后，管路的真空度仍保持在 0.0932MPa 以上，则视为合格。

（5）管路保温。管路耐压密封试验合格后，应对低压管路进行保温绝热处理。经保温处理后，一般冷冻站管路和盐水管路冷量损失约占总制冷量的 25%。我国现场习惯使用棉花作管路保温材料，外缠塑料薄膜，其主要优点是拆装方便，并可复用。

（6）灌盐水及充氨。根据设计的密度配制盐水。冻结管中的清水因其密度小于盐水密度，在灌注盐水时将自动排出，应注意经常放出管路内的空气，使管内全部充满盐水，蒸发器内的盐水液面应高出主管 200mm。在灌盐水时，严禁高浓度盐水洒入冻结管内，以防堵管。经常开动盐水泵循环盐水，防止盐水结晶析出。

灌完盐水后才能充氨，充氨前，先将低压系统抽成真空，液氨则会自行流入管内，当管路压力与氨瓶内压力相等时，再靠压缩机充氨，直至设计充氨量为止。

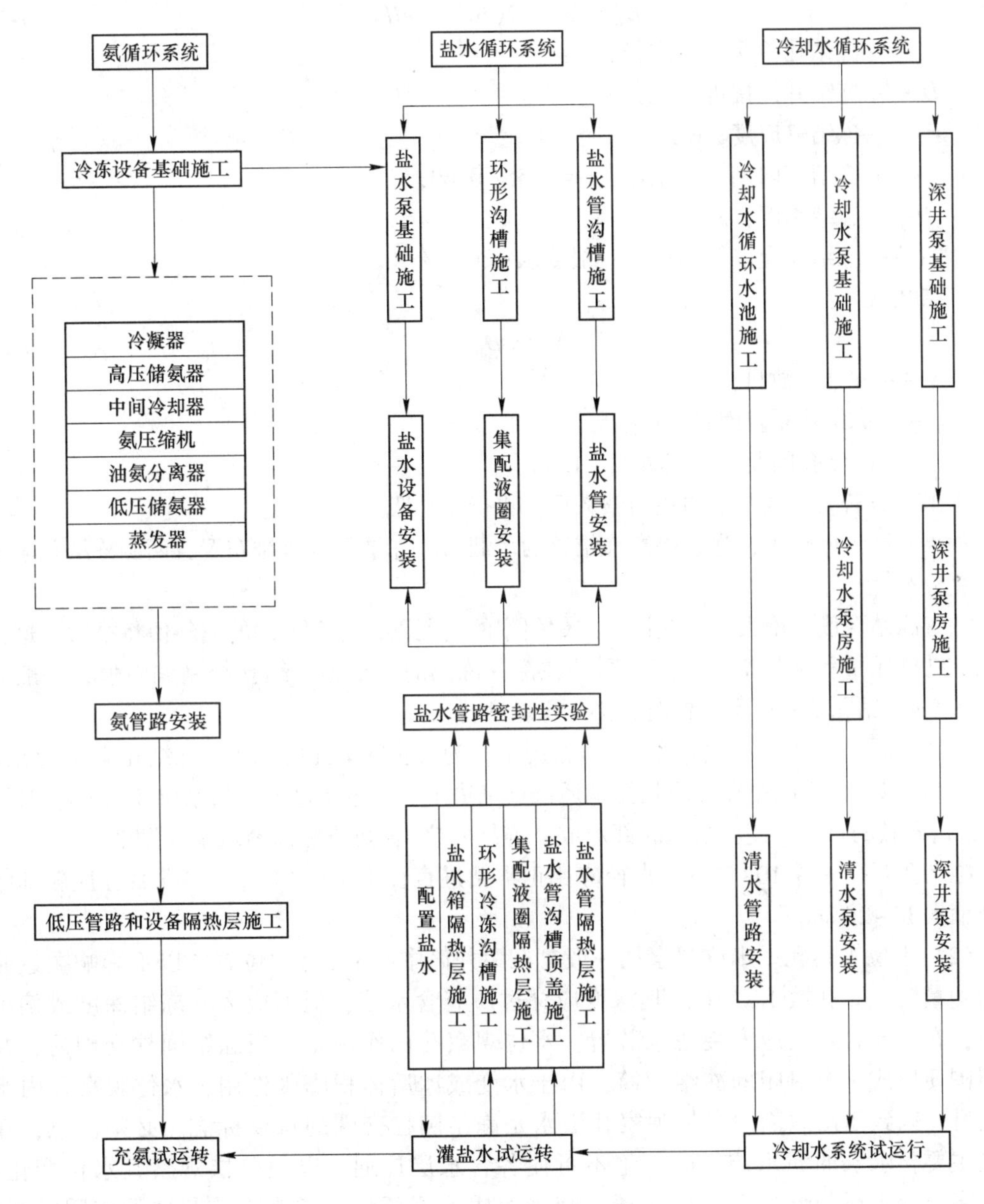

图 7-10 冷冻站安装程序

（7）水源井位置。冷却水水源井位置在冻结法施工中至关重要。为避免人为加大地下水流速，影响冻结壁交圈，水源井的布置应使冻结井筒在其降水漏斗影响范围以外。除此，水源井还应位于地下水流的上游。一般水源井应距冻结井筒 300m 以上，两水源井间距不小于 150m。水源井个数应视冷却水补充数量决定，一般不少于 2 个。

7.1.7.2 钻孔施工

A 钻孔布置

（1）冻结孔。冻结孔大都布置在与井筒同心的圆周上，其圈径大小依冻结井筒掘进直径、冻结壁厚度、冻结深度及钻孔允许偏斜率而定。布置冻结孔的圈径可按式（7-1）计算：

$$D_o = D_j + 2(\eta E_d + eH) \tag{7-1}$$

式中 D_o——冻结孔单圈布置圈径，m；

D_j——冻结井筒掘进直径，m；

E_d——冻结壁厚度，m；

η——冻结壁内侧扩展系数，$\eta = 0.55 \sim 0.60$；

H——冻结深度，m；

e——冻结孔允许偏斜率，一般要求 $e < 0.3\%$。

冻结孔数目：

$$N = \pi D_o / L \tag{7-2}$$

式中 N——冻结孔数目，个；

D_o——冻结孔布置圈径，m；

L——冻结孔间距，一般 $L = 1 \sim 1.3$m。

本出孔数若为小数，则调整为整数后，再确定孔距。

如果冻结深度较大，为了提高冻结壁的承载力，冻结孔可双排布置，两圈冻结孔应相间交错分开。

随着冻结深度的增大，在允许一定偏斜率的情况下，井筒下部的偏斜值将很大，这将影响冻结壁质量和延长交圈时间。国外在深井冻结时，给出冻结孔控制偏斜值，一般为0.5~1.0m。钻孔偏斜值不合格时，必须重新钻孔。

冻结孔深度取决于冻结深度，一般情况下，为防止冻结孔底沉渣，冻结孔应较冻结深度大0.5m以上。而冻结深度应根据地质条件来决定，一般要进入不透水层5~15m，甚至20m，这样做的目的是使冻结壁底部形成“冻结底垫”，防止底部透水事故发生。

冻结孔开孔（深10~20m）直径应比正常钻进直径大20~40mm。终孔直径应较冻结管外箍大15~20mm。

（2）水位观察孔。水位观察孔一般打在距井筒中心1m远的位置，以不影响掘进时井筒测量为宜。孔数1~2个，其深度应穿过所有含水层，但不应大于冻结深度或偏出井筒，在主要含水层应安装滤水装置。水位观察孔的作用是：当冻结圆柱交圈后，井筒周围便形成一个封闭的冻结圆筒，由于水变成冰后体积膨胀作用，水位观察孔内水位上升，以致溢出地面。水位观察孔溢水是冻结圆柱交圈的重要标志。必须注意，在安装主要含水层的滤水装置时，绝不可使各含水层连通，以便分层观察其水位变化。如果高压含水层与低压含水层沟通，则将形成地下环流，影响冻结圆柱的交圈时间，若环流流速过大，则可能不交圈。倘若在预计交圈时间仍不交圈，要全面分析不交圈的原因，并及时处理。

（3）测温孔。为了确定冻结壁的厚度和开挖时间，在冻结壁内必须打一定数量的测温孔，根据测温结果分析判断冻结壁峰面即零度等温线的位置。一般测温孔应打在冻结壁外缘界面上，根据冻结孔偏斜情况，也可打在偏斜最大的两孔之间，或打在难以冻结的需要控制观察的主要含水层中。测温孔数量根据需要而定，一般3~4个，其允许偏斜率与冻结孔相同。我国现场常用铜-康铜热电偶测温。

B 冻结孔钻进

我国均使用旋转钻机打孔。常用的钻机有XB-100A、红旗1000、THJ-1500、SPJ-300

及 DZJ500-1000。其中 DZJ500-1000 是为打冻结孔和注浆孔设计的专用钻机，属旋转转盘钻机，有较高的打垂直孔的性能。钻机配用镶合金钢钻头、三翼钻头和牙轮钻头。

开钻前，先在井口修筑一个带有轨道的环形平台，平台基础是一个灰土盘。钻机底盘在平台上对称布置并能沿轨道滑动。打好一个孔，钻机底盘可自行移动，定位后再打另一个孔。开孔 5~6m 后在孔内下套管固井，然后继续钻进。钻孔时孔内循环泥浆，以排出岩渣和维护孔壁，地面泥浆池的体积为 40~60m^3。

C 测斜方法

打钻过程中，钻孔容易发生偏斜，对此，应树立“防偏为主，纠偏为辅”的指导思想。在打钻过程中应经常测斜，并根据钻孔偏斜情况及时处理。目前无论使用何种测斜仪均是测得孔长、钻孔倾角和方位，然后计算钻孔偏斜率。常用的三种测斜仪是灯光测斜仪（适用于浅孔）、磁性单点测斜仪和陀螺测斜仪。

D 纠偏

钻孔偏斜原因很多。

（1）客观原因：地层软硬不均、倾角大小不同，地层内有裂隙、空洞或有卵石层等，均可影响钻孔偏斜。

（2）主观原因：操作技术原因、导向管安装不正、钻机主轴不正、钻杆弯曲、钻压过大、孔内有落物、泥浆质量不好等均可引起钻孔偏斜。

纠偏钻具也称定向钻具，有涡轮钻具和戴纳（Dyna）钻具两种。戴纳钻具是其中较好的一种。戴纳钻具由定子（外壳）和转子两部分组成。定子上连斜向器。转子是一条蛇状轴，在高压泥浆冲击下顺时针旋转，通过万向联轴节带动力轴驱动钻头破岩。定子所受的反扭矩，由钻杆传到地面的转盘。戴纳钻具利用定子和转子间形成很小的夹角（由斜向器提供），给转子施加偏心力，使钻头向所需方向钻进，达到纠偏目的。

E 冻结管安装

冻结管安装顺序是打好一个钻孔（经下放、连接）安装一个冻结管。冻结管的安装总长度应不小于其设计深度 200mm。冻结管经耐压试漏合格后，方可安装供液管、回液管与集/配液圈等，构成盐水循环系统。

7.1.7.3 地层冻结

从开始冻结到冻结壁达到设计要求厚度的积极冻结期间，主要任务是保证冷冻站正常运行，以期尽速形成冻结壁，给井筒开挖创造一个良好的工作条件。在此期间应做好以下几项工作：

（1）一、二级压缩制冷混合系统的合理使用。一、二级压缩制冷混合系统又称串联双级压缩制冷系统。为了实现一、二级压缩制冷的调节变动，在二级压缩制冷的基础上，增加了 1~4 四个阀门，如图 7-11 所示。正常工作时为二级压缩制冷，即关闭阀门 1、2，打开阀门 3、4 及节流阀 5、6；若改为一级压缩制冷时，应先关闭阀门 3、4，打开阀门 1、2，同时关闭节流阀 5。该系统的优点在于能够根据工程要求很方便地更改制冷系统，均衡冷量供应。例如积极冻结初期，盐水温度与地层温差大，冻结器内热交换强烈，可使用一级压缩制冷系统。随着冻结时间的推进，冻结器内外温差减小，为了进一步提高热交换强度，降低盐水温度，可改为二级压缩制冷系统这样可以充分适应热负荷需要，提高冷冻站的热效率。特别是在积极冻结期的后期，二级压缩制冷的盐水温度可降至-34℃左右，这对加快冻结速度是非常有益的。

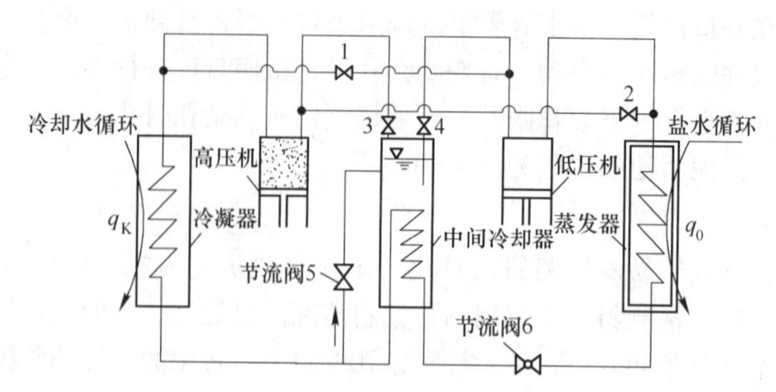

图 7-11 一、二级压缩制冷混合系统原理

1~4—阀门；5，6—节流阀

（2）正、反盐水循环的合理使用。通常冻结法施工采用正盐水循环达到形成冻结壁的目的。由于供液管底部出口盐水温度低于回液管出口温度，所以形成的冻结壁厚度是下厚上薄，待上部冻结壁达到设计厚度时，下部冻结壁已冻入井筒或冻实井筒。冻结期间灵活使用正、反盐水循环，可以达到既能提前开挖，又不挖或少挖冻土的目的。

例如，在深井冻结时，深部地温较高，可先用正循环，而后改用反循环；浅井冻结时，由于地层上下温差不大，初期使用反循环，后期使用正循环，便能达到既可提前开挖井筒，又不挖冻土的目的，以利于加快建井速度。

（3）去、回路盐水温差及流量观察。积极冻结初期，去、回路盐水温差较大，但随着冻结壁的形成，冻结器内盐水与冻土之间的热交换强度降低，去、回路盐水温差减小，并趋于稳定。冻结深度在100m以内时，去、回路盐水温差在2~3℃，而冻结深度大于100m时，其温差为3~4℃。

为了观察每根冻结管内盐水是否漏失及其漏失情况，应在去、回路盐水干管和供液管与回液管上安装流量计。

（4）温度测量。在冻结过程中，应有专职温度测量人员，定时测温。根据测温结果，求出冻结壁峰面（即0℃面）的位置。为了提供可靠测温数据以确定开挖时间，可以应用铜-康铜热电偶测温，也可采用微机测温系统，以实现数据处理的自动化。

（5）水位观察孔中水位变化情况观察。当冻结壁形成一个封闭的冻结圆筒之后，水位观察孔将稳定持续冒水。但随着地层温度下降，水位观察孔中的水位可能会暂时下降，但随后不久，因冻结壁向内扩展和水结冰后体积膨胀，井筒内地下水位沿水位观察孔上升，冒出。如果在预定交圈时间仍不冒水，即应根据测温资料分析原因，及时处理。为了不影响水位观察孔的正常观察工作，冻结壁交圈前不宜安排锁口施工。

（6）开挖时间的确定。通过综合资料分析，如果水位观察孔内水位明显上升并溢出地面，测温孔中测得的冻结壁峰面已达到预定位置，并且冻结时间与设计计算时间基本相符时，则可进行试挖，砌筑锁口，并转入正式井筒掘进。

（7）注意利用天然冷量。积极冻结期最好选择在冬季开工，以便利用天然冷量提高冷冻站的制冷效率。如果在东北地区施工，则可以利用冬季空气冷源在地面进行盐水循环，当盐水温度降至-20～-30℃后，再行正常的盐水循环，进行与地层的热交换，以形成冻结壁，达到利用天然冷量进行冻结凿井的目的。

7.2 注 浆 法

注浆技术是治理地下工程施工过程中不良地层的重要技术手段之一，可以实现堵水、截流、加固等目的。注浆法广泛应用于矿山、冶金、水电及隧道等工程中，尤其在矿山开采工程中，应用更为普遍。

注浆技术起源于地下工程的特殊需求。1802 年，法国利用石灰、黏土浆液加固迪普港的砖石砌壁，开始了注浆施工；1824 年开始使用波特兰水泥注浆；1885 年开始采用地面预注浆施工竖井。1925 年，荷兰使用水玻璃和氯化钙浆液注浆，开始了化学注浆的历史。1951 年后，欧美、日本等研制出了黏度较低的尿醛树脂、聚氨酯等高分子化学注浆材料。1960 年末，英国 80%的煤矿建设采用了注浆技术，注浆深度达 1657m。1978 年，苏联在煤矿中的注浆法占特殊施工总进尺的 75%。相比国外，我国起步较晚，直到 1950 年初才开始应用注浆法，1960 年开始研究使用化学注浆，并成功使用了水泥-水玻璃、MG-646 等浆液，并注重注浆设备和注浆工艺的研究。到 1998 年，我国煤矿 104 个井筒采用地面预注浆，87 个井筒采用工作面预注浆，注浆深度达 859m。目前注浆法在各个行业都得到了应用。

7.2.1 注浆法概念与分类

注浆法就是将配制好的浆液，通过专门的注浆设备和注浆管路，注入到岩土的孔隙、裂隙和空洞中，浆液经过扩散、凝固、硬化，降低岩土的渗透性，改变其力学性能，提高其强度和稳定性，从而实现加固岩土和堵水的目的。注浆法包含多种内涵，如图 7-12 所示。

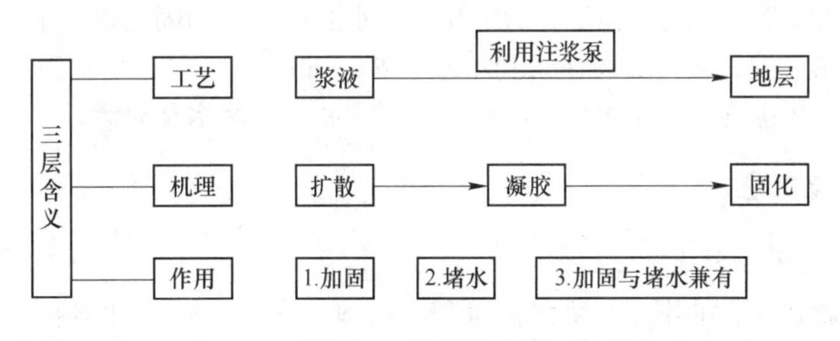

图 7-12 注浆法内涵

注浆法分类方法很多，根据不同的标准，分为不同的类型，一般有以下几种：

（1）按照注浆工作与地下工程施工顺序，根据注浆与地下工程施工的先后顺序不同，分为预注浆和后注浆两类。

1）预注浆：指在进行正常的地下工程施工前所进行的注浆工作。矿山行业常用的有地面预注浆和工作面预注浆两类。用预注浆法可进行堵水和岩土加固，保证工程施工的安全。

2）后注浆：指在地下工程施工之后所进行的注浆工作。常见的后注浆有壁后注浆、深孔围岩注浆、壁内注浆和裸体巷道注浆。后注浆是矿山地下工程中最常用的方法。

深孔围岩注浆是在井巷两帮上钻探深孔，埋设注浆管，孔深一般为5~10m，可用于加固围岩和封堵地下水。

壁内注浆是在围岩壁上钻设浅孔，孔深一般等于或稍大于井巷壁厚。壁内注浆一般用于双层井壁，壁后为裂隙发育、含水丰富的砂岩或松散软弱地层。

裸体巷道注浆是对准出水点，钻孔埋设注浆管进行注浆，主要用于封堵集中突水或大面积加固围岩。

（2）按照使用的注浆材料，分为水泥注浆、黏土注浆和化学注浆。

（3）按照浆液进入地层产生的能量方式，可分为静压注浆和高压喷射注浆。静压注浆是用注浆泵送入，使浆液压入或渗透入受注地层。高压喷射注浆是利用高压泵输送浆液，并通过特殊的喷嘴产生具有巨大能量的喷射流，破碎岩土，使浆液与岩土一起搅拌、混合，最终凝结为一个整体。

（4）按照浆液在岩土中的运动方式，可分为充填注浆、渗透注浆、挤压注浆、置换注浆等。

1）充填注浆：用浆液充填大裂隙、洞穴或冒落空间。

2）渗透注浆：将浆液均匀地注入岩石的裂隙或沙土孔隙，形成近似球体或柱状注浆体，注浆过程中岩土结构不受扰动和破坏。

3）挤压注浆：也称为劈裂注浆、压密注浆，依靠注浆压力迫使浆液在岩土中压开通道挤入岩层，浆液多呈脉络状或树枝状固结，使松软岩层挤压密实。

4）置换注浆：通过一定的方法把受注岩层中破碎部分挤压出来，形成空间用于浆液充填。该方法多用于立井通过流沙层的注浆施工中。

（5）按照注浆的工艺流程，分为单液注浆和双液注浆。单液注浆是用一台注浆泵和一套输浆系统完成注浆工作。双液注浆是应用两台注浆泵或一台双液注浆泵和两套输浆管路同时注浆，两种浆液在混合器混合后，注入含水岩层或需加固的岩层中。

（6）按注浆目的，分为加固注浆和堵水注浆。加固注浆主要是加固松软岩层和破碎带，如受压压垮型巷道的加固注浆。堵水注浆则主要用于堵水和防渗。

7.2.2 主要注浆工艺

7.2.2.1 地面预注浆

地面预注浆法通常在井筒开凿之前进行，由地面向地下钻设注浆孔进行注浆，经渗透、扩散和凝固、充塞，在井筒四周形成具有一定强度的、基本不透水的帷幕，然后再进行施工。

地面预注浆通常用水泥浆液、黏土浆液以及水泥-水玻璃浆液，注浆深度一般不超过500m。布置钻孔时，通常在立井井筒掘进施工开始前，在设计井筒位置同心圆上布置钻孔，一般把钻孔布置在井筒荒径之外，按垂直钻孔的要求打钻。

A 钻孔孔数

根据我国实际情况，在一般地质条件下，每个井筒可选择6~8个注浆孔，地质和水文条件越复杂或井筒断面面积越大，所需的注浆孔越多。当含水量较小或裂隙连通性较好的时候，可考虑少布孔，通常可布置3~4个注浆孔。

B 注浆方式和注浆段高

地面预注浆由于注浆高度较大，因此应采用分段注浆，分段注浆的高度值要根据含水层的厚度、围岩破碎程度、止浆位置和注浆泵的能力等确定。通常来说，极破碎岩层的注浆段高一般为10m左右；较破碎的岩层中注浆高度为15~25m；在坚硬岩层中，注浆高度可达到25~35m，进行复注时，段高可达到35~80m。

地面预注浆常用的注浆方法包括分段下行式和分段上行式。当使用水泥浆进行注浆时，原则上都采用分段下行式。

（1）分段下行式。注浆孔从地面钻至需注浆的地段开始，钻一段孔注一段浆，反复交替直至注浆全深，最后再自下而上分段复注。这种方式的优点是能有效地控制浆液上窜，确保下行分段有足够的注浆量，同时使上段获得复注，能提高注浆效果；缺点是钻孔工作量大，交替作业工期长。在岩层破碎、裂隙很发育、涌水量大的厚含水层（大于40m）及含水砂层的粒度和渗透系数上下大致相同时，宜采取这种方式。

（2）分段上行式（自下而上）。注浆孔一次钻到注浆终深，使用止浆塞进行自下而上地分段注浆。这种方式的优点是无重复钻孔，能加快注浆施工速度；缺点是易沿注浆管外壁及其附近向上跑浆，影响下层注浆效果，因此，对止浆垫的止浆效果要求较高，同时，对地层的条件要求较严格。在岩层比较稳定、垂直裂隙不发育的条件下或含水砂层的渗透系数随深度明显增大时，可采用这种方式。

C 主要注浆参数

（1）浆液有效扩散半径。在注浆压力作用下浆液在岩层裂隙或砂层孔隙间扩散。浆液流动扩散的范围称为扩散半径，而浆液充塞胶结后起堵水或加固作用的有效范围称为有效扩散半径。有效扩散半径与多种因素有关，通常与被注地层裂隙或孔隙的大小、浆液的凝胶时间、注浆压力、注浆时间等成正比，与浆液的黏度及浓度成反比，一般有效距离为6~9m。

（2）注浆压力。注浆压力是将浆液注入岩层的压力或能量，压力大浆液扩散远，耗浆量大；压力太小，浆液扩散距离不够，甚至有封堵不严的可能。因此选择合理的注浆压力是压力注浆技术的关键。当裂隙开度小于10mm时，注浆最大压力按静压水压力的2~2.5倍计算；当裂隙开度大于10nm时，注浆最大压力值可按静水压力的1.6~2.0倍计算。

（3）浆液注入量与浆液浓度。浆液注入量是指一个注浆孔的受注段注入的浆液量，其计算以浆液扩散范围为依据。但是，由于地质情况复杂，浆液注入量很难精确计算，只能估算，通常采用式（7-3）计算。

$$Q = \frac{A\pi R^2 H\eta\beta}{M} \tag{7-3}$$

式中 Q——浆液注入量，m^3；

A——浆液消耗系数，一般取1.2~1.5；

R——以井筒中心为圆形的浆液有效扩散半径，m；

H——注浆段高，m；

η——岩层裂隙率，%，根据取芯或经验确定，一般为0.5%~3%；

β——浆液充填系数，通常取0.9~0.95；

M——浆液结石率，通常为0.65~0.85。

对于浆液浓度，由于注浆之前，岩层内裂隙较大，因此前期浓度较大，随着注浆的进行，裂隙逐渐减小，需要降低浆液浓度，以便使更多浆液进入孔隙中。

D 压水试验

通常在进行注浆前，需要进行压水实验。所谓压水实验，是将清水压入钻孔内，主要作用主要体现在以下方面：

（1）检查止浆塞的止浆效果及孔口装置的渗漏情况。

（2）冲洗孔内的岩粉和岩层裂隙中的黏土等充填物，以提高浆液的渗透能力，保证浆液充填的密实性和胶结强度。

（3）测定注浆段岩层的吸水率。进一步核实岩层的透水性，为注浆参数的选取提供依据。

压水试验时，注入压力一般比注浆终压高0.5MPa左右；压水时间一般为10~20min，裂隙越发育，压水时间越短。

E 适用条件

地面预注浆的主要优点是：在地面制备和压注浆液，作业条件好；可采用大型钻机和注浆设备，可提高钻孔速度和注浆效率；注浆工作在准备期进行，有利于缩短建井工期。其缺点是钻孔工作量大，尤其是分段下行注浆更为突出。国外有些矿井分段下行注浆的重复钻进的时间，占总钻进时间的80%，导致成本提高。

一般认为，当裂隙含水层厚度较大，距地面的深度不超过500m，或层厚虽小但层数较多，采用地面预注浆比较适宜。近年来，在浅表土的流沙层中，注入化学浆液进行渗透固结堵水的已有一些成功的工程。当表土层小于50m、流沙层厚度小于15m，用化学注浆是可行的。单从含水层赋存深度考虑，当埋深大于600m时，应采用工作面预注浆。当受注岩层既埋藏得深，又相距甚远，采用工作面预注浆方案更是可行而且合理的。

7.2.2.2 工作面预注浆

当工程通过含水岩层厚度不大、埋藏较深，或含水层之间相距较远、中间有良好隔水层时，采用地面预注浆成本过高或无法采用地面预注浆时，可采用工作面预注浆的方法。

当工程进行至距含水层10m左右停止掘进，钻超前钻孔探明水压、涌水量及含水层准确位置。按设计要求预留止浆岩帽或浇筑混凝土止浆垫，然后从工作钻孔注浆，形成帷幕，涌水治理后，再进行井筒掘进。

工作面预注浆分立井工作面预注浆和巷（隧）道工作面预注浆。工作面预注浆与地面预注浆的主要差别在于将注浆作业的主要程序移到工作面，为防止受压浆液和裂隙水从工作面涌出，并保证浆液在最大压力下沿着裂隙有效扩散，需增设止浆垫（墙）。

A 止浆垫（墙）的选择

止浆垫（墙）有混凝土止浆墙和预留岩体止浆墙两种，一般根据地质条件和施工条件确定，见表7-2。

表 7-2 止浆垫（墙）选择和主要特点

止浆垫	适用条件	技术要求	主要优缺点
预留止浆垫（墙）	（1）巷道裂隙含水层或破碎带后有符合设计要求的隔水层；（2）分段注浆时有符合设计的注浆带	（1）打钻探明裂隙含水层或破碎带和隔水带准确厚度和位置；（2）查明注浆带作为预留止浆墙的强度及堵水效果	（1）工序少工期短成本低；（2）凡具备条件都应该采取预留止浆墙的办法
混凝土止浆墙	（1）裂隙含水层无良好的隔水带作为止浆岩柱；（2）由于钻探资料不确切，裂隙含水层被揭露；（3）工作面附近的冒落区	（1）止浆墙尽量选择在无水位置，如有水，应该预先处理；（2）含水岩层已被揭露，应该设置滤水层，如有集中出水点可设导管引出；（3）混凝土标号不低于 C25	（1）工序多、成本高、工期长；（2）单级平面型止浆墙目前使用广泛
上述二者结合	（1）含水层后部隔水带作为止浆墙厚度不够；（2）注浆带作为止浆墙堵水效果差	（1）打钻探明含水层及隔水带准确厚度及位置；（2）巷道工作面有涌水时，应该设置滤水层，设置导水管；（3）预留止浆墙与混凝土止浆墙总厚度应符合设计要求	工序多、时间长、成本高

各种止浆墙在使用前都应该钻孔进行压水试验，达到注浆终压稳定 10min 不漏水即为合格。

B 止浆垫（墙）的形式和厚度

止浆垫（墙）的形式和厚度通常根据注浆压力、巷道断面大小、止浆材料等确定。不同形式止浆垫及厚度计算见表 7-3。

表 7-3 不同形式及厚度

结构形式	结构形式简图	计算公式	符号意义
水平巷道预留止浆岩柱	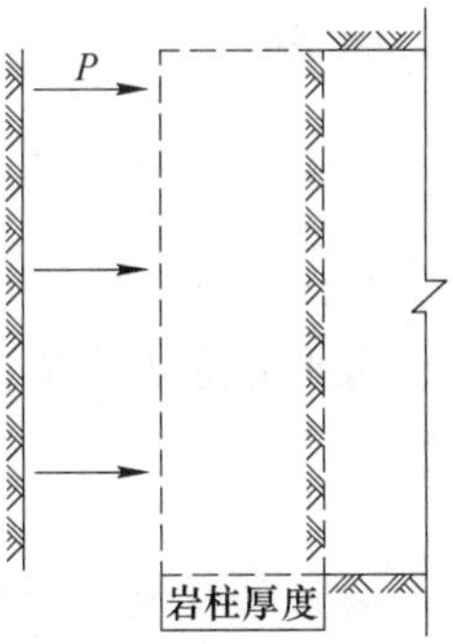 P 岩柱厚度	$B=\dfrac{pS\lambda}{[\tau]l}$	B——止浆墙厚度，m； p——止浆墙终压，kN/m； S——岩柱断面积，m^2； λ——过载系数，取 1.1～1.2； $[\tau]$——岩体允许抗剪强度，MPa； l——巷道周长，m
水平巷道混凝土止浆墙	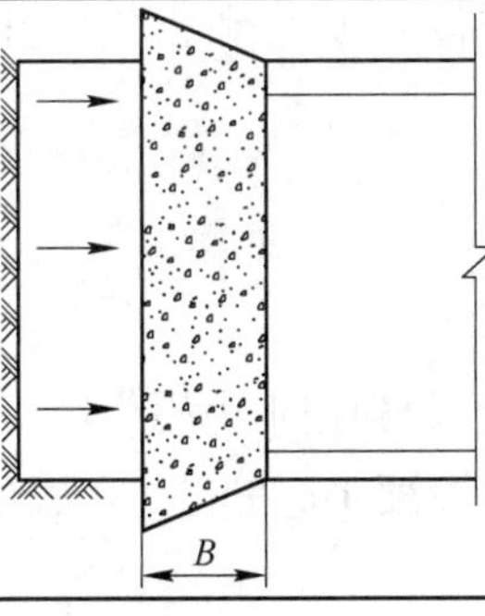 B	$B=K_0\sqrt{\dfrac{\omega b}{2h[\sigma]}}$	K_0——安全系数，1.4～1.5； ω——作用在墙上的全荷载，kg，$\omega=PF$； F——混凝土墙面积，m^2； B——巷道宽度，m； $[\sigma]$——混凝土抗压强度，MPa； h——巷道宽度，m

续表 7-3

结构形式	结构形式简图	计算公式	符号意义
立井单级球面型止浆垫	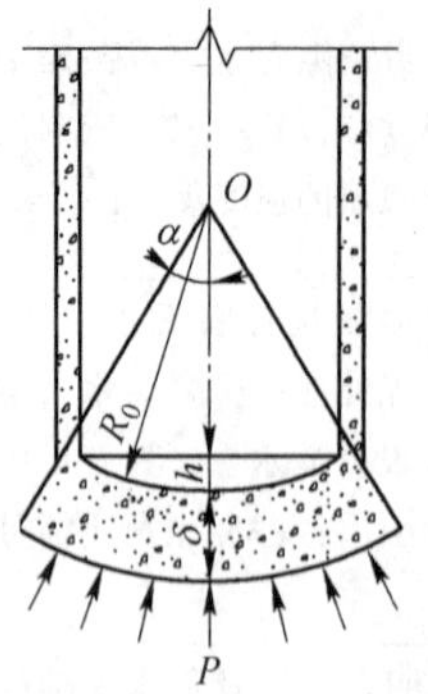	$B=\frac{pr}{[\sigma]}$	p——注浆终压，MPa； r——井筒掘进半径，m； $[\sigma]$——止浆垫材料抗压强度，MPa
立井平底型止浆垫	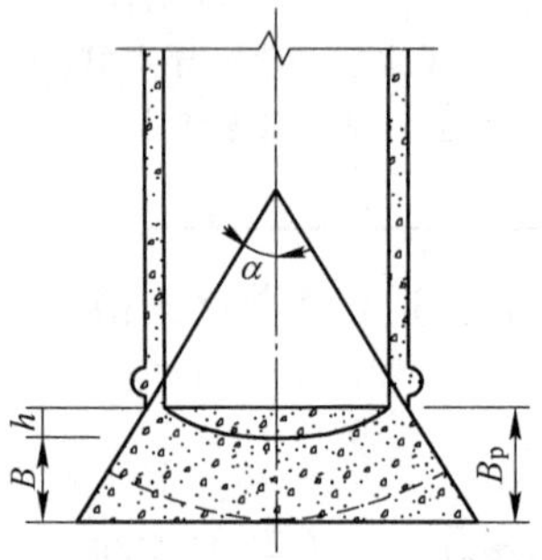	$B=\frac{pr}{[\sigma]}+0.3r$ $=r(\frac{p}{[\sigma]}+0.3)$	p——注浆终压，MPa； r——井筒掘进半径，m； $[\sigma]$——止浆垫材料抗压强度，MPa

当立井的止浆垫与井壁筑在一起，靠井壁支承时，需验算井壁强度。验算公式为：

$$\frac{p[(D+2E)^2+0.1D^2]}{4E(D+\delta)}\leqslant[\sigma] \tag{7-4}$$

式中 E——井壁设计厚度，m；

D——井筒净直径，m。

其余符号含义同表 7-3。

C 止浆垫施工

(1) 水平巷道止浆垫的施工。当没有过滤层时，水平巷道止浆垫施工步骤如下：

1) 按止浆墙设计位置及厚度，在周边挖出基槽。

2) 埋设导水管，尽量将水集中引至排水沟。

3) 立外模。

4) 浇筑混凝土并分层捣实，对于顶部处应注意质量和密实，并与巷道砼碹紧密相接。

5) 经试压合格后注浆。

有过滤层时，水平巷道止浆垫施工步骤如下：

1) 按止浆墙设计位置及厚度，在周边挖出基槽。

2) 砌砖墙（一砖厚），用速凝水泥砂浆抹缝，起到挡水内模作用。

3) 砖墙砌至一定高度，充填矸石做滤水层，厚度 1m 左右，在底部放置滤水箱和导水管，引水至水沟。

4）其他与无过滤层时的施工步骤相同。

（2）立井止浆垫施工。在构筑止浆垫以前，要处理工作面中的水，并将工作面清底成型，用水将碎渣杂物冲净，制备好孔口管和安装件等，然后进行止浆垫施工。

当工作面无水或涌水较小时，即可安装并固定注浆导向管。经校正，便可浇注混凝土。混凝土强度等级一般不小于 C25。当工作面涌水量较大时，需采取滤水层和排水措施。

当工作面凿穿含水层，涌水量特大而将工作面淹没，经强排水又无效时，应等待工作面涌水恢复到静水位后，在水下浇注止浆垫。施工方法有水下浇灌混凝土法和抛渣注浆法。抛渣注浆法的施工方法是：先用钢丝绳悬吊注浆管放入井中距工作面 0.3m 左右，然后用溜灰管下放一定厚度的碎石，再通过预埋管向碎石层注水泥浆。碎石层水泥浆液凝固后，排出井内积水，在上部补浇一层高标号混凝土。

D 注浆方式及注浆孔布置

（1）注浆方式段长的选择。含水岩层厚度大于 60m 时应分段注浆，段长一般为 30~50m，注浆方式指分段注浆的顺序，分前进式和后退式两种。注浆小分段长度和方式，根据岩层裂隙发育程度和注浆孔涌水量确定，见表 7-4。

表 7-4 注浆段长选择列表

裂隙发育程度	注浆孔涌水量/$m^3 \cdot h^{-1}$	注浆小分段长度/m	注浆方式
发育	>10	5~10	分段前进
较发育	5~10	10~15	分段前进
不够发育	2~5	15~20	分段后退
不发育	<2	20~30	一次钻孔完成

在破碎岩层中通常采取分段前进式，长度一般根据钻孔中冲洗液漏失量和维护孔壁难易程度而定，见表 7-5。

表 7-5 破碎岩层中段长取值

钻孔中冲洗液漏失情况	冲洗液漏失量/$L \cdot min^{-1}$	注浆小分段长度/m
微弱漏失	30~50	>5
小量漏失	50~80	3~4
中量漏失	80~100	2~3
大量漏失	100	<2

（2）注浆数目选择。注浆孔数与裂隙发育程度、浆液有效扩散半径、巷道断面大小有关，见表 7-6。

表 7-6 注浆数目选择列表

裂隙等级	裂隙宽度/mm	注浆孔数
细裂隙	0.3~3	8~10
中等裂隙	3~6	6~8
大裂隙	6~13	4~6
断层、破碎带、冒落区		5~15

表7-6中，巷道断面为6~12m^2，注浆孔终孔位置的孔距应满足有效扩散半径，保证有足够的注浆壁。

E 钻孔与注浆作业

工作面预注浆常用2~3台轻型钻机或多台凿岩用的重型凿岩机钻注浆孔。为了防止钻孔突然涌水，一般在导向管上安装防突水装置。

工作面预注浆的工艺设备与地面预注浆基本相同。注浆站通常设在地面，注浆管悬吊或敷设在井筒内。如果井筒直径较大，也可将注浆泵放在井内凿井吊盘上，浆液在井口制作并通过供水管或混凝土输送管输送到吊盘上的盛浆容器内。双液注浆时，混合器多设在工作面，采用下行式分段压入式注浆。

7.2.3 注浆材料及其选择

正确选择浆液材料是实现岩土改良、完成注浆工程的关键，因为它直接影响注浆工艺过程、注浆效果及注浆工程的成本和工期。

7.2.3.1 对注浆材料的要求

理想的注浆材料应具备以下特点：

（1）浆液黏度低、流动性好、可注性好，能够进入细小隙缝和粉细砂层。

（2）浆液凝固时间能够在几秒至几小时内任意调节，并能准确地控制。

（3）浆液的稳定性好，常温、常压下较长时间存放不改变其基本性质，不发生强烈的化学反应。

（4）浆液无毒、无臭，不污染环境，对人体无害，属非易燃、易爆物品。

（5）浆液对注浆设备、管路、混凝土建筑物及橡胶制品无腐蚀性，并且容易清洗。

（6）浆液固化时，无收缩现象，固化后有一定黏结性，能牢固地与岩石、混凝土及砂子等黏结。

（7）浆液结石率高，结石体有一定的抗压强度和抗拉强度，不龟裂，抗渗性好。

（8）结石体耐老化性能好，能长期耐酸、碱、盐、生物细菌等腐蚀，并且不受温度、湿度的影响。

（9）浆液配制方便，操作容易掌握，原材料来源丰富，价格便宜，能够大规模使用。

7.2.3.2 注浆材料的种类

注浆材料按状态可分为真溶液、悬浮液和乳化液；按工艺性质可分为单浆液和双浆液；按颗粒可分为粒状浆液和化学浆液；按主剂性质可分为无机系列和有机系列。其中，无机系列注浆材料包括单液水泥类浆液、水泥黏土类浆液、可控域黏土固化浆液、水泥-水玻璃类浆液、水玻璃类浆液等；有机系列注浆材料包括丙稀酰胺类浆液、木质素类浆液、脲醛树酯类浆液、聚氨酯类浆液、其他有机类浆液等。

（1）单液水泥浆。注浆常用的水泥品种有普通硅酸盐水泥（普通水泥）和矿渣硅酸盐水泥。水泥为颗粒性材料，水泥浆属悬浊液。近年来出现的细水泥浆，可在粒径为0.2mm的中砂和裂隙宽为0.1mm的岩层中使用。

水泥浆的硬化过程分为三个时期：溶解期、胶化期和结晶硬化期。在溶解期，水泥颗粒遇水发生水化反应，开始在颗粒表面进行，水泥颗粒逐渐溶入水中，使周围水溶液很快达到饱和。胶化期或凝结期，凝胶体形成，使水泥浆具有良好塑性。此时化学反应继续进行，凝胶体逐渐变稠、凝结。结晶硬化期，凝胶体脱水而致密，水化铝酸钙和氢氧化钙结晶嵌入凝胶体，胶体状态遂变成稳定结晶状态。

（2）水泥浆液改性及添加剂。纯水泥浆是纯粹由水泥和水调制而成的浆液。作为注浆材料使用的水泥与其他施工用的水泥，在性能要求及使用方法上不同。水泥浆的浓度通常用水灰比表示。注浆使用的水灰比变化范围为0.5~2.0，既要保证强度，又要方便注浆泵压送。水灰比的变化，明显影响水泥浆的性能、指标。

水泥浆液的优点是结石体强度高、透水性低、材料源广价廉，以及注浆设备和工艺操作均较简单等。但其可注性和稳定性较差、凝固时间长，而且凝固时间难以控制，局限了它的使用范围。为此，通常在水泥浆中加入添加剂，以改善水泥浆的性能。

1）硅粉或其他燃料灰。硅粉是从生产硅铁或其他硅金属工厂排出的废气中，回收到的一种副产品，它是以无定形氧化硅 SiO_2 为主要成分的超细颗粒。目前硅粉已添加于混凝土和水泥浆液，应用于建筑和注浆工程。

硅粉呈灰色，其松散密度为200~300kg/m^3，只为普通硅酸盐水泥的1/6~1/4。硅粉呈球形颗粒，比表面积约为20m^3/g，相当于普通硅酸盐水泥的50~70倍。颗粒平均粒径为0.1μm，相当于硅酸盐水泥的1/100。

硅粉有很高的细度，加入水泥浆中，可减少水泥颗粒之间的摩擦力，起到活化作用，利于浆液在岩层裂隙中扩散；硅粉含有大量氧化硅 SiO_2，与水混合后，立即与水泥中硅酸三钙和硅酸钙水化产生的氢氧化钙进行“二次水化”反应，生成水化硅酸钙凝胶，使水泥浆得到早强和高强。硅粉的细微颗粒能很好地填充在水泥颗粒之间，使注浆结石体密实度大为提高，从而结石体的抗渗性得到加强。

2）氯化钙、水玻璃。在水泥浆中加入氯化钙 $CaCl_2$ 或水玻璃 $Na_2O \cdot nSiO_2$，可以缩短水泥的凝固时间。施工中，常在单液水泥浆中加入占水泥重5%以下的氯化钙或3%以下的水玻璃作速凝剂。

3）三乙醇胺与氯化钠。水泥浆的速凝和早强性质对控制扩散范围、缩短工期、提高堵水效果起重要作用。三乙醇胺与氯化钠是一种良好的附加剂。三乙醇胺与氯化钠的最佳用量分别为水泥重的0.05%和0.5%。

4）膨润土、高塑黏土。为了避免水泥颗粒在停止搅拌后出现沉析现象和降低水泥浆黏度，增加流动性，通常在水泥浆中加入塑化剂、悬浮剂。悬浮剂有膨润土和高塑黏土，塑化剂常用的如硫酸盐纸浆废液等，可增加浆液的可注性。

根据施工的目的，有时在单液水泥浆中，加入一定量的黏土。当黏土用量占水泥量的10%以至50%时，该浆液称作水泥-黏土浆液。这种浆液成本低，流动性与稳定性好，结石率高。由于黏土的加入，浆液的强度下降，因此水泥-黏土浆液较适用于孔洞充填注浆。

（3）水泥-水玻璃浆液。水泥-水玻璃浆液或称CS（Cement-Sodium silicate）浆液。前已述及，水泥的凝结和硬化主要是水泥水化析出凝胶性的胶体物质所引起的。硅酸三钙在水化过程中，产生氢氧化钙。加入水玻璃后，氢氧化钙与水玻璃反应生成具有一定强度的凝胶体——水化硅酸钙。

随着氢氧化钙的逐渐生成，氢氧化钙与水玻璃之间的反应连续进行。胶质体越来越多，强度亦随之增高。CS浆液的初期强度为水玻璃与氢氧化钙反应起主要作用，后期为水泥本身的水化作用。

CS浆液主要由水泥与水玻璃组成，但为了适应不同地质条件，有时还加入其他添加剂。

（4）水玻璃类浆液。水玻璃是水溶性的碱金属硅酸盐。以水玻璃为主剂的注浆法，国际上也称为LW法。在水玻璃中加入酸、酸性盐及一些有机化合物，均能在体系中产生硅酸。硅酸成胶体状态，其硅—氧键形成稳定的三元网状结构，这是水玻璃凝胶的基本原理之一。

此外，多价金属离子的凝集作用，也是水玻璃类浆液起凝胶、固结作用的另一原理。

由于水玻璃来源丰富、价格低廉，所以该浆液是一种品种多、有实用价值的注浆材料。其突出优点是不污染环境。日本为了保护环境曾规定，在采用化学注浆时，只能使用水玻璃系浆液。

水玻璃类浆液凝胶时间短，结石体强度高，因此应用十分广泛。

（5）丙烯酰胺系。此系浆液是以有机化合物丙烯酰胺为主剂的化学浆液。此类浆液黏度小，近似于水，并可准确地调节凝胶时间。浆液以丙烯酰胺为主剂，配合其他药剂，以水溶液状态注入地层后，发生聚合反应，形成具有弹性的、不溶于水的聚合体。

（6）聚氨酯类浆液。聚氨酯是一种用途广泛的塑料，它既可作成发泡材料使用，又可形成坚硬且具有弹性的材料。聚氨酯是由多异氰酸酯和多元醇聚合生成的。如果加入一定量的水，则可制成发泡聚氨酯。

我国生产的聚氨酯类浆液分为非水溶性聚氨酯浆液（PM型）和水溶性浆液（WPU型）。两种浆液的主要区别是选用的聚醚不同。非水溶性聚氨酯遇水开始反应，并发泡膨胀，发生两次渗透，扩散均匀。固砂体的抗压强度可达6~10MPa，采用单液系统注浆。水溶性聚氨酯以环氧乙烷为开始剂。浆液能均匀地分散或溶解在大量水中，凝胶后形成包有大量水的弹性体。包水凝胶体的含水量可多至浆液自重的20倍。WPU浆液和水反应迅速，不加催化剂在几十秒至几分钟内就能全部凝胶。凝胶时间和它的浓度、温度和催化剂、缓凝剂、pH值等有关。在堵大涌水或制止严重跑浆时，需要加速凝胶；而在进行基础加固注浆，需延长凝胶时间，增大扩散范围时，应加缓凝剂。

WPU浆液具有丙烯酰胺浆液的特点，可加入大量的水，浆液黏度低，渗透力和生成的包水体抗渗性强。WPU凝胶比丙烯酰胺凝胶更强韧，且富弹性，施工更简便，但价格昂贵。

（7）铬木素类浆液。该类浆液以亚硫酸盐纸浆废液为主剂，以重铬酸盐，如重铬酸钠$Na_2Cr_2O_7$为硬化剂，配以少量促凝剂组成。这种浆液黏度低，注入性好，可控制凝胶时间，凝胶体稳定、抗渗性能强。浆材来源丰富，价格低廉。但重铬酸钠是一种毒品，存在6价铬离子污染地下水问题。另外，其结石体强度较低，因而它的应用受到一定的限制。

（8）脲醛树脂类浆液。脲醛树脂是甲醛和脲素的凝结物。因其来源于工业生产，因此价格低，而且固结体强度较高。研究认为，脲醛树脂凝固成为不熔化也不溶解的物质，其过程分为三个阶段。第一阶段，树脂溶于水，呈黏液体。第二阶段变为松软岩性体时，含水40%~50%。在这种状态下树脂部分溶于水、乙醇、甲醇或甘油中。第三阶段，树脂变成坚硬的、不熔化和不溶解物质，同时析出20%~25%的水。脲醛树脂已成为重要的高分子注浆材料之一。

7.2.3.3 注浆材料的选择

一种理想的注浆材料，不但应满足工程上的性能要求，而且应货广价廉、无毒性、对环境无污染。然而，尽管世界上已有百余种注浆材料，但还找不到一种完全理想的浆材。

因此，我们在使用中必须结合地层地质条件、水文地质条件、工程要求、原材料供应及施工成本等因素，选择一种或几种比较合适的浆材，使施工既有效又经济。

（1）在基岩裂隙含水层中注浆，需浆量大，往往又要求有足够的固结体强度。因此，当裂隙开度较大时，可选择水泥浆、黏土浆或水泥-水玻璃浆液；当裂隙开度较小时，可采用水泥-水玻璃浆液或水玻璃类浆液。

（2）在含水砂砾层中，粗砂以上可采用水泥-水玻璃浆液；中砂以下可采用化学浆液，如丙烯酰胺类、聚氨酯类和水玻璃类等。开凿地下工程穿过流沙层时，应选用强度高的化学浆材。在动水条件下，可采用非水溶性聚氨酯浆材。

（3）对于特殊地质条件（如破碎带、断层、岩溶等），应先注入惰性材料，如砾石、砂子、岩粉和炉渣等，然后注入单液水泥浆或 C-S 浆液。

（4）壁内注浆可采用 MG-646、聚氨酯类和铬木素类浆液等。当裂隙较大时，亦可采用 C-S 浆液。

（5）壁后注浆可采用单液水泥浆或 C-S 浆液。

（6）应优先选择水泥和水玻璃等货广价廉的材料。化学浆材是松散含水层注浆不可缺少的浆材，但价格较贵，有的还有毒性。因此，只有在必须用化学浆材的条件下才使用。

7.2.4 注浆设备

注浆设备是指配制、压送浆液的机具和注浆钻孔机具。这些设备的合理选择与配置是完成注浆施工的重要保证。注浆设备主要包括以下内容：

（1）钻孔机械：如凿岩机、钻机。

（2）注浆泵：为输送浆液的动力设备。

（3）流量计：为测定注浆泵排出量大小的仪器。

（4）搅拌机：是使浆液拌合均匀的机器。

（5）止浆塞：是把待注浆钻孔按照设计要求上下分开，借以划分注浆段高（长），同时让浆液注入到本段内岩层裂隙部位的工具。

（6）混合器：用于双液注浆，使两种浆液相遇后充分混合，并由此引起物理、化学反应的工具。

7.2.4.1 注浆站

注浆站是布置造浆和压浆设备的临时建筑，其面积的大小根据含水岩层埋藏条件和施工条件确定。注浆站选择见表 7-7。

表 7-7 不同条件的注浆站选择及特点

巷名	设备布置方式	适用条件	主要优缺点
斜井或平硐	（1）造浆和注浆设备布置在井口附近；（2）注浆管路沿井筒敷设到注浆工作面	含水岩层埋藏浅，工作面距离井口小于 200m	（1）设备集中，便于操作管理；（2）可借助浆液自重减轻注浆泵负荷；（3）管路长，维护工作量大
	造浆设备和注浆设备布置在工作面附近	含水层埋藏深；距离井口远，注浆工作面有洞室布置	（1）设备集中便于管理；（2）注浆管路短，便于维护；（3）输送材料不方便，除尘难度大；（4）开凿洞室，增加工程量

续表 7-7

巷名	设备布置方式	适用条件	主要优缺点
立井	(1) 造浆设备布置在地面，注浆设备布置在井筒内洞室；(2) 注浆管路沿井筒敷设至储浆池	(1) 含水岩层埋藏深，距离井口比较远；(2) 工作面副筋洞室不足以容纳造浆设备	(1) 设备分散，不便于管理；(2) 注浆管路短易于维护；(3) 开凿洞室增加工程量
平巷、斜巷	注浆站布置在巷道内	巷道断面大	(1) 设备集中，便于管理；(2) 须有除尘设备
	注浆站布置在洞室内	巷道断面小	(1) 设备集中，便于操作管理；(2) 除尘困难

7.2.4.2 钻孔机械

钻孔机械通常包括凿岩机、钻机，主要类型、适用范围及条件见表 7-8。

表 7-8 钻孔机械

类别	名称	型号及规格	适用条件
钻孔设备	钻机	XB-500 型钻机、XU-650 型钻机	地面预注浆：孔深小于 300m
		红旗-700 油压钻机	地面预注浆：孔深小于 500m
		TXA-1000A 型钻机	地面预注浆：孔深小于 500m
		XB-1000A 型钻机	地面预注浆：孔深小于 500m
		DZJ500-1000 冻结注浆钻孔	地面预注浆：孔深 500~1000m
		TXU-200 型钻机	工作面预注浆：孔深小于 150m
		NK-10 型钻机（日本）	工作面预注浆：孔深小于 150m
		TXU-75 型钻机	工作面预注浆：孔深小于 40m
		红旗-100 钻机	工作面预注浆：孔深小于 70m
		红旗-150 钻机	工作面预注浆：孔深小于 100m
		KD-100 型钻机	工作面预注浆：孔深小于 70m
	加重钻具（钻铤）	直径 68mm，壁厚 20mm；直径 83mm，壁厚 25mm	(1) 用于地面预注浆钻孔防斜；(2) 两种尺寸的钻铤，各需 20~30m 的长度
凿岩机	气腿式	7655 型，$L=5$m，$\phi=38\sim43$mm	(1) 井筒及巷道壁内及壁后注浆；(2) 井筒和巷道工作面预注浆
		YSP-45 型，$L=6$m，$\phi=38\sim43$mm	
	湿式	YT-24 型，$L=5$m，$\phi=36\sim43$mm	
	电动式	YDX-40 型，$L=5$m，$\phi=36\sim43$mm	
	重型导轨	YG-40 型，$L\leqslant20$m，$\phi=45\sim60$mm	
	外回转	YG-80 型，$L\leqslant40$m，$\phi=50\sim75$mm	
		YZ-90 型，$L\leqslant30$m，$\phi=50\sim80$mm	

选择钻机时，应根据岩性、注浆深度、注浆孔直径大小确定钻机型号，根据注浆孔布置圈径、孔数及选定钻机型号确定台数。

当进行立井地面预注浆时，孔径为 110mm，钻机宜用 DZL-500~1100 型冻结注浆钻机。当进行立井含水沙层地面或工作面预注浆时，孔径为 60~75mm，宜用 TXU-200 型钻机。当后注浆时，注浆孔径为35~40mm，凿岩机钻注浆孔。

7.2.4.3 注浆泵

注浆泵是注浆施工的主要设备。注浆泵要根据设计的注浆终压及注浆泵量选型，尽量选压力、流量可调整的注浆泵；如注浆材料存在腐蚀性，宜选用耐腐蚀的注浆机具。注浆泵要根据单液或双液注浆系统和备用量确定台数。注浆泵的种类很多，按动力分，有电动泵、风动泵、液压泵和手动泵；按压力大小分，有高压泵（15MPa以上）、中压泵（5~15MPa）和低压泵（5MPa以下）；按输送的介质分，有水泥注浆泵和化学注浆泵；按同时可输送的浆液数量分，有单液注浆泵和双液注浆泵；按用途分，有专用注浆泵和代用注浆泵。

不同的工况对注浆泵的技术参数要求不同，泵压应大于或等于注浆终压的1.2~1.3倍。当进行立井地面预注浆时，泵量可调节为30~250L/min，常用YSB-250/120及HFV-C型专用注浆泵。当进行立井或巷道工作面预注浆时，泵流量通常为30~130L/min，常用HFV-C型或2TGE-60/120型注浆泵。当进行立井含水沙层地面或工作面预注浆时，泵流量可调节，通常为10~50L/min，常用2MJ-3/40隔膜计量注浆泵。当进行后注浆时，流量和泵压与前述相同，常用2MJ-3/40隔膜计量注浆泵、KBY50/70液压注浆泵或QZB-50/60气动注浆泵或手压泵等。

7.2.4.4 搅拌机

搅拌机是使浆液拌和均匀的机器。搅拌机能力与注浆泵最大流量相适应，在要求时间内，能把注浆材料搅拌成均匀浆液。当进行立井工作面预注浆或地面预注浆时，应用二级机系统，搅拌池或桶为圆形，有效容积为1~1.5m^3，当进行立井含水沙层地面或工作面预注浆时，应用二级机系统，搅拌池或桶为圆形，有效容积为0.2~0.8m^3。后注浆时，一般为圆形，有效容积按照$V_1 \geqslant Q/N$计算，一般为0.2~0.6m^3，用储浆桶时，按（1.3~1.5）V_1计算。其中，Q为注浆流量，m^3/h；N为搅拌机每小时搅拌次数。

7.2.4.5 止浆塞

止浆塞是把待注浆的钻孔按设计要求上、下分开，借以划分注浆段高，使浆液注到本段内岩石裂隙部位的工具。它在孔中安设的位置，应是在围岩稳定、无纵向裂隙和孔型规则的地方。止浆塞应结构简单、操作方便和止浆可靠。

目前使用的止浆塞分为机械式和水力膨胀式两大类。机械止浆塞主要是利用机械压力使橡胶塞产生横向膨胀，与孔壁挤紧，从而实现分段注浆。橡胶塞的外径为42~130mm，高度为150~200mm，可根据实际情况选2~4个。机械式止浆塞有孔内双管止浆塞、单管三爪止浆塞和小到双管止浆塞等形式。目前，三爪止浆塞应用范围较广，地面顶注浆多采用这种形式。

7.3 混凝土帷幕法

7.3.1 混凝土帷幕法的含义与特点

混凝土帷幕法（简称帷幕法）是属超前支护类的一种井巷特殊施工方法。此法实质是：预先在井筒或其他地下结构物设计位置的周围，建造一个封闭的圆形或其他形状的混凝土帷幕，其深度应穿过不稳定表土层，并嵌入不透水稳定岩层3~6m，在帷幕的保护下可安全进行掘砌作业，达到顺利通过不稳定含水地层建成井筒，或在不稳定地层中建成地下结构物的目的。

通常，混凝土帷幕需分成若干槽段（或称槽孔），依次进行槽段的钻凿并灌注混凝土，即在触变泥浆的保护下，用造孔设备先顺序钻凿直径为槽段宽度的钻孔，然后将各钻孔连通构成槽段，每个槽段钻凿到设计深度后，在泥浆条件下边灌注混凝土，边置换出泥浆，直至混凝土充满槽段。各槽段通过适当的接头施工相互衔接后，即筑成一个所需形状的地下混凝土帷幕。

混凝土帷幕既可作为井筒或其他地下工程掘进过程的临时支护，也可在修整帷幕内侧表面或作套壁处理后，作为井筒或地下结构物的组成部分。凡是用上述工艺在地表下建成混凝土或钢筋混凝土墙的施工方法统称地下连续墙（或防渗墙）施工法，用于煤矿立井表土施工中则称为混凝土帷幕法。本节主要介绍煤矿立井帷幕施工法。井筒帷幕法施工的主要工艺流程如图7-13所示。

实践表明，帷幕法施工具有下述特点：

（1）施工方法简单，无需复杂的机械设备，施工准备期短。

（2）适应性强，可有效地穿过含有卵石、砾石和流砂等复杂的含水冲积地层，甚至可使帷幕嵌入一定深度的稳定基岩中，不另进行封底即可做到封堵地下水、改善作业环境、安全地进行井筒开挖。

（3）工艺技术较成熟，质量较可靠，防渗效果显著。

（4）可同时使用多台设备，施工速度较快。

（5）钢材、木材耗用量小，所需大宗材料——水泥、砂、石等容易就地取材，易于降低成本。

（6）选用适当的造孔机械，可以实现无噪声、无振动，在城市内和密集建筑群中，用该法施工有突出优点。

用于井筒施工，帷幕法尚存在不足之处：

（1）立井帷幕较深，对施工技术要求较高，尤其是接头部分。若选择造孔设备欠妥或施工管理不当，易造成超挖浪费，接头不好时会渗漏地下水，给后续的井筒掘砌带来困难。

（2）表土深度太大或承压水头较高的极不稳定地层中，使用该法尚欠经验。

（3）泥浆制备与处理系统占地较大，管理不善易使现场泥泞，影响土建部分的施工。

就矿山工程而论，目前因成槽机具设备、专业施工队伍和施工技术水平的限制，帷幕法仅适用于深度不超过100m的含水不稳定表土层立井和斜井的施工。

7.3.2　槽孔施工

无论立井的帷幕还是其他工程的地下连续墙，施工前均需根据工程要求和地质条件，决定帷幕的深度和厚度，然后划分若干槽段（槽孔）分别施工。

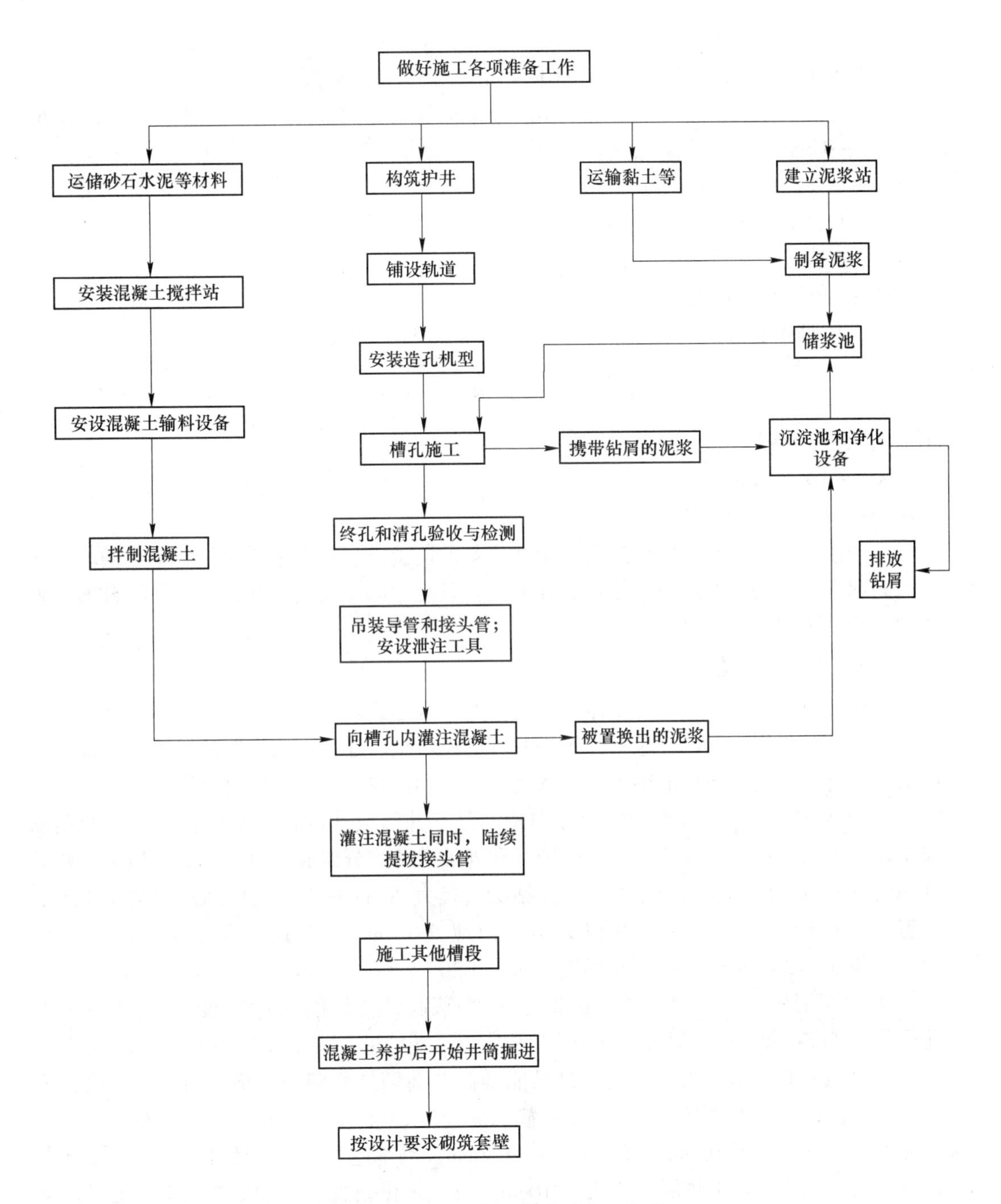

图 7-13 井筒混凝土帷幕法施工流程

7.3.2.1 确定帷幕深度、厚度和槽段数目

帷幕深度可依地质资料和工程要求按式（7-5）确定。

$$H = h_1 + h_2 \tag{7-5}$$

式中 H——混凝土帷幕设计深度，m；

h_1——含水不稳定冲积层厚度，m；

h_2——帷幕嵌入不透水稳定地层的深度，取3~6m。

立井帷幕作为永久支护时，内壁的半径可按式（7-6）近似计算。

$$R = R_0 + E_0 + 2iH \tag{7-6}$$

式中 R——帷幕内壁半径，m；

R_0——井筒设计半径，m；

E_0——套壁厚度，m；

i——造孔允许最大偏斜率；

H——帷幕设计深度，m。

这样，帷幕中心线的半径应为：

$$R_1 = R_0 + E_0 + \frac{1}{2}(\varphi + 0.15) + 2iH \tag{7-7}$$

式中 R_1——帷幕中心线半径，m；

φ——钻头直径，m；

0.15——钻进时的扩孔量，m。

确定槽段数目时，要在保证造孔安全和质量的前提下，根据地质条件、单个槽段造孔延续时间和混凝土的浇筑能力，尽可能加大槽段长度，减少接头孔数目。立井帷幕通常划成2~3个弧形槽段分别施工。

7.3.2.2 施工准备

槽孔施工是帷幕法的第一道工序。为此，除常规建井准备工作外，还需围绕槽孔施工完成必要的准备工作。其内容包括修筑护井、铺设轨道、建立泥浆配置站、构筑泥浆循环系统的沟槽与沉淀池、埋设地锚桩、准备造孔机具和泥浆及混凝土的材料等。

（1）修筑护井。护井又称导墙或导向槽，是在井筒设计位置周围地表上修筑的钢筋混凝土环状沟槽。用于立井的护井由内护井和外护井两部分组成。斜井和其他地下结构的护井一般筑成直沟槽状。沟槽净宽比造孔钻头直径大20cm左右，沟槽净深要大于1.5m，通常置于地下水位以上1.8m，沟槽上端要高出地表0.3m，并与进浆沟（或管）、排浆沟相通。护井壁厚20~30cm，混凝土强度等级在C20以上。

护井的作用是：固定钻孔位置；在造孔初始阶段起导向作用；储存触变泥浆；作为检测钻孔质量的基准；避免孔口塌方，维护孔口稳定；承托钻机，减轻钻机振动对土壁的影响。

（2）铺设钻机轨道。为便于造孔机具能围绕井筒四周稳定且灵活地行走，更换造孔位置，要依据钻机结构和荷载状况，在井筒四周铺设2~4条24~50kg/m的环形钢轨。要求轨面平整，高差小于10mm，径向误差小于2mm，路基应牢固、整体性好，不得有不均匀沉降现象。轨枕下石子垫层厚要大于10cm，石子埋没轨枕高度的2/3以上，必要时修筑整体道床。

（3）泥浆系统。如同泥浆在钻井法中的作用一样，在帷幕法中，泥浆也起着护壁、排渣的作用，泥浆的质量关系着槽孔施工的成败。有关泥浆的配比、性质、泥浆泵站、储浆池、沉淀池以及供、排浆系统管路等内容及设计与布置原则，均类同钻井法。考虑到帷幕施工期较短，所需护壁时间相应减少，泥浆参数可适当调整。

合理的使用泥浆、正确的调整泥浆性能参数，是加快造孔速度、降低施工成本的重要因素。采用回转式钻机打主孔、冲击钻打副孔（劈孔）的施工方案较多，但两种工艺对泥浆性能指标要求不尽相同。回转式钻机打孔时，泥浆密度、黏度、静切力可适当增大，而失水量、泥皮厚度指标则可适当小些，胶体率也要提高。

（4）地锚桩。为固定稳定性较差的钻凿机械的塔架，需用缆绳辅助定位，缆绳则固定于地锚桩上。一般锚桩距钻机距离约与钻塔高度相当，可沿井筒周围每隔 1.5~2m 布置一个，锚桩埋设深度带大于 1.5m。

（5）工业场地平面布置。混凝土帷幕法施工的工业场地平面布置，应结合建井临时平面布置和永久工业场地总平面布置统筹考虑，力争布局合理、使用方便、互不干扰、衔接紧凑，尤其在泥浆循环系统和混凝土上料系统的布局上更需慎重考虑。

7.3.2.3 槽孔施工机具

混凝土帷幕法钻挖槽孔的时间占整个施工工期的 60%~70%，直接影响施工成败的槽孔质量又取决于槽孔施工机具的性能。这里所述的槽孔施工机具包括造孔机械和造孔工具。

（1）抓斗式挖槽机械。这是一种直接出渣的挖槽机械，依靠能启闭的抓斗抓取土体直送地面。此种机械有各种索式导板抓斗（见图 7-14）、液压导板抓斗和刚性导杆抓斗等。

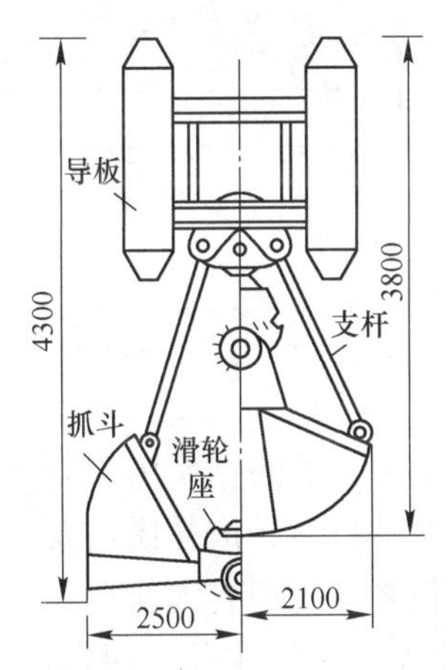

图 7-14 索式导板抓斗

使用抓斗式挖槽机，需预先在槽段两端用钻机各钻一个垂直导孔（主孔），然后用抓斗抓除两导孔间的土体（副孔），以形成槽段。由于采用抓斗时土层不经破碎就被直接送至地面，又不用泥浆循环和净化，故可降低泥浆耗量，简化施工管理，提高工效，槽段衔接也较好。抓斗挖槽机械主要适于无黏性土壤的槽段施工。其缺点是成槽垂直精度较差，一般为 5‰~7‰，深度超过 20m 时，工效显著降低。因此该机械适用于深度小于 50m 的帷幕施工。

（2）冲击式造孔机械。冲击式造孔机械（见图 7-15）是依靠钻头自重，在充满泥浆的孔中反复自由下落，以冲击动能破碎岩土，然后用带有活底的取渣筒将破碎的岩屑取出。其设备比较简单、操作容易、适应性强，在坚硬土层和含砾石、卵石的复杂地层中均可应用。冲击钻进时的冲击压实和挤实效应还能改善孔周土层的性质，有利于孔壁的稳固，提高造孔速度。其造孔垂直精度较高，一般可达 2‰~3‰，适用于深度较大的造孔施工，是目前国内外常用的造孔设备。

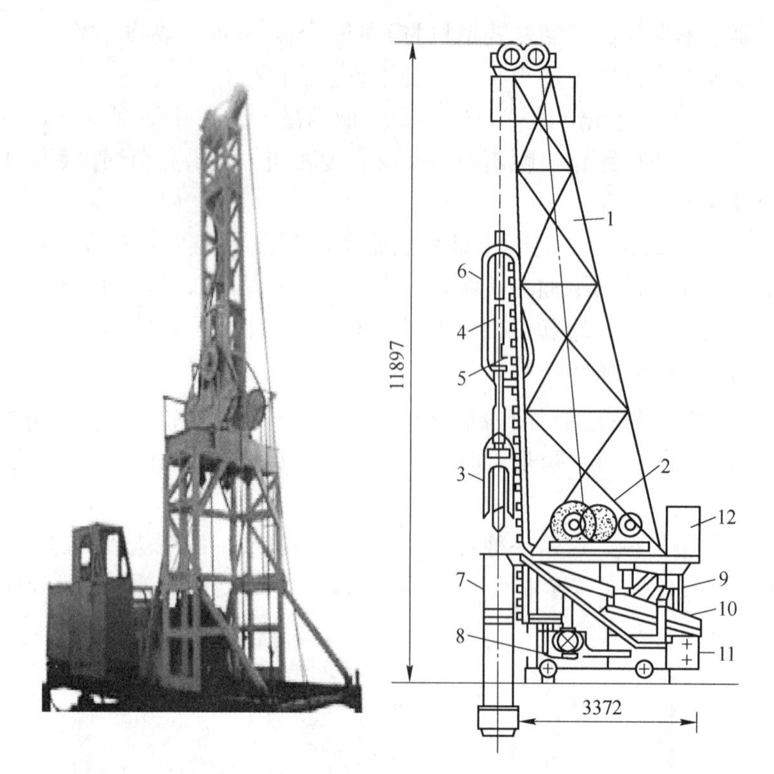

图 7-15 典型冲击式挖槽机

1—机架；2—卷扬机；3—钻头；4—钻杆；5—输浆管；6—输浆软管；7—导向套管；8—泥浆泵；9—振动筛电动机；10—振动筛；11—泥浆槽；12—泥浆搅拌机

（3）回转式造孔机械。回转式造孔机械是用各种形式的钻头刀具对土层进行钻削，并借助泥浆循环排渣。其机械化程度和工效高于前两种机械，成孔质量高，噪音较小，无振动影响，造孔垂直精度一般为4‰~5‰，但结构较复杂，遇有大粒径砾石、卵石层难以使用。回转式造孔机械主要用于土质较软、孔深较大时钻凿主孔。根据泥浆循环方式不同，回转式造孔机械分为正循环回转钻机和反循环回转钻机。

总之，因地制宜地合理选择好造孔机械是保证造孔安全和质量、加快施工速度、降低成本的关键。我国造孔机具规格品种与数量还不多，造孔工效也较低，要赶上世界先进水平，必须改变造孔机械品种单一的落后局面，尤其是研制优质、能快速建造百米以上深墙的造孔机具，以适应深厚不稳定厚表土层的施工需要。

7.3.2.4 槽孔施工方法

由于选用造孔机具不同，槽孔施工方法也多种多样。无论采用哪种机械，施工时均需将整个混凝土帷幕分成2~3个弧形槽段，每个槽段内又分成主孔和副孔分别钻挖。所谓主孔是指一个槽段内，每隔一定距离首先用造孔机械钻挖的圆孔，它包括槽段端头首先钻挖用作槽段间接头的孔。所谓副孔是指相邻两主孔间的鼓形土体。副孔长度视土质和钻进方法而定，要有利于提高工效，一般取为主孔直径的1.4~1.7倍。

槽孔的划分与施工顺序、造孔方法等有关。当采用间隔分序法施工时，可按图7-16所示划分槽段。施工时先施工一期槽，后施工二期槽。槽段内先施工主孔，后施工副孔。

槽孔施工的主要方式有：冲击造孔两钻一劈（抓）法、回转速孔、冲击与回转钻机配合造孔。

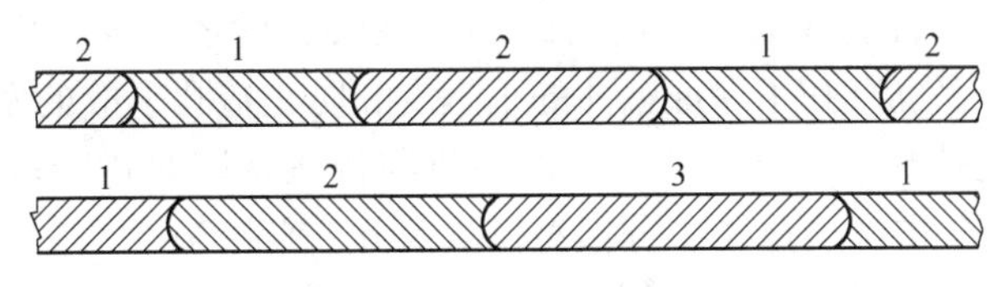

图 7-16 操控划分示意图

（1）冲击造孔两钻一劈（抓）法。在一般情况下，每一个槽孔都是先施工主孔，后施工副孔，主、副孔相连成为一个槽孔（见图 7-17），槽孔浇筑混凝土后成为一个单元墙段。主孔直径等于墙厚。副孔就是两个主孔之间留下的位置，其长度一般大于墙厚的 1.5 倍。

由于钻头是圆形的，因此在主、副孔钻完之后，其间会留下一些残余部分，这叫“小墙”。这需要变换钻机和钻头的位置，从上至下把它们劈掉（俗称打小墙）。至此就可以形成一个完整的、等厚度的槽孔。

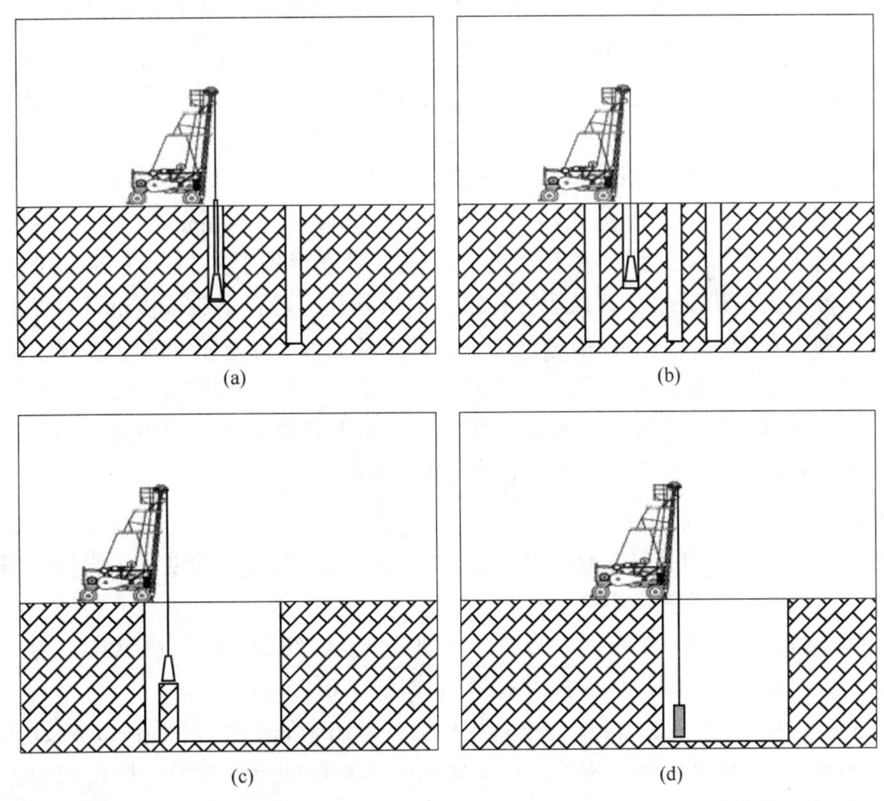

图 7-17 冲击造孔两钻一劈（抓）法

（a）钻进端头孔；（b）劈打主孔；（c）劈打副孔；（d）采用抽筒清孔

主孔钻进质量关系副孔乃至槽孔的施工质量，应力求偏斜最小。开孔成形阶段应轻提轻冲打，钻头稳住后方可加大冲程进入正常钻进阶段。钻进施工中要经常调节泥浆特性，及时补充新浆。冲击钻进多用掏渣筒排渣，一般每钻进0.5~1m即应掏渣。黏土层中冲程宜小，以防泥包钻头。在砂、卵石层中冲程可稍大，并相应加大泥浆相对密度和黏度，以防渗漏。孔中遇有坚硬岩层或大漂石时可采用爆破法。总之，少量松绳、勤松绳、勤掏渣，不仅能提高效率，也有利于保证钻孔的垂直度和防止造孔事故的发生。

（2）回转式钻机造孔。回转造孔方式的钻进与排渣是同时进行的，且大多采用反循环排渣。施工方式有一次钻全深法、分层直挖法及分层平挖法。

1）一次钻全深法。即用钻机先钻单号孔，然后套钻双号孔，各孔均一次钻至设计深度。相邻两单号孔孔缘间距视土性而定，一般取200~300mm，砂层中可稍大些。为保证帷幕有效厚度，该间距应慎重确定。

2）分层直挖法。即自槽段一端开始先钻单号孔，然后钻双号孔。待全部钻完后，再接长钻杆钻进下一分层，如此循环直至设计槽孔深度。该法可节省装拆钻杆的次数和时间，但槽孔较深时，钻机频繁移位难以保证槽孔质量。

3）分层平挖法。分层高度即为特制的铣削式钻头高度，依次向下钻进直至设计深度。此法工艺简单，槽孔质量较高，但钻机应有较大水平推力。槽孔较深、黏土层为主的情况不宜使用。

（3）冲击与回转钻机配合造孔。由于冲击钻机和回转钻机各有适用的土层，因而在土层交替赋存时，以两种钻机配合使用更能充分发挥各自的特长。山东龙口矿区多次施工实践后总结出的“先导后扩、两钻一劈”造孔成槽工艺，可谓这种使用方式的典型。该法首先用回转式钻机，以加重的小直径（如180mm）钻头钻出主孔的导向孔，其深度超过设计孔深1~1.5m，由于用加重钻铤且减压钻进，因此超前导向孔的垂直精度得到提高；其次用回转钻机配上锥形扩孔钻头扩孔至设计直径（如600mm）和设计深度。由于扩孔钻头超前短管的导向作用，扩孔后的主孔垂直精度得到了提高；在2~3个主孔完成后，再改用冲击式钻机配用双管弧形劈孔钻头劈打副孔，劈孔钻头长度恰为两主孔间的弧长，使两个导向管能沿两个主孔内周壁上下移动，从而保证了槽孔的施工精度。劈孔作业时，每钻进2~4m应及时用掏渣筒消除主孔内的沉渣。其他主孔钻孔作业可同时与劈孔作业进行。实践证明，“先导后扩、两钻一劈”的成槽工艺效率高，较单独使用十字钻头冲钻主孔和劈打副孔提高10多倍，且施工质且好，事故少。

7.3.2.5 槽孔检测

槽孔施工时，无论单孔钻进还是劈孔成槽，均应及时检测其深度和垂直度。槽孔完工后还要作清孔检测或称终孔验收。

单孔钻进时每钻进5m左右就应测斜，发现偏斜及时纠偏。钻深在50m以内，偏斜率应小于0.35%。钻深在80m以内时，偏斜率应控制在0.25%以内。

槽孔检测是在对各单孔的深度和垂直度检测并绘出孔底平面交圈图后，判断槽孔内是否存在“小墙”，一旦出现必须凿掉，以确保混凝土帷幕的连续完整、厚度均匀。槽孔内各单孔深度相差应小于15cm。

采用弧形钻头验孔，即沿槽孔一端平移到另一端，逐个验测各孔的偏斜值和深度时，由于弧形钻头体长面大，遇有“小墙”或偏斜时能及时反映，不仅加快了验测速度，还能及时修整槽孔，从而提高帷幕的施工质量。

修整检测后的槽孔，还需进行清孔验测，即用压气排液器、砂石泵或射水泵以反循环形式清除和置换孔内含砂量和密度较大的泥浆，使孔底泥砂淤积厚度不超过10cm，孔底泥浆密度应小于1.35，孔底泥浆含砂率要小于10%，以减小灌注混凝土的阻力，提高泥凝土质量。

清孔时，对槽孔端部有预留的混凝土接头部位要用特制的钢丝刷反复上下拉刷，直到该部位的混凝土孔壁除净泥皮后，才能转入灌注混凝土的工序，以确保槽孔接头的质量。

7.3.3 泥浆下灌注混凝土

槽孔施工结束并验测合格后，应及时灌注混凝土。在泥浆下灌注混凝土的原理和方法，与地面混凝土工程不同。泥浆下灌注混凝土帷幕是以槽孔壁为模板，故要求泥浆的性能始终合格，以保证槽壁平整；泥浆下灌注的混凝土难以使用振捣设备，其密实性只能依靠混凝土自重压力和灌注时产生的局部振动来实现；灌注过程中，混凝土的流动易将泥浆和孔内沉渣卷入体内，致使局部混凝土质量变劣，因此要求混凝土拌合料具有足够大的流动性和良好的和易性，同时要保证达到设计强度和防渗要求。

7.3.3.1 导管法施工

目前立井帷幕施工中，普遍使用的方法是导管法。它施工简便，浇筑速度较快，易于保证质量。该法是沿槽孔弧长均布数根插至槽底的导管，从地面同时向各导管均匀灌入拌好的混凝土。混凝土从导管底口排出后，在槽底扩散并逐渐顶升，同时不断地把同体积的泥浆排出槽孔，直至混凝土灌满整个槽孔，如图7-18（a）所示。

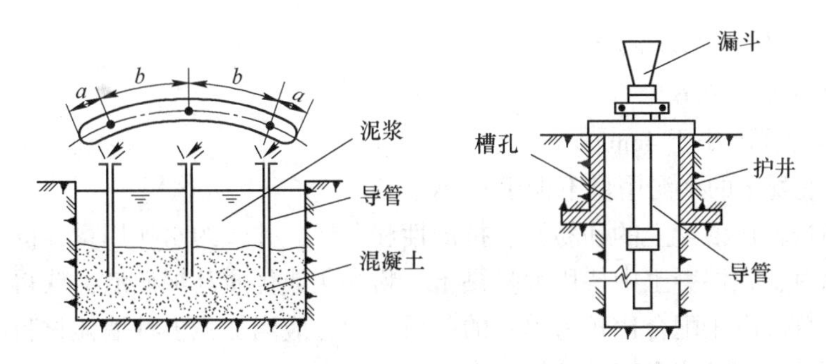

图7-18　导管灌注混凝土

（a）导管距槽孔端缘的间距；（b）相邻两根导管的间距（3~3.5m）

导管由内径200~250mm的钢管连接而成。浇灌混凝土前，底口距孔底留有一定间隙（0.5m左右），装有漏斗的上口要高出泥浆液面一定高度，以增大混凝土灌注压力。随着槽孔内混凝土面的不断上升，在保证导管底口始终没入混凝土内一定深度的条件下，定时提升并拆除导管。为此，需配置一定数量不同长度的短管。为减少提管阻力和装、卸导管的时间，导管接头宜用快速接头或螺纹式接头。导管没入混凝土的深度取决于导管间距、混凝土初凝时间、灌注深度和速度等，一般均应大于1~1.5m。导管在孔口的安装和定位见图7-18（b）。

开始灌注混凝土之前，应在导管内的泥浆面上放置隔水栓，以防浇灌的混凝土与泥浆混合。随着混凝土灌入量的增加，隔水栓也逐渐下移并同时排挤泥浆，直至隔水栓从导管下口脱出导管。隔水栓可用木球、胶球或“H”形薄壁圆筒滑塞制成，其直径应小于导管内径 15mm 左右，以防卡管。

7.3.3.2 混凝土的性质要求与配合比设计原则

A 泥浆下施工对混凝土性质的要求

（1）和易性与流动性好。和易性好是指在搅拌、运输和灌注过程中，混凝土的成分均匀、无离析现象和容易操作。流动性好则指其坍落度应在要求的范围内，一般要求其坍落度为 18~22cm。

（2）强度满足设计要求。通常帷幕设计中混凝土的强度等级为 C20~C30（深度大于 50m 时取高等级）。虽然泥浆下的混凝土有充分的水化条件，固化过程不易有干缩裂缝，容易保证强度，但毕竟是在泥浆下使用的混凝土，容易混入泥土，增加含砂量，故实际施工中应较混凝土的设计强度等级提高 20%进行配比。

B 混凝土配合比设计

混凝土配合比的设计方法是：假定组成混凝土拌合料的水泥、砂、石子及水等材料达到密实程度，则 $1m^3$ 混凝土所受的重力应等于混凝土各组成材料所受重力之和。用该经验计算方法与试验相结合，最后确定混凝土的配合比。计算时一般根据以下几项经验指标：

（1）坍落度为 18~22cm。

（2）采用普通塑性混凝土水灰比的计算公式，且混凝土平均强度等级较设计强度等级 C 提高 20%。

（3）含砂率为 40%~50%。

（4）水灰比小于 0.6。

（5）骨料粒径不小于 4cm。

（6）$1m^3$混凝土的水泥用量不少于 400kg。

为了提高帷幕用混凝土的和易性、抗渗性和塑性，并节约水泥用量，国内外一些单位在建设防渗墙时，在混凝土中掺用大量黏土、粉煤灰或优质高炉矿渣，获得一定成效。为了改变我国帷幕混凝土配合比较为单一的落后局面，应当加强多种墙体材料的研究，以便按不同防渗要求选用经济合理的墙体。

C 接头施工

a 接头及其重要性

混凝土帷幕划分为若干槽段分别施工时，相邻两槽段混凝土衔接处称为接头，两段槽孔交接处施工的钻孔称接头孔，两段槽孔分别灌注混凝土后形成的结合面（缝）称接头缝。可见，接头并非帷幕结构的需要，而是施工方法的产物。

接头缝的出现会破坏帷幕壁的整体性，削弱帷幕壁的整体强度，也增加了施工难度。对帷幕壁中这一薄弱部位，除要求精心施工，使其具有足够的承受地压和抗渗能力外，在帷幕法设计中，应力求减少接头数量。我国立井帷幕施工中虽有全圆环一次钻凿槽孔、一次连续灌注混凝土的成功实例，但综合考虑各种因素，尤其是在帷幕较深的情况下，一般仍划为 2~3 个槽段分别施工。

b 接头型式

接头型式与造孔机具有关：用抓斗成槽时接头多为直线状；用冲击式或回转式钻机成

槽时则为圆弧形。直线（平面）形的接头缝不利于阻止地下水的渗透和剪力的传递，实际施工中往往采用预制分隔板或其他措施，使接头缝呈各种折曲面的形状，如图 7-19 所示。

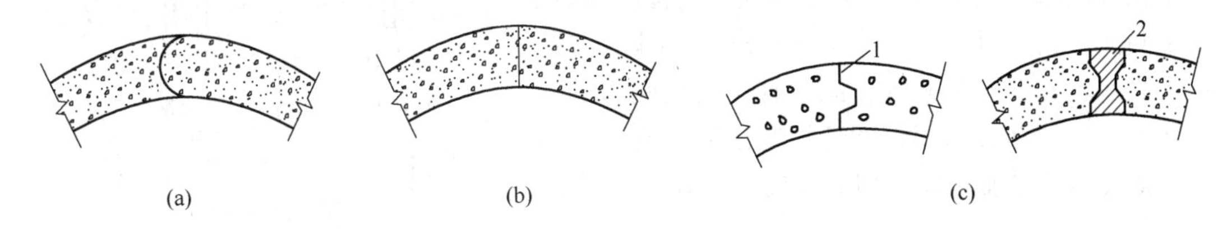

图 7-19 接头结构形式

（a）圆弧形直接接头；（b）直线（平面）形直接接头；（c）隔板式接头

1—铜隔板；2—钢筋混凝土预制隔板

c 接头施工方法

（1）钻凿法。钻凿法就是在槽孔灌注混凝土 4~6h 后，直接用钻机在槽孔端部已灌注的混凝土中钻凿接头孔，使端部由原来的凸圆弧形变为凹圆弧形。为防止钻头向较软地层一侧偏斜，开孔孔位应向槽孔内移 200mm，如图 7-20 所示。接头孔钻凿要连续作业，快速施工，否则由于槽孔内混凝土强度的增长钻凿工作会出现困难。当相邻槽孔灌注混凝土前，需用特制圆形钢丝刷对接头孔壁反复拉刷，消除泥皮，力求提高接头质量。

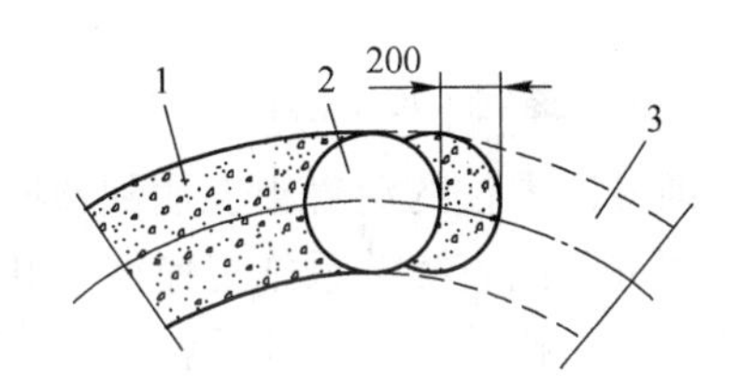

图 7-20 钻凿式接头孔位置

1—已灌注混凝土的槽孔；2—接头孔钻凿位置；3—拟施工的槽孔

钻凿法简便易行，不增加辅助设备，缺点是速度慢、效率低、费工料，而且容易发生偏斜，还可能震裂接头孔周围的混凝土造成质量事故，现国外已不再沿用这一工艺。该法适用于深度小于 30m 的混凝土帷幕接头施工。

（2）预留法。预留法为国外普遍采用的接头工艺。该法是在灌注混凝土前在槽孔端头预先布设钢质接头孔管，当灌注混凝土达一定深度，下部混凝土达到初凝且有一定自撑能力时，开始向上不断微转并拨动接头孔管，至全部拔出后，使槽孔端头形成光滑的圆孔壁，待下一槽孔灌注的混凝土与之结合，即可形成整体性较好的混凝土帷幕。

预留法施工简单可靠、施工速度快、节省混凝土，但施工技术较复杂，需要专门的预埋钢管及提升装置。我国现正推广这种施工方法。

（3）隔板式接头。此法是将有一定刚度的钢板或一定截面型式的预制钢筋混凝土构件置于待浇筑混凝土的槽段端部，使之与浇灌的混凝土结合在一起，构成帷幕结构的组成部分。此法多用于深度小于 30m 的基础工程施工。预制隔板的截面形状应有利于相邻槽段的钻凿施工，且浇筑混凝土时要避免隔板构件发生转动与变位。

（4）双反弧接头。这是加拿大马尼克-3 水电站坝基混凝土防渗墙使用成功的接头工艺。在相邻两个槽段分别施工并浇筑混凝土后，用一固定式双反弧钻头，以两侧已硬结的槽段端部混凝土作导向向下钻凿接头，至设计深度后，再用一液压可张式双反弧钻头自上向下刮除混凝土表面的残留物，清孔后浇筑混凝土即可（见图 7-21）。

固定式双反弧钻头的中心带有导向钻头，两侧为内凹圆弧形冲击刀。液压可张式双反弧钻头的两侧刀刃由活动臂支撑，可通过液压系统调节其张开程度，可调幅度为0.3~0.5m，使侧刀能紧靠两侧的半圆弧形混凝土孔壁，借助冲击动作刮除泥皮。钻头底部装有斜向喷浆管，泥浆直接喷向侧刀的工作面上。两种钻头均用正循环泥浆出渣。我国广州白天鹅宾馆的地基防渗墙用此法施工，效果良好。

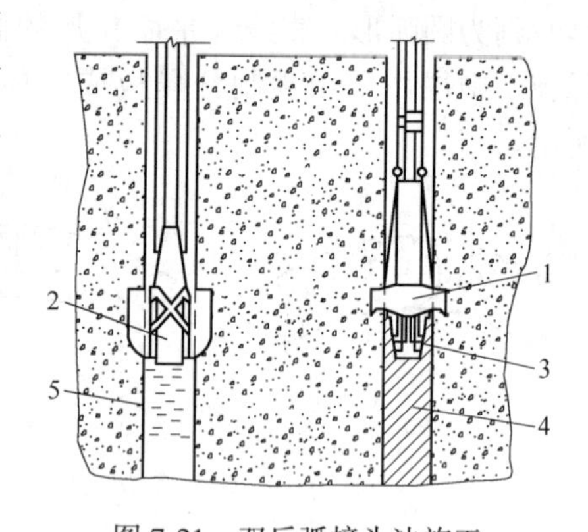

图 7-21 双反弧接头法施工
1—双反弧固定式钻头；2—可张氏双反弧钻头；3—导向钻头；4—两槽段接头处土层；5—泥浆

7.3.4 掘进、套壁与补强

帷幕法的井筒掘砌工作与普通凿井法相同。帷幕隔断了井内、外地下水的联系，为掘砌作业创造了良好的工作环境，但掘砌工作仍应注意以下问题：

(1) 井筒掘进。最后一个槽孔灌注完混凝土，形成混凝土整体圆筒形帷幕后约28天，即最后灌注的混凝土也达到预期设计强度等级后，方可开始掘进作业。

掘进段高直接关系施工速度、井壁质量、施工安全与成本。段高取值决定于混凝土帷幕的质量、帷幕深度和地质特征：质量良好的混凝土帷幕、小于50m深的井筒、以黏土为主的地层，可一掘到底不必分段，掘完后套砌井壁；帷幕深度大于50m，含水不稳定土层为主时，在上部50m一次掘完砌壁后，下部宜采用短段掘砌；如上部一次掘砌部分的局部帷幕施工质量不好，则须在该部位附近用短段掘砌；若混凝土帷幕整体质量欠佳，则全深均应采用短段掘砌作业。

(2) 套砌井壁。混凝土帷幕不仅作为井筒掘砌的临时支护，而且还是永久支护的主要组成部分。为使井筒内表面光滑和规整，即使帷幕作为永久支护，通常也要套壁或喷射混凝土。套壁或喷射混凝土的厚度一般不超过250mm。套砌或喷射前须用高压水将帷幕内表面的泥皮冲刷干净。

(3) 壁座施工。为防止混凝土帷幕因自重引起下沉，防止帷幕底部与围岩接触处渗漏地下水，并为套砌井壁建立支承底座，可在掘进到底后砌筑壁座。壁座的施工应依据地层情况，用分段对称掘砌施工法，力求连续不断、尽快完工。

若混凝土帷幕底部围岩坚固可靠且不透水，可不设壁座。

(4) 补强措施。由于施工管理、施工技术或地层条件等因素的影响，混凝土帷幕内可能混入填充物或存在孔洞。掘进时，在外部水压作用下，劣质帷幕可能漏水。在发现孔洞后，必须采取补强堵漏措施方可继续施工。

1) 掘进过程中发现不太严重的漏水现象时，在确切探明孔洞或劣质混凝土的方位、深度和范围后，可立即在井内用砂、土回填到一定高度并夯实，然后自帷幕外侧沿孔洞方位打钻孔进行注浆堵漏（见图7-22）。

2) 掘进过程中如发现严重漏水，在判明孔洞或劣质混凝土的位置和范围后，立即向井内注水，以平衡井内外水压差，防止事故扩大导致地面沉降，然后在帷幕外侧孔洞方位处钻凿适当大小的槽孔，并灌注一定高度的混凝土封堵孔洞（见图7-23）。在证实补强槽

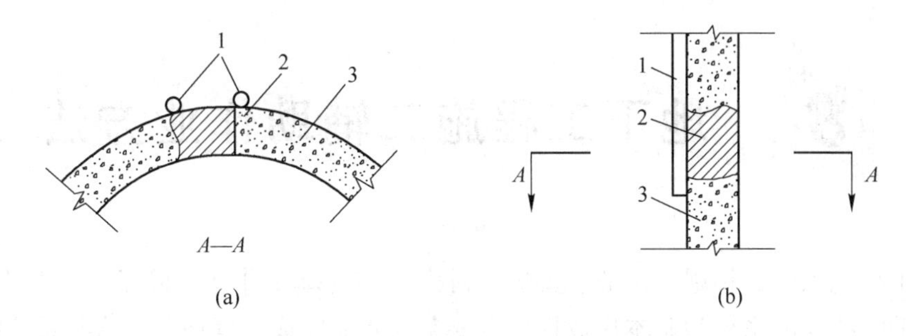

图 7-22 钻孔注浆堵漏

（a）横断面图；（b）纵断面图

1—注浆孔；2—漏水部位；3—混凝土帷幕

孔效果良好之后，应及时回填密实补强槽孔的上段，同时排除泥浆，以免引起地表下沉。

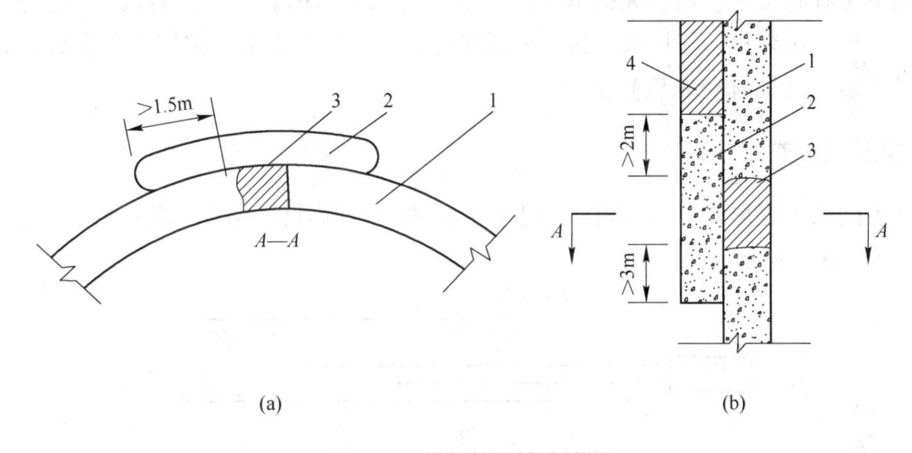

图 7-23 钻挖补强槽孔堵漏

（a）横断面图；（b）纵断面图

复习思考题

7-1 什么是冻结法，冻结法包括哪些类型？

7-2 氨-盐水冻结法的三大循环是什么？试详述热量的传递过程。

7-3 什么是地面预注浆和工作面预注浆？

7-4 列举四种常用注浆浆液。

8 地下工程施工辅助作业方法

地下工程施工中，钻爆、出渣、支护、衬砌等称为基本作业。除了这些基本作业外，还必须借助一些辅助系统为基本作业提供必要条件才能完成工程任务，这些系统的工作称为辅助工作。辅助工作主要包括压缩空气供应、通风防尘、施工供水与排水等。

8.1 施工压缩空气供应

在地下工程施工中，很多风机机具，如常用的风镐、凿岩机、凿岩机台车、装岩机、混凝土喷射机、压浆机、气压盾构机、锻钎机等，以空气为动力，它们所需要的压缩空气均由空气压缩机（简称空压机）生产。

8.1.1 空压机布置

根据不同的工程形式，空压机站的布置形式主要有洞外固定式、洞内外结合式和整体移动式，如图 8-1 所示。

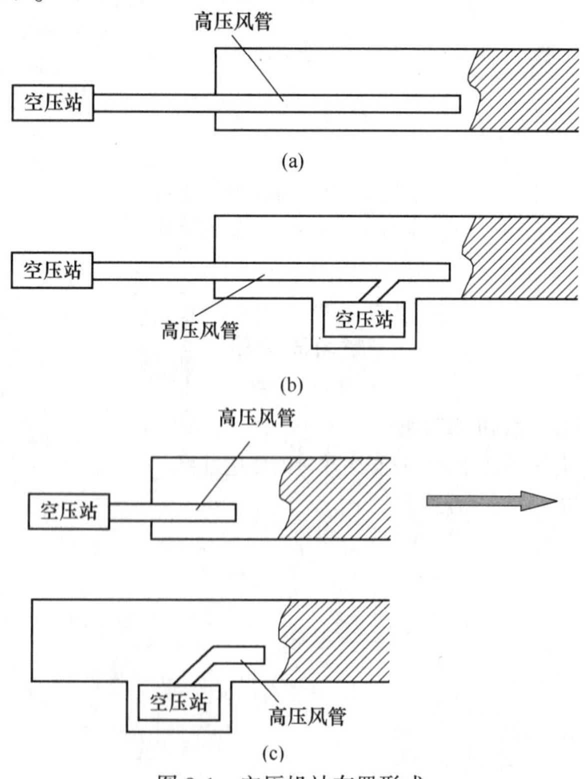

图 8-1　空压机站布置形式

（a）洞外固定式空压站；（b）洞内外结合式空压站；（c）整体移动式空压站

一般情况下，地下工程施工都需在地面设置空压机站，将空压机安装在站房内，如图 8-2 所示。隧道施工时空压机站应设在洞门附近，并宜靠近变电站，应有防水、降温、保温和防雷击设施。如有多个洞口共用一个主压机站时，空压机站可选在适中位置，但也应靠近用风量较大的洞口。地下矿山施工时，空压机站设在地面井口附近，尽量不超过 50m，应选择在空气清洁、通风良好的位置，与矸石山、出风井口、烟囱等距离不应小于 150m，并位于全井主导风向的上风方向。

空压机站外应设冷却水池，以给空压机降温。空压机站外设有风包，主要是储存压缩空气，缓和因压缩机活塞的不连续性而引起的压力波动，分离压缩空气中油和水。风包有立式和卧式两种，一般随机成套供应。

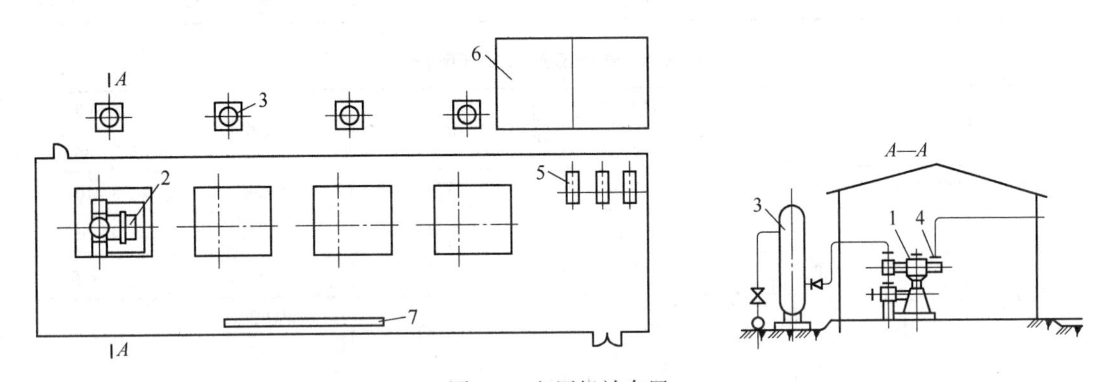

图 8-2 空压机站布置

1—空压机；2—电动机；3—风包；4—过滤器；5—水泵；6—水池；7—电控设备

8.1.2 空压机站生产能力

空压机一般集中安设在洞口附近的空压机站内。空压机站的生产能力取决于耗风量的大小，并考虑一定的备用系数。空压机站的生产能力（或供风能力）Q 可用式（8-1）来计算。

$$Q = (1 + K_{备})(\sum qK + q_{漏})k_{m} \tag{8-1}$$

式中 $K_{备}$——空压机的备用系数，一般采用 75%~90%；

$\sum q$——风动机具所需风量，m^3/min；

K——同时工作系数；

k_m——空压机所处海拔高度对空压机生产能力的影响系数；

$q_{漏}$——管路及附件的漏耗损失，m^3/min。

$$q_{漏} = \alpha \sum l$$

式中 α——每公里漏风量，平均为 1.5~2.0m^3/min；

$\sum L$——管路总长，km。

不同类型的同时工作系数及海拔的高度影响系数见表 8-1、表 8-2。常用风动机具耗风量见表 8-3。

表 8-1　同时工作系数

机器类型	凿岩机		装渣机		锻钎机	
同时工作台数	1~10	11~30	1~2	3-4	1~2	3-4
K	0.85~1.00	0.75~0.85	0.75~1.0	0.50~0.70	0.75~1.0	0.50~0.65

表 8-2　海拔高度影响系数 k_m

海拔高度/m	0	305	610	914	1219	1524	1829	2134	2438	2743	3048	3648	4572
k_m	1.00	1.03	1.07	1.10	1.14	1.17	1.20	1.23	1.26	1.29	1.32	1.37	1.43

表 8-3　常用风动机具耗风量

设备名称	设备型号	耗风量 $/m^3 \cdot min^{-1}$	设备名称	设备型号	耗风量 $/m^3 \cdot min^{-1}$
手持式凿岩机	Y26	2.5	凿岩台车	CZ301	8~10
气动式凿岩机	YT-23	3.2		CGZ700	9~10
	YT-24	2.9		CTCQ500	12~15
	YT-26	3.5	装岩机	ZQ-26、CQ-17	12~15
	YT-28	4.9	抓岩机	HZ-4、HZ-6	15、17
导轨式凿岩机	YGP28、35	4.5、6.5		HH-6、2HH-6	20、35
	YGZ70、90	9.5、13.0		长绳悬吊	6~8
	YG40、65	6.3、6.5	伞形钻架	FJD6、FJD9、FJD9A	50、80、90
向上式凿岩机	YXP-24	5.0		FJD6.7、FJZ5.5	58
风镐		1.0~1.2	混凝土喷射机	干式：ZP-2、SP-2、PZ-5	5~10，多为7~8
锻钎机	GK-50	3.0~4.0		湿式：TK500、TPS-6、TD-11	8~10

8.1.3　压风管的布置

8.1.3.1　管径选择

空压机生产的压缩空气的压力一般在0.7~0.8MPa，为保证工作风压，钢管终端的风压不得小于0.6MPa，通过胶皮管输送至风动机具的工作风压不小于0.5MPa。

压缩空气在输送过程中，由于管壁摩擦、接头、阀门等产生阻力，其压力会减少，一般称压力损失。根据达西公式，钢管的风压损失 Δp 可按式（8-2）进行计算。

$$\Delta p = \lambda \frac{L}{d} \cdot \frac{v^2}{2g} \gamma \times 10^{-6} \tag{8-2}$$

式中　λ——摩阻系数，见表8-4；

p——空压机生产的压缩空气的压力，由空压机性能可知，MPa；

v——压缩空气在风管中的速度，m/s；根据风量和风管面积可得。

L——送风管路长度（包括配件当量长度），m；

d——送风管内径，m；

g——重力加速度，采用9.81m/s^2；

γ——压缩空气的容重，大气压强下，温度为0℃时，空气容重为12.9N/m^3，温度为t℃时，其容重为$\gamma_t = 12.9 \times \frac{273}{273 + t}$。此时，压力为$p$的压缩空气的容重为

$$\gamma = \frac{\gamma_t(p + 0.1)}{0.1}$$

以上计算的压力损失值若过大，则需选用较大管径的风管以减少压力损失值，使钢管末端风压不得小于0.6MPa。

摩阻系数见表8-4。通风管路在安装时，会有各种配件，需要进行长度折算，按表8-5进行折算。压缩空气通过胶皮风管的压力损失值见表8-6。

表8-4　摩阻系数

风管内径/mm	λ
50	0.0371
75	0.0321
100	0.0298
125	0.0282
150	0.0264
200	0.0245
250	0.0231
300	0.0221

表8-5　配件折合成管路折合长度　（m）

配件名称	铜管内径/mm						
	25	50	75	100	150	200	300
球心阀	6.0	15.0	25.0	35.0	60.0	85.0	
闸门阀	0.3	0.7	1.1	1.5	2.5	3.5	6.0
丁字管	2.0	4.0	7.0	10.0	17.0	24.0	40.0
异径管	0.5	1.0	1.7	2.5	4.0	6.0	10.0
45°弯头	0.2	0.4	0.7	1.0	1.7	2.4	4.0
90°弯头	0.9	1.8	3.2	4.5	7.7	10.8	18.0
135°弯头	1.4	2.8	4.9	7.0	12.0	16.8	28.0
逆止阀		3.2		7.5	12.5	18.0	30.0

表 8-6　压缩空气通过胶皮风管的压力损失　（MPa）

通过风量 /m³·min⁻¹	胶管内径 /mm	胶管长度/m					
		5	10	15	20	25	30
2.5	19	0.008	0.018	0.020	0.035	0.040	0.055
	25	0.004	0.008	0.013	0.017	0.021	0.030
3	19	0.010	0.020	0.030	0.050	0.060	0.075
	25	0.006	0.012	0.018	0.024	0.040	0.045
4	19	0.020	0.040	0.055	0.080	0.100	0.110
	25	0.010	0.025	0.040	0.050	0.060	0.075
10	50	0.002	0.004	0.006	0.007	0.010	0.015
20		0.010	0.020	0.035	0.050	0.050	0.065

8.1.3.2　管道安装

（1）管道敷设要求平顺、接头密封、防止漏风，凡有裂纹、创伤、凹陷等现象的钢管不能使用。

（2）在洞外段，风管长度超过500m、温度变化较大时，宜安装伸缩器；靠近空压机150m以内，风管的法兰盘接头垫片宜用耐热材料垫片。

（3）压风管道在主输出管道上，必须安装总闸阀以便控制和维修管道；主管上每隔300~500m应分装闸阀；按施工要求，在适当地段（一般每隔60m）加设一个三通接头备用；管道前端至开挖面距离宜保持在30m左右，并用高压软管接分风器；分部开挖法通往各工作面的软管长度不宜大于50m，与分风器连接的胶皮软管不宜大于10m。

（4）主管长度大于1000m时，应在管道最低处设置油水分离器，定期放出管中聚积的油水，以保持管内清洁与干燥。

（5）管道安装前应进行检查，钢管内不得留有残杂物和其他污脏物；各种闸阀在安装前应拆开清洗，并进行水压强度试验，合格者方能使用。

（6）管道在洞内应敷设在电缆、电线的另一侧，并与运输轨道有一定距离，管道高度一般不应超过运输轨道的轨面，若管径较大而超过轨面，应适当增大距离。如与水沟同侧时不应影响水沟排水。

（7）管道使用时，应有专人负责检查、养护。

管道布置如图8-3所示。

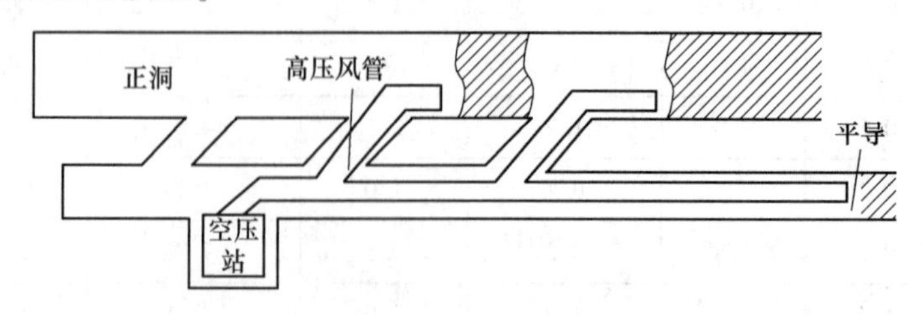

图 8-3　高压供风管布设

8.2 供水与排水

8.2.1 施工供水

地下工程施工中，由于凿岩、防尘、灌注衬砌及混凝土养护、洞外空压机冷却、泥水盾构渣土分离设备、施工人员的生活等都需要大量用水，因此要设置相应的供水设施。供水主要应考虑水质要求、水量的大小、水压机供水设施等几个方面的问题。

8.2.1.1 供水方式

(1) 利用已有供水系统供水。所建工程如在城区、乡镇或企业附近，可充分利用已有的供水系统直接供水。这种方式施工快，但易受供水单位的限制。

(2) 利用临时的水源供水。临时水源有地表水源和地下水源，如山间溪流、河水、泉水、地下水、溶洞水、水库水等，由上述来源自流引导或用水泵压至蓄水池存储，并通过供水管路供到使用地点。山岭隧道施工用水量较小，多利用地表水源；矿山施工用水量大，通常使用地下水源，或地表与地下水源并用。

(3) 矿井施工时，可提前修建和利用矿井永久水源及供水系统供水。这种水源可靠，可减少临时供水费用。

(4) 个别缺水地区，则用汽车运水或长距离管路供水。

8.2.1.2 水质要求

凡无臭味、不含有害矿物质的洁净天然水，都可以作为施工用水。饮用水的水质则要求更为新鲜清洁。无论是施工用水还是生活用水，均应做好水质化验工作，符合相应的国家水质标准。施工用水和饮用水的标准见表8-7、表8-8。

表8-7 施工用水水质要求

用水范围	水质项目	允许最大值
混凝土作业	硫酸盐（SO_4）含量	不大于1000mg/L
	pH值	不得小于4
	其他杂质	不含油、糖、酸等
湿式凿岩与防护	细菌总数	在37℃培养24h每毫升不超过100个
	大肠菌总数	每升水中不超过3个
	浑浊度	不大于5mg/L，特殊情况不大于10mg/L

表8-8 生活饮用水卫生标准

项 目	允许最大值
色度	不大于20°，应保证透明和无沉淀
浑浊度	不大于5mg/L，特殊情况（暴雨洪水）不大于10mg/L
悬浮物	不得有用肉眼可见水生物及令人厌恶的物质
嗅和味	在原水或煮沸后饮用时不得有异嗅和异味

续表 8-8

项　　目	允许最大值
细菌总数	在37℃培养24h每毫升不超过100个
大肠菌总数	每升水中不得超过3个
铅含量	不大于0.1mg/L
砷含量	不大于0.05mg/L
氧化物含量	不大于1.5mg/L
铜含量	不大于3.0mg/L
锌含量	不大于5.0mg/L
铁总含量	不大于0.3mg/L
pH值	6.5~9.5
酚类化合物	加氯消毒时，水中不得产生氯酚臭
余氯含量	水池附近游离，氯含量不小于0.3mg/L，管路末端不小于0.05mg/L

8.2.1.3　用水量估算

（1）施工用水。施工用水与工程规模、机械化程度、施工进度、人员数量和气候条件等有关，因而用水量的变化幅度较大，很难估计精确。一般根据经验估计再加一定储备：凿岩机用水每台0.2m^3/h，喷雾洒水每台0.03m^3/min（每次放炮后喷雾30min），衬砌用水1.5m^3/h（含搅拌、养护、洗石），空压机用水每台5m^3/d（其中大部分可考虑循环使用）。

（2）生活用水。随着隧道工程及地下工程工地卫生要求的提高，生活设施（如洗衣机等）配置增多，耗水量也相应增多。因而生活用水量也有一定的变化，但幅度不大，一般可按下列参考指标估算：生产工人平均每人每天0.1~0.15m^3，非生产工人平均每人每天0.08~0.15m^3。

（3）消防用水。由于施工工地住房均为临时用房，相应标准较低，除消防要求在设计、施工及临时住房布置等方面做好防火工作以外，还应按临时建筑房屋每3000m^3，消防耗水量15~20L/s、灭火时间为0.5~1.0h计算消防用水储备量，以防不测。

8.2.1.4　供水设备

（1）蓄水池。

1）水池位置。水池位置至配水点的高差H(m)为：

$$H \geqslant 1.2h + \alpha h_f \tag{8-3}$$

式中　h——配水点要求水头，m，如湿式凿岩需要水压为0.3MPa，则$h=30$m；

α——水头损失系数（按管道水头损失5%~10%计算），$\alpha=1.05$~1.10；

h_f——管道内水头损失，m，确定出用水量（一般按m^3/h计）后，选择钢管管径。

2）水池构造。水池主要包括石砌半埋置式和石砌埋置式两种形式，如图8-4所示。

3）水池容积。利用高山自流水供水，水源流量大于用水高峰流量时，水池存水能得到及时补充，则水池容积一般为20~30m^3；如水源流量小于用水量，则需要根据每班最大用水量并考虑必要储备来计算水池容积。

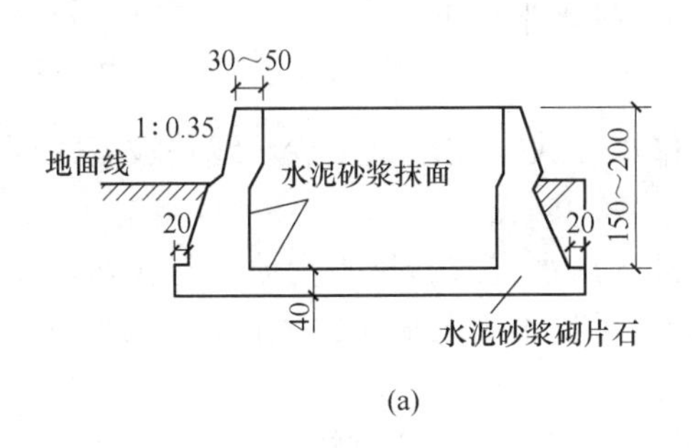

(a)

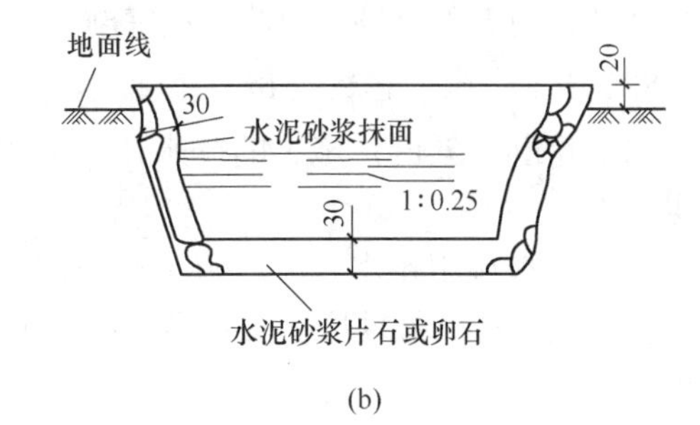

(b)

图 8-4　蓄水池布置

（a）石砌半埋置式；（b）石砌埋置式

$$V = 24\alpha C(Q_c + Q_s) \tag{8-4}$$

式中　V——水池容积，m^3；

α——调节系数，一般用 1.10～1.20；

C——储水系数（为水池容量/昼夜用水量），昼夜用水量小于 1000m^3 时，采用 1/6～1/4；昼夜用水量在 1000～2000m^3 时，用 1/8～1/6；

Q_c——生产用水量，m^3/h；

Q_s——生活用水量，m^3/h。

（2）水泵与泵房。供水水泵要满足供水系统保持所需水量和水压要求，故水泵选择首先要计算水泵的扬程。扬程计算按式（8-5）进行。

$$H = h' + \alpha h_f \tag{8-5}$$

式中　h'——水池与水源之间的高差。

临时抽水泵房的要求，可按临时房屋的有关规定办理。

8.2.1.5　供水管布置

（1）管道敷设要求平顺、短直且弯头少，干路管径尽可能一致，接头严密不漏水。

（2）管道沿山顺坡敷设悬空跨距大时，应根据计算来设立支柱承托，支撑点与水管之间加木垫；严寒地区应采用埋置或包扎等防冻措施。

（3）水池的输出管应设总闸阀，干路管道每隔 300～500m 应安装闸阀一个，以便维修和控制管道。管道闸阀布置还应考虑一旦发生管道故障（如断管）能够暂时由水池或水泵供水的布置方案。

（4）给水管道应安设在电线路的异侧，不应妨碍运输和行人，并设专人负责检查养护（可与压风管道共同组织一个维修、养护工班）。

（5）管道前端至开挖面，一般保持的距离为 30m，用 ϕ50mm 高压软管接分水器，中间预留的异径三通，至其他工作面供水使用软管（ϕ13mm）连接，其长度不宜超过 50m。

（6）如利用高山水池，其自然压头超过所需水压时，应进行减压，一般是在管路中段设中间水池作过渡站，也可直接利用减压阀来降低管道中水流的压力。

8.2.2　施工排水

地下工程施工不可避免地要遇到地层涌水问题。实践表明，施工期间的涌水既影响施工进度又影响工程质量。因此，做好施工期间的防排水十分重要。

8.2.2.1 水平巷道（隧道）排水

水平巷道（隧道）施工的排水比较简单，排水方式应按水量多少、线路坡度等因素确定。

（1）上坡施工排水。上坡施工可采用顺坡自然排水方式，排水沟坡度与线路坡度一致。隧道施工有平行导坑，坑标高一般较正洞低，可将正洞之水通过横通道引入平行导坑排出。

（2）下坡施工排水。下坡施工时，水向工作面汇集，需用机械排水。

在隧道较短、坡度较小时，可采用分段开挖反坡水沟，分段处设集水坑，每个集水坑配备水泵把水逐段排出洞外。此法工作面无积水，不需排水管，但需水泵多，且需开挖反坡水沟。

在隧道较长、涌水较大时，可采用长距离开挖集水坑，工作面积水用辅助小水泵排到近处集水坑内，再用水泵将水排出洞外。此法需水泵数量少，但需安设排水管，且主水泵需随工作面的掘进而拆迁前移。

此外，施工前需修筑洞口（井口）的防洪及排水设施，以免雨季到来时山洪或地面水流入洞（井）内。

8.2.2.2 倾斜巷道排水

对于斜井、斜巷，由下向上施工时，水可自流，不必采取排水措施；当由上向下施工时，涌水流向并集聚在掘进工作面，为保证施工质量，改善作业条件，加快掘进速度，必须做好掘进排水工作。根据已掘巷道段及工作面积水情况，可采用如下排水措施：

（1）潜水泵排水。当工作面涌水量小于5~7m^3/h时，可用潜水泵排水。潜水泵体积小，重量轻，便于移动，易于维护，工作可靠，操作简单，可排污水。潜水泵分为电动和风动两种。我国常用的风动潜水泵以压风为动力，耗风量为3m^3/min，虽效率较低，但安全可靠，在工作面装药时可以不间断地排除泥浆水。

（2）喷射泵排水。喷射泵排水方法见图8-5。喷射泵是利用高压水由喷嘴高速喷射造成的负压（卧泵启动后，大部分水沿排水管上排，少量水沿高压管送至喷射泵，再沿回水管返回到储水池，便在喷射泵中形成负压）以吸取工作面积水的设备。它结构简单、制作方便、体积小、重量轻、工作可靠，在吸入空气或泥浆时还能正常工作，工作面放炮时，用铁板盖住吸水软管和龙头即可，不需拆、搬，照常排水。其缺点在于排水效率不高，耗电量大，扬程低，需配置扬程高、流量大的原动泵，所以要开凿一定数量的原动泵洞室及水仓。该法适用于水较混浊的情况，且涌水量小于30m^3/h。其喷射泵扬程为20~25m，两台串联使用也不超过50m，每台流量10~25m^3/h。

（3）离心泵排水。当工作面涌水量大，超过30m^3/h时，需设置离心泵排水。根据巷道倾斜长度和倾角不同，其排水泵分为单段和分段排水两种。单段排水即将水直接排至地面。当斜井井筒较长、工作面积水不能一次排至地面时，可采用分段排水。此时在适当位置需设临时水仓，把水先排到临时水仓，再转排至地面。工作面水泵要求水平安置，其倾角不超过8°，根据情况，可安放在水平板车或底板的框架上，但这类水泵占用空间大，移动、维护不便。

（4）分段截排水。倾斜巷道工程通过涌水量较大的含水层、断层和裂隙涌水较大地

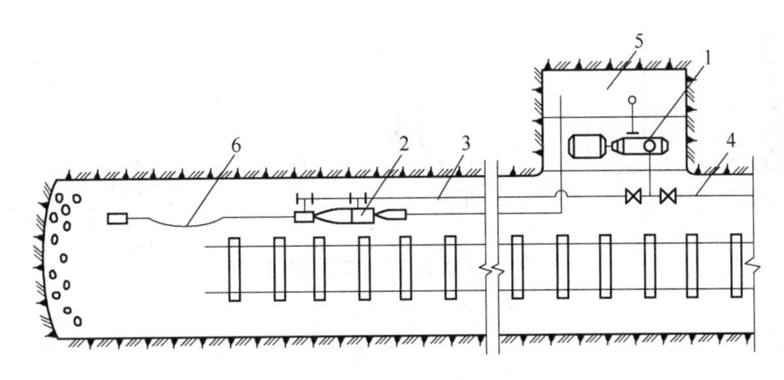

图 8-5 喷射泵排水工作面布置图

1—卧泵；2—喷射泵；3—高压水管；4—排水管；5—储水池；6—吸水软管

段时止水流入工作面。分段截排水办法有两种：

1）当涌水点下方有临时泵房和水仓时，可在涌水段以下挖几条横向水沟，将水汇集到截水沟引入临时水仓，由卧泵排至地面。

2）当涌水地点下方无临时泵房和水仓时，则可采取两种截水方法：

①在涌水段下部轨道中央，掘一临时水窝，在水窝上部靠非人行道一侧安设喷射泵，将水排至上部临时水仓，由临时水仓内的卧泵排至地面或上部平巷。

②在涌水段下方靠巷道（井筒）帮侧掘一水窝，安设卧泵将水排至上部临时水仓，由临时水仓内的卧泵排至地面或上部平巷。

8.2.2.3 立井涌水的治理

凿立井时，井内一般都有较大涌水，不仅影响施工速度、工程质量、劳动效率，严重时还会给人们带来灾难性的危害。因此，根据不同的条件采取有效措施，妥善处理井内涌水，已成为立井快速施工的一项最重要工作。

立井常用治水方法有注浆堵水、吊泵排水、钻孔泄水、井内截水和机械排水等，其中注浆堵水已成为我国凿井的主要治水方法。治水方法必须根据含水层的埋深与厚度、涌水量大小、岩层裂隙及方向、凿井工程条件等因素确定。合理的井内治水方法应满足治水效果好、费用低、对井筒施工工期影响小、设备少、技术简单、安全可靠等要求。

A 导水与截水

井筒施工时，为保证混凝土井壁施工质量和减少掘进工作面淋水，根据井壁渗漏水情况和砌壁工序不同，可对井壁、井帮淋水进行导或截的方法处理。

（1）导管导水。在立模和浇灌混凝土前，或在有集中涌水的岩层，可预先埋设导管，将涌水集中导出。导管的数量以能满足放水要求为原则。导管一端埋入砾石堆，既便于固定，也利于滤水。导管的另一端伸出井壁，以便砌壁结束后注浆封水。导管伸出端的长度不应超过50mm，以免影响吊桶起落和以后井筒永久提升。管口需带丝扣，以便安装注浆阀门。此方法仅适用于涌水较小的条件。

当涌水量较大时（$20m^3/h$ 左右），可采用双层模板，外模板与井帮含水层之间用砾石充填，阻挡岩层涌水，底部埋设导管，并迫使全部淋水由导管流出，而后向砾石内和围岩裂隙进行壁后注浆，如图 8-6 所示。

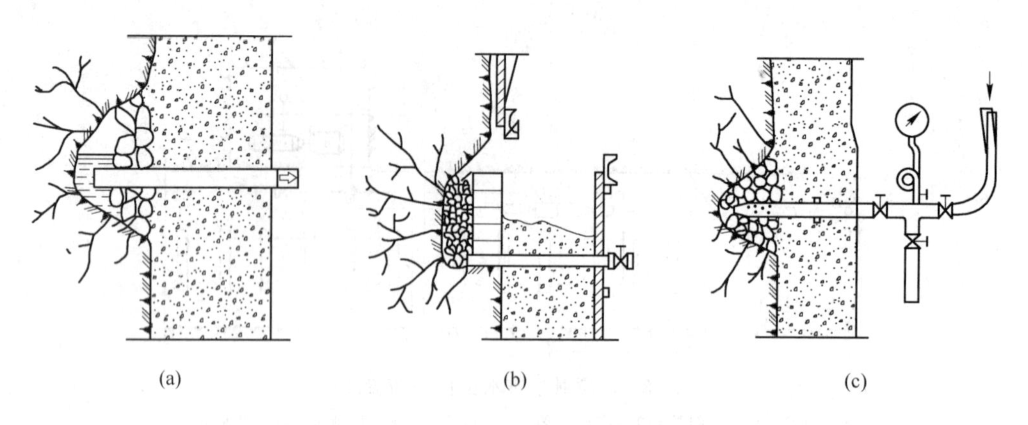

图 8-6 利用导水管排水
（a）埋导管；（b）外模板挡水；（c）砾石内注浆

（2）截水槽截水。对于永久井壁的淋水，应采用壁后注浆封水。如淋水不大，可在渗水区段下方砌筑永久截水槽，截住上方的淋水，然后用导水管将水引入水桶（或水泵房），再用水泵排出地面（见图 8-7）。若井帮淋水不大，且距地表较远时，不宜单设排水设备，将截水用导水管引至井底与工作面积水一同排出。

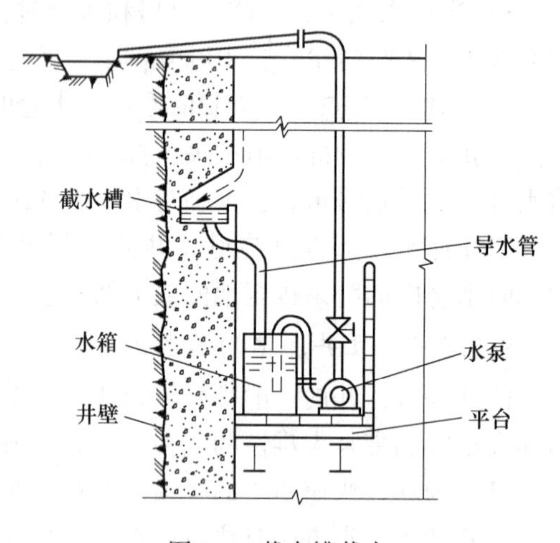

图 8-7 截水槽截水

B 钻孔泄水

钻孔泄水是在井筒掘进断面中心附近钻一垂直钻孔，将工作面积水泄至井底巷（隧）道，由井底排水系统排出。因此，采用钻孔泄水的条件是，必须有巷道（或隧道）预先到达井筒底部，而且井底新水平已构成排水系统。这种方式可取消吊泵和腰泵房，简化井内设备布置。井内涌水由钻孔自行泄走，为井筒顺利施工创造条件。钻孔泄水一般多用于改建矿井。

提高钻孔质量，保证钻孔的垂直度，使偏斜值控制在井筒轮廓线内，是钻孔泄水的关键。因此，在钻进中，应用激光经纬仪或陀螺测斜仪经常进行测斜。发现偏斜，应及时查明原因，迅速纠偏。导向管安装不正、钻机主轴不垂直、钻杆弯曲、钻压过大、钻机基础不稳、管理不善等都能造成钻孔偏斜。

保护钻孔，防止井筒掘进矸石堵塞泄水孔是钻孔泄水的另一关键技术。泄水孔钻完后为了防止塌孔，孔内需安设筛孔套管，保护泄水孔。随着掘进工作面的推进，逐段将套管割除，为防止爆破矸石掉入泄水孔，将泄水孔堵塞，放炮前可用木塞将孔口塞牢，确保泄水孔畅通。

C 井筒排水

根据《矿山井巷工程施工及验收规范》规定，矿山立井井筒施工，当通过涌水量大于 10m³/h 含水层时，应采取注浆堵水等治水措施。但有时注浆没有达到预期效果，工作面仍会有少量积水或者较小量的涌水，作为一种辅助和备用措施，井筒掘进工作面仍需设置排水设备与设施。

立井排水方式有利用吊桶排水、利用吊泵一次排水、利用吊盘水箱两阶段排水、利用腰泵房排水等多种方式，常用方式如图 8-8 所示。

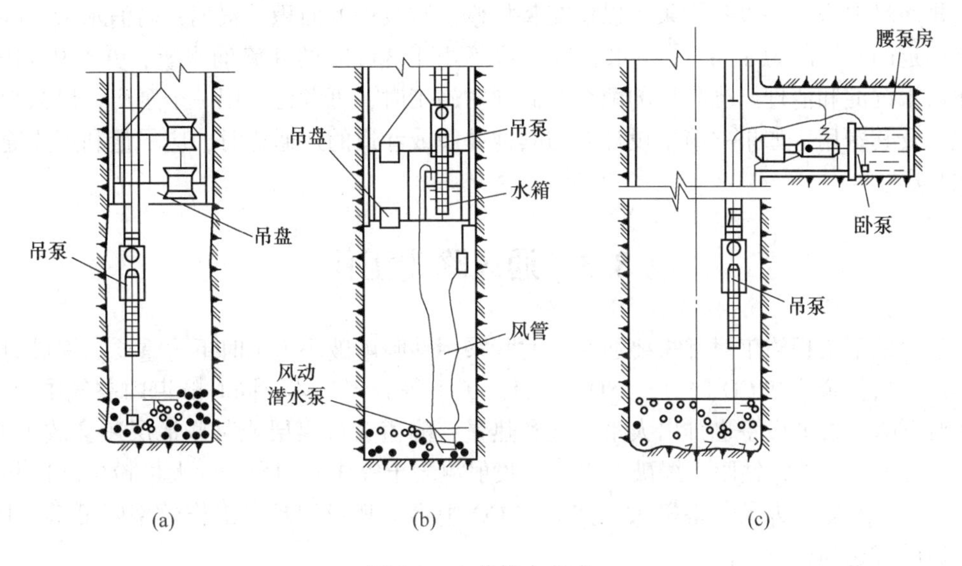

图 8-8 立井排水方式

（a）吊泵一次排水；（b）吊盘水箱两阶段排水；（c）腰泵房转水

当井筒涌水量小于 6m³/h 时，可用利用提升矸石的吊桶排水，即用风动隔膜泵或风动潜水泵将工作面积水排入吊桶，充满矸石空隙，随同矸石提升排出地面。风动隔膜泵（如 QOB-15N 型）是一种以压气作动力，通过换向阀控制气流的方向，驱动工作腔内的膜片作往复运动，使腔内产生压差，从而达到吸水和排水目的的潜水泵。它具有结构简单、吸程大、扬程高、噪声小、能吸排含大颗粒泥沙的污水、工作可靠、机械故障少等优点。

当立井施工采用吊泵排水时，尽量采用高扬程吊泵实现一段排水（见图 8-8a），避免采用腰泵房或两台吊泵串联。井筒深度不大（小于 250m）时，可使用 NBD 型吊泵，排水高度达到 750m 时可使用 80DGL 系列吊泵。80DGL 系列和 NBD 系列吊泵均为立式多级离心泵，它由吸水笼头、吸水管、水泵机体、电动机、框架、滑轮、排水管、逆止阀和爬梯等部分组成。吊泵在结构设计上，充分考虑了立井排水的特殊要求，因此它具有面积小、起落方便以及能吸排含有少量泥沙的浑水等优点。

在城市地下工程（如地铁隧道的工作井、污水井等）施工时，埋深都不大，可不设吊泵，而用卧泵直接排水。卧泵布置在竖井与水平通道的连接处。

当井筒深度超过吊泵扬程时，需要采用两段接力排水方式。当排水高度超出扬程不多时，可用隔膜泵（图 8-8a）、潜水泵（图 8-8b）或压气扬水器与吊泵接力排水（见图 8-8c）。隔膜泵（或潜水泵）与吊泵接力排水时，隔膜泵将工作面积水先排至吊盘上的水箱中（4~6m³），然后由水箱再用吊泵将水排至地面。这种方式不仅解决了吊泵扬程不足的矛盾，而且吊泵与管路无须经常提放、接长，只是当隔膜泵（或潜水泵）扬程达不到水耗高度时，随吊盘下放，同时下放吊泵、接长管路，从而节省辅助时间和工作量，也有利于大抓岩机进行装吊作业。

当井筒较深（超过700m）、排水高度较大时，也可用两台吊泵串联或在井筒中设腰泵房进行两段排水（见图8-8c）。腰泵房应位于吊泵标高以下，泵房内卧泵的排水能力应满足排水量要求，并设备用泵，以供交替检修。腰泵房的面积是根据井筒涌水量、卧泵数量来确定的，一般为8~15m²。水仓容量应不小于30min的井筒涌水量，并筑中间隔断，以便污水沉淀和清理。当附近的两个井筒同时施工时，可考虑多用一个泵房，以减少临时工程量及其费用。如果井筒中设计有与其他井筒或巷道的连通道时，应尽量利用连通道作为腰泵房。

8.3 通风除尘工作

任何地下工程施工时都需要通风，尤其采用钻眼爆破法施工时更为重要。爆破时炸药分解产生大量余热和CO、SO_2、NO_2、NH_3、CO_2等有害气体，同时隧道内空气中O_2的含量相对下降；机械设备也排出大量废气和热量；隧道穿过煤层或某些地层还会放出CH_4、H_2S等气体；另外，钻眼、爆破、出渣、喷射混凝土等作业均会产生大量粉尘。这些有害气体与粉尘对施工人员危害极大，如导致CO中毒、呼吸困难、工作效率降低等。因此，施工通风应达到以下目的：

（1）坑道中氧气含量按体积计，不得低于20%。

（2）每立方米空气中含10%以上游离二氧化硅的粉尘为2mg；含10%以下游离二氧化硅的水泥粉尘为4mg；二氧化硅含量在10%以下，不含有毒物质的矿物性和动植物性的粉尘为10mg。

（3）有害气体浓度：一氧化碳不大于30mg/m³，二氧化碳按体积计，不得超过0.5%，二氧化氮换算成过氧化氮应在5mg/m³以下。

（4）瓦斯浓度：按体积计不得大于0.5%，否则必须按煤炭工业部现行的《煤矿安全规则》的规定办理。

（5）工作地点温度：不得超过30℃（铁路规定不得超过28℃）。

（6）工作面噪音：不宜大于90dB。

8.3.1 通风方式

8.3.1.1 自然通风

自然通风是利用洞内外的温差或气压差来实现通风的一种方式，一般仅限于短直隧道，且受洞外气候条件的影响极大，因而仅在隧道长度小于400m或独头掘进长度小于200m的少数情况下完全依赖于自然通风，绝大多数隧道均应采用强制机械通风。

8.3.1.2 机械通风

根据通风机的作用范围，机械通风分为主机通风和局部扇风机（简称局扇）通风。当主机通风不能满足坑道掘进要求时，应设置局部通风系统，风机间隔串联或加设另一路风管增大风量。如有辅助坑道，应尽量利用坑道通风。矿山巷道施工均借助于矿井主扇风机（简称主扇）和局部扇风机通风。立井及隧道施工时，可用主扇、局扇或主扇与局扇结合式通风。实施机械通风时，必须具有通风机和风道。按照风道的类型和通风机安装位置，机械通风可分为管道式、巷道式和风墙式三种。

（1）管道式通风。管道通风也称风管通风、风筒通风。根据隧（巷）道内空气流向的不同，管道式通风可分压入式（送风式）、抽出式排风式和混合式三种（见图 8-9），其中混合式的通风效果较好。根据通风机的台数及其设置位置、风管的连接方式，管道式通风可分为集中式和串联式。根据风管内的压力，管道式通风还可分为正压型和负压型。

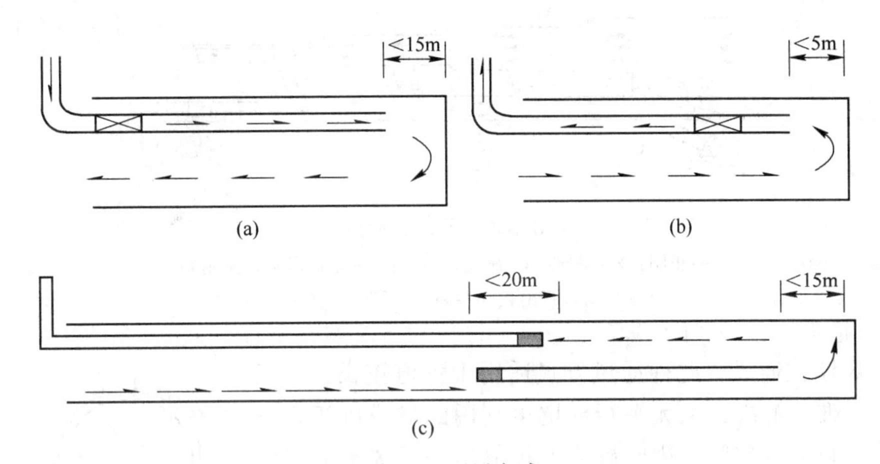

图 8-9　通风方式

（a）压入式；（b）吸出式；（c）混合式

1）压入式通风。这种通风方式是由通风机吸入新鲜空气，通过风管压入工作面，吹走工作面上有害气体和粉尘，使之沿隧（巷）道排出。地下矿山施工时，局部通风机必须安装在有新鲜风流通过的巷道内。隧道施工时，由于洞口直通外界，扇风机可安置在洞口外一定距离。为了尽快排除工作面的炮烟，风筒口距工作面的距离一般以不大于 10m 为宜，隧道施工规范为不大于 15m。

压入式通风能较快排除工作面的污浊空气，可采用柔性风筒，重量轻，拆装简单，但污浊空气排除时流经全洞，排烟时间较长，污染整个隧（巷）道。

单机可用于 100~400m 内的独头巷道，多机串联可用于 400~800m 的独头巷道。

2）抽出式通风。抽出式通风方式用通风机将工作面爆破所产生的有害气体通过风筒吸出，新鲜风流则由巷道进入工作面。风筒的排风口必须设在主要巷道风流方向的下方，距掘进巷道口 10m 以上。

这种通风方式一般需用刚性风筒。由于风管吸入口附近的风速随着远离吸入口而急剧降低，有效吸程小，工作面排烟时间长。污浊风流通过局部通风机，安全性差。其优点是不污染巷道，但新鲜空气流经全洞，到达工作面时已不太新鲜。抽出式通风适合用于长度在 400m 以内的独头巷道。

3）混合式通风。这种通风方式是压入式和抽出式的联合应用，它具有以上两者的优点，适合用于长度在 800~1500m 的独头巷道。抽出、压入风口的布置要错开 20~30m，以免在洞内形成循环风流。抽出风机能力要大于压入式风机 20%~30%。矿山巷道施工一般均使用局扇，隧道施工可主扇与局扇结合使用。

（2）巷道式通风。当两条巷道或有平行导坑的隧道同时施工时，可采用这种通风方式。其特点是通过最前面的横洞使正洞和平行巷道组成一个风流循环系统，在平行巷道口附近安装通风机，将污浊空气由平行巷道抽出，新鲜空气由正洞流入，形成循环风流，如图 8-10 所示，这种通风方式通风阻力小，可供较大风量，是解决长隧道施工通风比较有效的方法。

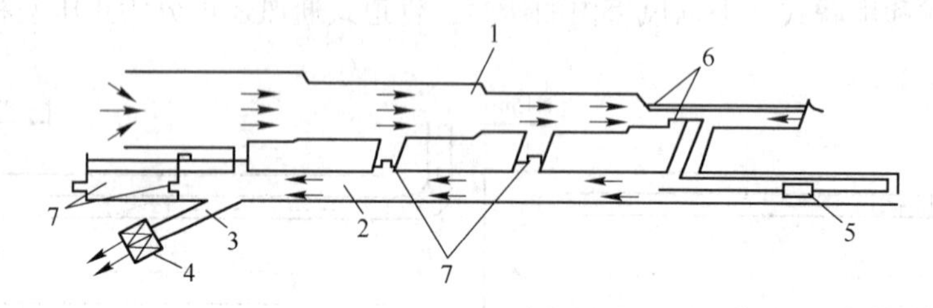

图 8-10 巷道式通风

1—正洞；2—平导；3—施工通风道；4—主通风机（主扇）；5—局扇（吸出）；6—局扇（压入）；7—风门

（3）风墙式通风。此种通风方式适用于隧道较长，一般风管式通风难以解决，又无平行导坑可利用的隧道施工。它利用隧道成洞部分空间，用砖砌或木板隔出一条风道，以缩短风管长度，增大通风量，如图 8-11 所示。

图 8-11 风墙式通风

8.3.1.3 通风方式的选择

通风方式应根据巷（隧）道长度、施工方法和设备条件等确定。通风方式应针对污染源的特性，尽量避免成洞地段的二次污染，且应有利于快速施工。因此，在选择通风方式时应注意以下几个问题。

（1）自然通风因其影响因素较多，通风效果不稳定且不易控制，除短直隧道外，应尽量避免采用。《公路隧道施工技术规范》规定，隧道施工必须采用机械通风。

（2）压入式通风能将新鲜空气直接输送至工作面，有利于工作面施工，但污浊空气将流经整个坑道。其风机位置固定，随隧道掘进不断延伸风管，施工方便。但其排烟速度慢，通风耗能多。

（3）吸出式通风的风流方向与压入式相反，流经整个管道的空气新鲜，排烟速度快，通风耗能少。但风机位置要随隧道掘进不断向前移，施工不方便。

（4）混合式通风集压入式和吸出式的优点于一身，但管路、风机等设施增多。利用平行导坑作巷道通风，是解决长隧道施工通风的方案之一，其通风效果主要取决于通风管理的好坏。若无平行导坑，如断面较大，可采用风墙式通风。

（5）利用平行坑道作巷道通风，是解决长隧道施工通风的方案之一，其通风效果主要取决于通风管理的好坏。若无平行坑道、断面较大，可采用风墙式通风。

（6）选择通风方式时，一定要选用合适的设备——通风机和风管，同时要解决好风管的连接，尽量降低漏风率。

（7）搞好施工中的通风管理，对设备要定期检查、及时维修，加强环境监测，使通风效果更加经济合理。

8.3.2 风机选择

通风机主要根据施工需要的风量与风压选择。

8.3.2.1 风量计算

（1）按洞内同时工作的最多人数计算。

$$Q = Kmq \tag{8-6}$$

式中 Q——所需风量，m^3/min；

K——风量备用系数，常取 $K=1.1 \sim 1.2$；

m——洞内同时工作的最多人数；

q——洞内每人每分钟需要的新鲜空气量，通常按 $3m^3/min$ 计算。

（2）按同时爆破的最多炸药量计算。

1）巷道式通风。

$$Q = 5Ab/t \tag{8-7}$$

式中 A——同时爆破的炸药量，kg；

b——1kg 炸药折合成一氧化碳的体积，一般采用 $b=40L/kg$；

t——爆破后的通风时间，min。

2）管道通风。

①压入式通风。

$$Q = 7.8\sqrt[3]{A \cdot S^2 \cdot L^2/t} \tag{8-8}$$

式中 S——坑道断面面积，m^2；

L——坑道长度，m。

②吸出式通风。

$$Q = 15\sqrt{A \cdot S \cdot L_{散}/t} \tag{8-9}$$

式中 $L_{散}$——爆破后炮烟的扩散长度，m，非电起爆 $L_{散}=15+A$，电雷管起爆 $L_{散}=15+A/5$。

③混合式通风。

$$Q_{混合} = 7.8\sqrt[3]{A \cdot S^2 \cdot L_{入口}^2/t}$$

$$Q_{混吸} = 1.3Q_{混压} \tag{8-10}$$

式中 $Q_{混压}$——压入风量；

$Q_{混吸}$——吸出风量；

$L_{入口}$——压入风口至工作面的距离，一般采用 25m 计算。

（3）按内燃机作业废气稀释的需要。

$$Q = n_iA \tag{8-11}$$

式中 n_i——洞内同时使用内燃机作业的总千瓦数；

A——洞内同时使用内燃机每千瓦所需的风量，一般用 $3m^3/min$ 计算。

（4）按洞内允许最小风速计算。

$$Q = 60 \cdot v \cdot S \tag{8-12}$$

式中 v——洞内允许最小风速，m/s，全断面开挖时为0.15m/s，其他坑道为0.25m/s；
S——坑道断面积，m^2。

8.3.2.2 风压计算

气流受到的阻力有摩擦阻力、局部阻力（包括断面变化处阻力、分岔阻力、拐弯阻力）和正面阻力。

$$h_{机} \geqslant h_{总阻}$$

$$h_{总阻} = \sum h_{摩} + \sum h_{局} + \sum h_{正} \tag{8-13}$$

式中 $h_{机}$——通风机的风压；
$h_{总阻}$——气流受到的总阻力；
$h_{摩}$——气流经过各种断面的管（巷）道时产生的摩擦阻力；
$h_{局}$——气流经过断面变化，如拐弯、分岔等处分别产生的阻力；
$h_{正}$——巷道通风时受运输车辆阻塞而产生的阻力。

（1）摩擦阻力（$h_{摩}$）。摩擦阻力是管道（巷道）周壁与风流互相摩擦以及风流中空气分子间的挠动和摩擦而产生的阻力，也称沿程阻力。

$$h_{摩} = \lambda \cdot \frac{Lv^2}{d \cdot 2g}\gamma \tag{8-14}$$

式中 $h_{摩}$——摩擦阻力，Pa；
λ——达西系数；
L——风管长度，m；
v——风流速度，m/s；
d——风管直径，m；
g——重力加速度，m/s^2；
γ——空气容重，N/m^3。

对于管道任意形状有 $d = \frac{4S}{U}$（U 为风道周边长度 S 为风管面积），代入式（8-14）有：

$$h_{摩} = \frac{\lambda \cdot \gamma}{8g} \cdot \frac{LU}{S} \cdot v^2 \tag{8-15}$$

若风道流量为 $Q(m^3/s)$，则 $v = Q/S$，再令 $\alpha = \frac{\gamma\lambda}{8g}$，称为摩擦阻力系数（单位为 $N \cdot s^2/m^4$）。将 α、v 代入式（8-15）有：

$$h_{摩} = \alpha LUQ^2/S^3 \tag{8-16}$$

（2）局部阻力（$h_{局}$）。

$$h_{局} = 0.612\zeta \frac{Q^2}{S^2} \tag{8-17}$$

式中 ζ——局部阻力系数。

（3）正面阻力（$h_{正}$）。

$$h_{正} = 0.612\varphi \times \frac{S_m Q^2}{(S \cdot S_m)^3} \tag{8-18}$$

式中 φ——正面阻力系数，当列车行走时，$\varphi=1.5$；斗车停放时 $\varphi=0.5$，斗车停放间距超过 1m 时则逐辆相加；

S_m——阻塞物最大迎风面积，m^2。

8.3.2.3 风机类型选择

通风机按使用行业分有矿用型和非矿用型。在矿用型中按其安全性又分普通型和安全型（防爆型）。通风机按构造分有轴流式和离心式两种，如图 8-12 所示。轴流式又分普通轴流式和对旋式轴流式。轴流式通风机主要由叶轮、电动机、筒体、底座、集流器和扩散器主要部件组成。对旋式轴流通风机与普通轴流通风机的不同之处是没有静叶，仅由动叶构成，两级动轮分别由两个不同旋转方向的电动机驱动。在矿井，通风机按其用途分有主扇、辅扇和局扇三种。主扇用于全矿井或矿井某一冀，又称为主要通风机；辅扇用于某些分支风路中借以调节风量，协助主扇工作；局扇用于无贯穿风流的局部地点通风，故又称为局部扇风机。主扇和辅扇的机型和功率一般都比较大，多为固定式；局扇的机型和功率一般比较小，多为移动式，而且以轴流式为主。通风机种类繁多，形式多样，地下工程施工一般为独头掘进，故多使用轴流式通风机。部分轴流式通风机的技术特征见表 8-9。

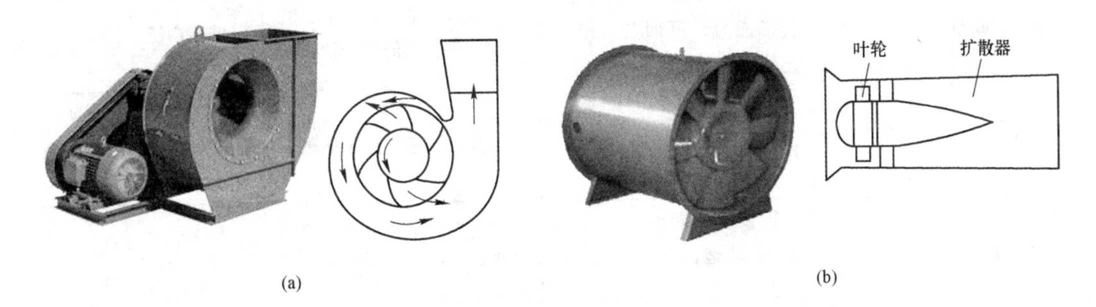

(a) (b)

图 8-12 通风机结构

（a）离心式通风机；（b）轴流式通风机

表 8-9 轴流式通风机的技术特征

型　号	类型	直径/cm	最大风量 /$m^3 \cdot min^{-1}$	最大风压 /Pa	电动机功率 /kW	备注
JFD-90-4	普通式	90	660~720	3200	<60	选自《公路隧道施工技术规范》
JFD-100-4	普通式	100	960	3200	<80	
MFA100P2-SC3(日本)		100	1000	5000	55×2	
JK58-1NO4	普通式	40	210	1648	5.5	矿用高效、节能、低噪声局扇
JK40-INO8	普通式	80	900	1339	30	
DJK50-1NO8	对旋式	80	1068	2500	30×2	
FBDCZ(A)-6-NO20	对旋式		5550	5893	250×2	矿用防爆主扇
FBD-NO5.6×30	对旋式		395	4470	15×2	防爆压入式局扇
FBDC-NO7.1/30×2	对旋式		540	5338	30×2	防爆抽出式局扇

8.3.2.4　风筒（管）的选择

风筒（隧道工程中称风管）是地下工程施工通风系统的重要组成部分，其性能的优劣、安装及维护的质量对通风效果有直接的影响。

A　风筒的种类

常用的风筒分为刚性风筒和柔性风筒两类。刚性风筒主要有金属（铁皮、镀锌钢板或铝合金板）风筒和玻璃钢风筒；柔性风筒有胶皮风筒、塑料（聚氯乙烯）风筒和维尼龙风筒。风筒一般都是圆形的，刚性风筒在必要时也可制成矩形。金属风筒的主要优点是坚固耐用，其最大缺点是质量大，储存、搬运和安装不便，已逐步被玻璃钢风筒所替代。柔性风筒原则上只能用于压入式通风，但用弹簧钢做螺旋形骨架的柔性风筒，同时具有刚、柔的特点，也可用于抽出式通风。刚性风筒既可用于压入式通风也可用于抽出式通风。各种风筒的优缺点及使用情况见表8-10。

表8-10　各类风筒主要优缺点

风筒种类	主要优点	主要缺点	应用情况
维尼龙胶布	质量轻，运输存放方便，价格便宜，可回收，修补连接容易	易挂破，通风阻力大，耗用动力多，不能用于抽风	使用广泛
聚氯乙烯	质量轻，运输存放方便，价格便宜	易挂破，不能用于抽风	使用不广，在煤矿使用需具有抗静电和阻燃性能
镀锌薄钢板	较便宜，能回收，可在现场制造，阻力小，刚度大	质量大，吊挂困难，易被锈蚀，料源有一定问题，存放困难	
铝合金板	较便宜，能回收，阻力小，刚度大，耐锈蚀，质量轻，易安装	制造技术较复杂，存放困难，料源有问题	
玻璃钢	质量轻，易安装，比强度大，耐锈蚀，寿命长，阻力小	造价较贵，运输存放困难	逐渐增多，在煤矿使用需具有抗静电和阻燃性能
铁皮	坚固耐用，刚度大	笨重，体积大，储存、搬运和安装都不方便，易锈蚀	过去使用较多，因缺点较多已趋于淘汰

B　风筒直径的选择

风筒直径根据需通过的风量、通风的长度等条件确定。风筒直径为300~1500mm，送风量大、距离长，直径应大些。根据经验，通风距离为200~500m时，风筒直径为500mm左右；通风距离为500~1000m时，风筒直径为600~800mm。常用的部分风筒规格见表8-11。随着地下工程施工技术的日益发展，长隧道采用全断面开挖越来越多，选用大口径风筒进行施工通风可大大简化隧道施工工序，有利于全断面开挖的推广使用，是解决长隧道施工通风的主要途径。大口径风筒的直径一般为1.0~1.5m。

C　风筒的安设与管理

风筒一般应设在不妨碍出渣运输作业、衬砌作业的空间处，同时要牢固地安装以免受

表 8-11 部分风筒技术规格

风筒种类	直径/mm	每节长度/mm	筒壁厚度/mm	每米质量/kg
胶皮	300	10	1.2	1.3
	400	10	1.2	1.6
	500	10	1.2	1.9
	600	10	1.2	2.3
	800	10	1.2	3.2
	1000	10	1.2	4.0
塑料	300	50	0.3	
	400	50	0.4	1.28
玻璃钢	700	3	2.2	12
	800	3	2.5	14
铁皮	500	2.5、3.0	2.0	28.3
	600	2.5、3.0	2.0	34.8
	700	2.5、3.0	2.5	46.1
	800~1000	3.0	2.5	54.5~68.0

到振动、冲击而发生移动、掉落。风筒一般均用夹具等安装在支撑构件上。风筒可挂设在巷（隧）道拱顶中央、中部或靠边墙墙角等处，一般在拱顶中央处通风效果较佳。

风筒的漏风率是影响管道通风的主要因素之一，要做到防止漏风，减小通风巷道阻力，防止主流风回风、短路等，这与隧道施工管理水平有很大关系，要经常性定期检查、测试以提高通风效果，达到安全、卫生的目的。风筒的安装要平顺、接头严密、弯曲半径不得小于风筒直径的3倍，以减小通风阻力。风筒的连接应密贴，以减少漏风，一般硬管用密封带或垫圈，软管用紧固件连接。风筒如有破损，必须及时修理或更换。

8.3.3 防尘

在地下工程施工中，凿岩、爆破、装岩、喷射混凝土等作业都有粉尘产生，其中凿岩作业产生的粉尘占洞内空气中含尘量的85%，爆破产生的约占10%，装渣运输占5%。粉尘对人体危害极大，故必须采取多种措施，把含10%以上游离SiO_2的粉尘控制在国家规定的$2mg/m^3$的标准之内。

地下工程施工中的防尘措施应是综合性的，应做到“四化”，即湿式凿岩标准化、机械通风经常化、喷雾洒水制度化和人人防护普遍化。

（1）湿式凿岩标准化。湿式凿岩就是在钻眼过程中利用高压水润湿粉尘，使其成为岩浆流出炮眼，从而防止岩粉飞扬。这种方法可降低粉尘量80%。目前，我国生产并使用的各类风钻都有给水装置，使用方便。对于缺水、易冻害或岩石不适于湿式钻眼的地区，可采用干式凿岩孔口除尘，其效果也较好。

（2）机械通风经常化。使用机械通风是降低洞内粉尘浓度的重要手段。在爆破通风完毕后，主要的钻眼、装渣等作业进行期间，仍需经常通风，以便将一些散在空气中的粉尘排出。这对消除装渣运输等作业中所产生的粉尘是很有作用的。

（3）喷雾洒水制度化。为避免岩粉飞扬，应在爆破后及装渣前喷雾洒水、冲刷岩壁，不仅可以消除爆破、出渣所产生的粉尘，而且可溶解少量的有害气体（如CO_2、NO、H_2S等），并能降低坑道温度，使空气变得明净清爽。

（4）人人防护普遍化。每个施工人员均应注意防尘、戴防尘口罩，在凿岩、喷混凝土等作业时还需要佩戴防噪声的耳塞及防护眼镜等。

参 考 文 献

[1] 姜玉松．地下工程施工技术［M］．武汉：武汉理工大学出版社，2008.
[2] 黄小广，郭健卿，张生华，等．现代地下工程［M］．徐州：中国矿业大学出版社，2003.
[3] 孙延宗，孙继业．岩巷工程施工：支护工程［M］．北京：冶金工业出版社，2011.
[4] 卡尔梅柯夫．立井注浆技术［M］．北京：煤炭工业出版社，1986.
[5] 王国际．注浆技术理论与实践［M］．徐州：中国矿业大学出版社，2000.
[6] 李长权，戚文革．井巷施工技术［M］．北京：冶金工业出版社，2008.
[7] 董方庭．井巷设计与施工［M］．徐州：中国矿业大学出版社，2000.
[8] 张恩强，勾攀峰，陈海波．井巷工程［M］．徐州：中国矿业大学出版社，2007.
[9] 杨相海．井巷工程［M］．徐州：中国矿业大学出版社，2008.
[10] 赵兴东．井巷工程［M］．北京：冶金工业出版社，2013.
[11] 任建喜．地下工程施工技术［M］．西安：西北工业大学出版社，2012.
[12] 李开学，吴再生．巷道工程［M］．重庆：重庆大学出版社，2014.
[13] 董立国．巷道施工技术［M］．北京：煤炭工业出版社，2013.
[14] 贺少辉．地下工程（修订本）［M］．北京：清华大学出版社，2006.
[15] 关宝树．地下工程［M］．北京：高等教育出版社，2007.
[16] 朱合华，张子新，廖少明．地下建筑结构［M］．北京：中国建筑工业出版社，2011.
[17] 王运敏．中国采矿设备手册（下册）［M］．北京：科学出版社，2007.
[18] 刘刚．井巷工程［M］．徐州：中国矿业大学出版社，2005.
[19] 林登阁，王友凯．井巷工程［M］．徐州：中国矿业大学出版社，2010.
[20] 吴再生，刘禄生．井巷工程［M］．北京：煤炭工业出版社，2005.
[21] 张庆贺．地下工程［M］．上海：同济大学出版社，2007.
[22] 张凤祥，傅德明，杨国祥，等．盾构隧道施工手册［M］．北京：人民交通出版社，2005.
[23] 洪开荣．软硬不均与极软地层盾构处理技术［M］．上海：上海科学技术出版社，2019.
[24] 杨新安，丁春林，徐前卫．城市隧道工程［M］．上海：同济大学出版社，2015.
[25] 周文波．盾构法隧道施工技术及应用［M］．北京：中国建筑工业出版社，2004.
[26] 吴巧玲．盾构构造及应用［M］．北京：人民交通出版社，2011.

冶金工业出版社部分图书推荐

书名	作者	定价(元)
地质学(第5版)(国规教材)	徐九华　等编	48.00
数学地质(本科教材)	李克庆　等编	40.00
矿山安全工程(第2版)(国规教材)	陈宝智　主编	38.00
矿产资源开发利用与规划(本科教材)	邢立亭　等编	40.00
采矿学(第2版)(国规教材)	王　青　等编	58.00
高等硬岩采矿学(第2版)(本科教材)	杨　鹏　主编	32.00
智能矿山概论(本科教材)	李国清　主编	29.00
矿山企业管理(本科教材)	李国清　主编	49.00
放矿理论与应用(本科教材)	毛世龙　等编	28.00
边坡工程(本科教材)	吴顺川　主编	59.00
矿山运输与提升(本科教材)	王进强　主编	39.00
采场地压控制(本科教材)	李俊平　主编	25.00
金属矿床地下开采(第3版)(本科教材)	任凤玉　主编	58.00
采矿工程专业毕业设计指导(地下开采部分)	路增祥　主编	30.00
地下矿围岩压力分析与控制(本科教材)	杨宇江　等编	30.00
金属矿床露天开采(本科教材)	陈晓青　主编	28.00
采矿工程专业毕业设计指导(露天开采部分)	陈晓青　主编	35.00
露天矿边坡稳定分析与控制(本科教材)	常来山　等编	30.00
矿山岩石力学(第2版)(本科教材)	李俊平　主编	58.00
采矿系统工程(本科教材)	顾清华　主编	29.00
矿井通风与除尘(本科教材)	浑宝炬　等编	25.00
采矿工程概论(本科教材)	黄志安　等编	39.00
采矿工程 CAD 绘图基础教程	徐　帅　主编	42.00